Verfassungsgerichtliche Unvereinbarerklärungen:
Zulässigkeit, Voraussetzungen und Rechtsfolgen

Schriften zum deutschen und europäischen öffentlichen Recht

Herausgegeben von Steffen Detterbeck

Band 24

PETER LANG
Frankfurt am Main · Berlin · Bern · Bruxelles · New York · Oxford · Wien

Martin Dietz

Verfassungsgerichtliche Unvereinbarerklärungen: Zulässigkeit, Voraussetzungen und Rechtsfolgen

PETER LANG
Internationaler Verlag der Wissenschaften

Bibliografische Information der Deutschen Nationalbibliothek
Die Deutsche Nationalbibliothek verzeichnet diese Publikation in der Deutschen Nationalbibliografie; detaillierte bibliografische Daten sind im Internet über http://dnb.d-nb.de abrufbar.

Zugl.: Greifswald, Univ., Diss., 2011

Gedruckt auf alterungsbeständigem,
säurefreiem Papier.

9
ISSN 1438-4388
ISBN 978-3-631-63121-8

www.peterlang.de

Meinen Eltern Dr. Helmut Dietz (†) und Gisela Dietz

Vorwort

Die vorliegende Arbeit wurde im Sommersemester 2011 von der Rechts- und Staatswissenschaftlichen Fakultät der Ernst-Moritz-Arndt-Universität Greifswald als Dissertation angenommen. Rechtsprechung und Literatur haben in der Fassung der Veröffentlichung bis einschließlich des Jahres 2010 Berücksichtigung gefunden. Spätere Publikationen konnten nur noch vereinzelt einbezogen werden.

Mein besonderer Dank gebührt meinem Doktorvater Prof. Dr. Uwe Kischel, LL.M. Ihm gelang es, mir stets den rechten Weg zu weisen, und er hat das Entstehen der Arbeit mit großer Geduld begleitet. Außerdem hat er mir die Gelegenheit eröffnet, an seinem Lehrstuhl für Öffentliches Recht, Europarecht und Rechtsvergleichung als wissenschaftlicher Mitarbeiter tätig zu sein, und damit die Fertigung wesentlicher Teile der Arbeit ermöglicht. Herrn Prof. Dr. Heinrich Lang danke ich für die Erstellung des Zweitgutachtens und Herrn Prof. Dr. Steffen Detterbeck für die freundliche Aufnahme dieser Schrift in seine Herausgeberreihe.

Ganz herzlich möchte ich mich bei meiner Freundin Julia Maria Schubert, M.A. für ihre Geduld, Unterstützung und allzeit aufmunternden Worte bedanken. Mein Dank gilt ihr, Frau Kirsten Wambach, Frau Sarah Piek und meinem viel zu früh verstorbenen Vater Dr. Helmut Dietz für die sehr hilfreichen Korrekturarbeiten. Frau Kirsten Wambach danke ich außerdem für die wertvollen und konstruktiven Gespräche über die Arbeit. Meinen lieben "Kischelianern" Katja Fröhlich, Robert Kessel und Matthias Hartwig danke ich für die förderlichen Anregungen während unserer gemeinsamen Zeit am Lehrstuhl.

Schließlich danke ich meinen Eltern. Sie haben mich Zeit meines Lebens in jeder erdenklichen Hinsicht unterstützt und gefördert. Durch ihren liebevollen Beistand haben sie auch die Fertigstellung dieser Arbeit ermöglicht. Ihnen ist dieses Buch gewidmet.

Lüneburg, im August 2011 Martin Dietz

Inhaltsverzeichnis

1. Teil: Problemfeld Unvereinbarerklärungen

Als das Bundesverfassungsgericht 1990 über die Vereinbarkeit von § 622 Abs. 2 BGB, nach welchem für Arbeiter kürzere Kündigungsfristen festgesetzt waren als für Angestellte, mit dem Grundgesetz zu entscheiden hatte[1], trug sich etwas Ungewöhnliches zu: Das Gericht antwortete auf eine direkte Frage des Präsidenten des Bundesarbeitsgerichts.[2] In seiner Äußerung zum Verfahren hatte dieser um Klarstellung gebeten, wie die Arbeitsgerichte für den Fall der Verfassungswidrigkeit von § 622 Abs. 2 BGB vorzugehen hätten.[3] Konkret bestanden Zweifel daran, ob die Arbeitsgerichte ihre einschlägigen Verfahren bis zu einer gesetzgeberischen Regelung aussetzen müssten.[4]

Als Grund für die Unsicherheit ist eine von § 78 S. 1 BVerfGG abweichende Rechtsprechung des Bundesverfassungsgerichts anzusehen.[5] Nach § 78 S. 1 BVerfGG sind verfassungswidrige Regelungen vom Bundesverfassungsgericht für nichtig zu erklären. Das Gericht war aber schon in einer vorherigen Entscheidung[6] von dieser Vorgabe abgewichen und hatte eine Regelung, die Frauen einen Hausarbeitstag gewährte, Männer aber davon ausschloss, nur für mit Art. 3 Abs. 2 GG unvereinbar erklärt.[7] Zur Nichtigerklärung[8] der Vorschrift sah sich das Gericht ausdrücklich nicht in der Lage.[9] Nach dieser Entscheidung war man sich in den Arbeitsgerichten nicht im Klaren darüber, ob und inwieweit Frauen nun einen Hausarbeitstag einklagen könnten.[10] Auch in der Entscheidung über die Verfassungsmäßigkeit von § 622 Abs. 2 BGB kam das Bundesverfassungsgericht zu dem Ergebnis, dass die Regelung verfassungswidrig sei. Es erklärte die Regelung für mit Art. 3 Abs. 1 GG unvereinbar, sah aber wiederum

1 Vgl. BVerfGE 82, 126.

2 Vgl. zum Ganzen Kischel, Uwe in: Epping, Volker / Hillgruber, Christian: Beck'scher Online-Kommentar – GG, Stand April 2011, Edition: 10, Art. 3 Rn. 69; Schlaich, Klaus / Korioth, Stefan: Das Bundesverfassungsgericht – Stellung, Verfahren, Entscheidungen, 8. Auflage, 2010, Rn. 426 sprechen von einem "ziemlich einmaligem Fall".

3 BVerfGE 82, 126 (138).

4 BVerfGE 82, 126 (137f.); Kischel (Fn. 2), Art. 3 Rn. 69; Schlaich/Korioth (Fn. 2), Rn. 426.

5 Schlaich/Korioth (Fn. 2), Rn. 426.

6 BVerfGE 52, 369.

7 BVerfGE 52, 369 (370).

8 Soweit in der Untersuchung die Formulierung "Nichtigerklärung" verwendet wird, ist damit nicht zugleich gesagt, dass die Nichtigkeit eines Gesetzes mittels eines konstitutiven Aktes herbeigeführt wird. Ausführlich zu dieser Frage unten 4. Teil A.I.2. und 4. Teil A.II.

9 BVerfGE 52, 369 (379).

10 Vgl. BAG NJW 1982, 2573; 1985, 2493 (2493f.); Kischel (Fn. 2), Art. 3 Rn. 69.

von der Nichtigerklärung der Vorschrift ab.[11] Zur Frage des Präsidenten des Bundesarbeitsgerichts führte das Bundesverfassungsgericht aus: "Gerichte müssen anhängige Verfahren, bei denen die Entscheidung von der verfassungswidrigen Norm abhängt, aussetzen, bis eine Neuregelung in Kraft tritt".[12]

Diese Entscheidungen werfen die Frage auf, welche besonderen Gründe das Bundesverfassungsgericht dazu veranlassten, die verfassungswidrigen Regelungen nicht für nichtig, gleichwohl aber für verfassungswidrig zu erklären.

A. Alternativen zur Nichtigerklärung

Eine der Aufgaben des Bundesverfassungsgerichts ist es, Normen auf ihre Verfassungsmäßigkeit hin zu überprüfen.[13] Das Bundesverfassungsgerichtsgesetz sieht für Normenkontrollverfahren[14] die Nichtigerklärung verfassungswidriger Gesetze vor.[15] Der in dem Gesetz liegende Verfassungsverstoß wird durch die Nichtigerklärung bereinigt. Mit dem Gesetz geht aber auch die Regulierung bestimmter Lebensbereiche verloren. Dies kann zu negativen Folgen führen, die vom eigentlichen Ziel der Nichtigerklärung – der Beseitigung der Verfassungs-

---

11 BVerfGE 82, 126 (127).

12 BVerfGE 82, 126 (155).

13 Vgl. Art. 93 Abs. 1 Nr. 2, Art. 93 Abs. 1 Nr. 2a, Art. 93 Abs. 1 Nr. 4a GG (i.V.m. § 95 Abs. 3 BVerfGG), Art. 100 Abs. 1 GG.

14 Dies sind die Verfahren der abstrakten Normenkontrolle, der konkreten Normenkontrolle und der unmittelbaren und mittelbaren Normenkontrolle bei der Verfassungsbeschwerde. Die Wahlprüfungsbeschwerde nach Art. 41 Abs. 2 GG, §§ 13 Nr. 3, 48 BVerfGG ist nach zutreffender Ansicht kein Normenkontrollverfahren, vgl. Klein, in: Maunz, Theodor / Schmidt-Bleibtreu, Bruno / Klein, Franz / Bethge, Herbert: Bundesverfassungsgerichtsgesetz – Kommentar, Loseblatt, Stand des Gesamtwerks Januar 2011, § 13 Rn. 43; ebenso Schmidt-Bleibtreu, in: Maunz, Theodor / Schmidt-Bleibtreu, Bruno / Klein, Franz / Bethge, Herbert: Bundesverfassungsgerichtsgesetz – Kommentar, Loseblatt, Stand des Gesamtwerks Januar 2011, § 48 Rn. 40; vgl. dazu Sachs, Michael: Die Bindung des Bundesverfassungsgerichts an seine Entscheidungen, 1977, 403 m.w.N; a.A.: Benda, Ernst / Klein, Eckart: Verfassungsprozeßrecht – Ein Lehr- und Handbuch, 2. Auflage 2001, Rn. 1176; Leibholz, Gerhard / Rupprecht, Reinhard: Bundesverfassungsgerichtsgesetz – Rechtsprechungskommentar, 1968, § 78 Rn. 1; zur Wahlprüfung durch den Bundestag vgl. z.B. Lang, Heinrich: Gesetzgebung in eigener Sache – Eine rechtstheoretische und rechtssystematische Untersuchung zum Spannungsverhältnis von Distanzgebot und Eigennutz, 2007, 36ff., 459ff. Auch das Organstreitverfahren nach Art. 93 Abs. 1 Nr. 1 GG, §§ 13 Nr. 5, 63ff. BVerfGG ist kein Normenkontrollverfahren, vgl. statt aller Schlaich/Korioth (Fn. 2), Rn. 97; Sachs (Fn. 14), 195 m.w.N; Leibholz/Rupprecht (Fn. 14), § 78 Rn. 1.

15 §§ 78, 82 Abs. 1, 95 Abs. 3 BVerfGG.

widrigkeit – nicht getragen werden.[16] Bekannte Beispiele hierfür sind die Nichtigerklärung eines ertragsintensiven Steuergesetzes[17] oder des Bundeswahlgesetzes[18]. Ähnlich ist die Situation bei der Beanstandung einer Besoldungsregelung, bei deren Nichtigkeit überhaupt keine gesetzliche Grundlage für die Bezahlung der Bezüge mehr vorhanden wäre. Die materiellrechtliche Lage für den Kläger des Ausgangsverfahrens wäre mit dem von ihm erwünschten normverwerfenden Erkenntnis im Ergebnis schlechter, als sie es mit der verfassungswidrigen Norm war.[19] Angesichts dieser Problematik hat das Bundesverfassungsgericht in zahlreichen Entscheidungen auf die Nichtigerklärung verfassungswidriger Normen verzichtet und alternative Tenorierungsformen entwickelt.[20] Auch wenn das Bundesverfassungsgericht verfassungswidrige Regelungen lediglich für unvereinbar erklärt, handelt es sich um eine solche, zur Nichtigerklärung alternative Tenorierung.

---

16 Zum Ganzen Graßhof, in: Umbach, Dieter C. / Clemens, Thomas / Dollinger, Franz-Wilhelm: Bundesverfassungsgerichtsgesetz – Mitarbeiterkommentar und Handbuch, 2. Auflage 2005, § 78 Rn. 32.

17 Graßhof (Fn. 16), § 78 Rn. 32 der auf BVerfGE 21, 12 verweist, bei der im Falle der Nichtigerklärung der gegenständlichen Regelungen des Umsatzsteuergesetzes dem Bund 41% der Steuereinnahmen entfallen wären; vgl. auch Graßhof, Malte: Die Vollstreckung von Normenkontrollentscheidungen des Bundesverfassungsgerichts, 2003, 190; Klein, Hans H.: Bundesverfassungsgericht und Staatsraison, 1968, 13ff.

18 Vgl. Wernsmann, Rainer: Das gleichheitswidrige Steuergesetz – Rechtsfolgen und Rechtsschutz, 2000, 39f, der darstellt, dass bei erfolgreicher Beschwerde gegen das Bundeswahlgesetz die erforderliche Neuwahl nicht möglich wäre, da der bisherige Bundestag zum Erlass eines neuen Bundeswahlgesetzes nicht legitimiert wäre; Moench, Christoph: Verfassungswidriges Gesetz und Normenkontrolle: die Problematik der verfassungsgerichtlichen Sanktion, dargestellt anhand der Rechtsprechung des Bundesverfassungsgerichtes, 1977, 85 spricht von einer "auf dem Boden des Grundgesetzes nicht zu lösenden Aporie"; vgl. auch Ipsen, Jörn: Rechtsfolgen der Verfassungswidrigkeit von Norm und Einzelakt, 1980, 138; Schlaich/Korioth (Fn. 2), Rn. 433; anders aber Graßhof (Fn. 17), 224ff.

19 Löwer, Wolfgang: Zuständigkeiten und Verfahren des Bundesverfassungsgerichts, in: Isensee, Josef / Kirchhof, Paul: Handbuch des Staatsrechts der Bundesrepublik Deutschland, Band III, Demokratie – Bundesorgane, 3. Auflage 2005, § 70 Rn. 121.

20 Siehe Darstellung bei Benda/Klein (Fn. 14), Rn. 1267ff; Graßhof (Fn. 16), Rn. 33 ff; kritisch zu dieser Entwicklung Seer, Roman: Die Unvereinbarkeitserklärung des BVerfG am Beispiel seiner Rechtsprechung zum Abgabenrecht, NJW 1996, 285 (289).

I. Uneinheitliche Terminologie

Weicht das Bundesverfassungsgericht von einer Nichtigerklärung ab, so ist der Entscheidungsformel unabhängig von der Verfahrensart regelmäßig zu entnehmen, dass das Gesetz "unvereinbar"[21] oder "nicht vereinbar"[22] sei. Im Gegensatz dazu spricht das Bundesverfassungsgericht bei Nichtigerklärungen von "unvereinbaren und daher nichtigen"[23] Gesetzen.[24] Der Terminologie des Bundesverfassungsgerichts folgend ist für die abweichenden Entscheidungen die Bezeichnung "Unvereinbarerklärung" gebräuchlich.[25] Neben der Bezeichnung "Unvereinbarerklärung" sind in der Literatur weitere Formulierungsvorschläge für dieselbe Tenorierungsvariante zu finden. Beispiele hierfür sind: "Unvereinbarkeitserklärung"[26], "bloße Unvereinbarerklärung"[27], "Verfassungswidrigerklärung"[28], "bloß verfassungswidrige Rechtslage"[29] und "Feststellung der Verfassungswidrigkeit"[30].

Die Frage, welche Entscheidungsvarianten als Unvereinbarerklärungen anzusehen sind, wird uneinheitlich beantwortet.[31] So wird beispielsweise für die so genannten Appellentscheidungen[32] des Bundesverfassungsgerichts angenom-

---

21 Vgl. z.B. BVerfGE 59, 302 (303).

22 Vgl. z.B. BVerfGE 28, 227 (227).

23 Vgl. z.B. BVerfGE 117, 372 (372).

24 Schlaich/Korioth (Fn. 2), Rn. 398.

25 Siehe nur Schlaich/Korioth (Fn. 2), Rn. 400; Blüggel, Jens: Unvereinbarerklärung statt Normkassation durch das Bundesverfassungsgericht, 1998, passim.

26 Graßhof (Fn. 17), 91; Bethge in: Maunz, Theodor / Schmidt-Bleibtreu, Bruno / Klein, Franz / Bethge, Herbert: Bundesverfassungsgerichtsgesetz – Kommentar, Loseblatt, Stand des Gesamtwerks Januar 2011, § 78 Rn. 57; Gerhard, Torsten: Die Rechtsfolgen prinzipaler Normenkontrollen für Verwaltungsakte - § 79 Abs. 2 BVerfGG und § 183 VwGO, 2008, 35.

27 Wernsmann (Fn. 18), 89.

28 Maurer, Hartmut: Zur Verfassungswidrigerklärung von Gesetzen, in: Im Dienst an Recht und Staat: Festschrift für Werner Weber zum 70. Geburtstag, 1974, 345 (345).

29 Vgl. Pestalozza, Christian: "Noch verfassungsmäßige" und "bloß verfassungswidrige" Rechtslagen – Zur Feststellung und kooperativen Beseitigung verfassungsimperfekter Zustände, in: Starck, Christian: Bundesverfassungsgericht und Grundgesetz – Festgabe aus Anlaß des 25jährigen Bestehens des Bundesverfassungsgerichts, Erster Band, Verfassungsgerichtsbarkeit, 1976, 519 (523, 535).

30 Pestalozza, Christian: Verfassungsprozeßrecht – Die Verfassungsgerichtsbarkeit des Bundes und der Länder mit einem Anhang zum Internationalen Rechtsschutz, 3. Auflage, 1991, § 20 Rn. 9.

31 Umfassend zu dieser Frage siehe noch unten 3. Teil passim.

32 Grundlegend dazu Schlaich/Korioth (Fn. 2), Rn. 431ff. m.w.N; siehe auch Graßhof (Fn. 16), § 78 Rn. 10; Pestalozza (Fn. 30), § 20 Rn. 128f; Löwer (Fn. 19), § 70 Rn. 125;

men, dass sie sich mit den Unvereinbarerklärungen überschnitten.[33] Nach anderer Ansicht sind Appellentscheidungen und Unvereinbarerklärungen hingegen strikt voneinander abzugrenzen.[34] Gleiches gilt auch für den Fall, dass das Bundesverfassungsgericht die Verfassungswidrigkeit gesetzgeberischen Unterlassens feststellt.[35] Teils ist man der Ansicht, dass diese Feststellung einen Unterfall der Unvereinbarerklärungen darstelle.[36] Im Gegensatz dazu wird jedoch darauf hingewiesen, dass diese Konstellationen von den Unvereinbarerklärungen zu trennen seien.[37]

II. Prototyp der Unvereinbarerklärung: Der gleichheitswidrige Begünstigungsausschluss

Ein allgemein anerkanntes[38] und gleichzeitig das prominenteste Beispiel der Unvereinbarerklärung ist der gleichheitswidrige Begünstigungsausschluss[39].

Rupp-von Brünneck, Wiltraut: Darf das Bundesverfassungsgericht an den Gesetzgeber appellieren?; in: Rittersbach, Theo / Geiger, Willi: Festschrift für Gebhard Müller, zum 70. Geburtstag des Präsidenten des Bundesverfassungsgerichts, 1970, S. 355, (355ff.); siehe dazu noch unten 3. Teil A.

33 Vgl. Yang, Tzu-Hui: Die Appellentscheidungen des Bundesverfassungsgerichts, 2003, 124f; in diese Richtung auch Seer (Fn. 20), 288; vgl. dazu auch Bachof, Otto: Der Richter als Gesetzgeber, in: Gernhuber, Joachim: Tradition und Fortschritt im Recht: Festschrift gewidmet der Tübinger Juristenfakultät zu ihrem 500jährigem Bestehen 1977 von ihren gegenwärtigen Mitgliedern und in deren Auftrag, 1977, 177 (184f.).

34 Hein, Peter E.: Die Unvereinbarerklärung verfassungswidriger Gesetze durch das Bundesverfassungsgericht, 1988, 16f; Blüggel (Fn. 25), 122; Battis, Ulrich: Der Verfassungsverstoß und seine Folgen, in: Isensee, Josef / Kirchhof, Paul: Handbuch des Staatsrechts der Bundesrepublik Deutschland, Band VII, Normativität und Schutz der Verfassung – Internationale Beziehungen, 1. Auflage 1992, § 165 Rn. 37; Graßhof (Fn. 17), 189; Siedler, Nina-Luisa: Gesetzgeber und Bundesverfassungsgericht, 1999, 177; Benda/Klein (Fn. 14), Rn. 1279; Schlaich/Korioth (Fn. 2) , Rn. 431; Herter, Wilfried: Die Unvereinbarerklärung verfassungswidriger Steuergesetze, 1994, 21.

35 Siehe z.B. Graßhof (Fn. 16), § 76 Rn. 20, § 78 Rn. 84; siehe auch Rupp, Hans Heinrich: Bemerkungen zum Individualrechtsschutz gegen die Verfassungswidrigkeit von Rechtsnormen und unterlassenen Rechtsnormen, in: Depenheuer, Otto: Staat im Wort: Festschrift für Josef Isensee; 2007; 283 (288ff.); Benda/Klein (Fn. 14), Rn. 494.

36 Pestalozza (Fn. 30), § 20 Rn. 114; Benda/Klein (Fn. 14), Rn. 1269; Lechner, Hans; Zuck, Rüdiger: Bundesverfassungsgerichtsgesetz – Kommentar, 5. Auflage, 2006, § 95 Rn. 26.

37 Vgl. Schlaich/Korioth (Fn. 2), Rn. 408; vgl. auch Graßhof (Fn. 17), 144ff.

38 Statt aller vgl. z.B. Schlaich/Korioth (Fn. 2), Rn. 401ff. m.w.N; Ipsen (Fn. 18), 109ff; Harms, Katharina: Verfassungsrecht in Umbruchsituationen, 1999, 203; Löwer, Wolfgang: Zuständigkeiten und Verfahren des Bundesverfassungsgerichts, in: Isensee, Josef

Dabei handelt es sich um eine gesetzliche Konstellation, bei der eine Begünstigung nur der Gruppe A zukommt, die Gruppe B von dieser hingegen in gleichheitswidriger Weise ausgeschlossen ist. Das Bundesverfassungsgericht ist der Ansicht, dass beim gleichheitswidrigen Begünstigungsausschluss eine Nichtigerklärung dem Gesetzgeber vorgreife[40] und verzichtet in ständiger Rechtsprechung auf die Nichtigerklärung der verfassungswidrigen Regelung und erklärt sie (nur) für mit dem Gleichheitssatz unvereinbar.[41]

III. Wechselvolles Erscheinungsbild im zeitlichen Verlauf

Die Unvereinbarerklärungen zeigten in den letzten Jahrzehnten ein ausgesprochen heterogenes Erscheinungsbild. Dies gilt sowohl für die Frage, wann es zum Ausspruch einer Unvereinbarerklärung kam[42], als auch für die Frage, was die konkreten Folgen für das unvereinbare Gesetz[43] sein sollten. Hinzu kommt, dass auch der gesetzliche Hintergrund der Unvereinbarerklärungen einem Wandel unterworfen war.[44] Eine Betrachtung der Unvereinbarerklärungen verdeutlicht deren wechselvolle Geschichte im historischen Verlauf.

1. Erstes Auftreten von Unvereinbarerklärungen

Als erste Unvereinbarerklärung wird der Beschluss des Ersten Senats des Bundesverfassungsgerichts vom 10. März 1958[45] zu § 21 Abs. 2 S. 1 des Gesetzes über die Verbreitung jugendgefährdender Schriften (GjS)[46] angesehen.[47] Das GjS grenzt den Kreis der Schriften ab, die geeignet sind, Jugendliche sittlich zu gefährden, und ihnen deshalb nicht zugänglich gemacht werden dürfen. Nach § 21 Abs. 1 GjS werden Zuwiderhandlungen bestraft. Nach § 21 Abs. 2 S. 1 GjS

/ Kirchhof, Paul: Handbuch des Staatsrechts der Bundesrepublik Deutschland, Band III, Demokratie – Bundesorgane, 3. Auflage 2005, § 56 Rn. 106; Maurer (Fn. 28), 347ff.

39 Auch "willkürlicher Begünstigungsausschluss" Hein (Fn. 34), 29; Ipsen (Fn. 18), 109.

40 BVerfGE 22, 349 (362).

41 Ständige Rechtsprechung, vgl. etwa BVerfGE 22, 349 (361); 23, 1 (10); 23, 242 (254f.); 28, 227 (242f.); aus neuerer Zeit z.B. BVerfGE 115, 381 (393); Wernsmann (Fn. 18), 82 spricht vom "Hauptanwendungsfall" der Unvereinbarerklärung; ebenso Blüggel (Fn. 25), 32; Stern, in: Bonner Kommentar zum Grundgesetz, Loseblatt, Stand des Gesamtwerks Mai 2011, Art. 93 Rn. 280.

42 Siehe 1. Teil A.III.4.

43 Siehe 1. Teil A.III.3. und 4.

44 Siehe 1. Teil A.III.2.

45 BVerfGE 7, 320.

46 Vom 9. Juni 1953 (BGBl. I S. 377).

47 So Hein (Fn. 34), 29; Herter (Fn. 34), 24.

blieb die Tat unter anderem dann straflos, wenn ein Erziehungsberechtigter die Schriften zugänglich gemacht hatte. Das Bundesverfassungsgericht sah den Gesetzgeber als nicht dazu befugt an, den Rechtfertigungsgrund des Art. 6 Abs. 2 GG in den Strafausschließungsgrund des § 21 Abs. 2 S. 1 GjS abzuschwächen und erklärte die Norm daher als für mit Art. 6 Abs. 2 GG teilweise unvereinbar.[48] Vermutlich verzichtete das Bundesverfassungsgericht auf die Nichtigerklärung der Regelung, weil diese zum Wegfall des Strafausschließungsgrundes geführt und so den Beklagten des Ausgangsverfahrens mehr geschadet als genützt hätte.[49] Diese Unvereinbarerklärung wurde allem Anschein nach ohne dogmatischen Hintergrund und eher zufällig ausgesprochen.[50]

Das Bundesverfassungsgericht hatte aber schon früher die Unvereinbarkeit einer Regelung mit dem Grundgesetz festgestellt, ohne die Norm für nichtig zu erklären: In der Entscheidung vom 20. Februar 1957 befasste es sich mit der Frage, ob es verfassungsrechtlich zulässig war, dass bestimmte Zahlungen an Angehörige von Nichtgebietskörperschaften zu unterschiedlichen Zeitpunkten begonnen hatten.[51] Das Gericht erklärte die betreffende Regelung für mit Art. 3 Abs. 1 GG unvereinbar.[52] Aus dem Verfassungsverstoß folge nicht die vollständige Nichtigkeit der Norm, da es sich um eine umfassende Vorschrift handele, die mit zahlreichen Einzelregelungen eines Änderungsgesetzes zusammenhänge und je nach diesem Zusammenhang verfassungsrechtlich verschieden zu beurteilen sei.[53]

Als erste Unvereinbarerklärung, die das Gericht ausdrücklich mit den Besonderheiten des gleichheitswidrigen Begünstigungsausschlusses begründete, ist das Urteil des Ersten Senats vom 13. Dezember 1961[54] anzusehen.[55] Hier verzichtete das Gericht auf die Nichtigerklärung der gleichheitswidrigen Normen, da durch diese das Anliegen der Beschwerdeführer, in den Genuss der Begünstigung zu kommen, nicht erfüllt werden konnte.[56]

Der Verzicht auf die Nichtigerklärung verfassungswidriger Normen erfolgte vereinzelt auch stillschweigend und ohne weitere Erläuterung.[57] Mit dem Be-

---

48 BVerfGE 7, 320 (320, 326).

49 Vgl. Hein (Fn. 34), 29.

50 Hein (Fn. 34), 30.

51 Vgl. BVerfGE 6, 246 (246ff.).

52 Vgl. BVerfGE 6, 246 (246).

53 Vgl. BVerfGE 6, 246 (256f.).

54 BVerfGE 13, 248.

55 Hein (Fn. 34), 41; vgl. auch Ipsen (Fn. 18), 107.

56 BVerfGE 13, 248 (260).

57 Vgl. z.B. BVerfGE 18, 257.

schluss des Ersten Senats vom 11. Mai 1970[58] gewann das Bundesverfassungsgericht an terminologischer Festigkeit.[59] Das Gericht argumentierte, dass eine Nichtigerklärung der gleichheitswidrigen Regelung mit Rücksicht auf die Gestaltungsfreiheit des Gesetzgebers unmöglich sei, da eine verfassungsmäßige Regelung auf verschiedenen Wegen herbeigeführt werden könne.[60] Eben diese Argumentation fand und findet in zahlreichen Entscheidungen Verwendung.[61]

2. Nachträgliche gesetzliche Anerkennung

Bis 1970 ging das BVerfGG ausschließlich von der Verknüpfung der Verfassungswidrigkeit mit der Nichtigkeit aus.[62] Insofern mangelte es der Rechtsprechungspraxis des Bundesverfassungsgerichts nicht nur an einer gesetzlichen Grundlage, das Gericht hatte die Unvereinbarerklärung sogar entgegen den einfachgesetzlichen Vorgaben erschaffen.[63] Die Situation änderte sich mit dem Vierten Änderungsgesetz zum BVerfGG[64]. Besonderes Augenmerk verdiente vor allem die Änderung von § 31 Abs. 2 BVerfGG. In der neuen Fassung war diesem zu entnehmen, dass die Entscheidung des Bundesverfassungsgerichts in den Fällen des § 13 Nr. 6, 6a, 8a, 11, 12, 14 BVerfGG Gesetzeskraft hat, wenn das Bundesverfassungsgericht ein Gesetz als mit dem Grundgesetz vereinbar oder *unvereinbar oder für nichtig* erklärt. Das alternative Nebeneinander[65] von Nichtigerklärung und Unvereinbarerklärung zeigt, dass der Gesetzgeber die Unvereinbarerklärung in den Fällen der abstrakten und konkreten Normenkontrolle und der Verfassungsbeschwerde, die das Bundesverfassungsgericht schon zuvor praktiziert hatte, akzeptierte.[66] Zu weitergehenden Änderungen des BVerfGG

58 BVerfGE 28, 227.

59 Herter (Fn. 34), 26; Hein (Fn. 34), 31.

60 BVerfGE 28, 227 (242f.).

61 Z.B. BVerfGE 118, 45 (78); 117, 1 (69).

62 Vgl. insbesondere § 78 S. 1 und § 79 Abs. 1 BVerfGG in der Fassung vom 16. April 1951 (BGBl. I 243).

63 Schlaich/Korioth (Fn. 2), Rn. 395f; Voßkuhle, in: Mangoldt, Herrmann von; Klein, Friedrich / Starck, Christian: Kommentar zum Grundgesetz, sechste Auflage, 2010, Art. 93 Rn. 48.

64 Vom 21. Dezember 1970 (BGBl. I, S. 1765).

65 Auch in § 79 Abs. 1 BVerfGG stehen die Wörter "nichtig" und "unvereinbar" alternativ nebeneinander.

66 So auch Pestalozza (Fn. 30), § 20 Rn. 13; Graßhof (Fn. 16), § 78 Rn. 36; Sachs, Michael: Verfassungsprozessrecht, 3. Auflage, 2010, Rn. 161; Benda/Klein (Fn. 14), Rn. 1244; Zeidler, Wolfgang: Die Verfassungsrechtsprechung im Rahmen der staatlichen Funktionen, EuGRZ 1988, 207 (210); Kreutzberger, Senja: Die gesetzlich nicht geregelten Entscheidungsvarianten des Bundesverfassungsgerichts, 2007, 110ff. m.w.N;

konnte sich der Gesetzgeber jedoch nicht entschließen.[67] Die Folge war, dass Unvereinbarerklärungen zwar gesetzlich anerkannt waren, ihre genauen Voraussetzungen und Rechtsfolgen aber weiterhin der Rechtsprechung des Bundesverfassungsgerichts überlassen blieben.

3. Abrupter Rechtsprechungswechsel: Die Nichtanwendbarkeit unvereinbarer Gesetze

Dennoch zeigte sich nach der Gesetzesänderung eine vergleichsweise übersichtliche Situation: Die Unvereinbarerklärung war einfachgesetzlich akzeptiert und die Terminologie des Bundesverfassungsgerichts gefestigt. Ferner schien das Bundesverfassungsgericht davon auszugehen, dass ein nur für unvereinbar erklärtes Gesetz einstweilig anwendbar sei.[68] Gerade hierin wurde der Unterschied zwischen Unvereinbarerklärung und Nichtigerklärung gesehen.[69] Da man allgemein von der vorläufigen Weiteranwendbarkeit der für unvereinbar erklärten Norm ausging[70], konnte die Unvereinbarerklärung als probates Mittel zur gegebenenfalls erforderlichen Vermeidung der negativen Folgen einer Nichtigerklärung angesehen werden. Diese Vorstellungen fanden jedoch mit der Entscheidung zur Staatsangehörigkeit von Kindern[71] ihr Ende. Mit bemerkenswerter Deutlichkeit stellte das Bundesverfassungsgericht hier die Wirkungen von Nichtigerklärung und Unvereinbarerklärung gleich: "Wird die Verfassungswidrigkeit einer Norm lediglich festgestellt, so hat dies verfassungsrechtlich die gleiche Wirkung wie die Nichtigerklärung: die Norm darf ab sofort, d. h. vom Zeitpunkt der Entscheidung des Bundesverfassungsgerichts an, in dem sich aus dem Tenor ergebenden Ausmaß nicht mehr angewandt werden."[72] Diese Entscheidung sorg-

---

Gerhard (Fn. 26), 36; Harms (Fn. 38), 203; nach Ipsen (Fn. 18), 211f. nahm der Gesetzgeber mit dem Vierten Änderungsgesetz zum BVerfGG eine neutrale Haltung zur Tenorierungsweise des Bundesverfassungsgerichts ein; a.A. Skouris, Wassilios: Teilnichtigkeit von Gesetzen, 1973, 44ff; kritisch Bachof (Fn. 33), 186.

67 Pestalozza (Fn. 30), § 20 Rn. 13 Fn. 20 meint etwas vereinfachend: "Der Gesetzgeber sei [...] hier seiner Aufgabe (und dem Bundesverfassungsgericht) nicht gewachsen." Zum Gang der damaligen intensiven Reformbemühungen ausführlich Ipsen (Fn. 18), 85ff.

68 Implizit BVerfGE 32, 199 (217f., 221); 34, 9 (44); vgl. dazu Wernsmann (Fn. 18), 217; Hein (Fn. 34), 123.

69 Wernsmann (Fn. 18), 217; Schlaich/Korioth (Fn. 2), Rn. 419.

70 Schlaich/Korioth (Fn. 2), Rn. 418; Geiger, Willi: Zur Lage unserer Verfassungsgerichtsbarkeit, in: Spanner, Hans / Lerche, Peter: Festgabe für Theodor Maunz – Zum 70. Geburtstag am 1. September 1971, 1971, 117 135f.

71 BVerfGE 37, 217.

72 BVerfGE 37, 217 (261).

te für große Verwirrung in der Literatur[73], stellte sich doch nun die Frage, worin dann noch der Unterschied zwischen Unvereinbarerklärung und Nichtigerklärung liegen sollte.[74] Mittlerweile gehen das Bundesverfassungsgericht und die überwiegende Literatur davon aus, dass die für unvereinbar erklärten Gesetze grundsätzlich[75] vom Zeitpunkt der Entscheidung des Bundesverfassungsgerichts an nicht mehr angewendet werden dürfen.[76]

4. Neue Varianten der Unvereinbarerklärung

a. Unvereinbarerklärungen nicht nur bei Gleichheitsverstößen

Sieht man von der bereits genannten, wohl eher zufällig ausgesprochenen Unvereinbarerklärung zum GjS[77] ab, war für Unvereinbarerklärungen zunächst kennzeichnend, dass die verfassungswidrigen Normen den allgemeinen Gleichheitssatz verletzten.[78] Dies änderte sich aber bereits in einer Entscheidung zur Richterbesoldung.[79] Hier hielt das Bundesverfassungsgericht die zu prüfende Regelung ausdrücklich für mit Art. 3 Abs. 1 GG vereinbar.[80] Gleichwohl erklärte es das geprüfte Besoldungsänderungsgesetz nur für mit Art. 33 Abs. 5 GG unvereinbar,[81] ohne dabei den Verzicht auf die Nichtigerklärung zu begründen.

---

73 Schlaich/Korioth (Fn. 2), Rn. 419 m.w.N; Hein (Fn. 34), 123 m.w.N; Ipsen (Fn. 18), 217f; Rupp, Hans Heinrich: Art. 3 GG als Maßstab verfassungsgerichtlicher Gesetzeskontrolle, in: Starck, Christian: Bundesverfassungsgericht und Grundgesetz – Festgabe aus Anlaß des 25jährigen Bestehens des Bundesverfassungsgericht, Zweiter Band, Verfassungsauslegung, 1976, 387f; Burghart, Axel: Das verfassungswidrige aber nicht nichtige Gesetz - ungültig aber wirksam?, NVwZ 1998, 1262 (1264).

74 Löwer (Fn. 19), § 70 Rn. 123; Schlaich/Korioth (Fn. 2), Rn. 419.

75 Zu den Ausnahmen siehe sogleich.

76 Z.B. BVerfGE 55, 100 (110); 61, 319 (356); 73, 40 (101); 93, 386 (402); Hein (Fn. 34), 190; Wernsmann (Fn. 18), 217; Battis (Fn. 34), Rn. 75; Maurer (Fn. 28), 360ff; Pestalozza (Fn. 30), § 20 Rn. 126; Graßhof (Fn. 16), § 78 Rn. 59; Schlaich/Korioth (Fn. 2), Rn. 421; a.A. Pohle, Albrecht Peter: Die Verfassungswidrigerklärung von Gesetzen: Eine Untersuchung der Voraussetzungen und Folgen des Verzichts auf die gesetzestechnisch mögliche Nichtigerklärung durch das Bundesverfassungsgericht, 1979, 116ff; für Steuergesetze Herter (Fn. 34), 78ff; Moench (Fn. 18), 172ff. hält die Weitergeltung für möglich; Söhn, Hartmut: Anwendungspflicht oder Aussetzungspflicht bei festgestellter Verfassungswidrigkeit von Gesetzen, 1974, 58ff.

77 BVerfGE 7, 320.

78 BVerfGE 13, 248; 18, 257; 18, 288; 23, 1; 25, 101; 25, 236.

79 BVerfGE 26, 79.

80 BVerfGE 26, 79 (100).

81 Vgl. BVerfGE 26, 79 (79).

In zwei weiteren Entscheidungen zu besoldungsrechtlichen Vorschriften[82] sprach das Bundesverfassungsgericht erstmals Unvereinbarerklärungen aus, obgleich keine Verfassungsverstöße, sondern Verletzungen von Bundesrecht festgestellt wurden.[83] Dabei begründete das Gericht den Verzicht auf die Nichtigerklärung damit, dass diese dazu geführt hätte, dass keine eindeutige Rechtsgrundlage für die Besoldung der Staatsanwälte[84] bzw. Beamten[85] mehr existiert hätte.

In den Entscheidungen Güterkraftverkehrsgesetz[86], Warenzeichenrecht[87] und Pflichtexemplar[88] kam es zu den ersten Unvereinbarerklärungen, bei denen die geprüften Regelungen ausschließlich[89] gegen ein Freiheitsgrundrecht verstießen. Während in der Entscheidung zum Güterkraftverkehrsgesetz eine Begründung für den Verzicht auf die Nichtigerklärung fehlte, verwies das Bundesverfassungsgericht in der Entscheidung zum Warenzeichenrecht darauf, dass eine Lücke in der gesetzlichen Regelung nicht dazu führen könne, die Vorschrift für nichtig zu erklären.[90] In der dritten Entscheidung befand das Gericht, dass der Gesetzgeber eine Reihe von Möglichkeiten der Neuordnung habe und beschränkte sich daher auf die Feststellung der Verfassungswidrigkeit.[91]

b. Anwendbare und nicht anwendbare unvereinbare Gesetze

Als grundsätzliche Folge der Unvereinbarerklärung hatte das Bundesverfassungsgericht die Unanwendbarkeit des unvereinbaren Gesetzes benannt.[92] In zahlreichen Entscheidungen wich das Gericht aber von diesem Grundsatz ab.[93] Bereits in der Entscheidung zur Staatsangehörigkeit von Abkömmlingen[94] hielt das Bundesverfassungsgericht es wegen der entscheidenden Bedeutung der

---

82 BVerfGE 32, 199 und 34, 9

83 BVerfGE 32, 199 (199); 34, 9 (10).

84 BVerfGE 32, 199 (217f.).

85 BVerfGE 34, 9 (43f.).

86 BVerfGE 40, 196.

87 BVerfGE 51, 193.

88 BVerfGE 58, 137.

89 In den BVerfGE 30, 292; 35, 79; 38, 61 hatte das Bundesverfassungsgericht bereits Unvereinbarerklärungen in Bezug auf Regelungen ausgesprochen, die gegen ein Freiheitsgrundrecht in Verbindung mit Art. 3 Abs. 1 GG verstießen.

90 BVerfGE 51, 193 (221).

91 BVerfGE 58, 137 (152).

92 Vgl. oben 1. Teil A.III.3.; BVerfGE 37, 217 (261).

93 So z.B. in BVerfGE 37, 217; 61, 319; 72, 330; 87, 153; 90, 60; 111, 191.; 117, 1; zum Ganzen auch Sachs, Michael: Singularzulassung von Rechtsanwälten, JuS 2001, 504 (505).

94 BVerfGE 37, 217.

Staatsangehörigkeit für den gesamten Status der betroffenen Kinder nicht für zulässig, dass auch nur für kurze Zeit ein rechtliches Vakuum entsteht und ordnete die Fortgeltung der bisherigen Regelung an.[95]

Das Gericht unterscheidet zwischen zwei Varianten der weiteren Anwendbarkeit: In der ersten Variante ist die verfassungswidrige Regelung nur vorübergehend weiter anwendbar.[96] In dieser Konstellation verpflichtet das Bundesverfassungsgericht den Gesetzgeber, den verfassungswidrigen Zustand auch mit Wirkung für die Vergangenheit zu beseitigen.[97] In der zweiten Variante wird das verfassungswidrige Recht hingegen für einen bestimmten Zeitraum endgültig als Grundlage staatlichen Handelns akzeptiert. Dabei wird der Gesetzgeber dazu verpflichtet, eine verfassungskonforme Neuregelung mit Wirkung für die Zukunft zu treffen.[98]

c. Nichtigerklärung und gleichheitswidriger Begünstigungsausschluss

Obgleich das Bundesverfassungsgericht beim gleichheitswidrigen Begünstigungsausschluss in ständiger Rechtsprechung auf eine Nichtigerklärung verzichtet[99], kommt es in diesen Konstellationen nicht ausnahmslos zu Unvereinbarerklärungen. Bereits in der Entscheidung zur unterschiedlosen Privilegierung von Landwirten im EStG[100] hatte das Gericht die Möglichkeit einer Ausnahme angedeutet, es aber dennoch bei einer Unvereinbarerklärung belassen.[101] Ein Beispiel für eine "ausnahmsweise Nichtigerklärung" findet sich in der Entscheidung zum Transsexuellengesetz (TSG): Das TSG gab Transsexuellen unter anderem die Möglichkeit, ihren Vornamen zu ändern, ohne sich zuvor operativen Eingriffen zu unterziehen (sog. "kleine Lösung"). Nach § 1 Abs. 1 Nr. 3 TSG musste der Antragsteller mindestens 25 Jahre alt sein. Das Bundesverfassungsgericht hielt diese Vorschrift wegen Verstoßes gegen Art. 3 Abs. 1 GG für verfassungswidrig.[102] Grundsätzlich sei die Norm zwar mit Rücksicht auf die Gestaltungsfreiheit des Gesetzgebers nicht für nichtig zu erklären. Die unvereinbare Norm sei aber für nichtig zu erklären, wenn mit Sicherheit anzunehmen sei, dass der Ge-

---

95 Vgl. BVerfGE 37, 217 (261); vgl. dazu auch BVerfGE 87, 153 (155), 114, 371 (372).
96 Vgl. Wernsmann (Fn. 18), 218.
97 Vgl. z.B. BVerfGE 61, 319 (356f.).
98 Vgl. z.B BVerfGE 87, 153 (179); vgl. auch Wernsmann (Fn. 18), 219.
99 Siehe dazu oben A.II.
100 BVerfGE 28, 227.
101 BVerfGE 28, 227 (242f.).
102 BVerfGE 88, 87 (101).

setzgeber bei Beachtung des allgemeinen Gleichheitssatzes die nach der Nichtigerklärung verbleibende Regelung wählte.[103]

B. Verfassungsgerichtliche Begründungen und Kritik in der Literatur

Die Entwicklung der Unvereinbarerklärung im zeitlichen Verlauf zeigt, dass es diese Entscheidungsart in unterschiedlichen Varianten gibt. Aus diesem Grunde fällt es schwer, mit dem Begriff der Unvereinbarerklärung allgemeingültige Vorstellungen zu verknüpfen. Dies gilt umso mehr, als sich viele voneinander abweichende Begründungen (I.) des Bundesverfassungsgerichts für seinen Verzicht auf die Nichtigerklärung finden. Außerdem ist gerade die Variabilität der Unvereinbarerklärung ein Ausgangspunkt für eine umfassende Kritik (II.), der sie sich in der Literatur ausgesetzt sieht.

I. Bundesverfassungsgerichtliche Begründungen

In den weitaus meisten Fällen der Unvereinbarerklärung sah das Bundesverfassungsgericht sich außerstande, eine verfassungswidrige Regelung für nichtig zu erklären, weil eine verfassungsmäßige Regelung auf verschiedenen Wegen herbeigeführt werden könne.[104] Eine Nichtigerklärung der zur Prüfung gestellten Vorschrift sei in diesen Fällen mit Rücksicht auf die Gestaltungsfreiheit des Gesetzgebers nicht möglich.[105] Diese Begründung findet sich insbesondere in der Konstellation des gleichheitswidrigen Begünstigungsausschlusses[106]. Daneben existieren aber auch andere Gründe, die entweder allein[107] oder neben der gesetzgeberischen Gestaltungsfreiheit[108] für eine Unvereinbarerklärung sprechen sollen:

In vielen weiteren Fällen gab das Gericht der Unvereinbarerklärung den Vorzug, da eine Nichtigerklärung eine noch weniger mit dem Grundgesetz vereinbare Rechtslage schaffe[109] oder die bei einer Nichtigerklärung entstehende

103 BVerfGE 88, 87 (101).
104 Vgl. nur BVerfGE 105, 73 (133); 99, 280 (298).
105 Z.B. BVerfGE 28, 227 (242f.); 115, 381 (393); vgl. Blüggel (Fn. 25), 22 m.w.N.
106 Vgl. z.B. BVerfGE 22, 349 (361); 23, 1 (10); 23, 242 (254f.); 28, 227 (242f.); aus neuerer Zeit z.B. BVerfGE 115, 381 (393); vgl. schon oben 1. Teil A.II; siehe dazu noch unten 2. Teil A.I.1; siehe aber auch noch 2. Teil A.II. und 3. Teil B.5.
107 Vgl. z.B. BVerfGE 119, 181 (241).
108 Vgl. etwa BVerfGE 82, 126 (154f.).
109 BVerfGE 99, 216 (243f.); 112, 268 (278); 89, 381 (394); 85, 264 (326); 83, 130 (154).

Rechtslage der Verfassung noch ferner stehe[110]. So hielt das Gericht etwa in einer Entscheidung zu den Rundfunkgebühren[111] eine Nichtigerklärung für ausgeschlossen, weil damit die Rechtsgrundlage für die Höhe der Rundfunkgebühr entfallen wäre und der dadurch herbeigeführte Zustand dem Grundgesetz noch ferner gestanden hätte als der bisherige.[112]

Mehrmals verwies das Gericht darauf, dass eine Nichtigerklärung gesetzestechnisch nicht möglich sei[113] oder durch eine Nichtigerklärung die Verfassungswidrigkeit nicht beseitigt werde[114]. Dies war zum Beispiel in der Entscheidung zum Status habilitierter Universitätsmitglieder[115] der Fall. Als problematisch erwies sich hier, dass bestimmte habilitierte Universitätsmitglieder gesetzlich der Gruppe des wissenschaftlichen Dienstes und nicht den beamteten Professoren zugeordnet und daher ihre Teilhaberechte an der Universitätsselbstverwaltung in einer Art. 5 Abs. 3 GG widersprechenden Weise eingeschränkt wurden.[116] Jedoch wären bei der Nichtigerklärung der angegriffenen Norm die Betroffenen gar keiner Gruppe von Universitätsangehörigen zugeordnet und folglich völlig von der Mitwirkung in der akademischen Selbstverwaltung ausgeschlossen worden.[117]

Außerdem hielt das Gericht eine Nichtigerklärung für ausgeschlossen, wenn die Verfassungswidrigkeit darin bestehe, dass eine Personen- oder Fallgruppe nicht einbezogen worden sei[118], wenn es dem Gesetzgeber überlassen bleiben müsse, unter welchen Modalitäten der Verstoß gegen die Verfassung geheilt werden solle[119], wenn der Gesetzgeber eine Reihe von Möglichkeiten der Neuordnung habe[120]oder wenn eine Nichtigerklärung dem Anliegen des Beschwerdeführers nicht entspreche[121]. Letzteres war etwa in einer Entscheidung[122] über Regelungen der Fall, die gleichheitswidrig den monatlichen Rentenhöchstbetrag zur Entschädigung für Opfer der nationalsozialistischen Verfolgung zu einem späteren Zeitpunkt erhöhten. Alle anderen Renten waren bereits zu einem frühe-

110 BVerfGE; 33, 303 (347f); 87, 153 (177f.); 90, 60 (104f.); 97, 228 (270); 111, 191 (224f.); 112, 268 (283); 119, 181 (241).
111 BVerfGE 119, 181.
112 BVerfGE 119, 181 (241).
113 BVerfGE 41, 399 (425f.).
114 BVerfGE 56, 192 (215f.); 105, 73 (134).
115 BVerfGE 56, 192.
116 BVerfGE 56, 192 (192, 212).
117 BVerfGE 56, 192 (215).
118 BVerfGE 92, 158 (186).
119 BVerfGE 41, 399 (425f.).
120 BVerfGE 58, 137 (152).
121 BVerfGE 13, 248 (260); 41, 399 (425f.).
122 BVerfGE 13, 248.

ren Zeitpunkt erhöht worden.[123] Die Nichtigerklärung der Normen schied nach Ansicht des Bundesverfassungsgerichts aus, da auf diesen die von den Beschwerdeführern angegriffene Nichterhöhung der Rentenhöchstbeträge beruhte. Mit der Nichtigerklärung konnte das Anliegen der Beschwerdeführer, schon zu einem frühren Zeitpunkt in den Genuss der erhöhten Leistungen zu kommen, nicht erfüllt werden.[124]

Weiter spricht es nach Auffassung des Bundesverfassungsgerichts gegen eine Nichtigerklärung, wenn diese eine (unzulässige) Erweiterung der gesetzlichen Regelung bewirke[125], wenn der Verfassungsverstoß sich aus der Unvollständigkeit der Norm ergebe[126] oder wenn eine Lücke in der gesetzlichen Regelung den Verfassungsverstoß bewirke, da diese nicht nichtig erklärt werden könne. Dieses war zum Beispiel in der Entscheidung Weinbezeichnung[127] der Fall. Hier erwiesen sich Bestimmungen des Weingesetzes als verfassungswidrig, soweit der als geographische Herkunftsangabe zulässige Name einer Rebfläche, die kleiner als fünf Hektar war, auch dann nicht in die Weinbergsrolle eingetragen werden konnte, wenn dieser durch ein Warenzeichen geschützt war.[128] Die Verfassungswidrigkeit lag nach Ansicht des Gerichts in einer Lücke der gesetzlichen Regelung, weshalb die Vorschrift nicht für nichtig zu erklären sei.[129]

Ferner sah sich das Gericht dazu gezwungen, von einer Nichtigerklärung abzusehen, wenn mit dem Ausspruch der Nichtigkeit eine Lücke im geltenden Recht entstehe, die durch die Praxis nicht zuverlässig geschlossen werden könne[130], wenn der Ausspruch der Nichtigkeit zu einer schwer erträglichen Unsicherheit über die Rechtsgrundlage führe[131], wenn sich ein Verfassungsverstoß aus dem Zusammenwirken mehrerer Vorschriften ergebe und eine Korrektur auf verschiedene Weise vorgenommen werden könne[132], wenn das Gemeinwohl einen schonenden Übergang von der verfassungswidrigen zu einer verfassungsgemäßen Rechtslage gebiete[133] und wenn die geprüfte Regelung nur in bestimmten Fällen Anlass zu verfassungsrechtlicher Beanstandung gebe[134].

123 BVerfGE 13, 248 (251).
124 BVerfGE 13, 248 (260).
125 BVerfGE 33, 106 (115).
126 BVerfGE 54, 159 (172).
127 BVerfGE 51, 193.
128 BVerfGE 51, 193 (194).
129 BVerfGE 51, 193 (221).
130 BVerfGE 38, 1 (22).
131 BVerfGE 34, 9 (44).
132 BVerfGE 82, 60 (84); 82, 126 (154).
133 BVerfGE 91, 186 (207).
134 BVerfGE 101, 106 (131).

Daneben gibt es weitere Begründungen, die das Bundesverfassungsgericht benannte, ohne näher auf diese einzugehen: So sei auf die Nichtigerklärung zugunsten der Unvereinbarerklärung zu verzichten, wenn der verfassungswidrige Teil der Norm nicht klar abgrenzbar[135] und Teil eines undurchsichtigen Normengeflechts sei[136] oder wenn neue verfassungsrechtliche Anforderungen formuliert würden, die für den Gesetzgeber nicht zu erwarten waren und auf die er sich erst einstellen müsse[137].

Es finden sich außerdem einige Entscheidungen, in denen das Bundesverfassungsgericht seinen Verzicht auf die Nichtigerklärung zugunsten einer Unvereinbarerklärung nicht näher begründete.[138]

II. Umfassende Kritik in der Literatur

Das Bundesverfassungsgericht hat also in ganz unterschiedlichen problematischen Konstellationen auf die Nichtigerklärung verzichtet und eine Unvereinbarerklärung ausgesprochen. Insofern stellt sich die Unvereinbarerklärung als Teil eines vom Bundesverfassungsgerichts entwickelten Instrumentariums dar[139], das der Flexibilisierung der verfassungsrechtlichen Rechtsprechung dient[140] und es dem Gericht ermöglicht, diejenige Entscheidungsvariante zu wählen, die zur jeweiligen Situation am besten passt.[141] Jedoch wird die Unvereinbarkeitsrechtsprechung von nur wenigen Autoren ohne jede Kritik hingenommen.[142] Denn so erfreulich praktikable Lösungen auch sein mögen, so prob-

---

135 BVerfGE 92, 158 (186).

136 BVerfGE 82, 60 (84); 112, 263 (283f.); vgl. auch BVerfGE 6, 246 (256f.).

137 BVerfGE 112, 263 (284).

138 Z.B. BVerfGE 26, 79; 42, 176; 75, 40; 75, 108; 89,15.

139 Vgl. Kirchhof, Paul: Rechtsstaatliche Anforderungen an den Rechtsschutz in Steuersachen, in: Trzaskalik, Christoph: Veröffentlichungen der Deutschen Steuerjuristischen Gesellschaft e. V., 1995, Bd. 18, Der Rechtsschutz in Steuersachen, 17 (39); Löwer (Fn. 19), § 70 Rn. 121.

140 Vgl. nur Seer (Fn. 20), 285; Löwer (Fn. 19), § 70 Rn. 120; Ipsen (Fn. 18), 142; Kreutzberger (Fn. 66), 109.

141 So Kirchhof (Fn. 139), 39f., der beispielsweise darauf hinweist, dass bei der Unvereinbarerklärung eines Steuergesetzes dieses Rechtsgrund für die abgewickelten Steuerfälle bleiben kann.

142 Grundsätzlich zustimmend aber wohl Löwer, Wolfgang: Steuerpflicht trotz verfassungswidriger Steuernormen? – Anmerkungen zur Rechtsprechung des Bundesverfassungsgerichts zum Familienexistenzminimum, StVj 1991, 97 (100); Lechner/Zuck (Fn. 36), § 95 Rn. 23f; Lübbe-Wolff, Gertrude: Die Grundrechte als Eingriffsabwehrrechte - Struktur und Reichweite der Eingriffsdogmatik im Bereich staatlicher Leistungen, 1988, 252; Maiwald, Joachim: Anwendbarkeit für verfassungswidrig erklärter

lematisch ist es, das Entscheidungsarsenal zu verbreitern und anwendungs- und einzelfallbezogen[143] zu entscheiden, ohne dies aber dogmatisch zu fundieren.[144] Dem Bundesverfassungsgericht wird ein all zu überschwänglicher Pragmatismus vorgehalten, der die Nachvollzieh- und Vorhersehbarkeit[145] der Entscheidungsfindung beeinträchtigt und damit der Rechtssicherheit und Rechtsklarheit in nicht mehr zu vertretendem Maße entgegensteht.[146] Dies gilt um so mehr, wenn Unvereinbarerklärungen ausgesprochen werden, deren Tenor es an Klarheit mangelt[147] und die nicht bzw. nur phrasenhaft begründet[148] werden. So führen Unvereinbarerklärungen bei Behörden, Bürgern, Fachgerichten, in der Politik und juristischen Literatur zu erheblichen Verunsicherungen, weil nicht verlässlich abzuschätzen ist, in welchen Fällen von der Nichtigerklärung abzuweichen ist[149] und welche Wirkungen[150] die einzelnen Unvereinbarerklärungen ha-

---

Gesetze?, BayVbl. 1971, 90 (92); 166ff; Rupp-von Brünneck, Wiltraut: Verfassungsgerichtsbarkeit und gesetzgebende Gewalt – Wechselseitiges Verhältnis zwischen Verfassungsgericht und Parlament, AöR 102 (1977), 1 (19); Schenke, Wolf-Rüdiger: Der Umfang der bundesverfassungsgerichtlichen Überprüfung, NJW 1979, 1321 (1326).

143 So etwa Ipsen (Fn. 18), 141f; vgl. auch Seer (Fn. 20), 290: "Das BVerfG sprengt damit für die Auswahl des Entscheidungsausspruches jede dogmatische Fessel und macht ihn zu einer Frage schlichter Beliebigkeit."

144 Eine unübersehbare Differenz zwischen Dogmatik und Pragmatik sehen etwa Ipsen (Fn. 18), 141; Ipsen, Jörn: Nichtigerklärung oder "Verfassungswidrigerklärung" – Zum Dilemma der verfassungsgerichtlichen Normenkontrollpraxis, JZ 1983, 41 (41); siehe auch Hein (Fn. 34), 30; siehe dazu auch Battis (Fn. 34), Rn. 29.

145 Deutlich Breuer, Marten: Nichtiges Gesetz und vernichtbarer Verwaltungsakt – Überlegungen zur Ratio der Fehlerfolgendifferenzierung bei Norm und Einzelakt, DVBl. 2008, 555 (564); Bethge (Fn. 26), § 31 Rn. 205; Klein, Hans H: Gedanken zur Verfassungsgerichtsbarkeit, in: Burmeister, Joachim: Verfassungsstaatlichkeit – Festschrift für Klaus Stern zum 65. Geburtstag, 1997, 1135 (1150); Schlaich/Korioth (Fn. 2), Rn. 454; Moes, Christoph: Die Anordnung der befristeten Fortgeltung verfassungswidriger Steuergesetze durch das Bundesverfassungsgericht, StuW 2008, 27 (32).

146 Vgl. Seer (Fn. 20), 291; Sachs, Michael: Tenorierung bei Normenkontrollentscheidungen des Bundesverfassungsgerichts, DÖV 1982, 23 (28f.) m.w.N.

147 So Sachs DÖV (Fn. 146), 26ff.

148 Vgl. etwa Sachs DÖV (Fn. 146), 25f., 28; vgl. auch Rau, Christian: Selbst entwickelte Grenzen der Rechtsprechung des United States Supreme Court und des Bundesverfassungsgerichts, 1996, 214; vgl. dazu auch Hein (Fn. 34), 30f. m.w.N; vgl. auch Schlaich/Korioth (Fn. 2).

149 Vgl. Sachs, Michael: Zu den Folgen von Gleichheitsverstößen in Tarifverträgen, RdA 1989, 25 (27); Seer (Fn. 20), 291; Schwenke, Michael: Ist eine „Ergreiferprämie“ nach österreichischem Vorbild sinnvoll?, DStR 1999, 404 (404); sehr deutlich auch Sachs DÖV (Fn. 146), 25; Streinz, Rudolf: Bundesverfassungsgerichtlicher Grundrechtsschutz und Europäisches Gemeinschaftsrecht - Die Überprüfung grundrechtsbeschränkender

ben.[151] Als besonders ungünstig erweist sich dabei auch die nur punktuelle und bruchstückhafte Normierung[152], die Unvereinbarerklärungen erfahren haben.

Neben den Schwierigkeiten, die im Umgang mit den Voraussetzungen und Rechtsfolgen der Unvereinbarerklärungen bestehen, wird eindringlich die Frage nach der verfassungsrechtlichen Zulässigkeit dieser Tenorierungsvariante gestellt. Angesichts der auch vom Bundesverfassungsgericht[153] vertretenen Nichtigkeitslehre[154], nach der verfassungswidrige Normen ipso iure nichtig sind[155], bleibt für Unvereinbarerklärungen an sich kein Raum mehr.[156] Sofern man Ausnahmen für möglich halten will, verlangt man zugleich überzeugende Gründe.[157]

---

deutscher Begründungs- und Vollzugsakte von Europäischem Gemeinschaftsrecht durch das Bundesverfassungsgericht, 1989, 168.

150 Vgl. Schwenke (Fn. 149), 404.

151 Vgl. dazu Bethge, Herbert: Die Entscheidungswirkung von Normbeanstandungen des Bundesverfassungsgerichts, Jura 2009, 18 (19); vgl. auch Moes (Fn. 145), 35.

152 Vgl. dazu Graßhof (Fn. 17), 91; Voßkuhle (Fn. 63), Art. 93 Rn. 48; Benda/Klein (Fn. 14), Rn. 1244; vgl. auch Wernsmann (Fn. 18), 79; Löwer (Fn. 19), § 70 Rn. 120; Blüggel (Fn. 25), 16, 91; Seer, Roman / Wendt, Volker: Die Familienbesteuerung nach dem so genannten „Gesetz zur Familienförderung“ vom 22.12.1999, NJW 2000, 1904, 1910; Bethge (Fn. 151), 21; Gerhard (Fn. 26), 36; Schlaich/Korioth (Fn. 2), Rn. 430 verweisen ohne weiteres auf das Fehlen einer gesetzlichen Grundlage für die Unvereinbarerklärung; nach Aretz, Henning: Neues zur Richtervorlage nach Art. 100 Abs. 1 GG, JZ 1984, 918 (919) ist die Unvereinbarerklärung hinsichtlich ihrer Voraussetzungen ungeklärt; vgl. auch Harms (Fn. 38), 203; vgl. auch Blasberg, Georg: Verfassungsgerichte als Ersatzgesetzgeber – Entscheidungsaussprüche bei Normenkontrollen von Bundesverfassungsgericht und Corte Costituzionale, 2003, 97, 99; Hein (Fn. 34), 11, 154; Heußner, Herrmann: Folgen der Verfassungswidrigkeit eines Gesetzes ohne Nichtigerklärung, NJW 1982, 257 (257); vgl. auch Kischel (Fn. 2), Art. 3 Rn. 69.1.

153 Vgl. BVerfGE 1, 14 (37); 7, 377 (387); 14, 174 (190); 29, 11 (17); 103, 332 (390).

154 Zur Nichtigkeitslehre siehe Stern, in: Stern, Klaus: Das Staatsrecht der Bundesrepublik Deutschland – Band I – Grundbegriffe und Grundlagen des Staatsrechts, Strukturprinzipien der Verfassung, 2. Auflage 1984, § 4 I 3, S. 105 m.w.N; Ipsen (Fn. 18), 23ff., 69ff., 212ff. m.w.N.

155 Genauer dazu Hein (Fn. 34), 92f; Schneider, Hans: Der Gegenstand der Normenkontrolle. Betrachtungen über das Umschlagen eines Gesetzes in die Verfassungswidrigkeit, in: Carstens, Karl / Peters, Hans: Festschrift Hermann Jahrreiss: zu seinem siebzigsten Geburtstag, 19. August 1964, gewidmet, 1964, 385 (391); Skouris (Fn. 66), 51; siehe auch unten 4. Teil A.I.

156 So z.B. Moench (Fn. 18), 38; vgl. Kreutzberger (Fn. 66), 112; auch in diese Richtung Ipsen (Fn. 18), 217; vgl. auch Bachof (Fn. 33), 183.

157 Vgl. Blüggel (Fn. 25), 152f.; Sachs DÖV (Fn. 146), 25; Maurer (Fn. 28), 346, 352; Vogel, Kurt: Das Bundesverfassungsgericht und die übrigen Verfassungsorgane - Bundesverfassungsgerichtliche Argumentationsfiguren zu den Grenzen der Verfassungsgerichtsbarkeit, 1988, 215, 228; implizit Sachs (Fn. 149), 28.

Die vom Bundesverfassungsgericht verwendeten Begründungen werden jedoch von zahlreichen Stimmen in der Literatur nicht akzeptiert[158] und die Unvereinbarerklärungen daher insgesamt[159], oder zumindest in vielen Fällen[160] für unzulässig gehalten.

Schließlich bestehen besondere Schwierigkeiten im Umgang mit Unvereinbarerklärungen, bei denen das verfassungswidrige Recht für einen bestimmten Zeitraum endgültig als Grundlage staatlichen Handelns akzeptiert wird.[161] Es

---

158 Vgl. z.B. Stern (Fn. 41), Art. 93 Rn. 282; Vogel (Fn. 157), 232ff; Sachs RdA (Fn. 149), 28; ders. DÖV (Fn. 146), 25; ders: Bloße Unvereinbarerklärung bei Gleichheitsverstößen?, NVwZ 1982, 657 (660); Schlaich/Korioth (Fn. 2), Rn. 404; Skouris (Fn. 66), 52; Leal, Paul E. Rueda: Die verfassungsgerichtliche Unvereinbarerklärung verfassungswidriger Gesetze – Untersuchungen zur Entwicklung und Funktion dieser Rechtsfigur im deutschen Recht und zu ihrer Übertragbarkeit ins costa-ricanische Recht, 1999, 56; Maurer (Fn. 28), 353; Graßhof (Fn. 17), 130f; Hein (Fn. 34), 114f; Wernsmann (Fn. 18), 125f, 128; Kreutzberger (Fn. 66), 118ff; Ipsen (Fn. 144), 43f; ders. (Fn. 18), 111ff; Gerontas, Apostolos: Die Appellentscheidungen, Sondervotumsappelle und die bloße Unvereinbarkeitsfeststellung als Ausdruck der funktionellen Grenzen der Verfassungsgerichtsbarkeit, DVBl. 1982, 486 (490); Geiger (Fn. 70), 136; Pohle (Fn. 76), 81ff; Jülicher, Friedrich: Die Verfassungsbeschwerde gegen Urteile bei gesetzgeberischem Unterlassen: zum Rechtsschutz bei gesetzgeberischem Unterlassen und willkürlichem gesetzlichen Begünstigungsausschluß, 1972, 63; Benda/Klein (Fn. 14), Rn. 1269; Bachof (Fn. 33), 183f; Mayer, Christian: Die Nachbesserungspflicht des Gesetzgebers, 1996, 65f.

159 Vgl. etwa Sachs RdA (Fn. 149), 29; ders. NVwZ (Fn. 158), 661; Skouris (Fn. 66), 57; Detterbeck, Steffen: Streitgegenstand und Entscheidungswirkungen im Öffentlichen Recht – Grundlagen des Verfahrens vor den allgemeinen Verwaltungsgerichten und vor dem Bundesverfassungsgericht, 1995, 436 lehnt die Spruchpraxis größtenteils ab; nach Lembke, Ulrike: Einheit aus Erkenntnis? – Zur Unzulässigkeit der verfassungskonformen Gesetzesauslegung als Methode der Normkompatibilisierung durch Interpretation, 2009, 202 gelten verfassungswidrige Gesetze bis das Bundesverfassungsgericht sie aufhebt, gleichwohl ist die Unvereinbarerklärung nach Lembke 205f. derzeit unzulässig.

160 Bzgl. Unvereinbarerklärungen zur Schonung der Gestaltungsfreiheit des Gesetzgebers z.B: Hein (Fn. 34), 114ff; Schlaich/Korioth (Fn. 2), Rn. 404 kritisieren besonders die Übertragung des Arguments auf Nichtgleichheitsfälle; vgl. auch Wernsmann (Fn. 18), 128; Kreutzberger (Fn. 66), 166; in diese Richtung wohl auch Stern (Fn. 41), Art. 93 Rn. 282; bzgl. Unvereinbarerklärungen aufgrund von Gleichheitsverstößen z.B: Graßhof (Fn. 17), 127; Blüggel (Fn. 25), 188.

161 Siehe dazu schon oben 1. Teil A.III.4.b; deutlich z.B. Seer (Fn. 20), 289; ein Beispiel für diese Praxis ist BVerfGE 87, 153 (179); vgl. auch Balke, Michael: Anmerkung zu Nds. FG, IX 427/90 vom 28.12.1994. BB 1995, 762 (762); Moes (Fn. 145), 31f; vgl. auch Ipsen (Fn. 18), 217; Sangmeister, Bernd: Anmerkung zu BVerfG, 2 BvL 5/91, 2 BvL 8/91, 2 BvL 14/91 vom 25.9.1992, BB 1992, 2341 (2341). Zur Kritik siehe auch

liegt die Annahme nahe, dass der Gesetzgeber eine Regelung mit verfassungsrechtlichem Risiko um so eher erlässt, als er damit rechnen kann, die verfassungsrechtliche Beanstandung werde nur für die Zukunft Rechtswirkungen entfalten.[162] Leidtragende dieser den subjektiven Rechtsschutz vernachlässigenden Rechtsprechung[163] sind in erster Linie die Rechtsschutzsuchenden, die zwar nach einem zeitraubenden und kostenintensiven Instanzenzug[164] zum Bundesverfassungsgericht durchdringen, dort allerdings trotz festgestellter Grundrechtsverletzung und verfassungswidrigen Gesetzes lediglich ein Reformgebot für die Zukunft erzwingen können.[165] Teils beklagt man gar die Konservierung verfassungswidriger Zustände für die Vergangenheit[166], die Entwertung mate-

---

Schlaich/Korioth (Fn. 2), Rn. 427; Hein (Fn. 34), 196 hält die endgültige Weiteranwendbarkeit der verfassungswidrigen Regelungen für unzulässig.

162 Vgl. dazu ausführlich Sachs DÖV (Fn. 146), 27; vgl. Seer, in: Tipke, Klaus / Lang, Joachim: Steuerrecht, 17. Auflage 2002, § 22 Rn. 287; Seer (Fn. 20), 289; Seer/Wendt (Fn. 152), 1911; kritisch in Hinblick auf die Gewährleistung der gesetzgeberischen Verfassungsbindung auch Ebsen, Ingwer: Sozialversicherungsrechtliche Behandlung einmaligen Arbeitsentgelts - zugleich eine Fallstudie zum Verhältnis von Bundesverfassungsgericht und Gesetzgebung, Neue Zeitschrift für Sozialrecht 1997, 441 (448f.); Steiner, Udo: Zum Entscheidungsausspruch und seinen Folgen bei der verfassungsgerichtlichen Normenkontrolle, in: Isensee, Josef / Lecheler, Helmut: Freiheit und Eigentum – Festschrift für Walter Leisner zum 70. Geburtstag, 1999, 569 (571); vgl. auch Sachs RdA (Fn. 149), 29, Sachs DÖV (Fn. 146), 27.

163 Vgl. dazu Seer (Fn. 20), 290f; zur Rechtsschutzfunktion des Bundesverfassungsgerichts vgl. BVerfGE 33, 247 (258f.); Stern, in: Stern, Klaus: Das Staatsrecht der Bundesrepublik Deutschland – Band II – Staatsorgane, Staatsfunktionen, Finanz- und Haushaltsverfassung, Notstandsverfassung, 1980, § 44 IV 9, S. 1013ff; Schlaich/Korioth (Fn. 2), Rn. 205, 263; vgl. dazu auch Stern, in: Stern, Klaus / Sachs, Michael: Das Staatsrecht der Bundesrepublik Deutschland – Band III/2 – Allgemeine Lehren der Grundrechte – Grundrechtstatbestand, Grundrechtsbeeinträchtigungen und Grundrechtsbegrenzungen, Grundrechtsverluste und Grundpflichten, Schutz der Grundrechte, Grundrechtskonkurrenzen, Grundrechtssystem, 1994, § 91 III 1 S. 1267; vgl. auch Bethge, Herbert: Pflicht zur Vorlage an das BVerfG bei Annahme der Unvereinbarkeit von Rechtsnormen mit dem GG, NJW 1973, 2100 (2101).

164 Vgl. Art. 94 Abs. 2 S. 2 GG; § 90 Abs. 2 BVerfGG.

165 Siehe dazu Schwenke (Fn. 149), 406; Seer (Fn. 20), 290; Moes (Fn. 145), 34; Stahl, Christian: Das Argument der Finanz- und Haushaltsplanung nach dem Erbschaftsteuerbeschluss vom 7. November 2006, DÖV 2008, 194 (194).

166 Schwenke (Fn. 149), 406; Seer (Fn. 20), 289; Seer (Fn. 162), § 22 Rn. 288.

rieller Grundrechtspositionen der Normadressaten und die Vereitelung effektiven Rechtsschutzes.[167]

III. Systematisierungsversuche

Einem der Kernprobleme im Umgang mit Unvereinbarerklärungen, den Schwierigkeiten, ihren Ausspruch vorherzusehen, versucht man in der Literatur dadurch zu begegnen, dass die verfassungsgerichtlichen Gründe systematisiert und Fallgruppen gebildet werden.[168] Dabei werden diejenigen Unvereinbarerklärungen in Gruppen zusammengefasst, für die ähnliche Begründungen existieren. Die erste Gruppe ist dadurch charakterisiert, dass eine Nichtigerklärung zu einer schwer erträglichen Rechtslage führen würde, die noch weniger mit dem Grundgesetz vereinbar wäre als die, welche als verfassungswidrig beurteilt wurde.[169] In eine zweite Gruppe werden diejenigen Unvereinbarerklärungen eingeordnet, bei denen das Bundesverfassungsgericht wegen mehrerer gesetzgeberischer Möglichkeiten der Beseitigung des verfassungswidrigen Zustandes auf die Nichtigerklärung verzichtet. Dies betrifft Normen, die sich durch die Unvollständigkeit der Regelung auszeichnen, was unter anderem bei Gleichheitsverstößen der Fall ist.[170] Eine dritte Gruppe ist dadurch gekennzeichnet, dass die Nichtigerklärung die Verfassungswidrigkeit nicht beseitigen oder dem Anliegen des Beschwerten nicht entsprechen würde.[171] Benda/Klein ermitteln darüber hinaus zwei weitere Gruppen.[172] Die Unvereinbarerklärungen einer vierten Gruppe zeichne aus, dass die fragliche Rechtsnorm erst durch die Veränderung tatsächlicher Umstände in die Verfassungswidrigkeit hineingewachsen sei. Die als Be-

---

167 Vgl. Seer (Fn. 20), 290; Seer/Wendt (152), 1911; vgl. auch Graßhof (Fn. 16), § 78 Rn. 36; Steiner (Fn. 162), (571f.); kritisch gegenüber der Unvereinbarerklärung im Allgemeinen aus Gründen des Rechtsschutzes auch Sachs RdA (Fn. 149), 29.

168 Wie hier Blüggel (Fn. 25), 19.

169 Siedler (Fn. 34), 130, 145; Benda/Klein (Fn. 14), Rn. 1268; Löwer (Fn. 142), 100f; Gerontas (Fn. 158), 489; Sachs (Fn. 66), Rn. 156; Lechner/Zuck (Fn. 36), § 95 Rn. 25.

170 Benda/Klein (Fn. 14), Rn. 1269; Steiner (Fn. 162), 570; Löwer (Fn. 142), 100 unterteilt hier in die Fallgruppen "Gleichheitsverstöße" und "gesetzgeberische Gestaltungsfreiheit" neben Gleichheitsverstößen; Siedler (Fn. 34), 130 hingegen trennt hier zwischen Gleichheitsfällen und Fällen gesetzgeberischen Unterlassens; bei Lechner/Zuck (Fn. 36), § 95 Rn. 23f, 26 bilden Gleichheitsfälle, gesetzgeberische Gestaltungsfreiheit neben Gleichheitsverstößen und gesetzgeberisches Unterlassen jeweils eigene Gruppen; vgl. Sachs (Fn. 66), Rn. 157; Gerontas (Fn. 158), 489f.

171 Benda/Klein (Fn. 14), Rn. 1270; Gerontas (Fn. 158), 489; für Löwer (Fn. 142), 100 gehören diese und die erste Gruppe zusammen; ebenso wohl Siedler (Fn. 34), 130, 145.

172 Zum den folgenden Ausführungen siehe Benda/Klein (Fn. 14), Rn. 1271f.

leg für diese Gruppe angeführten Entscheidungen[173] können allerdings den oben beschriebenen Gruppen zugeordnet werden[174] oder aber sie enthalten gar keine Unvereinbarerklärungen[175]. Ebenso verhält es sich bei einer fünften Gruppe, in der eine überraschende Neuorientierung des Bundesverfassungsgerichts in der verfassungsrechtlichen Beurteilung zum Verzicht auf die Nichtigerklärung führen soll.[176]

Die Bildung von Fallgruppen schafft eine gewisse Ordnung in der Vielzahl unterschiedlicher Unvereinbarerklärungen. Schwierigkeiten ergeben sich allerdings bei den Entscheidungen, denen eine Begründung fehlt[177] oder in denen gleich mehrere Begründungen[178] genannt werden. Problematisch ist außerdem, dass sich die verfassungsgerichtlichen Begründungen teilweise überschneiden, teils auf verschiedenen Ebenen angesiedelt oder aus sich heraus nicht verständlich sind.[179] Außerdem könnten im Laufe der Zeit neue Konstellationen entstehen, die sich nicht einordnen lassen und für die neue Fallgruppen entwickelt werden müssten.[180] Für eine umfassende Analyse der Rechtsprechung muss die Dogmatik hinter den verfassungsgerichtlichen Gründen ermittelt werden.[181] Es ist Aufgabe der Rechtswissenschaft, eine dogmatisch plausible Erklärung für die Unvereinbarerklärungen zu finden.[182]

---

173 BVerfGE 61, 319 (352f.); 53, 257 (300, 304); 100, 59 (101f.).

174 Benda/Klein übersehen offenbar die vom Bundesverfassungsgericht in BVerfGE 61, 319 (356); 100, 59 (103) verwendeten Begründungen, in denen es dem Gericht auf die Vermeidung einer schwer erträglichen Rechtslage ankam, bzw. es mehrere gesetzgeberische Gestaltungsmöglichkeiten ausmachte.

175 So handelt es sich bei BVerfGE 53, 257 um eine Vereinbarerklärung, vgl. BVerfGE 53, 257 (258).

176 Benda/Klein verweisen auf BVerfGE 34, 9 (25f.), auf S. 43 der Entscheidung begründet das Gericht die Unvereinbarerklärung aber mit der Vermeidung einer schwer erträglichen Rechtslage.

177 Siehe schon oben 1. Teil B.II.

178 Z.B. in den BVerfGE 61, 319; 100, 59, die Benda/Klein in die vierte Gruppe eingeordnet werden, verstößt die fragliche Norm zugleich gegen einen Gleichheitssatz, so dass diese Fälle auch in die zweite Gruppe eingeordnet werden könnten; gleiches gilt für BVerfGE 56, 146; 56, 175, die in die erste und die zweite Gruppe eingeordnet werden können; vgl. z.B. auch BVerfGE 72, 330; 73, 40; 92, 53; 93, 121, bei denen sowohl Argumente für die erste, als auch für die zweite Gruppe zu finden sind.

179 Zum Ganzen Blüggel (Fn. 25), 22.

180 Vgl. dazu auch Kreutzberger (Fn. 66), 109.

181 Vgl. Ipsen (Fn. 18), 108; siehe dazu ausführlich unten 4. Teil B.I; II; III und C.

182 Wie hier Leal (Fn. 158), 35.

C. Zwischenergebnis

Die Unvereinbarerklärung ist eine von der Nichtigerklärung abweichende Entscheidungsform in der Rechtsprechung des Bundesverfassungsgerichts, zu der eine Vielzahl von Fragen unbeantwortet bleiben. Obgleich bestimmte Entscheidungen des Bundesverfassungsgerichts einhellig für Unvereinbarerklärungen gehalten werden[183], existieren bereits Unstimmigkeiten darüber, welche verfassungsgerichtlichen Entscheidungen darüber hinaus noch als Unvereinbarerklärung zu bezeichnen sind.[184] Im Verlauf der vergangenen fünf Jahrzehnte zeigten Unvereinbarerklärungen ein facettenreiches Erscheinungsbild[185] und waren Gegenstand heftiger Kritik in der Literatur[186]. Als besonders problematisch wurden und werden dabei die Schwierigkeiten ihren Ausspruch vorherzusehen, ihre Unzulässigkeit bzw. Rechtfertigungsbedürftigkeit angesichts der Nichtigkeitstheorie[187] und ihre weitgehend unklaren Voraussetzungen und Rechtsfolgen angesehen[188]. Die Grundlage für ein besseres Verständnis dieser Entscheidungsart liegt darin, ihren dogmatischen Hintergrund zu ermitteln.

183 Vgl. 1. Teil A.II.

184 Vgl. 1. Teil A.I.

185 Vgl. 1. Teil A.III.

186 Vgl. 1. Teil B.II.

187 Vgl. Vgl. 1. Teil B.II.

188 Deutlich zuletzt Feick, Martin / Henn, Thomas: Drohendes Überschreiten der vom BVerfG zur Neuregelung der Erbschaftsteuer gesetzten Frist zum 31.12.2008: Darf das alte Recht weiter angewandt werden?, DStR 2008, 1905 (1907): "Weder besteht Einigkeit darüber, auf welche verfassungsrechtliche Grundlage sich die Unvereinbarerklärung als Alternative zur Nichtigerklärung stützt, noch sind die Konturen dieses Instituts geklärt. [Die Unvereinbarerklärung] ist [....] zwar durch den Gesetzgeber anerkannt, ihre Voraussetzungen und Rechtsfolgen bleiben jedoch gänzlich offen.".

2. Teil: Zwei dogmatische Figuren unter dem Dach der Unvereinbarerklärung – Die Rechtsprechung des Bundesverfassungsgerichts

Der Versuch, eine dogmatisch plausible Erklärung für die Unvereinbarerklärungen zu finden, kann nicht gelingen, ohne eine umfassende Gesamtübersicht über das Material und die Kategorien der Rechtsprechung zu dieser Entscheidungsvariante zu gewinnen. Zuerst müssen Struktur und Gesamtdenken erschlossen werden. Hilfreich ist dabei eine neue Betrachtungsweise der Unvereinbarerklärungen, die sich an ihren Rechtsfolgen und nicht an den vom Bundesverfassungsgericht verwendeten Begründungen orientiert. Unvereinbarerklärungen haben, wie bereits dargestellt, unterschiedliche Rechtsfolgen. Grundsätzlich ist die für unvereinbar erklärte Norm nicht anwendbar und alle anhängigen Verfahren, in denen es auf diese Norm ankommt, müssen bis zur gesetzgeberischen Neuregelung ausgesetzt werden.[1] Ausnahmsweise kann das unvereinbare Gesetz aber auch vorläufig oder ohne Einschränkung weiter anwendbar sein.[2] Da das Bundesverfassungsgericht keine anders lautenden allgemeinen Rechtsfolgen[3] für unvereinbare Normen benannt hat, lassen sich Unvereinbarerklärungen leicht in zwei Fallgruppen, nämlich in solche mit der Folge Normanwendungssperre und Aussetzung anhängiger Verfahren (aussetzungsorientierte Unvereinbarerklärung)[4] und solche mit der Folge der weiteren Anwendbarkeit der verfassungswidrigen Norm (anwendungsorientierte Unvereinbarerklärung)[5], einordnen.[6] Vorteile dieser Einteilung sind ihre Unabhängigkeit von verfas-

---

1 Vgl. BVerfGE 73, 40 (101f.); 87, 153 (178); 105, 73 (134); Lechner, Hans / Zuck, Rüdiger: Bundesverfassungsgerichtsgesetz – Kommentar, 5. Auflage, 2006, § 95 Rn. 28; Benda, Ernst / Klein, Eckart: Verfassungsprozeßrecht – Ein Lehr- und Handbuch, 2. Auflage 2001 Rn. 1275; Schlaich, Klaus / Korioth, Stefan: Das Bundesverfassungsgericht – Stellung, Verfahren, Entscheidungen, 8. Auflage, 2010, Rn. 420; Kischel, Uwe in: Epping, Volker / Hillgruber, Christian: Beck´scher Online-Kommentar – GG, Stand April 2011, Edition: 10, Art. 3 Rn. 68.

2 Vgl. BVerfGE 73, 40 (101f.); 105, 73 (134); Lechner/Zuck (Fn. 1), § 95 Rn. 30, 25; Benda/Klein (Fn. 1), Rn. 1277; Schlaich/Korioth (Fn. 1), Rn. 420; vgl. dazu schon 1. Teil A.III.4.b.

3 Zu den speziellen Rechtsfolgen siehe noch unten 5. Teil A. und B.

4 Siehe dazu unten 2. Teil A.

5 Siehe dazu unten 2. Teil B.

6 Nach Wernsmann, Rainer: Das gleichheitswidrige Steuergesetz – Rechtsfolgen und Rechtsschutz, 2000, 213, 80 stellen Unvereinbarerklärung mit Anwendungssperre und Unvereinbarerklärung mit Hinnahme der weiteren Anwendung der verfassungswidrigen Norm zwei Instrumente mit völlig unterschiedlichen Rechtsfolgen dar; noch weiterge-

sungsgerichtlichen Begründungen und die unkomplizierte, schnelle Zuordnung konkreter Entscheidungen.

Von Interesse ist zunächst, unter welchen Voraussetzungen und mit welchen Begründungen das Bundesverfassungsgericht die aussetzungs- bzw. anwendungsorientierten Unvereinbarerklärungen ausspricht und welche Besonderheiten bei diesen Entscheidungsarten zu beachten sind.[7] Im Rahmen dieser weitestgehend deskriptiven Darstellung soll auf die Auswertung der jeweiligen Literaturstimmen zur Zulässigkeit, zu den Voraussetzungen und zu den Besonderheiten der Unvereinbarerklärungen noch verzichtet werden. Eine Auseinandersetzung mit den Positionen der Literatur erst nach dem das streitbare Material ermittelt wurde, innerhalb der dogmatischen Erörterungen zur Unvereinbarerklärung[8], ist ungleich sinnvoller. Dies gilt um so mehr, als zahlreiche Probleme der Unvereinbarerklärung ohne dogmatische Argumente nicht abschließend gelöst werden können. Außerdem ist die Rechtsprechung des Bundesverfassungsgerichts im Bereich der Unvereinbarerklärung notwendigerweise immer Ausgangspunkt jedweder Literaturäußerung.

A. Aussetzungsorientierte Unvereinbarerklärungen

Aussetzungsorientierte Unvereinbarerklärungen sind Normenkontrollentscheidungen, bei denen das Bundesverfassungsgericht die geprüfte Regelung für mit dem Kontrollmaßstab unvereinbar, aber nicht für nichtig erklärt und die Regelung nicht mehr angewendet werden darf. Äußert sich das Gericht nicht zu den Folgen der ausgesprochenen Unvereinbarerklärungen, handelt es sich regelmäßig um aussetzungsorientierte Unvereinbarerklärungen.[9]

---

hender Graßhof, Malte: Die Vollstreckung von Normenkontrollentscheidungen des Bundesverfassungsgerichts, 2003, 142, 176, für den die Anordnung der weiteren Anwendbarkeit eines verfassungswidrigen Gesetzes keine Unvereinbarerklärung, sondern eine eigene Entscheidungsart darstellt. Graßhof 95 anerkennt aber, dass eine Zuordnung dieser Entscheidungen zu den Unvereinbarerklärungen angesichts der Rechtsprechung des Bundesverfassungsgerichts nicht unberechtigt erscheint. Vgl. auch Graßhof, in: Umbach, Dieter C. / Clemens, Thomas / Dollinger, Franz-Wilhelm: Bundesverfassungsgerichtsgesetz – Mitarbeiterkommentar und Handbuch, 2. Auflage 2005, § 78 Rn. 33ff; vgl. auch Siedler, Nina-Luisa: Gesetzgeber und Bundesverfassungsgericht, 1999, 146f; vgl. Gusy, Christoph: Parlamentarischer Gesetzgeber und Bundesverfassungsgericht, 1985, 191.

7 Vgl. ebenfalls unten 2. Teil A. und B.

8 Siehe dazu unten 4. Teil.

9 Vgl. schon oben 1. Teil A.III.3; vgl. dazu BVerfGE 37, 217 (261); vgl. auch BVerfGE 121, 108 (132); 107, 27 (58); 82, 126 (155); 100, 104 (136); zur grundsätzlichen

I. Bei Verstößen gegen Gleichheitssätze

Das Bundesverfassungsgericht sprach zahlreiche aussetzungsorientierte Unvereinbarerklärungen aus, wenn das verfassungswidrige Gesetz gegen einen Gleichheitssatz verstieß[10], wobei es in diesem Bereich aber auch zu Nichtigerklärungen kam[11]. Es soll detailliert untersucht werden, wann und mit welchen Begründungen das Bundesverfassungsgericht bei gleichheitswidrigen Gesetzen aussetzungsorientierte Unvereinbarerklärungen ausspricht und wann nicht. Von Bedeutung können dabei unterschiedliche Faktoren sein. So sind Gleichheitsverstöße als Begünstigungen (1.) und Belastungen (2.) denkbar, wobei diese jeweils unterschiedlich gesetzestechnisch umgesetzt werden können. Außerdem kann ein Gesetz gleichzeitig gegen ein Gleichheits- und Freiheitsgrundrecht versto-

---

Unanwendbarkeit für unvereinbar erklärter Normen vgl. z.B. Schlaich/Korioth (Fn. 1), Rn. 421; Wernsmann (Fn. 6), 217; Hein, Peter E.: Die Unvereinbarerklärung verfassungswidriger Gesetze durch das Bundesverfassungsgericht, 1988, 190f; Battis, Ulrich: Der Verfassungsverstoß und seine Folgen, in: Isensee, Josef / Kirchhof, Paul: Handbuch des Staatsrechts der Bundesrepublik Deutschland, Band VII, Normativität und Schutz der Verfassung – Internationale Beziehungen, 1. Auflage 1992, § 165 Rn. 75f; Pestalozza, Christian: Verfassungsprozeßrecht – Die Verfassungsgerichtsbarkeit des Bundes und der Länder mit einem Anhang zum Internationalen Rechtsschutz, 3. Auflage, 1991, § 20 Rn. 126; Graßhof, in: Umbach/Clemens (Fn. 6), § 78 Rn. 59.

10 Ständige Rechtsprechung BVerfGE 22, 349 (361); 23, 1 (10); 23, 242 (254f.); 28, 227 (242f.); 115, 381 (393); 110, 94 (138); 27, 391 (399); 74, 9 (28); 105, 73 (133); vgl. weiterhin z.B. BVerfGE 38, 41 (49); 47, 1 (32f.); 116, 229 (242); zum grundsätzlichen Verzicht auf die Nichtigerklärung bei Gleichheitsverstößen vgl. Stahl, Christian: Das Argument der Finanz- und Haushaltsplanung nach dem Erbschaftsteuerbeschluss vom 7. November 2006, DÖV 2008, 195 (197); Blüggel, Jens: Unvereinbarerklärung statt Normkassation durch das Bundesverfassungsgericht, 1998, 32 spricht vom „Hauptanwendungsfall" der Unvereinbarerklärung bei gleichheitswidrigen Gesetzen; ebenso Wernsmann (Fn. 6), 82; vgl. auch Rau, Christian: Selbst entwickelte Grenzen der Rechtsprechung des United States Supreme Court und des Bundesverfassungsgerichts, 1996, 214; Ebsen, Ingwer: Sozialversicherungsrechtliche Behandlung einmaligen Arbeitsentgelts - zugleich eine Fallstudie zum Verhältnis von Bundesverfassungsgericht und Gesetzgebung, Neue Zeitschrift für Sozialrecht 1997, 441 (445) bezeichnet die Unvereinbarerklärung bei Verstößen gegen Art. 3 Abs. 1 GG als „üblich"; Voßkuhle, in: Mangoldt, Herrmann von / Klein, Friedrich / Starck, Christian: Kommentar zum Grundgesetz, Band 1-3, sechste Auflage, 2010, Art. 93 Rn. 48.

11 Zur ausnahmsweisen Nichtigerklärung siehe schon oben 1. Teil A.III.4.d; ausführlich dazu unten 4. Teil B.III.4.

ßen[12] und die jeweilige Regelung kann den allgemeinen oder einen speziellen Gleichheitssatz[13] verletzen.

1. Der gleichheitswidrige Begünstigungsausschluss

Unter der Bezeichnung "gleichheitswidriger Begünstigungsausschluss"[14] werden Fälle zusammengefasst, in denen eine Begünstigung nur einer bestimmten Gruppe zukommen soll, währenddessen alle anderen Gruppen von der Begünstigung ausgeschlossen sind. Ein anschauliches Beispiel[15] liefert das Beratungshilfegesetz (BerHG) in der Fassung vom 18. Juni 1980. Das Beratungshilfegesetz gewährt Hilfe für die Wahrnehmung von Rechten außerhalb eines gerichtlichen Verfahrens. Ein Rechtsuchender kann danach unter bestimmten Voraussetzungen Beratungshilfe in Anspruch nehmen.[16] Nach § 2 Abs. 2 S. 1 Nr. 1 BerHG der alten Fassung war Beratungshilfe in Angelegenheiten des Zivilrechts, außer in Angelegenheiten für die die Arbeitsgerichte ausschließlich zuständig sind, zu gewähren. Die in einer arbeitsrechtlichen Angelegenheit Rechtsschutzsuchenden waren folglich von der Begünstigung ausgeschlossen. Das Bundesverfassungsgericht erklärte das Beratungshilfegesetz für insoweit mit Art. 3 Abs. 1 GG unvereinbar, als Beratungshilfe in Angelegenheiten in denen die Arbeitsgerichte ausschließlich zuständig sind, nicht gewährt wurde.[17] Die Verfahren, in denen die Entscheidung von der verfassungswidrigen Norm abhing, waren bis zur gesetzgeberischen Neuregelung auszusetzen.[18] In der Konstellation des gleichheitswidrigen Begünstigungsausschlusses verzichtet das Bundesverfassungsgericht in ständiger Rechtsprechung auf die Nichtigerklärung der verfassungswidrigen Regelung und erklärt sie (nur) für mit dem Gleichheitssatz unvereinbar.[19]

---

12 Siehe dazu unten 2. Teil A.I.1.b.bb.

13 Siehe dazu unten 2. Teil A.I.1.b.aa.

14 Siehe dazu schon oben 1. Teil A.II.

15 Vgl. dazu BVerfGE 88, 5.

16 Vgl. § 1 BerHG.

17 Vgl. BVerfGE 88, 5 (5).

18 BVerfGE 88, 5 (17).

19 Siehe schon oben 1. Teil A.II; ständige Rechtsprechung, vgl. etwa BVerfGE 22, 349 (361); 23, 1 (10); 23, 242 (254f.); 28, 227 (242f.); aus neuerer Zeit z.B. BVerfGE 115, 381 (393); Wernsmann (Fn. 6), 82 spricht vom "Hauptanwendungsfall" der Unvereinbarerklärung; ebenso Blüggel (Fn. 10), 32; Stern, in: Bonner Kommentar zum Grundgesetz, Loseblatt, Stand des Gesamtwerks Mai 2011, Art. 93 Rn. 280.

a. Begründungsansatz: Mehrere gesetzgeberische Möglichkeiten zur Herstellung der Verfassungsmäßigkeit

Liegt ein Gleichheitsverstoß in Form eines gleichheitswidrigen Begünstigungsausschlusses vor und verzichtet das Bundesverfassungsgericht auf eine Nichtigerklärung, so lautet die Begründung für dieses Vorgehen regelmäßig: "Da dem Gesetzgeber hier aber mehrere Möglichkeiten zur Verfügung stehen, den verfassungswidrigen Zustand zu beseitigen, kommt nur eine Unvereinbarkeitserklärung in Betracht."[20] Neben "mehreren"[21] Möglichkeiten verweist das Gericht in dieser Konstellation auch auf "verschiedene"[22] oder "vielfältige"[23] Möglichkeiten des Gesetzgebers, die Verfassungsmäßigkeit herzustellen. Auch zu der Frage, welches diese Möglichkeiten sind, hat sich das Bundesverfassungsgericht geäußert: "Entweder wird die übergangene Gruppe in die gesetzliche Vergünstigung einbezogen, oder die Vergünstigung wird überhaupt beseitigt, oder der Kreis der Begünstigten wird nach anderen, dem Art. 3 Abs. 1 GG entsprechenden Merkmalen abgegrenzt."[24]

Angesicht der Tatsache, dass das Gericht mittels Nichtigerklärung etwa die Vergünstigung selbst beseitigen könnte, stellt sich die Frage, warum das Bundesverfassungsgericht die Wiederherstellung des verfassungsgemäßen Zustandes dem Gesetzgeber überlassen will. In der Rechtsprechung des Bundesverfassungsgerichts finden sich zwei Gedanken, die als Gründe für diesen Akt der Zurückhaltung in Betracht kommen. Zum einen ist dies die Gestaltungsfreiheit des Gesetzgebers (aa.), die das Gericht schonen will, zum anderen die Chance auf Teilhabe des Beschwerdeführers (bb.) an einer möglichen positiven Neuregelung.

aa. Wahrung der Gestaltungsfreiheit des Gesetzgebers

Auf die Gestaltungsfreiheit des Gesetzgebers rekurrierte das Gericht beispielsweise in der Entscheidung Auslandszuschlag[25]. Die zugrunde liegenden Vorlagen betrafen die Frage, ob die in § 55 Abs. 5 S. 6 des Bundesbesoldungsgesetzes (BBesG) getroffene Regelung mit dem Grundgesetz vereinbar war. Nach dieser Regelung kamen im Ausland verwendete Soldaten unter bestimmten Voraussetzungen in den Genuss eines erhöhten Zuschlages, Beamte in gleicher Ver-

20 St. Rspr. BVerfGE 22, 349 (361f.); 93, 386 (402); 116, 229 (242).

21 Z.B. BVerfGE 31, 1 (7).

22 Z.B. BVerfGE 37, 154 (167); 57, 335 (346).

23 Z.B. BVerfGE 115, 381 (393).

24 Vgl. BVerfGE 22, 349 (361); vgl. dazu auch z.B. Hein (Fn. 9), 43, 51, 97; Rupp-v. Brünneck, Wiltraud: Die Grundrechte im juristischen Alltag, 1970, 46.

25 BVerfGE 93, 386.

wendung hingegen nicht.[26] Das Gericht sah darin einen Verstoß gegen Art. 3 Abs. 1 GG[27] und erklärte § 55 Abs. 5 S. 6 BBesG für unvereinbar[28]. Eine Nichtigerklärung der Regelung schied seiner Ansicht nach aber aus, weil mehrere Möglichkeiten zur Beseitigung des Verfassungsverstoßes bestanden.[29] Die Entscheidung, welche dieser Möglichkeiten im konkreten Fall zu wählen war, musste nach Auffassung des Gerichts grundsätzlich der Gestaltungsfreiheit des Gesetzgebers überlassen bleiben, zumal diesem bei begünstigenden Regelungen im Rahmen des Art. 3 Abs. 1 GG ein weiter Ermessensspielraum zustehe.[30] Das Gericht verkennt nicht, dass es auch selbst die Verfassungswidrigkeit beseitigen könnte. Es geht ihm ersichtlich darum, dass die Entscheidung, welche der verschiedenen Beseitigungsmöglichkeiten zu ergreifen ist, in den Kompetenzbereich des Gesetzgebers fällt.

bb. Chance auf Teilhabe des Beschwerten

Mit dem Gedanken der Chance auf Teilhabe meint das Gericht die besondere Situation, die sich mit dem Ausspruch der Unvereinbarkeit beim gleichheitswidrigen Begünstigungsausschluss ergibt. Hat nämlich der Gesetzgeber zu entscheiden, wie die Verfassungsverletzung zu beseitigen ist, besteht zumindest die Chance darauf, dass dieser die bisher übergangene Gruppe im Wege einer gesetzlichen Neuregelung in die Begünstigung einbezieht und so den Gleichheitsverstoß beseitigt.[31] Besonders deutlich wurde das Bundesverfassungsgericht in der Entscheidung zum Scheidungsprozessrecht[32]. Nach § 606b Nr. 1 ZPO befanden sich scheidungswillige Frauen gemischt-ausländischer Ehen in der misslichen Lage, dass deutsche Gerichte die Ehe nur dann scheiden konnten, wenn die Anerkennung dieser Entscheidung nach dem Heimatrecht des Mannes absehbar war.[33] Nach Auffassung des Gerichts war das Ausgangsverfahren wegen der Gleichheitswidrigkeit der Regelung auszusetzen, um der Antragstellerin die Chance offen zu halten, nach einer gesetzlichen Neuregelung in der Bundesrepublik Deutschland geschieden zu werden.[34]

---

26 Vgl. BVerfGE 93, 386 (386f.).

27 BVerfGE 93, 386 (396f.).

28 BVerfGE 93, 386 (402).

29 BVerfGE 93, 386 (402).

30 BVerfGE 93, 386 (402), Verweis auf BVerfGE 22, 349 (361 f.).

31 BVerfGE 22, 349 (362f.); 61, 138 (146); 74, 182 (195f.); 93, 386 (395); aus jüngerer Zeit BVerfGE 121, 241 (252f.).

32 BVerfGE 71, 224.

33 BVerfGE 71, 224 (224f.).

34 BVerfGE 71, 224 (228).

Dem Gedanken der Chance auf Partizipation des Beschwerten liegt also die Überlegung zugrunde, dass es nur in der Regel dem Interesse des Betroffenen entspricht, das verfassungswidrige Gesetz für nichtig zu erklären. Im Normalfall liegt für diesen in der Verfassungswidrigkeit ein Nachteil. In der Situation des gleichheitswidrigen Begünstigungsausschlusses decken sich das Interesse des Betroffenen und die Nichtigerklärung oftmals nicht. Ist nämlich dieser verfassungswidrig von einer Begünstigung ausgeschlossen, richtet sich sein Interesse auf Teilhabe an und nicht auf Streichung der Begünstigung[35], was aber die Folge einer vollständigen Nichtigerklärung wäre.[36] Nicht zu übersehen ist allerdings, dass diese betroffenenfreundliche Rechtsprechung des Bundesverfassungsgerichts nur effektiv sein kann, wenn der Gesetzgeber den verfassungswidrigen Zustand möglichst rasch beseitigt.[37]

b. Unvereinbarerklärung bei allen Gleichheitssatzverstößen?

Auf den ersten Blick lassen die vom Bundesverfassungsgericht verwendeten Begründungen, unabhängig von ihrer Überzeugungskraft, keine Anzeichen erkennen, die gegen ihre Allgemeingültigkeit sprechen. Daher könnte man vermuten, dass bei gleichheitswidrigen Begünstigungsausschlüssen ausschließlich aussetzungsorientierte Unvereinbarerklärungen ausgesprochen werden. Es finden sich in diesem Bereich aber auch Nichtigerklärungen[38] und anwendungsorientierte Unvereinbarerklärungen[39], was die Frage nach möglichen Ursachen dafür aufwirft. Keine Rolle[40] spielt dabei aber, wie sich der Gleichheitsverstoß konkret vollzieht, sprich welcher Gleichheitssatz verletzt ist (aa.) und ob zugleich weitere Rechtsverletzungen (bb. und cc.) gegeben sind.

aa. Bei Verstößen nur gegen Gleichheitssätze

Sofern die gleichheitswidrigen Regelungen ausschließlich gegen einen oder mehrere Gleichheitssätze verstoßen, stellt die aussetzungsorientierte Unvereinbarerklärung die dominierende Entscheidungsart dar.[41] Dies gilt in erster Linie

---

35 Vorausgesetzt, dass nicht in der Begünstigung der anderen Gruppe eine eigenständige Benachteiligung liegt, wie z.B. bei Subventionen an konkurrierende Unternehmen.

36 Zum Ganzen die Darstellung bei Graßhof (Fn. 6), 97.

37 Zur Regelungspflicht des Gesetzgebers als spezielle Rechtsfolge der Unvereinbarerklärung siehe ausführlich unten 5. Teil A.II.1.

38 Siehe nur BVerfGE 110, 94 (95), 68, 384.

39 Siehe nur BVerfGE 111, 176 (177).

40 Genauer dazu sogleich.

41 Vgl. Hein (Fn. 9), 39; Seer, Roman: Die Unvereinbarkeitserklärung des BVerfG am Beispiel seiner Rechtsprechung zum Abgabenrecht, NJW 1996, 285 (286); Wernsmann

für Verletzungen des allgemeinen Gleichheitssatzes, wobei in diesem Bereich die meisten aussetzungsorientierten Unvereinbarerklärungen ausgesprochen wurden.[42] Aber auch bei Verstößen gegen die speziellen Gleichheitssätze der Art. 3 Abs. 2[43] und 3 GG[44] und der Art. 6 Abs. 1[45] und 5[46] GG ergingen in der Mehrzahl der Fälle aussetzungsorientierte Unvereinbarerklärungen. Unter den wenigen Normenkontrollverfahren[47], die einen möglichen Verstoß einer Rege-

---

(Fn. 6), 82; Pohle, Albrecht Peter: Die Verfassungswidrigerklärung von Gesetzen: Eine Untersuchung der Voraussetzungen und Folgen des Verzichts auf die gesetzestechnisch mögliche Nichtigerklärung durch das Bundesverfassungsgericht, 1979, 79.

42 Z.B. BVerfGE 88, 5; 82, 126; 93, 386; 100, 104; 111, 115; 78, 350; 79, 87; vgl. Blüggel (Fn. 10), 19; Moench, Christoph: Verfassungswidriges Gesetz und Normenkontrolle: die Problematik der verfassungsgerichtlichen Sanktion, dargestellt anhand der Rechtsprechung des Bundesverfassungsgerichtes, 1977, 47f.

43 BVerfGE 31, 1; 48, 327; 52, 369; 57, 335; 71, 224; 84, 9; 113, 1;vgl. auch BVerfGE 84, 9, die eine Besonderheit insofern aufweist, als dass das Bundesverfassungsgericht eine Auffangregelung statuierte vgl. BVerfGE 84, 9 (10, 21ff.); zu Übergangsregelungen des Bundesverfassungsgerichts vgl. unten 3. Teil C.

44 BVerfGE 114, 357; vgl. für Art. 3 Abs. 3 S. 2 GG: BVerfGE 99, 341; für Art. 3 Abs. 3 S. 1 GG BVerfGE 85, 191.

45 Siehe BVerfGE 28, 324; 29, 57; in einigen Entscheidungen wurde die Verletzung von Art. 3 Abs. 1 GG i.V.m. Art. 6 Abs. 1 GG als Benachteiligungsverbot gerügt: z.B. BVerfGE 29, 71; im Grundsatz auch BVerfGE 87, 234 (262f.); siehe auch BVerfGE 18, 257, Stern (Fn. 19), Art. 93 Rn. 284 hält diese Entscheidung für einen Fall der Ausdehnung der Unvereinbarerklärung von Gleichheitsfällen auf Fälle bei denen Art. 3 Abs. 1 GG i.V.m. einem Nichtgleichheitsrecht verletzt wurde; der hier genannte Art. 6 Abs. 1 GG ist jedoch in seiner Ausformung als Benachteiligungsverbot betroffen (vgl. BVerfGE 18, 257 [258]); zur Ausformung des Art. 6 Abs. 1 GG als Gleichheitssatz vgl. BVerfGE 99, 216 (232); 6, 55 (76); BVerfGE 76, 1 (72); vgl. dazu auch Seer, Roman; Wendt, Volker: Die Familienbesteuerung nach dem so genannten "Gesetz zur Familienförderung" vom 22.12.1999, NJW 2000, 1904 (1904).

46 BVerfGE 84, 168, die Regelung verstieß außerdem gegen Art. 6 Abs. 2 GG (BVerfGE 84, 168 (169); vgl. zur Frage der aussetzungsorientierten Unvereinbarerklärung bei Art. 6 Abs. 5 GG auch BVerfGE 118, 45 (78); zu Art. 6 Abs. 5 GG als Gleichheitsgrundrecht des unehelichen Kindes, das lex specialis zu Art. 3 Abs. 1 GG ist vgl. Uhle, Arnd in: Epping, Volker / Hillgruber, Christian: Beck´scher Online-Kommentar – GG, Stand April 2011, Edition: 10, Art. 6 Rn. 73; BVerfGE 17, 280 (286); 44, 1 (18); 84, 168 (184); vgl. auch Pieroth, Bodo / Schlink, Bernhard: Grundrechte – Staatsrecht II, 26. Auflage 2010, Rn. 495.

47 Dies sind nur die Verfahren der abstrakten und konkreten Normenkontrolle und der unmittelbaren bzw. mittelbaren Normenkontrolle bei der Verfassungsbeschwerde; beim Organstreitverfahren nach Art. 93 Abs. 1 Nr. 1 GG, §§ 13 Nr. 5, 63ff. BVerfGG und der Wahlprüfungsbeschwerde nach Art. 41 Abs. 2 GG, §§ 13 Nr. 3, 48 BVerfGG handelt es sich nicht um Normenkontrollverfahren (siehe schon oben 1. Teil A.).

lung gegen Art. 38 Abs. 1 S. 1 GG in seiner Ausprägung als Gleichheitssatz[48] zum Inhalt hatten, findet sich eine Entscheidung, in der das Bundesverfassungsgericht eine aussetzungsorientierte Unvereinbarerklärung[49] aussprach. Lediglich für die Gleichheitssätze der Art. 33 Abs. 1, 2, 3 und 21 Abs. 1 GG sind keine aussetzungsorientierten Unvereinbarerklärungen belegt.[50] Letztlich finden sich aber in der Rechtsprechung des Bundesverfassungsgerichts keine Hinweise dafür, dass sich die aussetzungsorientierten Unvereinbarerklärungen in Abhängigkeit von einem konkreten Gleichheitssatz befänden. Der Zusammenhang ergibt sich vielmehr aus der Tatsache des Gleichheitsverstoßes, unabhängig davon, ob ein allgemeiner oder spezieller Gleichheitssatz verletzt ist.[51] Das Gericht spricht in diesen Konstellationen aber auch Nichtigerklärungen[52] und anwendungsorientierte Unvereinbarerklärungen[53] aus.

bb. Zusammenfallen von Gleichheits- und Freiheitsverstoß

In einigen Entscheidungen stellte das Bundesverfassungsgericht fest, das die jeweiligen Regelungen nicht ausschließlich gegen einen Gleichheitssatz, sondern gegen ein Freiheitsgrundrecht in Verbindung mit einem Gleichheitsgrund-

48 Siehe nur Butzer, Hermann in: Epping, Volker / Hillgruber, Christian: Beck´scher Online-Kommentar – GG, Stand April 2011, Edition: 10, Art. 38 Rn. 41; Pieroth/Schlink (Fn. 45), Rn. 496ff. m.w.N.

49 BVerfGE 41, 399.

50 Zu Art. 21 Abs. 1 GG anders Leal, Paul E. Rueda: Die verfassungsgerichtliche Unvereinbarerklärung verfassungswidriger Gesetze – Untersuchungen zur Entwicklung und Funktion dieser Rechtsfigur im deutschen Recht und zu ihrer Übertragbarkeit ins costa-ricanische Recht, 1999, 37, der seine Aussage aber nicht belegt; anders zu Art. 33 Abs. 1 GG offenbar Gerhard, Torsten: Die Rechtsfolgen prinzipaler Normenkontrollen für Verwaltungsakte - § 79 Abs. 2 BVerfGG und § 183 VwGO, 2008, 36, ebenfalls ohne eine Entscheidung dafür anzugeben.

51 Siehe dazu BVerfGE 84, 9 (20).

52 Für Art. 3 Abs. 1 GG: BVerfGE 110, 94 (95); 104, 74 (75); für Art. 3 Abs. 2 GG: z.B. BVerfGE 39, 196; 63, 181; 68, 384; für Art. 3 Abs. 3 GG: z.B. BVerfGE 121, 241; für Art. 38 Abs. 1 S. 1 GG: BVerfGE 82, 322 (325); 3, 19 (19), bei der zweiten Entscheidung war die Tenorierungsvariante "Unvereinbarerklärung" allerdings noch nicht entwickelt worden; für Art. 6 Abs. 1 GG: BVerfGE 17, 1; 17, 38, vgl. auch BVerfGE 112, 268; 114, 316, bei denen es aber um gleichheitswidrige Belastungen ging. Siehe dazu noch unten 2. Teil A.I.2. Für Art. 6 Abs. 5: BVerfGE 74, 33; 17, 148 (148, 153).

53 Für Art. 3 Abs. 1 GG: BVerfGE 111, 176 (177); 117, 1 (1f.); für Art. 3 Abs. 2 GG: z.B. BVerfGE 37, 217; für die Art. 3 Abs. 3, 6 Abs. 1 und 38 Abs. 1 S. 1 GG existiert keine anwendungsorientierte Unvereinbarerklärung; für Art. 6 Abs. 5 GG: BVerfGE 118, 45; zur anwendungsorientierten Unvereinbarerklärung siehe unten 2. Teil B.

recht verstießen.[54] Auch in dieser Konstellation hat das Gericht häufig aussetzungsorientierte Unvereinbarerklärungen ausgesprochen, ohne das in den Begründungen Unterschiede zu erkennen sind.[55] Vereinzelt finden sich aber auch hier Entscheidungen, in denen eine Nichtigerklärung erging.[56] Offen gelassen hat das Gericht aber, ob die bei einfachen Gleichheitsverstößen für die Unvereinbarerklärung genannten Begründungen tatsächlich ebenso Geltung beanspruchen können, wenn zum Gleichheitsverstoß ein Verstoß gegen ein Freiheitsgrundrecht hinzutritt.[57]

cc. Gleichheits- und nichtgrundrechtliche Verfassungsverstöße

Zu aussetzungsorientierten Unvereinbarerklärungen kam es in der Rechtsprechung des Bundesverfassungsgerichts darüber hinaus auch dann, wenn eine Regelung einen Gleichheitssatz in Verbindung mit sonstigem Verfassungsrecht, z.B. dem Sozialstaatsprinzip, verletzte.[58] Auch hier lassen sich keine Besonderheiten im Vergleich zu denjenigen Unvereinbarerklärungen feststellen, denen nur ein Verstoß gegen einen oder mehrere Gleichheitssätze zugrunde lag.

c. Unvereinbarerklärung bei allen Formen des Begünstigungsausschlusses?

Der gleichheitswidrige Ausschluss von einer Begünstigung kann gesetzestechnisch auf unterschiedlichen Wegen herbeigeführt werden.[59] Er kann ausdrücklich[60] (aa.) und konkludent[61] (bb.) formuliert sein und er kann auf verschiedenen

---

54 Z.B. BVerfGE 35, 79 (80); 95, 193 (193).

55 Z.B. BVerfGE 35, 79 (148); 43, 242 (291); 75, 40 (41); vgl. dazu auch BVerfGE 38, 61 (101f.).

56 Vgl. BVerfGE 62, 117 (118f.).

57 Vgl. dazu noch ausführlich unten 4. Teil B.III.5.

58 Z.B. BVerfGE 39, 316 (332f.); 42, 176 (177); 45, 376 (377); vgl. dazu auch BVerfGE 78, 350 (363), Nichtigerklärung aber in BVerfGE 99, 69 (69f.).

59 Vgl. etwa Vogel, Kurt: Das Bundesverfassungsgericht und die übrigen Verfassungsorgane - Bundesverfassungsgerichtliche Argumentationsfiguren zu den Grenzen der Verfassungsgerichtsbarkeit, 1988, 224.

60 Zum ausdrücklichen Begünstigungsausschluss Pohle (Fn. 41), 80; Ipsen, Jörn: Rechtsfolgen der Verfassungswidrigkeit von Norm und Einzelakt, 1980, 109; Maurer, Hartmut: Zur Verfassungswidrigerklärung von Gesetzen, in: Im Dienst an Recht und Staat: Festschrift für Werner Weber zum 70. Geburtstag, 1974, 349; Blüggel (Fn. 10), 33; Jülicher, Friedrich: Die Verfassungsbeschwerde gegen Urteile bei gesetzgeberischem Unterlassen: zum Rechtsschutz bei gesetzgeberischem Unterlassen und willkürlichem gesetzlichen Begünstigungsausschluß, 1972, 61; vgl. Söhn, Hartmut: Anwendungspflicht oder Aussetzungspflicht bei festgestellter Verfassungswidrigkeit von Gesetzen, 1974, 64.

Regelungssystemen (cc.) beruhen.[62] Insofern stellt sich die Frage, ob die gesetzestechnische Struktur des Gleichheitsverstoßes Einfluss auf die Unvereinbarkeitsrechtsprechung des Bundesverfassungsgerichts hat. Letztlich ist diese Frage aber zu verneinen. Untersucht man die Rechtsprechung des Gerichts im Hinblick auf die gesetzestechnische Umsetzung des Gleichheitsverstoßes, ergibt sich, dass bei allen Ausschlussformen grundsätzlich aussetzungsorientierte Unvereinbarerklärungen ergingen. Jedoch lässt ein genauerer Blick einige Besonderheiten erkennen. Dabei ist zu beachten, dass die Darstellung der Rechtsprechung unter diesem Blickwinkel nur dann nachvollziehbar ist, wenn zugleich die gesetzestechnischen Varianten des Begünstigungsausschlusses und die jeweiligen Handlungsmöglichkeiten des Bundesverfassungsgerichts erörtert werden.

aa. Der ausdrückliche Begünstigungsausschluss

Beim ausdrücklichen Begünstigungsausschluss gewährt eine Regelung zunächst beiden Vergleichsgruppen eine Begünstigung, nimmt jedoch später im Wege der Ausnahme eine der Gruppen wieder aus.[63] Geht man davon aus, dass die Gruppen X und Y der Obergruppe Z zugehören, ergibt sich folgendes Schema[64]:

§ 1 Die Mitglieder der Personengruppe Z werden begünstigt.

§ 2 Der § 1 findet keine Anwendung auf die Mitglieder der Personengruppe Y.

In dieser Weise stellte sich die Situation in einer Entscheidung zum Landesbesoldungsgesetz NRW[65] dar. Nach § 18 Abs. 1 des Gesetzes wurde für Kinder ein Zuschlag gewährt, währenddessen der Abs. 6 hiervon verheiratete, verwitwete oder geschiedene Kinder ausnahm.[66] Der ausdrückliche Begünstigungsausschluss kann gesetzestechnisch auch dadurch erfolgen, dass schon die Begünstigungsnorm einen Ausnahmetatbestand enthält, was inhaltlich keinen Unterschied macht:

---

61 Zum konkludenten Begünstigungsausschluss Pohle (Fn. 41), 80; Ipsen (Fn. 60), 109; Blüggel (Fn. 10), 33; Maurer (Fn. 60), 349; Gerontas, Apostolos: Die Appellentscheidungen, Sondervotumsappelle und die bloße Unvereinbarkeitsfeststellung als Ausdruck der funktionellen Grenzen der Verfassungsgerichtsbarkeit, DVBl. 1982, 486 (489); Jülicher (Fn. 60), 61.

62 Vgl. Wernsmann (Fn. 6), 85; vgl. dazu auch Vogel (Fn. 59), 224f; alle anderen Formen lassen sich auf die genannten Modelle zurückführen; Wernsmann (Fn. 6), 87; Graßhof (Fn. 6), 98ff.

63 Graßhof (Fn. 6), 99; Wernsmann (Fn. 6), 86; Söhn (Fn. 60), 64.

64 Vgl. das Beispiel bei Wernsmann (Fn. 6), 86.

65 BVerfGE 29, 1.

66 Vgl. BVerfGE 29, 1 (2f.).

§ 1a Die Mitglieder der Personengruppe Z, die nicht Mitglied der Gruppe Y sind, werden begünstigt.[67]

Außerdem kann die Ausnahmevorschrift auch so formuliert sein, dass sie nicht eigenständig, sondern als Tatbestandsmerkmal der Begünstigung auftritt. Unter der Voraussetzung, dass die Mitglieder der Gruppe X die Eigenschaft x und die Mitglieder der Gruppe Y die Eigenschaft y haben, heißt es:

§ 1b Die Mitglieder der Personengruppe Z mit der Eigenschaft x werden begünstigt.[68]

Ähnlich wie der Gesetzgeber kann das Bundesverfassungsgericht den verfassungswidrigen Zustand durch vollständige Aufhebung der Begünstigung beseitigen.[69]

Neben einer solchen Gesamtnichtigerklärung besteht aber auch die Möglichkeit, den verfassungsgemäßen Zustand unter Einbeziehung der bisher ausgeschlossenen Gruppe mittels (Teil-)Nichtigerklärung herzustellen.[70] Im ersten Beispiel muss lediglich § 2, im zweiten Beispiel der Satzteil "die nicht Mitglied der Gruppe Y sind" und im dritten Beispiel der Satzteil "mit der Eigenschaft x" eliminiert werden. In der Entscheidung zum Landesbesoldungsgesetz NRW erklärte das Gericht den § 18 Abs. 6 wegen Verstoßes gegen Art. 3 Abs. 1 GG für nichtig[71] und erweiterte so den Kreis der Begünstigten, ohne sich dabei aber zu der Frage zu äußern, ob es damit dem Gesetzgeber nicht gestalterisch vorgriff.[72]

Daneben finden sich mehrere Entscheidungen[73], in denen das Gericht ebenso agierte und den Normteil, der den Begünstigungsausschluss enthielt, für nichtig erklärte. In der überwiegenden Anzahl der Entscheidungen[74] die einen ausdrücklichen Begünstigungsausschluss zum Gegenstand hatten, sprach das Gericht jedoch Unvereinbarerklärungen aus.

bb. Der konkludente Begünstigungsausschluss

Beim konkludenten Begünstigungsausschluss wird der Kreis der Begünstigten von Anfang an enger gefasst. Die Regelung bestimmt den Adressatenkreis so,

---

67 Zum Ganzen Wernsmann (Fn. 6), 86.

68 Zum Ganzen Graßhof (Fn. 6), 99.

69 Siehe dazu oben 2. Teil A.I.1.a. und z.B. BVerfGE 22, 349 (361); instruktiv hierzu die Darstellung bei Wernsmann (Fn. 6), 89ff; siehe auch Graßhof (Fn. 6), 117.

70 So schon BVerfGE 22, 349 (360).

71 BVerfGE 29, 1 (1).

72 Zu dieser Frage siehe noch ausführlich unten 4. Teil B.I.

73 Z.B. BVerfGE 21, 329; 27, 220; 38, 187; 74, 9; 88, 87; weitere Beispiele bei Graßhof (Fn. 6), 99.

74 Z.B. BVerfGE 29, 57; 29, 71; 42, 176; 61, 43; 71, 146; 79, 87; 88, 5; 97, 35; 100, 59.

dass die Vergleichsgruppe von vornherein nicht in den Anwendungsbereich der Regelung einbezogen wird.[75] Für die Gruppen X, Y und die Obergruppe Z ergibt sich folgendes Schema:

§ 1 Die Mitglieder der Gruppe X werden begünstigt.

Weder die Obergruppe Z, noch die Gruppe Y werden in der Norm genannt. Schwierig ist die Abgrenzung zum ausdrücklichen Begünstigungsausschluss, wenn bei diesem die Ausnahmevorschrift nicht eigenständig, sondern als Tatbestandsmerkmal der Begünstigung (Mitglieder der Gruppe Z mit der Eigenschaft x) auftritt.[76] Man könnte meinen, dass die ausgeschlossene Gruppe wie beim konkludenten Begünstigungsausschluss unerwähnt bleibt. Tatsächlich finden aber die Vergleichsgruppen X und Y mit der ausdrücklich genannten Obergruppe Z beide im Text Erwähnung, es wird nur eben die Gruppe Y durch das Adjektivattribut "x" wieder ausgenommen.[77]

Auch beim konkludenten Begünstigungsausschluss kann der verfassungsgemäße Zustand leicht durch Aufhebung der Begünstigung mittels Gesamtnichtigerklärung hergestellt werden.[78] Schwieriger ist die Situation aber, wenn die bisher von der Begünstigung ausgeschlossene Gruppe mittels Nichtigerklärung in die Begünstigung einbezogen werden soll. Hier stellt sich nämlich die Frage, ob für nichtig erklärt werden kann, was nicht genannt wird.

In der Entscheidung Armenrecht[79] hat das Bundesverfassungsgericht diese Frage verneint. Es verwies darauf, dass es gesetzestechnisch nicht möglich ist, die verfassungswidrige Nichterwähnung der benachteiligten Gruppe für nichtig zu erklären.[80] Demnach kann beim konkludenten Begünstigungsausschluss die

---

75 Zum Ganzen Wernsmann (Fn. 6), 88; Graßhof (Fn. 6), 99; Söhn (Fn. 60), 64.

76 Vgl. oben § 1b, 2. Teil A.I.1.c.aa.

77 Dazu Graßhof (Fn. 6), 99; vgl. auch Wernsmann (Fn. 6), 88.

78 Vgl. auch Pohle (Fn. 41), 80.

79 BVerfGE 22, 349

80 BVerfGE 22, 349 (360); ebenso z.B. Pohle (Fn. 41), 69, 80; Maurer (Fn. 60), 349; Lechner, Hans: Zur Zulässigkeit der Verfassungsbeschwerde gegen Unterlassungen des Gesetzgebers, NJW 1955, 1817 (1819); Rauschning, Dietrich: Die Sicherung der Beachtung von Verfassungsrecht, 1969, 237; Rupp-v. Brünneck (Fn. 24), 45f; Rupp-von Brünneck, Wiltraut: Darf das Bundesverfassungsgericht an den Gesetzgeber appellieren?; in: Rittersbach, Theo / Geiger, Willi: Festschrift für Gebhard Müller, zum 70. Geburtstag des Präsidenten des Bundesverfassungsgerichts, 1970, 355 (367); in diese Richtung auch Lerche, Peter: Das Bundesverfassungsgericht und die Verfassungsdirektiven – Zu den „nicht erfüllten Gesetzgebungsaufträgen“, AöR 90 (1965) 341 (353f.); kritisch Pestalozza, Christian: "Noch verfassungsmäßige" und "bloß verfassungswidrige" Rechtslagen – Zur Feststellung und kooperativen Beseitigung verfassungsimperfekter Zustände, in: Starck, Christian: Bundesverfassungsgericht und

benachteiligte Gruppe nicht mittels Teil- oder Gesamtnichtigerklärung einbezogen werden.[81] Bei konkludenten Begünstigungsausschlüssen spricht das Bundesverfassungsgericht fast ausschließlich Unvereinbarerklärungen aus.[82]

cc. Der auf verschiedenen Regelungssystemen beruhende Begünstigungsausschluss

Schließlich kann der Begünstigungsausschluss auch auf verschiedenen Regelungssystemen beruhen. Das bedeutet, dass für jede Vergleichsgruppe unterschiedliche Regelungen bestehen, wobei die Regelungen für die eine Gruppe zu einem günstigeren Ergebnis führen.[83]

§ 1 Gruppe X wird nach Methode A begünstigt.

§ 2 Gruppe Y wird nach Methode B begünstigt.

Unter der Voraussetzung, dass Methode A zu einer höheren Begünstigung führt, als Methode B, wird die Gruppe Y weniger stark begünstigt als die Gruppe X.[84] Ebenfalls zu dieser Konstellation gehören die Fälle, in denen eine Regelung zunächst beide Vergleichsgruppen einbezieht, dabei aber an unterschiedliche Regelungssysteme anknüpft und sich daher im Ergebnis für beide Gruppen unterschiedlich auswirkt.[85] Die Einbeziehung der Gruppe Y in die Mehrbegünstigung lässt sich mittels vollständiger Nichtigerklärung einer der Normen nicht erreichen. Eine Nichtigerklärung einzelner oder aller Normen kann hier lediglich die Abschaffung der Begünstigung für die Gruppe X oder Y oder für beide Gruppen bewirken. Das Bundesverfassungsgericht spricht in diesem Bereich ausschließlich Unvereinbarerklärungen aus.[86]

Grundgesetz – Festgabe aus Anlaß des 25jährigen Bestehens des Bundesverfassungsgerichts, Erster Band, Verfassungsgerichtsbarkeit, 1976, 519 (526, 529); vgl. dazu auch Vogel (Fn. 59), 225.

81 Vgl. BVerfGE 22, 349 (360).

82 Vgl. etwa BVerfGE 41, 399; 52, 369; 71, 224; eine Ausnahme ist z.B. die zeitlich vor der Armenrechtsentscheidung liegende BVerfGE 17, 122 (123).

83 Zum Ganzen Wernsmann (Fn. 6), 86f; Graßhof (Fn. 6), 98f; so wohl auch Söhn (Fn. 60), 65.

84 Siehe dazu mit Beispiel Wernsmann (Fn. 6), 87.

85 Siehe dazu mit Beispiel Graßhof (Fn. 6), 99f. der darin aber eine eigene Konstellation sieht; wie hier i.E. Wernsmann (Fn. 6), 87.

86 So z.B. BVerfGE 82, 126 (127); 26, 100; 75, 166; 100, 195.

d. Die ausnahmsweise Nichtigerklärung gleichheitswidrig begünstigender Gesetze

Das Bundesverfassungsgericht hat zwar nicht in allen, aber in vielen Entscheidungen Argumente dafür vorgebracht, warum es trotz eines gleichheitswidrigen Begünstigungsausschlusses Normen für nichtig erklärte. Daher lässt sich diese "Rückausnahme" zur Unvereinbarerklärung systematisieren.[87] Der Rechtsprechung sind zwei Begründungsansätze zu entnehmen: Statt der Unvereinbarerklärung spricht es eine Nichtigerklärung aus, wenn mit Rücksicht auf einen zwingenden Verfassungsauftrag oder nach den sonstigen Umständen des Einzelfalles nur diese eine Möglichkeit zur Beseitigung des Verfassungsverstoßes in Betracht kommt[88] (aa.), oder wenn es mit Sicherheit annehmen kann, dass der Gesetzgeber bei Beachtung des Art. 3 GG die verbleibende Fassung gewählt hätte[89] (bb.).

aa. Keine Vielzahl von Beseitigungsmöglichkeiten

(1) Bei zwingendem Verfassungsauftrag

Ausgangspunkt dieser Argumentation ist die Annahme des Gerichts, dass ein Gleichheitsverstoß in Form eines gleichheitswidrigen Begünstigungsausschlusses auf verschiedene Weise geheilt werden kann[90] und die Wahl der Beseitigungsmöglichkeit der Gestaltungsfreiheit des Gesetzgebers überlassen bleibt[91], das Gericht also nicht selbst, etwa durch Ausdehnung der Begünstigung, die Verfassungsmäßigkeit herstellen darf. Denkbar ist aber, dass die Verfassung mittels eines zwingenden Verfassungsauftrages die Ausdehnung der Begünstigung auf die bisher nicht Begünstigten fordert[92], folglich also nur eine der denkbaren Möglichkeiten den Verfassungsverstoß zu beseitigen, verfassungsrechtlich zulässig ist. Dann sei die Begünstigung durch das Bundesverfassungsgericht auszudehnen.[93]

---

87 Siehe dazu Siedler (Fn. 6), 137ff; Kreutzberger, Senja: Die gesetzlich nicht geregelten Entscheidungsvarianten des Bundesverfassungsgerichts, 2007, 151ff; Jülicher (Fn. 60), 54; Blüggel (Fn. 10), 41ff.

88 BVerfGE 22, 349 (362); 21, 329 (354); vgl. auch BVerfGE 29, 283 (303).

89 Vgl. z.B. BVerfGE 8, 28 (37); 22, 163 (174f.); 88, 87 (101); vgl. auch BVerfGE 85, 191 (212).

90 Vgl. z.B. BVerfGE 22, 349 (361); siehe dazu oben 2.Teil A.I.1.a.

91 Siehe dazu oben 2. Teil A.I.1.a.aa.

92 Siehe dazu z.B. BVerfGE 22, 349 (362).

93 BVerfGE 22, 349 (362); weitere solche Entscheidungen sind z.B. BVerfGE 21, 329 (354); 22, 349 (362); 29, 283 (303); 39, 196, (204); vgl. auch 65, 325 (358).

Wie oben bereits erwähnt, soll eine Einbeziehung durch eine Nichtigerklärung aber nur beim ausdrücklichen Begünstigungsausschluss möglich sein.[94] Die "ausnahmsweise Nichtigerklärung" beim gleichheitswidrigen Begünstigungsausschluss beinhaltet folglich nach der Rechtsprechung des Bundesverfassungsgerichts nicht die Gesamtnichtigerklärung der Begünstigung, sondern lediglich die Teilnichtigerklärung derjenigen Normen(teile), die den ausdrücklichen Ausschluss von der Begünstigung enthalten. Deutlich wird dies beispielsweise in einer Entscheidung zur Entschädigung für Opfer der nationalsozialistischen Verfolgung[95]: Hier hielt das Gericht den Verordnungsgeber für gebunden, die Renten der Beschwerdeführer rückwirkend zu erhöhen, da andere Wiedergutmachungsrenten bereits zu einem früheren Zeitpunkt erhöht wurden.[96] Da die frühere Erhöhung aber nicht durch einen ausdrücklichen Begünstigungsausschluss bewirkt wurde, war die gebotene Ausdehnung der Begünstigung mittels Nichtigerklärung nach Ansicht des Bundesverfassungsgerichts nicht möglich.[97]

Ein Beispiel für einen zwingenden Verfassungsauftrag findet sich in der Entscheidung Transsexuellenoperation[98]. Das Transsexuellengesetz gibt Transsexuellen auch die Möglichkeit, gerichtlich die Zugehörigkeit zum anderen Geschlecht feststellen zu lassen ("große Lösung")[99], wenn sie sich, neben anderen Voraussetzungen, einer geschlechtsumwandelnden Operation unterzogen haben. Ausgeschlossen war die Feststellung nach alter Fassung der Regelung aber unterschiedslos vor Vollendung des 25. Lebensjahres.[100] Nach Ansicht des Bundesverfassungsgericht geboten aber Menschenwürde und freie Persönlichkeitsentfaltung nach geschlechtskorrigierender Operation den Personenstand des Menschen unabhängig vom Alter dem Geschlecht zuzuordnen, dem er nach seiner psychischen und physischen Konstitution zugehört. Das Gericht erklärte daher die Altersvoraussetzung für nichtig.[101]

Auf die Begründung der Nichtigerklärung durch einen zwingenden Verfassungsauftrag griff das Bundesverfassungsgericht in weiteren Entscheidungen zurück. So sah das Gericht den Gestaltungsspielraum des Gesetzgebers neben

---

94 Vgl. dazu oben 2.Teil A.I.1.c.bb. und cc. m.w.N.
95 BVerfGE 13, 248.
96 Vgl. zum Ganzen BVerfGE 13, 248 (248f., 253ff.).
97 Siehe BVerfGE 13, 248 (249); vgl. dazu auch Hein (Fn. 9), 52.
98 BVerfGE 60, 123.
99 Vgl. § 8 TSG; zur "kleinen Lösung" siehe schon oben 1. Teil A.III.4.c.
100 Vgl. BVerfGE 60, 123 (124).
101 Vgl. zum Ganzen BVerfGE 60, 123 (124, 134f.).

Art. 2 Abs. 1 i.V.m. Art. 1 Abs. 1 GG[102] etwa durch Erwägungen des Vertrauensschutzes (Art. 20 Abs. 3 GG)[103], durch Art. 33 Abs. 5 GG[104], durch das verfassungsrechtliche Rückwirkungsverbot[105] und durch den Grundsatz der Wahlrechtsgleichheit[106] als eingeschränkt an.[107]

(2) Sonstige Umstände des Einzelfalles

Konkrete Aussagen zur Natur der sonstigen Umstände des Einzelfalles, welche die Beseitigungsmöglichkeiten auf nur eine Option reduzieren können, sind der Rechtsprechung des Bundesverfassungsgerichts nicht zu entnehmen. Jedoch weist beispielsweise die Spekulationssteuerentscheidung[108] die Richtung, wie eine solche Situation gestaltet sein kann.

Die Vorlage betraf die Verfassungsmäßigkeit der Besteuerung von privaten Spekulationsgeschäften bei Wertpapieren nach dem EStG. Das Gericht hielt die geprüfte Steuernorm für gleichheitswidrig, weil die Durchsetzung des Steueranspruchs wegen struktureller Vollzugshindernisse weitgehend vereitelt wurde.[109] Dabei war der Senat davon überzeugt, dass eine nachträgliche Beseitigung der Verfassungswidrigkeit durch die Umgestaltung materieller und verfahrensrechtlicher Normen sowie durch einen auf der umgestalteten Rechtslage gründenden flächendeckenden Vollzug nicht möglich war.[110] Insofern konnte der Gesetzgeber nach Ansicht des Gerichts der ihm obliegenden Beseitigungspflicht durch "Reparaturgesetze" nicht nachkommen.[111] Es waren also tatsächliche Umstände, welche die "Vielzahl" von Beseitigungsmöglichkeiten eliminierten.[112]

---

102 Zum allgemeinen Persönlichkeitsrecht siehe Lang, Heinrich, in: Epping, Volker / Hillgruber, Christian: Beck´scher Online-Kommentar – GG, Stand April 2011, Edition: 10, Art. 2 Rn. 31ff.

103 BVerfGE 29, 283 (303); 55, 100 (113).

104 BVerfGE 39, 196 (204).

105 BVerfGE 99, 69 (83).

106 BVerfGE 71, 81 (107f.).

107 Vgl. dazu auch Hein (Fn. 9), 54.

108 BVerfGE 110, 94; nach hier vertretender Ansicht lag der Entscheidung eine gleichheitswidrige Belastung zugrunde. Zur Abgrenzung von Begünstigung und Belastung siehe noch unten 4. Teil B.III.6.b.

109 BVerfGE 110, 94 (95).

110 BVerfGE 110, 94 (139).

111 Vgl. BVerfGE 110, 94 (138f.).

112 Ähnlich auch BVerfGE 55, 100 (113), in der das Gericht aus tatsächlichen und rechtlichen Gründen praktisch nur eine gesetzgeberische Beseitigungsvariante für möglich hielt.

(3) Parallele zu derivativen Teilhaberechten

Die Rechtsprechung des Bundesverfassungsgerichts zur ausnahmsweisen Nichtigerklärung beim gleichheitswidrigen Begünstigungsausschluss wegen eines zwingenden Verfassungsauftrages deckt sich mit den Erkenntnissen zu den derivativen Teilhaberechten[113]: Diese werden aus Grundrechten abgeleitet, sind in ihrem Bestand abhängig von vorgängigem, teilhabebegründendem staatlichen Handeln und finden ihren Rechtsgrund in der Regel im Gleichbehandlungsgebot.[114] Wird nämlich eine Leistung den einen gewährt und den anderen gleichheitsrechtlich verweigert, ergibt sich aus dem Gleichbehandlungsgebot ein derivativer Leistungsanspruch[115], wenn die Leistungsgewährung die einzige Möglichkeit darstellt, den Gleichheitsverstoß zu vermeiden.[116] Im Unterschied zur Verwaltung hat der Gesetzgeber[117] aber regelmäßig die Entscheidungsfreiheit, zwischen Abschaffung und Ausdehnung der Begünstigung zu wählen[118], so dass der Anspruch auf Gleichbehandlung nur zu einer Chance auf Teilhabe führt.[119] Ein derivativer Leistungsanspruch gegenüber der Legislative kann nur entste-

113 Zur Terminologie Martens, Wolfgang: Grundrechte im Leistungsstaat, in: VVDStRL 30 (1972) 7 (21); Murswiek, Dietrich: Grundrechte als Teilhaberechte, soziale Grundrechte, in: Isensee, Josef / Kirchhof, Paul: Handbuch des Staatsrechts der Bundesrepublik Deutschland, Band V, Allgemeine Grundrechtslehren, 1. Auflage 1992, § 112 Rn. 6f. m.w.N; vgl. auch Heintschel von Heinegg, Wolff: Grundrechte als Leistungsansprüche des Bürgers gegenüber dem Staat, in: JA 1995, 333 (337); zu den derivativen Teilhaberechten vgl. z.B. Murswiek (Fn. 113), § 112 Rn. 68ff. m.w.N; Osterloh, in: Sachs, Michael: Grundgesetz – Kommentar, 5. Auflage 2009, Art. 3 Rn. 53f.

114 Martens (Fn. 113), 21; Murswiek (Fn. 113), § 112 Rn. 11, 68.

115 Zum Begriffspaar originäres und derivatives Teilhaberecht siehe Kersting, Annette: Der Umfang des Schutzes der deutschen Grundrechte und ihrer Funktionen durch die Grundrechtbindung des deutschen Vertreters im Rat der Europäischen Gemeinschaften nach Art. 1 Abs. 3 GG und die Möglichkeiten der verfassungsgerichtlichen Überprüfung von sekundärem Gemeinschaftsrecht, 2002, 103ff.

116 Murswiek (Fn. 113), § 112 Rn. 69; Martens (Fn. 113), 23.

117 Zur ausgeprägteren anspruchserzeugenden Funktion des Gleichheitssatzes gegenüber der im Einzelfall über die Zuteilung von Leistungen entscheidenden Verwaltung siehe Martens (Fn. 113), 24; vgl. dazu auch Osterloh (Fn. 113), Art. 3 Rn. 54; Heintschel von Heinegg (Fn. 113), 338.

118 Osterloh (Fn. 113), Art. 3 Rn. 54.

119 Zum Ganzen Murswiek (Fn. 113), § 112 Rn. 69f; Stern, in: Stern, Klaus / Sachs, Michael: Das Staatsrecht der Bundesrepublik Deutschland – Band III/1 – Allgemeine Lehren der Grundrechte – Grundlagen und Geschichte, nationaler und internationaler Grundrechtskonstitutionalismus, juristische Bedeutung der Grundrechte, Grundrechtsberechtigte, Grundrechtsverpflichtete, 1988, § 67 V 6 S. 749f; Heintschel von Heinegg (Fn. 113), 338; in dieser Konstellation spricht das Bundesverfassungsgericht wie gezeigt nur die Unvereinbarerklärung aus, vgl. dazu Martens (Fn. 113), 24.

hen, wenn der Entscheidungsfreiheit des Gesetzgebers ausnahmsweise andere Verfassungsgrundsätze entgegenstehen.[120] Genau dies ist der Fall, wenn sich wegen eines zwingenden Verfassungsauftrages gerade keine Vielzahl von Möglichkeiten gesetzgeberischer Beseitigung des gleichheitswidrigen Begünstigungsausschlusses ergibt.

bb. Erkennbarer Wille des Gesetzgebers

Als weitere Begründung für die ausnahmsweise Nichtigerklärung einer Norm beim gleichheitswidrigen Begünstigungsausschluss verweist das Verfassungsgericht auf den erkennbaren Willen des Gesetzgebers. Ausgangspunkt ist auch hier die Überlegung, dass der Gleichheitsverstoß zu einer Vielzahl von Beseitigungsmöglichkeiten führt[121]. Beseitigt der Gesetzgeber den Verfassungsverstoß durch Ausdehnung der Begünstigung, vollzieht er mit gesetzgeberischen Mitteln genau das, was auch das Bundesverfassungsgericht mit der (Teil-)Nichtigerklärung des ausdrücklichen Begünstigungsausschlusses bewerkstelligen könnte.[122] In einigen Fällen geht das Gericht davon aus, dass der Gesetzgeber, wenn er um die Gleichheitswidrigkeit gewusst hätte, die Norm von vornherein mit einem ausgedehnten Anwendungsbereich versehen hätte.[123] Daraus schließt es, dass der Gesetzgeber die Gleichheit in Form der Ausdehnung der Begünstigung wiederherstellen wird. In dieser Situation greift das Gericht dem Gesetzgeber vor und verwirklicht selbst mittels einer (Teil-)Nichtigerklärung den antizipierten gesetzgeberischen Willen. Im Unterschied zur ersten Begründung ist hier zwar grundsätzlich eine Vielzahl von Beseitigungsmöglichkeiten gegeben, faktisch soll aber nur die Ausdehnung der Begünstigung denkbar sein. Auch in dieser Konstellation geht es also nicht um eine Nichtigerklärung aller Normen, aus denen sich der Gleichheitsverstoß ergibt, sondern lediglich um die Nichtigerklärung der Normen oder Normenteile, die den ausdrücklichen Begünstigungsausschluss enthalten.[124]

In der überwiegenden Zahl der Fälle formuliert das Gericht, dass beim gleichheitswidrigen Begünstigungsausschluss die Nichtigerklärung eines Teils einer Bestimmung zulässig sei, wenn das Bundesverfassungsgericht *mit Sicherheit* annehmen könne, dass der Gesetzgeber bei Beachtung des Art. 3 GG die verbleibende Fassung gewählt, also das Gesetz auf alle nach Art. 3 GG zu be-

---

120 Stern (Fn. 119), § 67 V 6 S. 750; Murswiek (Fn. 113), § 112 Rn. 70; Martens (Fn. 113), 23f. m.w.N.

121 Vgl. oben 2.Teil A.I.1.a.

122 Vgl. oben 2.Teil A.I.1.c.aa.

123 Vgl. z.B. BVerfGE 8, 28 (37); 38, 187 (205); 48, 376 (393); 85, 191 (212); 88, 87 (101).

124 Siehe dazu schon oben 2.Teil A.I.1.d.aa.

rücksichtigenden Gruppen unverändert erstreckt hätte.[125] In anderen Entscheidungen genügte es dem Gericht aber bereits, wenn es sich sicher war, dass der Gesetzgeber die Begünstigung jedenfalls nicht gänzlich abschaffen werde[126], oder es für absehbar hielt, dass der Gesetzgeber an einer einmal getroffenen Grundentscheidung und damit an seinem bisherigen Regelungssystem insgesamt festhalten werde[127]. Die dritte Beseitigungsmöglichkeit – eine alternative Neuregelung – ignorierte das Gericht damit aber, so dass sich die Frage nach der Zulässigkeit dieses Typs der ausnahmsweisen Nichtigerklärung stellt.[128]

cc. Abweichungen

Zusammenfassend lässt sich feststellen, dass der Rechtsprechung des Bundesverfassungsgerichts mit dem erkennbaren Willen des Gesetzgebers und der fehlenden Vielzahl von Beseitigungsmöglichkeiten zwei Begründungen für die ausnahmsweise Nichtigerklärung beim gleichheitswidrigen Begünstigungsausschluss zu entnehmen sind. Allerdings sprach das Gericht in einigen Entscheidungen[129] trotz gleichheitswidrigem Begünstigungsausschluss eine Nichtigerklärung aus, ohne dies aber gesondert zu begründen.[130]

---

125 Vgl. dazu BVerfGE 8, 28 (37); 22, 163 (175); 27, 391 (399); 38, 187 (205); 88, 87 (101); vgl. dazu auch BVerfGE 18, 288 (302) bei der es sich um eine aussetzungsorientierte Unvereinbarerklärung handelt. Das Gericht war sich dort gerade nicht sicher, dass der Gesetzgeber die Nichtbegünstigten einbezogen hätte.

126 BVerfGE 74, 9 (28).

127 Vgl. BVerfGE 27, 220 (230); vgl. auch BVerfGE 27, 364 (374f.); in BVerfGE 121, 108 (133) reichte dem Gericht neben anderen Gründen für eine angebliche Begünstigungsausdehnung bereits, dass "die Ausdehnung der steuerlichen Begünstigung durch den Gesetzgeber sehr wahrscheinlich ist" vgl. dazu Kischel (Fn. 1), Art.3 Rn. 63.1, jedoch wurde die Ausdehnung hier nicht mittels Nichtigerklärung bewirkt sondern angeordnet (vgl. hierzu unten 3. Teil C.), zudem handelte es sich in der Entscheidung nicht um einen Begünstigungsausschluss, sondern um eine Ausnahme von einer Belastung; zur ausnahmsweisen Nichtigerklärung bei Grundentscheidung des Gesetzgebers. Vgl. auch Jülicher (Fn. 60), 54f; vgl. auch Heun, in: Dreier, Horst: Grundgesetz - Kommentar, Band I, 2. Auflage 2004, Art. 3 Rn. 54 der hierin eine selbständige Begründung für die ausnahmsweise Nichtigerklärung sieht.

128 Zur Kritik an dieser Rechtsprechung siehe unten 4. Teil B.III.4.

129 Vgl. z.B. BVerfGE 20, 379; 29, 1; 67, 186; aus jüngerer Zeit: BVerfGE 121, 241; vgl. dazu auch Jülicher (Fn. 60), 55.

130 Anders aber Osterloh (Fn. 113), Art. 3 Rn. 130.

2. Gleichheitswidrige Belastungen

Der Gesetzgeber kann neben gleichheitswidrig begünstigenden auch gleichheitswidrig belastende Regelungen[131] erlassen. Bei diesen stellt sich die Frage, ob das Bundesverfassungsgericht ähnlich wie beim gleichheitswidrigen Begünstigungsausschluss mehrere gesetzgeberische Möglichkeiten zur Herstellung der Verfassungsmäßigkeit sieht und ebenfalls aussetzungsorientierte Unvereinbarerklärungen ausspricht. An sich ergibt sich – spiegelbildlich – eine vergleichbare Situation: Der Gesetzgeber kann die Belastung insgesamt beseitigen, er kann die bisher nicht belastete Gruppe in die Belastung einbeziehen[132] und er kann den Kreis der Belasteten nach anderen, dem Art. 3 Abs. 1 GG entsprechenden Merkmalen abgrenzen.[133] Nicht zu übersehen ist aber, dass einem Betroffenen in der Regel weder die eigene Einbeziehung in die Belastung, noch die von Dritten begehrenswert erscheinen dürfte. Tatsächlich weist die Rechtsprechung des Bundesverfassungsgerichts bei gleichheitswidrigen Belastungen einige Besonderheiten auf.

a. In der Mehrzahl der Fälle: Unvereinbarerklärung

Bereits unmittelbar nach der Entwicklung der Unvereinbarerklärung differenzierte das Bundesverfassungsgericht ausdrücklich zwischen gleichheitswidrigen Begünstigungen und Belastungen. Als Hauptargument für die Unvereinbarerklärung bei gleichheitswidrigen Begünstigungen hatte es auf die Gestaltungsfreiheit des Gesetzgebers verwiesen.[134] Bei gleichheitswidrigen Belastungen hielt es hingegen die gesetzgeberische Gestaltungsfreiheit ohne Weiteres für gewahrt, wenn es die belastende Norm für nichtig erklärte, da dadurch dem Gesetzgeber jede neue Gestaltungsmöglichkeit offen gehalten werde.[135] Nach Ansicht des Gerichts schloss das Argument der Gestaltungsfreiheit bei gleichheitswidrigen Belastungen die Nichtigerklärung also nicht aus. Konsequent sprach es daher zunächst bei gleichheitswidrig belastenden Gesetzen Nichtigerklärungen aus.[136]

Im weiteren Verlauf kam es bei gleichheitswidrig belastenden Gesetzen aber, ohne dass das Gericht auf einen Rechtsprechungswechsel hinwies, auch zu aussetzungsorientierten Unvereinbarerklärungen. In zwei Entscheidungen zum

---

131 Zur Abgrenzung von Begünstigung und Belastung siehe noch unten 4. Teil B.III.6.

132 Siehe hierzu noch unten 4. Teil B.III.6.

133 Zur Situation beim gleichheitswidrigen Begünstigungsausschluss siehe schon oben 2. Teil A.I.1.a.

134 Siehe dazu oben 2. Teil A.I.1.a.aa.

135 BVerfGE 8, 28 (37).

136 Z.B. BVerfGE 9, 291 (302); 13, 331 (332); 19, 100 (104).

Lohnsteuerrecht[137] hielt das Gericht es für ausgeschlossen, die Gleichstellung durch die Nichtigerklärung des belastenden Normteils herbeizuführen.[138] Zwar rekurrierte das Bundesverfassungsgericht nicht ausdrücklich auf die Gestaltungsfreiheit des Gesetzgebers bei einer Mehrzahl von Beseitigungsmöglichkeiten, dieser Argumentation aber nicht unähnlich vermied es die Nichtigerklärung vielmehr, um nicht selbst eine im Ermessen des Gesetzgebers stehende Neuregelung zu treffen.[139] Noch deutlicher wurde das Bundesverfassungsgericht in späteren Entscheidungen. So knüpfte es in der Entscheidung zum Arzneimittelverkauf[140] an eine gleichheitswidrige Verbotsvorschrift an, begnügte sich aber wie bei einem Begünstigungsausschluss wegen der Mehrzahl gesetzgeberischer Beseitigungsmöglichkeiten mit einer aussetzungsorientierten Unvereinbarerklärung.[141]

Insgesamt finden sich in der Rechtsprechung des Bundesverfassungsgerichts zu gleichheitswidrig belastenden Gesetzen sowohl Nichtigerklärungen[142], als auch aussetzungsorientierte Unvereinbarerklärungen[143], die der Anzahl nach aber überwiegen. Dabei ist zusätzlich zu beachten, dass ein Großteil der Nichtigerklärungen ausdrücklich begründete ausnahmsweise Nichtigerklärungen[144] waren und sich daher in die Argumentation der aussetzungsorientierten Unvereinbarerklärung bei Gleichheitsverstößen einordnen. Nicht begründete Nichtigerklärungen bei gleichheitswidrigen Belastungen sind seit dem 40. Band der amtlichen Sammlung nur vereinzelt zu finden.[145] Auch bei gleichheitswidrig be-

---

137 BVerfGE 33, 90; 33, 106.

138 Vgl. BVerfGE 33, 90 (105f.); 33, 106 (114f.).

139 BVerfGE 33, 90 (105f.).

140 BVerfGE 75, 166.

141 BVerfGE 75, 166 (166, 182f.); vgl. dazu auch BVerfGE 85, 191 (211f.); siehe zur Begründung z.B. auch BVerfGE 93, 121 (148); 93, 165 (178), bei denen es sich aber um anwendungsorientierte Unvereinbarerklärungen handelt.

142 Vgl. BVerfGE 39, 196; 65, 325; 67, 186; 67, 290; 92, 91; 99, 69; 99, 88; 110, 94.

143 Vgl. BVerfGE 48, 227; 48, 64; 51, 1; 63, 119; 75, 108; 75, 166; 85, 191; 93, 386; 111, 115; 33, 106; 43, 58; 45, 104; 47, 1; vgl. auch schon vorher BVerfGE 28, 227; 30, 227; vgl. auch folgende anwendungsorientierten Unvereinbarerklärungen, in denen aber zugleich auf die Unmöglichkeit der Nichtigerklärung wegen eines Gleichheitsverstoßes hingewiesen wird (zu dieser Konstellation siehe auch unten 2. Teil B.II.): BVerfGE 92, 53; 93, 121; 93, 165; 98, 365; 99, 280; 103, 242; 105, 73; 116, 243.

144 BVerfGE 39, 196 (204); 65, 325 (357f.); 92, 91 (121); 99, 69 (83); 110, 94 (138); zur ausnahmsweisen Nichtigerklärung siehe oben 2. Teil A.I.1.d.

145 Soweit ersichtlich nur BVerfGE 67, 290; 99, 88; in beiden Entscheidungen vollzog das Bundesverfassungsgericht durch Teilnichtigerklärung die Einbeziehung in eine Belastungsausnahme.

lastenden Normen spricht das Bundesverfassungsgericht also grundsätzlich aussetzungsorientierte Unvereinbarerklärungen aus.[146]

b. Keine weiteren Besonderheiten

Es zeigt sich, dass die Unvereinbarkeitsrechtsprechung bei gleichheitswidrig begünstigenden und belastenden Normen deutliche Parallelen aufweist. Dies gilt nicht nur für die genannten Begründungen und die ausnahmsweise Nichtigerklärung,[147] sondern auch für die Frage, welcher Gleichheitssatz verletzt wurde. Neben Verstößen gegen den allgemeinen Gleichheitssatz finden sich auch Entscheidungen, die Verstöße gegen spezielle Gleichheitssätze enthalten.[148]

II. Aussetzungsorientierte Unvereinbarerklärungen außerhalb von Gleichheitsverstößen

In der Rechtsprechung des Bundesverfassungsgerichts finden sich auch Entscheidungen, in denen es bei rechtswidrigen Eingriffen in Freiheitsgrundrechte und bei Verletzungen objektiven Verfassungsrechts auf die Nichtigerklärung verzichtet und von der Unanwendbarkeit der jeweiligen Regelungen ausgeht. Sofern das Gericht sein Abweichen von der Nichtigerklärung begründet[149], de-

---

146 Wie hier: Pohle (Fn. 41), 83f; Hein (Fn. 9), 40; Blüggel (Fn. 10), 39; Maurer (Fn. 60), 350; Pestalozza (Fn. 80), 534ff; Kischel (Fn. 1), Art.3 Rn. 64; Seer (Fn. 40), 286; Siedler (Fn. 6), 133; Erichsen, Hans-Uwe: Die konkrete Normenkontrolle – Art. 100 Abs. 1 GG, Jura 1982, 88 (94); Leal (Fn. 50), 41; Aretz, Henning: Neues zur Richtervorlage nach Art. 100 Abs. 1 GG, JZ 1984, 918 (919); vgl. Osterloh (Fn. 113), Art. 3 Rn. 130; Jarass, Hans D. / Pieroth, Bodo: Grundgesetz für die Bundesrepublik Deutschland – Kommentar, 11. Auflage, 2011, Art. 3 Rn. 41; Rinken, in: Denninger, Erhard / Hoffmann-Riem, Wolfgang / Schneider, Hans-Peter / Stein, Ekkehart / Wassermann, Rudolf: Kommentar zum Grundgesetz für die Bundesrepublik Deutschland, 3. Auflage, Loseblatt, Stand Oktober 2001, Art. 94 Rn. 48b; vgl. dazu auch Jülicher (Fn. 60), 92; anders aber: Wernsmann (Fn. 6), 119, 123, der aber die Existenz von aussetzungsorientierten Unvereinbarerklärungen auch bei gleichheitswidrigen Belastungen durchaus zur Kenntnis nimmt (vgl. ders. 119 mit Verweis auf BVerfGE 75, 166 [182f.]); Graßhof (Fn. 6), 134; Graßhof, in: Umbach/Clemens (Fn. 6), § 78 Rn. 60; in diese Richtung wohl auch Heun (Fn. 127), Art. 3 Rn. 53; vgl. auch Gubelt, in: Münch, Ingo von / Kunig, Philip: Grundgesetz-Kommentar, Band 1, 4. Auflage, 1992, Art. 3 Rn. 47.

147 Wie soeben beschrieben, vgl. 2. Teil A.I.2.a.

148 Vgl. etwa BVerfGE 85, 191 (192); 99, 69; 103, 242; vgl. auch BVerfGE 39, 196; die weitaus meisten Unvereinbarerklärungen haben aber auch hier einen Verstoß gegen Art. 3 Abs. 1 GG zum Gegenstand.

149 Ohne Begründung z.B. BVerfGE 54, 301; 74, 297; 79, 256.

cken sich die Ausführungen oftmals mit denen, wie sie bei Gleichheitsverstößen beschrieben wurden.[150] Es stellt sich die Frage, ob und inwieweit diese Entscheidungen in die Kategorie "aussetzungsorientierte Unvereinbarerklärung" einzuordnen sind.[151]

1. Nicht zugehörige Entscheidungen?

Hinzuweisen ist in diesem Zusammenhang darauf, dass zahlreiche Entscheidungen nicht den aussetzungsorientierten Unvereinbarerklärungen außerhalb von Gleichheitsverstößen zugeordnet werden können, obgleich dies zunächst nahe liegend erscheint. Keine Fälle der aussetzungsorientierten Unvereinbarerklärung neben Gleichheitsverstößen[152] sind solche Entscheidungen, in denen das Bundesverfassungsgericht einen Verstoß der Regelung gegen ein Freiheitsgrundrecht[153] in Verbindung mit dem Gleichheitssatz[154] feststellt. Regelmäßig stützt das Gericht seinen Verzicht hier auf den (auch) erfüllten Gleichheitsverstoß[155], so dass sich die Frage nach der Gestaltungsfreiheit des Gesetzgebers außerhalb

---

150 Vgl. zum Ganzen z.B. BVerfGE 115, 1 (1, 24f.); 77, 308 (337); 81, 242 (263); 85, 226 (237f.); 87, 114 (115, 150); 85, 226 (227, 238); vgl. auch BVerfGE 52, 1 (1f., 42); 115, 276 (277, 317f.); 115, 259 (275); 116, 96 (135); 109, 256 (273); 85, 226 (238).

151 So nehmen etwa an, dass das Bundesverfassungsgericht seine Rechtsprechung zu aussetzungsorientierten Unvereinbarerklärungen bei Gleichheitsverstößen auf andere Konstellationen der Verfassungswidrigkeit von Gesetzen übertragen hat: Maurer (Fn. 60), 350, 355; Stern (Fn. 19), Art. 93 Rn. 284; vgl. Benda/Klein (Fn. 1), Rn. 1269; Kreutzberger (Fn. 87), 134; vgl. Pohle (Fn. 41), 89; Schlaich/Korioth (Fn. 1), Rn. 404; Siedler (Fn. 6), 140; vgl. Steiner, Udo: Zum Entscheidungsausspruch und seinen Folgen bei der verfassungsgerichtlichen Normenkontrolle, in: Isensee, Josef / Lecheler, Helmut: Freiheit und Eigentum – Festschrift für Walter Leisner zum 70. Geburtstag, 1999, 569 (570); vgl. Rau (Fn. 10), 214; vgl. auch Kischel (Fn. 1), Art.3 Rn. 64; Hein (Fn. 9), 79; Blüggel (Fn. 10), 20; Graßhof (Fn. 6), 106; Pestalozza (Fn. 9), § 20 Rn. 116; Lechner/Zuck (Fn. 1), § 95 Rn. 24; vgl. Jarass/Pieroth (Fn. 146), Art. 20 Rn. 35; kritisch zu einer solchen Übertragung: Schlaich/Korioth (Fn. 1), Rn. 404; vgl. Siedler (Fn. 6), 140; vgl. Pestalozza (Fn. 9), § 20 Rn. 119; Graßhof (Fn. 6), 106; Hein (Fn. 9), 79, 84, 114; zu den Gefahren einer solchen Verselbständigung siehe auch Moench (Fn. 42), 57.

152 Anders aber Löwer, Wolfgang: Steuerpflicht trotz verfassungswidriger Steuernormen? – Anmerkungen zur Rechtsprechung des Bundesverfassungsgerichts zum Familienexistenzminimum, StVj 1991, 100 Fn. 23 in Hinblick auf BVerfGE 37, 217; wohl auch Maurer (Fn. 60), 350 in Hinblick auf z.B. BVerfGE 25, 236; 30, 292; 34, 71; Pestalozza (Fn. 9), § 20 Rn. 119 in Hinblick auf BVerfGE 35, 79; 43, 242; 56, 192; 61, 210; wohl Jarass/Pieroth (Fn. 146), Art. 20 Rn. 35 in Hinblick auf BVerfGE 72, 330.

153 Oder sonstiges Verfassungsrecht.

154 Vgl. dazu auch Pohle (Fn. 41), 89f.

155 Siehe dazu z.B. BVerfGE 61, 210 (259); 38, 61 (101f.); 98, 365 (402).

von Gleichheitsverstößen nicht stellt.[156] Ebenfalls nicht in diese Kategorie gehören die Entscheidungen, in denen das Bundesverfassungsgericht von der Nichtigerklärung absieht, da es die vorläufige Weiteranwendung der verfassungswidrigen Norm für erforderlich hält.[157] Die bloße Unvereinbarerklärung erfolgt bei diesen Entscheidungen nicht zur Schonung gesetzgeberischer Gestaltungsfreiheit und führt auch nicht zur Unanwendbarkeit der verfassungswidrigen Regelungen.

Nimmt man diese Entscheidungen aus, verbleiben dennoch zahlreiche[158], in denen das Bundesverfassungsgericht verfassungswidrige Normen nicht für nichtig erklärt. In den meisten dieser Fälle handelt es sich um Entscheidungen, in denen das Bundesverfassungsgericht feststellt, dass den geprüften Normen eine Übergangs-[159], Ausnahme-[160] oder Ausgleichsregel[161] fehlt oder die Normen in sonstiger Weise unvollständig[162] sind.

Ein Beispiel ist der Entscheidung Arbeitnehmerweiterbildung zu entnehmen.[163] Verfahrensgegenstand war § 3 Abs. 1 des hessischen Bildungsurlaubsgesetzes, der Angestellten einen Anspruch auf fünf zusätzliche Urlaubstage bezahlten Bildungsurlaubs für die pädagogische Mitwirkung an bestimmten Projekten gewährte. Das Gericht hielt die daraus resultierende Entgeltfortzahlungspflicht der Arbeitgeber für mit Art. 12 Abs. 1 S. 2 GG unvereinbar, soweit die Regelung keine Ausgleichsmöglichkeit vorsah.[164] Neben der Nichtigerklärung der Norm sah das Bundesverfassungsgericht die Möglichkeit, einen Ausgleich in

156 Eine andere Frage ist aber, ob bei der Verbindung von Gleichheits- und sonstigem Verfassungsverstoß auf die Nichtigerklärung verzichtet werden darf; siehe dazu noch unten 3. Teil B.III.5; vgl. dazu auch oben 2. Teil A.I.1.b.bb. und cc.

157 Zu den anwendungsorientierten Unvereinbarerklärungen siehe sogleich 2. Teil B; wie hier Pohle (Fn. 41), 92 in Hinblick auf BVerfGE 40, 196; wie hier Sachs, Michael: Tenorierung bei Normenkontrollentscheidungen des Bundesverfassungsgerichts, DÖV 1982, 23 (24); anders aber Löwer (Fn. 152), 100 Fn. 23 in Hinblick auf BVerfGE 32, 199 und 34, 9; wohl Jarass/Pieroth (Fn. 146), Art. 20 Rn. 35 in Hinblick auf BVerfGE 72, 330; Stern (Fn. 19), Art. 93 Rn. 284 in Hinblick auf BVerfGE 40, 196.

158 Z.B. BVerfGE 21, 173; 31, 229; 51, 166; 62, 374; 72, 155; 81, 242; 96, 260; 100, 226; 114, 1.

159 Z.B. BVerfGE 21, 173 (174); 51, 356 (368f.); 71, 1 (2); 71, 255 (256); 72, 9 (10, 24f.); 116, 96 (96f.).

160 Z.B. BVerfGE 58, 137 (137, 152); 74, 203 (203, 216); 79, 256 (256, 274); 81, 242 (242 Leitsatz 2); 90, 263 (264).

161 Z.B. BVerfGE 77, 308 (309, 337); 85, 226 (227, 237f.).

162 Z.B. BVerfGE 100, 313 (388); 109, 256 (256); 73, 118 (125); 62, 374 (391); 72, 155 (156); 98, 17 (18); 114, 1 (2); vgl. dazu auch Blüggel (Fn. 10), 56f.

163 BVerfGE 77, 308.

164 BVerfGE 77, 308 (309).

der Form zu schaffen, dass die Kosten auf alle Arbeitgeber anteilig umzulegen seien.[165]

Das Problem liegt nach Ansicht des Gerichtes also darin, dass der Gesetzgeber es *unterlassen* hat, erforderliche Regelungen oder Regelungsteile zu erlassen.[166] Wenn es dem Gericht aber um *Unterlassungen* des Gesetzgebers[167] geht, erscheint es problematisch, diese Entscheidungen den aussetzungsorientierten Unvereinbarerklärungen zuzuordnen. Es stellt sich nämlich die Frage, ob das Gericht eine Norm insoweit für unvereinbar erklären kann, als diese etwas nicht anordnet.[168]

2. Verbleibende Entscheidungen

Daneben verbleiben nur zwei Entscheidungen[169], die sich den aussetzungsorientierten Unvereinbarerklärungen zuordnen lassen. Beiden Entscheidungen fehlen ausdrückliche Begründungen für den Verzicht auf die Nichtigerklärung. Jedenfalls verwies das Bundesverfassungsgericht nicht auf eine Vielzahl von Beseitigungsmöglichkeiten oder die Schonung der gesetzgeberischen Gestaltungsfreiheit.[170] Den Ausführungen des Gerichts ist aber zu entnehmen, dass es ihm um die allgemeine Rechtsfolge der aussetzungsorientierten Unvereinbarerklärung, nämlich der Unanwendbarkeit der Norm, ging. In beiden Fällen ordnete das Gericht aber für nur ganz bestimmte Konstellationen die Unanwendbarkeit der Norm an.[171] Im Übrigen blieben die Normen erhalten und konnten in allen anderen Konstellationen auch angewendet werden.

---

165 BVerfGE 77, 308 (337).

166 Deutlich z.B. in BVerfGE 71, 255 (256); 115, 259 (275); 116, 96 (135).

167 Ausdrücklich auch z.B. in BVerfGE 72, 9 (10); 81, 363 (363); 99, 300 (303); vgl. auch BVerfGE 54, 159 (172); wie hier Graßhof (Fn. 6), 106, 144ff; siehe dazu auch unten 3. Teil B.I.5; vgl. Pohle (Fn. 41), 91; vgl. dazu auch Steiner (Fn. 151), 570; a.A. wohl Blüggel (Fn. 10), 45ff; Kreutzberger (Fn. 87), 134ff; vgl. dazu auch Maurer (Fn. 60), 347ff.

168 Siehe ausführlich zu dieser Frage unten 3. Teil B.I.5, insbesondere 3. Teil B.I.5.b.aa.

169 Soweit ersichtlich handelt es sich nur um die BVerfGE 53, 366 und 72, 278.

170 Vgl. BVerfGE 53, 366 und 72, 278; in beiden Entscheidungen wollte das Gericht offenbar die Nichtanwendbarkeit der jeweiligen Normen für bestimmte Fallkonstellationen bei gleichzeitigem Normerhalt und gleichzeitiger Normanwendbarkeit für alle anderen Konstellationen erreichen.

171 Vgl. BVerfGE 53, 366 (367f.) und 72, 278 (279).

B. Anwendungsorientierte Unvereinbarerklärungen

Anwendungsorientierte Unvereinbarerklärungen sind Normenkontrollentscheidungen, bei denen das Bundesverfassungsgericht die geprüften Normen für mit dem Kontrollmaßstab unvereinbar, nicht aber für nichtig erklärt und die Normen jedenfalls vorläufig weiter anwendbar sein sollen.[172] Zu unterscheiden sind dabei zwei unterschiedliche Fallkonstellationen. Beim Grundfall der anwendungsorientierten Unvereinbarerklärung (I.) ermittelt das Gericht Gründe, die gegen die Nichtigerklärung der verfassungswidrigen Norm und für deren weitere Anwendbarkeit sprechen. Daneben gibt es aber auch Entscheidungen, bei denen das Gericht zuerst der Verzicht auf Nichtigerklärung zum Schutze der gesetzgeberischen Gestaltungsfreiheit erörtert und dann die Anordnung der weiteren Anwendbarkeit der Norm begründet (II.).

I. Der Grundfall

1. Verfassungsfernerer Zustand bei Nichtigerklärung

Ausgangspunkt der Überlegungen zur anwendungsorientierten Unvereinbarerklärung ist die Regelfolge der Nichtigerklärung. Die Nichtigerklärung einer verfassungswidrigen Norm führt dazu, dass diese aus dem Normenbestand entfällt. Der Sinn der Nichtigerklärung ist es, dass die verfassungswidrige Norm sich nicht mehr auswirkt. Im Wege der Anwendung der jeweiligen Regelung würde die Verfassungswidrigkeit wieder und wieder konkrete Gestalt annehmen.[173] In bestimmten Situationen kann der Wegfall einer Norm aber auf verfassungsrechtliche Bedenken stoßen.[174] Prominentes Beispiel ist die Nichtigerklärung eines

---

172 Vgl. dazu auch Wernsmann (Fn. 6), 212, der auch auf zwei Gruppen der Unvereinbarerklärung verweist; siehe auch Vogel (Fn. 59), 226ff; Benda/Klein (Fn. 1), Rn. 759, 1268.

173 Zu diesem und den folgenden Gedanken Graßhof (Fn. 6), 176ff; Moench (Fn. 42), 39f; Mayer, Christian: Die Nachbesserungspflicht des Gesetzgebers, 1996, 67ff; vgl. auch Vogel (Fn. 59), 227.

174 Vgl. dazu auch Siedler (Fn. 6), 145; vgl. auch Stern (Fn. 19), Art. 93 Rn. 285; Pohle (Fn. 41), 70; Hein (Fn. 9), 85; Löwer, Wolfgang: Zuständigkeiten und Verfahren des Bundesverfassungsgerichts, in: Isensee, Josef / Kirchhof, Paul: Handbuch des Staatsrechts der Bundesrepublik Deutschland, Band III, Demokratie – Bundesorgane, 3. Auflage 2005, § 70 Rn. 121; Moench (Fn. 42), 39; Bachof, Otto: Der Richter als Gesetzgeber, in: Gernhuber, Joachim: Tradition und Fortschritt im Recht: Festschrift gewidmet der Tübinger Juristenfakultät zu ihrem 500jährigem Bestehen 1977 von ihren gegenwärtigen Mitgliedern und in deren Auftrag, 1977, 177 (185).

ertragsintensiven Steuergesetzes.[175] Als Folge der Verfassungswidrigkeit verlangt die Verfassung die Eliminierung der Norm.[176] Das Problem besteht darin, dass mit dem Steuergesetz auch die entsprechenden Steuereinnahmen entfielen. Bei einem ertragsintensiven Steuergesetz könnte dies jedenfalls die Handlungsunfähigkeit des Staates empfindlich beeinträchtigen.[177]

Ist eine Norm verfassungswidrig, bedeutet dies eben nicht zwangsläufig, dass der von der Norm verfolgte Zweck ebenfalls verfassungsrechtlich unzulässig[178] ist oder der von der Regelung verfolgte Sachbereich überhaupt nicht geregelt werden darf. Möglich ist sogar, dass die Verfolgung des Normzwecks von der Verfassung gerade geboten ist. Problematisch ist dann nur der Weg, mit dem die Norm den Zweck erreichen will.[179] Selbst wenn kein Verfassungsgebot besteht, kann der durch den Wegfall einer Regelung herbeigeführte Zustand aus verfassungsrechtlicher Sicht fragwürdig erscheinen. Beispielsweise muss eine Subvention an Unternehmen oder Parteien nicht verfassungsrechtlich geboten sein, ihr abrupter Wegfall kann aber in verfassungsrechtlich geschützte Interessen der bisher Begünstigten eingreifen.[180] Das Bundesverfassungsgericht kann sich also mit Situationen konfrontiert sehen, in denen sowohl der Existenz, als auch dem Wegfall des Gesetzes, verfassungsrechtliche Vorbehalte entgegenstehen.

Hinzuweisen ist außerdem auf Konstellationen, in denen sich der Erfolg des Betroffenen vor dem Bundesverfassungsgericht mit einer Nichtigerklärung in das Gegenteil verkehrt.[181] Als Beispiel lässt sich eine in Hinblick auf Art. 33 Abs. 5 GG[182] unzureichende Besoldungsregelung nennen. Wendet sich der Betroffene mit Erfolg gegen die ihn begünstigende Regelung, müsste diese an sich insgesamt für nichtig erklärt werden. Wenn keine Auffangregelungen bestehen, hätte dies aber zur Folge, dass gar keine Besoldungsregel mehr exis-

175 Siehe oben 1. Teil A.

176 Siehe dazu ausführlich unten 4. Teil A.I. und II. m.w.N.

177 Vgl. das Beispiel oben 1. Teil A. Fn. 17; siehe dazu auch Breuer, Marten: Nichtiges Gesetz und vernichtbarer Verwaltungsakt – Überlegungen zur Ratio der Fehlerfolgendifferenzierung bei Norm und Einzelakt, DVBl. 2008, 555 (563).

178 Vgl. dazu BVerfGE 100, 313 (388).

179 Zum Ganzen Graßhof (Fn. 6), 176; Graßhof, in: Umbach/Clemens (Fn. 6), § 78 Rn. 32.

180 Zum Ganzen Graßhof (Fn. 6), 176.

181 Siehe dazu Wernsmann (Fn. 6), 214f; vgl. auch Kreutzberger (Fn. 87), 146; Blüggel (Fn. 10), 75ff; Graßhof, in: Umbach/Clemens (Fn. 6), § 78 Rn. 36; Löwer (Fn. 174), § 70 Rn. 121.

182 Siehe dazu z.B. Jarass/Pieroth (Fn. 146), Art. 33 Rn. 53ff., 43ff.

tierte[183] – ein Ergebnis, das von der von Art. 33 Abs. 5 GG geforderten angemessenen Besoldung noch weiter entfernt wäre als das vorherige.[184]

In Reaktion auf die dargelegten Schwierigkeiten hat das Bundesverfassungsgericht die Entscheidungsform der anwendungsorientierten Unvereinbarerklärung entwickelt. Dabei wird die Norm zwar als verfassungswidrig sanktioniert und für unvereinbar erklärt, jedoch darf sie weiter angewendet werden.[185] In diesen Entscheidungen antizipiert das Gericht die Folgen, die die Nichtigerklärung der Norm haben würde. Stellen sich diese Folgen als nicht erträglich dar, ordnet das Gericht, teilweise unter Verweis auf § 35 BVerfGG[186], die zumindest vorübergehende weitere Anwendbarkeit der Norm an.[187] Damit verbunden ist häufig die ausdrückliche Aufforderung an den Gesetzgeber, eine Neuregelung zu treffen.[188] In seiner bisherigen Rechtsprechung hat das Bundesverfassungsgericht an mehrere unterschiedliche Werte angeknüpft, die gegen eine Nichtigerklärung sprachen.

183 Pohle (Fn. 41), 71f; Kreutzberger (Fn. 87), 143; Vogel (Fn. 59), 227; Moench (Fn. 42), 40; vgl. auch Söhn (Fn. 60), 61f.

184 Wernsmann (Fn. 6), 215; Gerontas (Fn. 61), 489; Moench (Fn. 42), 40.

185 Zum Ganzen Schlaich/Korioth (Fn. 1), Rn. 405; vgl. dazu auch Wernsmann (Fn. 6), 213 a.E.; in diesem Zusammenhang wird auch von "Chaosfällen" gesprochen, vgl. z.B. Moench (Fn. 42), 39; Siedler (Fn. 6), 145ff; Kreutzberger (Fn. 87), 143; Pohle (Fn. 41), 70; Feick, Martin / Henn, Thomas: Drohendes Überschreiten der vom BVerfG zur Neuregelung der Erbschaftsteuer gesetzten Frist zum 31.12.2008: Darf das alte Recht weiter angewandt werden?, DStR 2008, 1905 (1908); Breuer (Fn. 177), 563; vgl. auch Graßhof (Fn. 6), 176f., der in der Anordnung der weiteren Anwendbarkeit eine eigene, von der Unvereinbarerklärung zu trennende Entscheidungsform sieht; siehe auch Graßhof, in: Umbach/Clemens (Fn. 6), § 78 Rn. 33ff; Blüggel (Fn. 10), 62ff. beschreibt diese Fälle gemeinsam mit aussetzungsorientierten Unvereinbarerklärungen und Fällen von gesetzgeberischem Unterlassen unter dem Topos "Die Beseitigung der Verfassungswidrigkeit durch Kassation der Norm stellt nicht zugleich den verfassungsmäßigen Zustand her"; nach Hein (Fn. 9), handelt es sich um Unvereinbarerklärungen mit dem Rechtsfolgenargument als Begründungsansatz; nach Leal (Fn. 50), 57ff. handelt es sich um verfassungswidrige unechte Unvereinbarerklärungen; die anwendungsorientierten Unvereinbarerklärungen werden teils auch in Besoldungs- und Statusfällen beschrieben, siehe statt aller Gerontas (Fn. 1), 489.

186 Vgl. dazu Benda/Klein (Fn. 1), Rn. 1277; vgl. auch Graßhof (Fn. 6), 178.

187 Vgl. z.B. BVerfGE 91, 186 (207); 98, 169 (215); dazu Graßhof, in: Umbach/Clemens (Fn. 6), § 78 Rn. 38; vgl. auch Wernsmann (Fn. 6), 215.

188 BVerfGE 98, 169 (215); 97, 228 (229).

2. Der Nichtigerklärung widersprechende Gründe

a. Gemeinwohl

Auf das Gemeinwohl[189] zur Begründung einer anwendungsorientierten Unvereinbarerklärung bezog sich das Bundesverfassungsgericht beispielsweise in der Kohlepfennig-Entscheidung.[190] In dieser erklärte das Gericht das Dritte Verstromungsgesetz[191] teilweise für mit Art. 72, Art. 105 und Art. 110 GG unvereinbar. Das Gesetz sollte allerdings bis längstens zum 31. Dezember 1995 weiter anzuwenden sein.[192] Das Verfassungsgericht hielt den so genannten Kohlepfennig, eine Abgabe der Energieversorgungsunternehmen, die auf die Endverbraucher abgewälzt werden konnte, für verfassungswidrig. Mit dem Kohlepfennig wollte der Gesetzgeber den in seiner Wettbewerbsfähigkeit geschwächten deutschen Steinkohlebergbau aus energie-, sozial- und regionalpolitischen Gründen unterstützen.[193] Zur Begründung der weiteren Anwendbarkeit führte das Gericht aus, dass es als Rechtsfolge der Verfassungswidrigkeit nicht ausnahmslos die Nichtigkeit der Norm bestimme und auch eine bloße Verfassungswidrigerklärung zuließe. Eine Nichtigerklärung führe dazu, dass das mit der Ausgleichsabgabe nach dem Dritten Verstromungsgesetz verfolgte Konzept der Steinkohleverstromung unvermittelt seine Grundlage verliere. Das Gemeinwohl gebiete hier aber einen schonenden Übergang von der verfassungswidrigen zu einer verfassungsgemäßen Rechtslage.[194] Zur Begründung der weiteren Anwendbarkeit verwies das Gericht in einer weiteren Entscheidung auf das Gemeinwohl.[195]

b. Das Interesse an verlässlicher Finanz- und Haushaltsplanung

Das Interesse an verlässlicher Finanz- und Haushaltsplanung[196] sprach in einer Entscheidung zum Grundfreibetrag in der Einkommensteuer[197] für eine weitere

---

189 Vgl. dazu auch Blüggel (Fn. 10), 97.

190 BVerfGE 91, 186; vgl. zum Folgenden auch Graßhof (Fn. 6), 177.

191 Gesetz über die weitere Sicherung des Einsatzes von Gemeinschaftskohle in der Elektrizitätswirtschaft in der Bekanntmachung vom 17. November 1980 (BGBl. Teil I Seite 2137).

192 BVerfGE 91, 186 (186f.).

193 Vgl. BVerfGE 91, 186 (188).

194 BVerfGE 91, 186 (207).

195 Vgl. dazu z.B. BVerfGE 109, 190 (239) "Das überragende Interesse der Allgemeinheit [...]".

196 Das Bundesverfassungsgericht verweist daneben auch auf Gründe der Rechtssicherheit; dazu siehe sogleich 2. Teil B.I.3; zur Finanz- und Haushaltsplanung siehe auch Blüggel (Fn. 10), 99; vgl. auch Leal (Fn. 50), 42.

Anwendung der verfassungswidrigen Normen. Das Bundesverfassungsgericht erklärte einzelne Bestimmungen des EStG für unvereinbar, weil diese nicht gewährleisteten, dass dem Steuerpflichtigen nach Erfüllung seiner Steuerpflicht soviel verblieb, um seinen notwendigen Lebensunterhalt und denjenigen seiner Familie zu bestreiten.[198] Den Gesetzgeber verpflichtete das Gericht spätestens mit Wirkung zum 1. Januar 1996 eine Neuregelung zu treffen. Bis zum Inkrafttreten einer Neuregelung blieben die verfassungswidrigen Regelungen weiter anwendbar.[199] Eine Nichtigerklärung schloss das Bundesverfassungsgericht aus, weil dann bis zur Neuregelung eine Besteuerung überhaupt nicht hätte stattfinden können[200] und so ein Zustand geschaffen worden wäre, der der verfassungsmäßigen Ordnung noch ferner stünde als die verfassungswidrige Regelung.[201].

Neben die vorübergehende Weitergeltung trat außerdem die endgültige Hinnahme der verfassungswidrigen Rechtslage für die Vergangenheit, weil Gesichtspunkte einer verlässlichen Finanz- und Haushaltsplanung und -wirtschaft einer rückwirkenden Neuregelung entgegenstanden.[202] Das Gericht verwies darauf, dass die Einkommensteuer als periodisch wiederkehrende Belastung gegenwärtiger Einkommen der Ausstattung des Staates mit Finanzmitteln für das jeweilige Haushaltsjahr diene. Müssten Steuerfälle in großer Anzahl für viele Kalenderjahre neu aufgerollt und teilweise rückabgewickelt werden, so könnte damit das Haushaltsvolumen früherer Haushaltsjahre nicht rückwirkend neu bemessen, sondern nur die damaligen Steuerschuldner zu Lasten des gegenwärtigen Staatshaushalts und zukünftiger Steuerzahler entlastet werden. Das haushaltsrechtliche Prinzip des jährlichen Ausgleichs von Einnahmen und Ausgaben würde durch die Belastung der gegenwärtigen Haushalte mit Steuererstattungsansprüchen von außerordentlicher Höhe in Frage gestellt. Die staatliche Finanzplanung wäre gefährdet; überdies wäre die finanzielle Handlungsfähigkeit des Staates bedroht.[203]

Der Bezug auf das Interesse an verlässlicher Finanz- und Haushaltsplanung findet sich in mehreren anderen Begründungen von anwendungsorientierten Unvereinbarerklärungen. Wohl als Folge der vergleichsweise oft anzutreffenden Normenkontrollentscheidungen zum Steuerrecht, stellt das Interesse an einer

---

197 BVerfGE 87, 153.
198 BVerfGE 87, 153 (153f.).
199 BVerfGE 87, 153 (154f.).
200 BVerfGE 87, 153 (178).
201 BVerfGE 87, 153 (177f.).
202 Zu den speziellen Rechtsfolgen der anwendungsorientierten Unvereinbarerklärung siehe noch unten 5. Teil B.
203 Zum Ganzen BVerfGE 87, 153 (178f.).

verlässlichen Finanz- und Haushaltsplanung eine häufig genannte Begründung für die anwendungsorientierten Unvereinbarerklärungen dar.[204]

c. Rechtssicherheit

Bereits in der dargestellten Entscheidung zum Grundfreibetrag[205] fällt auf, dass das Bundesverfassungsgericht, eng verbunden mit dem Interesse an verlässlicher Finanz- und Haushaltsplanung, das Argument der Rechtssicherheit[206] zur Begründung der anwendungsorientierten Unvereinbarerklärung verwendet. Deutlich wird dies beispielsweise auch in der Notarkassensatzungsentscheidung[207]: Das Gericht erklärte in dieser Regelungen der Bundesnotarordnung, nach denen die Notarkasse Abgaben von Notaren zur Deckung von Versorgungsansprüchen erheben durfte, wegen Verstoßes gegen Art. 12 Abs. 1 GG mit der Verfassung für unvereinbar und ordnete deren weitere Anwendbarkeit an.[208]

Zur Begründung verwies das Gericht zunächst darauf, dass die streitigen Haushaltsjahre für die Finanzierung der Notarkassen lange abgeschlossen waren. Die damals getroffenen Finanzierungsentscheidungen wirkten jedoch bis in die Gegenwart hinein, so dass eine Rückabwicklung nicht in Betracht kam. Daneben musste nach Ansicht des Gerichts aber auch für die Übergangszeit, also im Zeitraum zwischen der verfassungsgerichtlichen Entscheidung bis zur gesetzgeberischen Neuregelung, verhindert werden, dass ein rechtliches Vakuum entsteht und bei den Abgabepflichtigen *Unsicherheit* über die Rechtslage herrscht.[209]

Ersichtlich trennte das Gericht wiederum zwischen endgültiger Hinnahme der verfassungswidrigen Rechtslage für die Vergangenheit und Fortgelten der Norm für die Zukunft. Auf Aspekte der Rechtssicherheit und der Rechtsklarheit wies das Bundesverfassungsgericht zur Begründung von anwendungsorientierten Unvereinbarerklärungen ebenfalls in weiteren Fällen hin.[210]

---

204 Vgl. zum Ganzen z.B. BVerfGE 72, 330 (422f.); 86, 148 (279); 111, 191 (224f.); 125, 104 (136) jeweils mit Hinnahme der verfassungswidrigen Rechtslage für die Vergangenheit.

205 BVerfGE 87, 153.

206 Vgl. Blüggel (Fn. 10), 97f; vgl. Graßhof (Fn. 6), 179f.

207 BVerfGE 111, 191.

208 BVerfGE 111, 191 (192).

209 Zum Ganzen BVerfGE 111, 191 (224f.).

210 Zu Rechtssicherheit und Rechtsklarheit vgl. BVerfGE 72, 330 (422f.); vgl. auch 118, 168 (211).

d. Art. 5 Abs. 1 S. 2 GG

Eine gleichfalls mehrfach anzutreffende Begründung für die anwendungsorientierte Unvereinbarerklärung ergibt sich aus Art. 5 Abs. 1 S. 2 GG. So stellte das Bundesverfassungsgericht in der Entscheidung Kurzberichterstattung im Fernsehen die Verfassungswidrigkeit von Regelungen aus dem Rundfunkrecht[211] wegen Unvereinbarkeit mit Art. 12 Abs. 1 GG fest.

Die Normen regelten das unentgeltliche Kurzberichterstattungsrecht im Fernsehen.[212] Das Gericht gab dem Gesetzgeber auf, binnen fünf Jahren eine verfassungsgemäße Regelung zu treffen. Bis zu deren Erlass, längstens bis zum Ablauf der Frist, sollten dabei die Vorschriften über die unentgeltliche Kurzberichterstattung anwendbar bleiben.[213] Dies ergab sich nach Ansicht des Gerichtes daraus, dass die Rechtslage beim vorübergehenden Fehlen eines Kurzberichterstattungsrechts hinsichtlich berufsmäßig durchgeführter Veranstaltungen den verfassungsrechtlichen Leitvorstellungen des Art. 5 Abs. 1 S. 2 GG[214] ferner gestanden hätte als bei der befristeten Fortgeltung der bestehenden Regelung.[215] Auch in weiteren Entscheidungen bezog sich das Bundesverfassungsgericht zur Begründung der anwendungsorientierten Unvereinbarerklärung auf Art. 5 Abs. 1 S. 2 GG.[216]

---

211 Nämlich von § 3a des Gesetzes über den "Westdeutschen Rundfunk Köln" in der Fassung des Siebten Gesetzes zur Änderung des Gesetzes über den "Westdeutschen Rundfunk Köln" und des Rundfunkgesetzes für das Land Nordrhein-Westfalen (7. Rundfunkänderungsgesetz) vom 24. April 1995 (Gesetz- und Verordnungsblatt Seite 340) und von § 3a des Rundfunkgesetzes für das Land Nordrhein-Westfalen in der Fassung der Bekanntmachung vom 24. August 1995 (Gesetz- und Verordnungsblatt Seite 994).

212 Vgl. BVerfGE 97, 228 (231).

213 BVerfGE 97, 228 (229).

214 Zum Inhalt der Rundfunkfreiheit vgl. Kischel, Uwe: Rundfunkfreiheit und Rundfunkmonopol, in: Hohloch, Gerhard: Aspekte des Rechts der audiovisuellen Kommunikation, 1999, 75 (79ff.).

215 Vgl. BVerfGE 97, 228 (270); das Bundesverfassungsgericht hielt die Normen nur für teilweise mit dem Grundgesetz unvereinbar, nämlich insoweit wie sie das Kurzberichterstattungsrecht bei berufsmäßig durchgeführten Veranstaltungen unentgeltlich gewährten. Dies rückt die Entscheidung unabhängig von der weiteren Anwendbarkeit der Normen in die Nähe von gesetzgeberischen Unterlassungen; siehe dazu schon oben 2. Teil A.II.1.; vgl. auch unten 3. Teil B. und 3. Teil B.I.4.

216 BVerfGE 90, 60 (104f.); vgl. BVerfGE 114, 371 (395).

e. Weitere Anknüpfungen

In seiner Rechtsprechung hat das Verfassungsgericht an weitere Werte angeknüpft[217], die durch eine Nichtigerklärung beeinträchtigt worden wären. In der bekannten Mutzenbacher-Entscheidung[218] hätte die Nichtigerklärung der gegenständlichen Regelung zur Folge gehabt, dass die Bundesprüfstelle zum Schutze von Kindern und Jugendlichen überhaupt nicht mehr hätte tätig werden können. Der grundrechtlich verankerte Schutz von Kindern und Jugendlichen vor einer Gefährdung der Persönlichkeitsentwicklung erforderte daher eine vorübergehende Fortgeltung des damaligen Rechtszustandes trotz seiner Mängel.[219] Die verfassungswidrige Norm sollte bis zu einer gesetzlichen Neuregelung, längstens bis zum 31. Dezember 1994, weiter anwendbar sein.[220] Das Gericht wies ferner ausdrücklich darauf hin, dass es mit der Verbürgung aus Art. 5 Abs. 3 S. 1 GG nicht zu vereinbaren sei, dass dieser Zustand über eine unabsehbar lange Zeit fortdauere.[221] Der ausdrückliche Hinweis, dass die verfassungswidrige Norm nur für begrenzte Zeit anwendbar sein darf, findet sich ebenfalls in anderen Entscheidungen.[222]

In der Entscheidung Gefangenenentlohnung[223] hielt das Bundesverfassungsgericht es für geboten, sicherzustellen, dass für die Gewährung eines Entgelts für Pflichtarbeit im Strafvollzug bis zu einer gesetzlichen Neuregelung eine Rechtsgrundlage zur Verfügung steht.[224] Die für unvereinbar erklärte Bestimmung des Strafvollzugsgesetzes blieb daher vorläufig anwendbar.[225] Die dieser Entscheidung zugrunde liegende Problematik ähnelt sehr stark den bereits angesprochenen Besoldungsfällen.

In der Entscheidung Singularzulassung von Rechtsanwälten[226] schließlich knüpfte das Bundesverfassungsgericht an die Funktionsfähigkeit der Rechtspflege zur Begründung der anwendungsorientierten Unvereinbarerklärung an. Die Nichtigerklärung der gegenständlichen Norm hätte die gleichbleibend sorg-

---

217 Vgl. dazu auch Blüggel (Fn. 10), 99; Graßhof (Fn. 6), 180f., 184ff; dargestellt werden zunächst nur die anwendungsorientierten Unvereinbarerklärungen, die keinen Gleichheitsverstoß enthalten. Zu diesem Sonderfall siehe sogleich 2. Teil B.II.

218 BVerfGE 83, 130; siehe auch Graßhof (Fn. 6), 179.

219 BVerfGE 83, 130 (154); vgl. dazu auch Blüggel (Fn. 10), 97.

220 BVerfGE 83, 130 (130).

221 BVerfGE 83, 130 (154).

222 Z.B. BVerfGE 107, 133 (134); 109, 190 (239); vgl. dazu Blüggel (Fn. 10), 99; Benda/Klein (Fn. 1), Rn. 1277; siehe auch unten 4. Teil C.II.2.c.bb.(5).

223 BVerfGE 98, 169.

224 BVerfGE 98, 169 (215).

225 BVerfGE 98, 169 (171).

226 BVerfGE 103, 1.

fältige Bearbeitung der Mandate gefährdet, die den zum Zeitpunkt der Entscheidung ausschließlich bei Oberlandesgerichten zugelassenen Rechtsanwälten vorbehalten blieben.[227]

II. Anwendungsorientierte Unvereinbarerklärungen bei aussetzungsorientierten Unvereinbarerklärungen?

Das Bundesverfassungsgericht hat die Begründungen für den Verzicht auf die Nichtigerklärung zugunsten von aussetzungs- und anwendungsorientierten Unvereinbarerklärungen in vielen Entscheidungen auch gleichzeitig verwendet.[228] In einigen dieser Fälle stellte das Gericht dabei die jeweiligen Begründungen scheinbar beliebig[229] nebeneinander[230], währenddessen in anderen Entscheidungen[231] zuerst der Verzicht auf Nichtigerklärung zum Schutze der gesetzgeberischen Gestaltungsfreiheit erörtert und dann die Anordnung der weiteren Anwendbarkeit der Norm mit den genannten Argumenten begründet wurde.[232] Es stellt sich die Frage, in welchem Verhältnis beide Entscheidungsformen zueinander stehen.[233] Schließen sie einander aus oder können sie gar zugleich auftre-

227 BVerfGE 103, 1 (20).

228 Z.B. BVerfGE 87, 153 (177f.); 84, 9 (20).

229 Zu dieser Kritik siehe Wernsmann (Fn. 6), 213; zu den Abgrenzungsproblemen siehe auch Leal (Fn. 50), 58; zu Unsicherheiten in den jeweiligen Begründungen für den Verzicht auf die Nichtigerklärung Vogel (Fn. 59), 227f; keine klare Differenzierung zwischen aussetzungs- und anwendungsorientierter Unvereinbarerklärung bei Seer (Fn. 40), 287; Hüsken, Felix B: Verfassungsgerichtliches Übergangsrecht im Spiegel des Gemeinschaftsrechts, in: Zeitschrift für Wett- und Glücksspielrecht 2009, 13 (13, 17); Hüsken, Felix B: Staatsaufsicht über die Landesmedienanstalten und Sportwettenwerbung im Privatfernsehen – Unter besonderer Berücksichtigung des materiellrechtlichen Fernsehwerbeverbotes für Glücksspiele gemäß § 5 Abs. 3 Alt. 1GlüStV, 2008, 127; Lechner/ Zuck (Fn. 1), § 95 Rn. 25; Vermischung der Argumente wohl auch bei Zeidler, Wolfgang: Die Verfassungsrechtsprechung im Rahmen der staatlichen Funktionen, EuGRZ 1988, 207 (213); bedingt durch die anfängliche Rechtsprechung zu Unvereinbarerklärungen auch bei Bachof (Fn. 174) 184; eindeutig aber bereits Stern (Fn. 19), Art. 93 Rn. 285; Gusy (Fn. 6), 191; siehe auch Schlaich/Korioth (Fn. 1), Rn. 407; klare Abgrenzung aus neuerer Zeit Moes, Christoph: Die Anordnung der befristeten Fortgeltung verfassungswidriger Steuergesetze durch das Bundesverfassungsgericht, StuW 2008, 27 (30).

230 Vgl. z.B. BVerfGE 87, 153 (177f.) 84, 9 (20).

231 Z.B. BVerfGE 37, 217 (260f.); 84, 9 (20f.); 93, 121 (148).

232 Vgl. dazu Wernsmann (Fn. 6), 212f.

233 Graßhof (Fn. 6), 177 grenzt beide Entscheidungsformen scharf voneinander ab; vgl. auch Wernsmann (Fn. 6), 213.

ten? Vorstellbar wäre Letzteres derart, dass das Bundesverfassungsgericht zunächst etwa wegen eines Gleichheitsverstoßes eine aussetzungsorientierte Unvereinbarerklärung ausspricht, die unvereinbare Regelung dann aber für weiter anwendbar erklärt.

1. Vermeidung der Folgen einer aussetzungsorientierten Unvereinbarerklärung

Ein Beispiel für die gleichzeitige Verwendung der verschiedenen Begründungen ist der Entscheidung zur Staatsangehörigkeit von Kindern zu entnehmen.[234] Das Bundesverfassungsgericht stellte zunächst, wie beim gleichheitswidrigen Begünstigungsausschluss für gewöhnlich üblich[235], die bloße Unvereinbarkeit der zu prüfenden Norm mit der Verfassung fest. Dabei verwies es auf die Mehrzahl von Möglichkeiten, die Verfassungswidrigkeit zu beseitigen und darauf, dass eine vom Bundesverfassungsgericht getroffene Entscheidung in die dem Gesetzgeber vorbehaltene Gestaltungsfreiheit eingreife.[236]

Darüber hinaus argumentierte das Gericht außerdem, dass die Besonderheit der zur Prüfung stehenden Norm einen Ausspruch darüber verlange, was bis zu der gesetzlichen Neuregelung zu gelten habe. Werde die Verfassungswidrigkeit einer Norm lediglich festgestellt, so habe dies verfassungsrechtlich die gleiche Wirkung wie die Nichtigerklärung. Die Norm dürfe vom Zeitpunkt der Entscheidung des Bundesverfassungsgerichts an in dem sich aus dem Tenor ergebenden Ausmaß nicht mehr angewendet werden. Die bisherige Regelung müsse zunächst in ihrem positiven Gehalt weiter gelten, da es nicht zuzulassen sei, dass auch nur für kurze Zeit eine rechtliches Vakuum entstünde und Unsicherheit über die Rechtslage herrsche.[237]

Es ist also die Unanwendbarkeit der Norm als Folge der aussetzungsorientierten Unvereinbarerklärung, welche dem Gericht als nicht erträglich erscheint und es zur Anordnung der vorläufigen Anwendbarkeit der verfassungswidrigen Norm veranlasst. Die aussetzungsorientierte Unvereinbarerklärung, die an sich hätte ausgesprochen werden müssen, wird durch die für eine anwendungsorientierte Unvereinbarerklärung sprechenden Gründe überformt[238], sie "verwandelt" sich zur anwendungsorientierten Unvereinbarerklärung. In vielen Entschei-

234 BVerfGE 37, 217.

235 Zum gleichheitswidrigen Begünstigungsausschluss siehe oben 2. Teil A.I.1.

236 Zum Ganzen BVerfGE 37, 217 (260f.).

237 BVerfGE 37, 217 (261).

238 Vgl. dazu Moench (Fn. 42), 45; Bethge, Herbert: Die Entscheidungswirkung von Normbeanstandungen des Bundesverfassungsgerichts, Jura 2009, 18 (21).

dungen[239] war es die Folge einer aussetzungsorientierten Unvereinbarerklärung, die das Gericht dazu veranlasste, die weitere Anwendbarkeit der verfassungswidrigen Norm anzuordnen.

2. Identische Begründungen

Die Maßstäbe, die das Bundesverfassungsgericht dabei an die Folgen der aussetzungsorientierten Unvereinbarerklärung setzt, stimmen mit denen der "normalen" anwendungsorientierten Unvereinbarerklärung überein.[240] Auch bei diesen sollen die verfassungswidrigen Vorschriften ausnahmsweise weiterhin anzuwenden sein, wenn es aus verfassungsrechtlichen Gründen notwendig ist, die verfassungswidrige Vorschrift als Regelung für die Übergangszeit fortbestehen zu lassen, damit in dieser Zeit nicht ein Zustand besteht, der von der verfassungsmäßigen Ordnung noch weiter entfernt sei als der bisherige.[241]

Hinsichtlich der geschützten Interessen, die durch eine aussetzungsorientierte Unvereinbarerklärung der Normen gefährdet worden wären, sind ebenfalls keine Unterscheidungen zum "Normalfall" der anwendungsorientierten Unvereinbarerklärung erkennbar.[242] Das Bundesverfassungsgericht ordnete auch hier die vorläufige Weiteranwendung der Norm aus Gründen der Rechtssicherheit[243] und des Interesses an verlässlicher Finanz- und Haushaltsplanung[244] an. Insofern weisen die anwendungsorientierten Unvereinbarerklärungen zur Vermeidung der Folgen einer aussetzungsorientierten Unvereinbarerklärung im Vergleich zum Regelfall keine Besonderheiten auf.

3. Zusätzliche Anknüpfungen

Allerdings finden sich in dieser Gruppe von Entscheidungen Anknüpfungspunkte, die nach Ansicht des Bundesverfassungsgerichts für die weitere Anwendbarkeit der unvereinbaren Normen sprechen, welche beim "Normalfall" der anwendungsorientierten Unvereinbarerklärung bisher keine Verwendung fanden und daher auch noch nicht genannt wurden.

So verwies das Gericht in einigen Entscheidungen neben dem Interesse an verlässlicher Finanz- und Haushaltsplanung auf die Erfordernisse eines gleich-

---

239 Z.B. BVerfGE 37, 217 (261); 56, 175 (184); 92, 53 (73f.); 100, 195 (208); 107, 133 (148f.); 117, 1 (70); 123, 1 (37f.); siehe auch 40, 296 (328f.).

240 Siehe auch Graßhof (Fn. 6), 183.

241 BVerfGE 61, 319 (356); 92, 53 (73).

242 Vgl. die Beispiele bei Graßhof (Fn. 6), 182ff.

243 Z.B. BVerfGE 92, 53 (74); 61, 319 (356); 84, 9 (20f.); 99, 280 (299); 102, 133 (149); vgl. auch BVerfGE 38, 1 (21f.); 56, 192 (215); 99, 216 (244).

244 BVerfGE 93, 121 (148); 93, 165 (178); 105, 73 (134); 117, 1 (70).

mäßigen Verwaltungsvollzugs für Zeiträume einer weitgehend schon abgeschlossenen Veranlagung, die es rechtfertigen, die bisherige mit dem Grundgesetz unvereinbare Besteuerung für zurückliegende Kalenderjahre weiter anzuwenden.[245] In einem Beschluss zum BAföG[246] ordnete das Gericht die weitere Anwendbarkeit der gleichheitswidrigen Regelung an, weil anderenfalls eine noch stärkere Ungleichbehandlung eingetreten wäre.[247] In einer Entscheidung über die Rechte ausländischer Transsexueller[248] hielt das Gericht die vorläufige Anwendbarkeit der verfassungswidrigen Normen für geboten, um von einer selbst zu treffenden vorläufigen Regelung absehen zu können.[249] Eine besondere gesetzliche Konstellation gab in einer Entscheidung über die Betriebsrenten von Arbeitnehmern im öffentlichen Dienst den Ausschlag.[250] Bei Unanwendbarkeit der gleichheitswidrigen Norm wären die Normadressaten in den Anwendungsbereich einer anderen Regelung gefallen, was nach Ansicht des Gerichts unzulässigerweise einer gesetzgeberischen Neuregelung vorgegriffen hätte.[251] Ferner gibt es Entscheidungen, welche die bereits beschriebenen "Besoldungsfälle" enthalten. Es handelt sich also um Fälle, in denen die Betroffenen bei Unanwendbarkeit der verfassungswidrigen Regelung noch schlechter gestellt gewesen wären als bei ihrer Anwendbarkeit.[252]

Problematisch an der Rechtsprechung des Bundesverfassungsgerichts in diesem Bereich ist vor allem, dass auch Entscheidungen existieren, in denen das Gericht die weitere Anwendbarkeit der Norm nicht näher begründete[253] oder die Gründe, welche die anwendungsorientierte Unvereinbarerklärung tragen sollten, nicht oder nur oberflächlich erörterte.[254] Darüber hinaus stellt sich die Frage, welche Anforderungen[255] an die geschützten Interessen und Gründe zu stellen sind, die die weitere Anwendbarkeit verfassungswidriger Normen rechtfertigen sollen.[256]

245 BVerfGE 93, 121 (148); 93, 165 (178); 117, 1 (70).
246 BVerfGE 100, 195.
247 BVerfGE 100, 195 (208).
248 BVerfGE 116, 243.
249 BVerfGE 116, 243 (270); zu den verfassungsgerichtlichen Übergangsregelungen vgl. 3. Teil C.
250 BVerfGE 98, 365.
251 BVerfGE 98, 365 (402).
252 Vgl. BVerfGE 40, 296 (329); 56, 146 (168f.); 56, 175 (184).
253 Siehe z.B. BVerfGE 111, 289 (306); 109, 279 (381).
254 BVerfGE 111, 289 (306); 109, 279 (381); 91, 186.
255 Siehe dazu Graßhof, in: Umbach/Clemens (Fn. 6), § 78 Rn. 41.
256 Siehe dazu genauer unten 4. Teil C.II.2.c.bb.(4).

III. Anwendbarkeit mit Maßgaben

In einigen Entscheidungen geht das Bundesverfassungsgericht über die Anordnung der vorläufigen Weiteranwendbarkeit der verfassungswidrigen Normen hinaus. Es formuliert etwa, dass die Norm bis zur verfassungsgemäßen Neuregelung mit einer bestimmten Maßgabe anwendbar sein soll. So verhielt es sich beispielsweise in der Entscheidung Kontenabfrage[257]: Gegenstand des Verfahrens waren gesetzliche Regelungen, die verschiedenen Behörden die automatisierte Abfrage von so genannten Kontostammdaten ermöglichten.[258] Im Falle einer Nichtigerklärung der verfassungswidrigen Normen sah das Gericht die Gefahr erheblicher Vollzugsdefizite im Sozialrecht.[259] Es erklärte die Regelungen daher bis zu einer verfassungsgemäßen Neuregelung mit der Maßgabe für anwendbar, dass Abrufersuchen allein zu dem Zweck zulässig seien, die Leistungsberechtigung für bestimmte Sozialleistungen zu überprüfen.[260] Solche modifizierenden Weitergeltungsanordnungen finden sich auch in anderen Entscheidungen.[261] Deutlich wird dabei, dass der Inhalt der weiter geltenden Regelung abgeändert wird. Diese Entscheidungsform wird bei der Betrachtung verfassungsgerichtlicher Übergangsregelungen näher behandelt.[262]

257 BVerfGE 118, 168.

258 BVerfGE 118, 168 (169).

259 BVerfGE 118, 168 (211).

260 BVerfGE 118, 168 (211).

261 Vgl. z.B. BVerfGE 73, 40; 100, 313; 115, 276.

262 Siehe unten 3. Teil C; vgl. dazu auch Schlaich/Korioth (Fn. 1), Rn. 406.

3. Teil: Abgrenzung zu ähnlichen Instituten

Das hervorstechende Charakteristikum aller Unvereinbarerklärungen ist der Verzicht auf den Ausspruch der Nichtigkeit der geprüften Norm. In der Rechtsprechung des Bundesverfassungsgerichts finden sich allerdings auch andere Entscheidungsvarianten, bei denen im Rahmen einer Normenkontrollentscheidung vom Ausspruch der Nichtigkeit abgesehen wird. Jedenfalls wenn es sich bei diesen Entscheidungen um Vereinbarerklärungen handelt, sollten sie unproblematisch von den Unvereinbarerklärungen abgegrenzt werden können. Schließlich bleibt bei Unvereinbarerklärungen die Nichtigerklärung aus, obwohl die geprüften Normen verfassungswidrig sind. Gleichwohl ordnet man in der Literatur Normenkontrollentscheidungen, deren Ergebnis eine Vereinbarerklärung ist, teilweise den Unvereinbarerklärungen zu.[1] Es stellt sich also die Frage, welche Entscheidungsvarianten tatsächlich den Unvereinbarerklärungen zugeordnet werden können. Eine genaue Abgrenzung gelingt allerdings nicht schon dadurch, indem man unter die Merkmale "Verfassungswidrigkeit der Norm" und "Verzicht auf die Nichtigerklärung" subsumiert, wie sich anhand der Appellentscheidungen (A.), des verfassungswidrigen gesetzgeberischen Unterlassens (B.) und der verfassungsgerichtlichen Übergangsregelungen (C.) zeigt.

A. Appellentscheidungen

Die Frage der Abgrenzung zu Unvereinbarerklärungen stellt sich zunächst bei den so genannten Appellentscheidungen.[2] Zwischen diesen und den Unvereinbarerklärungen werden gewichtige Überschneidungen konstatiert. Diese betreffen in erster Linie die Rechtslage der kontrollierten Norm (I.1. und 2.) und die aus den Entscheidungsvarianten resultierenden Rechtsfolgen (II.).[3] Daraus fol-

1 Dazu sogleich.

2 Siehe bereits oben 1. Teil A.I; der Begriff geht zurück auf Rupp-von Brünneck, Wiltraut: Darf das Bundesverfassungsgericht an den Gesetzgeber appellieren?; in: Rittersbach, Theo / Geiger, Willi: Festschrift für Gebhard Müller, zum 70. Geburtstag des Präsidenten des Bundesverfassungsgerichts, 1970, 355 (355ff.).

3 Vgl. dazu Yang, Tzu-Hui: Die Appellentscheidungen des Bundesverfassungsgerichts, 2003, 124f; vgl. auch Wernsmann, Rainer: Das gleichheitswidrige Steuergesetz – Rechtsfolgen und Rechtsschutz, 2000, 37; vgl. auch Zeidler, Wolfgang: Die Verfassungsrechtsprechung im Rahmen der staatlichen Funktionen, EuGRZ 1988, 207 (210f.).

gert man zum Teil, dass Appellentscheidungen ein Unterfall der Unvereinbarerklärungen seien.[4]

I. Noch verfassungsgemäße Gesetze

Appellentscheidungen sind Entscheidungen, bei denen das Bundesverfassungsgericht eine Norm für (gerade) noch rechtmäßig hält, die Entscheidung für ihre Vereinbarkeit also "auf der Kippe" stand.[5] Das Gericht appelliert dabei an den Gesetzgeber, eine drohende Verfassungswidrigkeit zu verhindern und das Gesetz nachzubessern, um ein Umschlagen zu vermeiden.[6] Gerichtliche Appelle an den Gesetzgeber, in einer bestimmten Weise tätig zu werden, finden sich auch bei Unvereinbarkeitsfeststellungen[7]. Hielte man die verfassungsgerichtliche Aufforderung an den Gesetzgeber für das einzig relevante Kriterium einer Appellentscheidung[8], könnte man Unvereinbarerklärungen zugleich für Appellentscheidungen halten[9]. Entscheidend ist aber eben nicht nur die Tatsache des verfassungsgerichtlichen Appells, sondern auch der Umstand, dass das Gericht die

---

4 So etwa für einige Fälle von Appellentscheidungen Seer, Roman: Die Unvereinbarkeitserklärung des BVerfG am Beispiel seiner Rechtsprechung zum Abgabenrecht, NJW 1996, 285 (288); vgl. dazu auch Bachof, Otto: Der Richter als Gesetzgeber, in: Gernhuber, Joachim: Tradition und Fortschritt im Recht: Festschrift gewidmet der Tübinger Juristenfakultät zu ihrem 500jährigem Bestehen 1977 von ihren gegenwärtigen Mitgliedern und in deren Auftrag, 1977, 177 (184f.).

5 Pestalozza, Christian: Verfassungsprozeßrecht – Die Verfassungsgerichtsbarkeit des Bundes und der Länder mit einem Anhang zum Internationalen Rechtsschutz, 3. Auflage, 1991, § 20 Rn. 109.

6 Blüggel, Jens: Unvereinbarerklärung statt Normkassation durch das Bundesverfassungsgericht, 1998, 121; Graßhof, Malte: Die Vollstreckung von Normenkontrollentscheidungen des Bundesverfassungsgerichts, 2003, 190; Hein, Peter E.: Die Unvereinbarerklärung verfassungswidriger Gesetze durch das Bundesverfassungsgericht, 1988, 15; zum Ganzen Gerontas, Apostolos: Die Appellentscheidungen, Sondervotumsappelle und die bloße Unvereinbarkeitsfeststellung als Ausdruck der funktionellen Grenzen der Verfassungsgerichtsbarkeit, DVBl. 1982, 486 (486).

7 Siehe dazu unten 5. Teil A.II.1.

8 In diese Richtung etwa Bernd, Werner: Legislative Prognosen und Nachbesserungspflichten, 1989, 136; Schneider, Hans-Peter: Verfassungsgerichtsbarkeit und Gewaltenteilung, NJW 1980, 2103 (2110 bei und in Fn. 91); zu an den Gesetzgeber gerichteten Appellen siehe auch Siedler, Nina-Luisa: Gesetzgeber und Bundesverfassungsgericht, 1999, 176.

9 Vgl. dazu Gusy, Christoph: Parlamentarischer Gesetzgeber und Bundesverfassungsgericht, 1985, 210ff; Kleuker, Mathias: Gesetzgebungsaufträge des Bundesverfassungsgerichts, 1992, 47; Siedler (Fn. 8), 176.

Norm für rechtmäßig erachtet.[10] Aber auch nach diesem Verständnis lassen sich unterschiedliche Gruppen von Appellentscheidungen ausmachen.[11]

1. Das dynamische "Noch"

Vielen Appellentscheidungen[12] liegt die Tatsache zugrunde, dass Normen erst verfassungsgemäß und später verfassungswidrig sind, sie also rechtswidrig *werden* können: Eine Norm ist in bestimmte Umstände eingebettet, die von ihr geregelt werden sollen. Möglich ist aber, dass diese Umstände sich im zeitlichen Verlauf verändern und mit ihnen die Anforderungen, die an die Norm gestellt werden. Wenn dieser Prozess bereits begonnen hat, ist es denkbar, dass sich die Norm auf dem Weg hin zur Verfassungswidrigkeit befindet, noch aber verfassungsgemäß ist. In solchen Situationen bezeichnet das Bundesverfassungsgericht die Norm zwar nicht als verfassungswidrig, prognostiziert die Verfassungswidrigkeit aber für die nahe Zukunft.[13]

Eine Änderung der rechtlichen Verhältnisse ist etwa in den Fällen der Verfassungsänderung und des Verfassungswandels gegeben.[14] Ein Beispiel für die Änderung der tatsächlichen und rechtlichen Verhältnisse beinhaltet das Urteil

---

10 Battis, Ulrich: Der Verfassungsverstoß und seine Folgen, in: Isensee, Josef / Kirchhof, Paul: Handbuch des Staatsrechts der Bundesrepublik Deutschland, Band VII, Normativität und Schutz der Verfassung – Internationale Beziehungen, 1. Auflage 1992, § 165 Rn. 36; Siedler (Fn. 8), 176; Ipsen, Jörn: Rechtsfolgen der Verfassungswidrigkeit von Norm und Einzelakt, 1980, 132; Schlaich, Klaus / Korioth, Stefan: Das Bundesverfassungsgericht – Stellung, Verfahren, Entscheidungen, 8. Auflage, 2010, Rn. 431; Klein, Eckart: Verfassungsprozeßrecht – Versuch einer Systematik an Hand der Rechtsprechung des Bundesverfassungsgerichts, AöR 108 (1983), 410 (434); Kreutzberger, Senja: Die gesetzlich nicht geregelten Entscheidungsvarianten des Bundesverfassungsgerichts, 2007, 213 m.w.N.

11 Zu den unterschiedlichen Gruppen von Appellentscheidungen ausführlich Siedler (Fn. 8), 177ff; Graßhof (Fn. 6), 190ff; Pestalozza (Fn. 5), § 20 Rn. 109.

12 Zu den folgenden Ausführungen und zur Bezeichnung "Das dynamische Noch" Pestalozza (Fn. 5), § 20 Rn. 109; Siedler (Fn. 8), 177ff; Gerontas (Fn. 6), 486.

13 Benda, Ernst / Klein, Eckart: Verfassungsprozeßrecht – Ein Lehr- und Handbuch, 2. Auflage 2001, Rn. 1279; Schlaich/Korioth (Fn. 10), Rn. 431; Graßhof (Fn. 6), 189f; Heusch, in: Umbach, Dieter C. / Clemens, Thomas / Dollinger, Franz-Wilhelm: Bundesverfassungsgerichtsgesetz – Mitarbeiterkommentar und Handbuch, 2. Auflage 2005, § 31 Rn. 84.

14 Ausführlich zum Ganzen mit weiteren Beispielen Wernsmann (Fn. 3), 72f; vgl. dazu auch Gerber, Phillippe: Die Rechtssetzungsdirektiven des Bundesverfassungsgerichts, DÖV 1989, 698 (701); vgl. auch Kischel, Uwe: Darf der Gesetzgeber das Bundesverfassungsgericht ignorieren? – Zum erneuten Erlaß für nichtig erklärter Gesetze, AöR 131 (2006), 236.

zur Hinterbliebenen-Rente[15]. Nach den zu prüfenden Regelungen erhielt eine Witwe generell die Rente ihres verstorbenen Mannes, während einem Witwer die Rente seiner verstorbenen Frau nur dann zustand, wenn diese zuvor überwiegend das Familieneinkommen erwirtschaftet hatte oder Beamtin gewesen war. Da sich die Rolle der Frau in Ehe und Familie vor allem in den 70er Jahren des vergangenen Jahrhunderts veränderte, konnten diese Bestimmungen auf Dauer keinen Bestand vor dem Gleichheitsgrundsatz haben.[16] Das Bundesverfassungsgericht hielt die Normen für noch verfassungsgemäß, verpflichtete aber den Gesetzgeber, nach einer sachgerechteren Lösung zu suchen, um einen Gleichheitsverstoß für die Zukunft zu vermeiden.[17] Bei dieser Fallgruppe der Appellentscheidungen kann das Bundesverfassungsgericht in der Tat seine Entscheidung darauf stützen, dass die Norm noch, also heute noch, mit dem Grundgesetz vereinbar ist.[18] Interferenzen zu Unvereinbarerklärungen bestehen in diesem Bereich nicht.

2. Das tolerante "Noch"

Daneben gibt es eine Gruppe von Appellentscheidungen, bei der die "Toleranz"[19] des Bundesverfassungsgerichts dazu führt, Normen noch als verfassungsgemäß zu betrachten. Es geht um Fälle, in denen die geprüften Regelungen tatsächlich verfassungswidrig sind, vom Bundesverfassungsgericht aber trotzdem für noch verfassungsgemäß erklärt werden.[20] Besonders deutlich wurde dies in einer Entscheidung zum Umsatzsteuergesetz.[21] Dieses genügte nach Ansicht des Gerichts dem Grundsatz der Steuergerechtigkeit nicht, da die Außenumsätze von ein- und mehrstufigen Unternehmen ausnahmslos gleichgestellt waren. Gleichwohl stellte das Gericht ausdrücklich keine Grundrechtsverletzung fest und erklärte die Regelungen auch nicht für nichtig. Dies begründete das Gericht mit der besonders großen Bedeutung des Umsatzsteuergesetzes für die Einnahmen des Bundes, welche eine Nichtigerklärung nicht zuließe.[22] Die Ursa-

15 BVerfGE 39, 169.

16 Vgl. BVerfGE 39, 169 (187ff.); siehe dazu auch Siedler (Fn. 8), 178.

17 Vgl. BVerfGE 39, 169 (LS 3, 170, 195).

18 Wernsmann (Fn. 3), 72; Siedler (Fn. 8), 177ff; vgl. Pestalozza (Fn. 5), § 20 Rn. 109.

19 Bei Pestalozza (Fn. 5), § 20 Rn. 109 drückt das "tolerante Noch" aus, dass die Prüfungsnorm Toleranzen der Maßstabsnorm nahezu ausschöpft.

20 Siehe dazu Siedler (Fn. 8), 180; vgl. Maurer, Hartmut: Zur Verfassungswidrigerklärung von Gesetzen, in: Im Dienst an Recht und Staat: Festschrift für Werner Weber zum 70. Geburtstag, 1974, 345 (346); Söhn, Hartmut: Anwendungspflicht oder Aussetzungspflicht bei festgestellter Verfassungswidrigkeit von Gesetzen, 1974, 35f.

21 BVerfGE 21, 12.

22 Zum Ganzen BVerfGE 21, 12 (39).

che für diese Rechtsprechung ist also, dass das Bundesverfassungsgericht die negativen Auswirkungen der Nichtigerklärung des Prüfungsgegenstandes scheut.[23] Als Fallgruppen werden in diesem Bereich die fehlende Evidenz des verfassungsrechtlichen Mangels[24], drohendes Rechtschaos[25], Verstöße gegen den Gesetzesvorbehalt[26] oder dem Gesetzgeber gewährte Anpassungsfristen[27] genannt. Im vorliegenden Zusammenhang soll jedoch nicht näher auf diese Fallgruppen und die Rechtsprechung des Bundesverfassungsgerichts[28] eingegangen werden. Für die Untersuchung relevant erscheint allerdings, dass das Bundesverfassungsgericht Gesetze für vereinbar erklärt, die an sich verfassungswidrig sind. Gewisse Ähnlichkeiten zur Unvereinbarerklärung sind hier nicht zu bestreiten, verzichtet das Bundesverfassungsgericht doch trotz verfassungsrechtlicher Mängel der Regelungen auf eine Nichtigerklärung. Eben dies führte zu der Ansicht, dass Appellentscheidungen häufig nur ihrem äußeren Erscheinungsbild nach ein Unterfall der Vereinbarerklärung, tatsächlich aber Unvereinbarerklärungen seien.[29]

Tatsächlich bestehen Ähnlichkeiten dieser Gruppe von Appellentscheidungen zu den Unvereinbarerklärungen aber nur insofern, dass die unerwünschten Folgen einer Nichtigerklärung des angegriffenen Gesetzes umgangen werden sollen.[30] Die Parallelen betreffen eben nur die Gründe, die bei der anwendungsorientierten Unvereinbarerklärung für den Verzicht auf die Nichtigerklärung und die vorläufige weitere Anwendbarkeit der verfassungswidrigen Normen sprechen. Beide Entscheidungsvarianten zeigen, wie man ein Problem auf unterschiedliche Weise bewältigen kann. Im Kern geht es darum, die negativen und unerwünschten Folgen einer Nichtigerklärung zu vermeiden. Dies kann einmal dadurch geschehen, dass man bereits auf der Tatbestandsseite[31] die Verfassungswidrigkeit der betrachteten Normen verneint, es kann aber eben

---

23 Zum Ganzen Benda/Klein (Fn. 13), Rn. 1281; vgl. dazu auch Wernsmann (Fn. 3), 73; Hein (Fn. 6), 16.

24 Dazu ausführlich mit Beispiel Siedler (Fn. 8), 181ff.

25 Dazu ausführlich mit Beispiel Siedler (Fn. 8), 183ff.

26 Dazu ausführlich mit Beispielen Graßhof (Fn. 6), 194f.

27 Vgl. Graßhof (Fn. 6), 192f; vgl. auch weitere Fallgruppen bei Siedler (Fn. 8), 185ff.

28 Zur Frage der Zulässigkeit dieser Rechtsprechung siehe z.B. Wernsmann (Fn. 3), 73; Siedler (Fn. 8), 191ff; Graßhof (Fn. 6), 232ff; Benda/Klein (Fn. 13), Rn. 1282.

29 So etwa für einige Fälle von Appellentscheidungen Seer (Fn. 4), 288; vgl. dazu auch Bachof (Fn. 4), 184f.

30 Hein (Fn. 6), 16 verweist auf die Wahlkreisentscheidung in BVerfGE 16, 130; siehe dazu Siedler (Fn. 8), 181; Graßhof (Fn. 6), 191f.

31 Siehe zur so genannten Tatbestandslösung und zum Grundlagenproblem "Fiat justitia, pereat mundus" noch ausführlich unten 4. Teil C.I. und II.1.

auch auf der Rechtsfolgenseite[32] reguliert werden, indem die für verfassungswidrig erklärten Bestimmungen anwendbar bleiben. Den aus verfassungsgerichtlicher Toleranz ausgesprochenen Appellentscheidungen liegt also derselbe Zweck zugrunde, wie den anwendungsorientierten Unvereinbarerklärungen.[33] Allerdings tritt damit auch der entscheidende Unterschied zwischen beiden Entscheidungsvarianten zutage: Im Gegensatz zu den Unvereinbarerklärungen sanktioniert das Bundesverfassungsgericht bei Appellentscheidungen die geprüften Normen gerade nicht als verfassungswidrig. Es handelt sich also tatsächlich um Vereinbarerklärungen und eben nicht um Unvereinbarerklärungen.

II. Entscheidungsinhalte und Entscheidungsfolgen

Gewisse Ähnlichkeiten zwischen Appellentscheidungen und Unvereinbarerklärungen bestehen auch im Bereich der Entscheidungsinhalte und -folgen. In allen Fällen von Appellentscheidungen wird jedenfalls an die Fragilität der Norm erinnert. Diese Erinnerung hat zum Inhalt, dass der zukünftige Bestand der Regelung nicht unter allen Umständen gesichert ist.[34] Der Appell an sich ist durchaus als hilfreich und auch zulässig anzusehen.[35] Sehr problematisch ist jedoch die Frage, ob durch Appellentscheidungen eine rechtliche Bindung des Gesetzgebers ausgelöst wird. So könnten dem Gesetzgeber aus Appellentscheidungen Korrektur-, Nachbesserungs- und gegebenenfalls Beobachtungspflichten erwachsen.[36] Folgte man dieser Auffassung, wäre in Appellentscheidungen ein verbindlicher Regelungsaufruf an den Gesetzgeber zu sehen.

Auch bei Unvereinbarerklärungen wird der Gesetzgeber oftmals dazu verpflichtet, eine Regelung zu treffen.[37] Selbst wenn man die Regelungsaufrufe bei Appellentscheidungen für verbindlich hielte, deckten sie sich aber letztlich nicht mit denen der Unvereinbarerklärungen.[38] Bei Unvereinbarerklärungen besteht die gesetzgeberische Regelungspflicht bereits zum Zeitpunkt der Entschei-

32 Zu den Rechtsfolgenlösungen siehe ausführlich unten 4. Teil C.II.2.

33 Vgl. dazu auch Wernsmann (Fn. 3), 73.

34 Pestalozza (Fn. 5), § 20 Rn. 109.

35 Pestalozza (Fn. 5), § 20 Rn. 110.

36 In diese Richtung Blüggel (Fn. 6), 121; Bethge, Herbert: Die Entscheidungswirkung von Normbeanstandungen des Bundesverfassungsgerichts, Jura 2009, 18 (24) m.w.N.; vgl. dazu BVerfGE 54, 11 (37); 39, 169 (194f.); zur Beobachtungspflicht vgl. auch Gerontas (Fn. 6), 486.

37 Vgl. bereits oben 1. Teil A.III.4.b. und 2. Teil B.I.2; vgl. zu dieser "Parallele" Hein (Fn. 6), 17.

38 Zu den folgenden Ausführungen vgl. Siedler (Fn. 8), 176f.

dung.[39] Sie ergibt sich aus der Verfassungswidrigkeit der geprüften Norm und ist auf ein unverzügliches Tätigwerden des Gesetzgebers gerichtet. Im Unterschied dazu richten sich Regelungsappelle nur auf eine zukünftig zu erwartende Gesetzgebungspflicht. Darüber hinaus wird man ohnehin die Annahme einer rechtlichen Bindung des Gesetzgebers durch Appellentscheidungen ablehnen müssen, da aus einer gerade nicht verfassungswidrigen Norm keine verbindliche Regelungsverpflichtung resultieren kann.[40] Insofern sind Überschneidungen zwischen Appellentscheidungen und Unvereinbarerklärungen im Folgenbereich nur scheinbarer Natur.

III. Kein Fall der Unvereinbarerklärung

Parallelen zwischen Unvereinbarerklärungen und Appellentscheidungen lassen sich nur in Teilbereichen ausmachen. Lediglich hinsichtlich des Zwecks von anwendungsorientierten Unvereinbarerklärungen und aus verfassungsgerichtlicher Toleranz ausgesprochenen Appellentscheidungen sind Überschneidungen festzustellen. Abgesehen davon sind Appellentscheidungen und beide Subtypen der Unvereinbarerklärungen strikt voneinander zu trennen. Bei Unvereinbarerklärungen erklärt das Gericht die Regelungen wegen eines Defizits für verfassungswidrig, bei Appellentscheidungen trotz eines Defizits für verfassungsgemäß.[41]

---

39 Siehe dazu genauer unten 5. Teil A.II.1.a. und 5. Teil B.II.

40 Siedler (Fn. 8), 192; Bernd (Fn. 8), 136; Heun, Werner: Funktionell-rechtliche Schranken der Verfassungsgerichtsbarkeit – Reichweite und Grenzen einer dogmatischen Argumentationsfigur, 1992, 25, Fn. 72; Benda/Klein (Fn. 13), Rn. 1280; Moench, Christoph: Verfassungswidriges Gesetz und Normenkontrolle: die Problematik der verfassungsgerichtlichen Sanktion, dargestellt anhand der Rechtsprechung des Bundesverfassungsgerichtes, 1977, 185f; Vogel, Kurt: Das Bundesverfassungsgericht und die übrigen Verfassungsorgane - Bundesverfassungsgerichtliche Argumentationsfiguren zu den Grenzen der Verfassungsgerichtsbarkeit, 1988, 256; Pestalozza, Christian: "Noch verfassungsmäßige" und "bloß verfassungswidrige" Rechtslagen – Zur Feststellung und kooperativen Beseitigung verfassungsimperfekter Zustände, in: Starck, Christian: Bundesverfassungsgericht und Grundgesetz – Festgabe aus Anlaß des 25jährigen Bestehens des Bundesverfassungsgerichts, Erster Band, Verfassungsgerichtsbarkeit, 1976, 519 (556); vgl. auch Gerontas (Fn. 6), 487; zur Frage ob eine materiellrechtliche Pflicht des Gesetzgebers besteht siehe Siedler (Fn. 8), 193; anders dazu aber Graßhof (Fn. 6), 234.

41 Zum Ganzen und Hein (Fn. 6), 16f; Blüggel (Fn. 6), 122; Battis (Fn. 10), Rn. 37; Graßhof (Fn. 6), 189; Siedler (Fn. 8), 177; Benda/Klein (Fn. 13), Rn. 1279; Schlaich/Korioth (Fn. 10), Rn. 431; Herter, Wilfried: Die Unvereinbarerklärung verfassungswidriger Steuergesetze, 1994, 21.

B. Verfassungswidriges gesetzgeberisches Unterlassen

I. Ein Fall der Unvereinbarerklärung?

Das Verhältnis der Unvereinbarerklärungen zum verfassungswidrigen gesetzgeberischen Unterlassen[42] ist ausgesprochen unübersichtlich.[43] Diese beiden Rechtsfiguren werden teils rigoros voneinander getrennt, teils werden gewisse Überschneidung konstatiert und teilweise nimmt man die völlige Deckungsgleichheit beider Institute an.[44] Der Begriff des gesetzgeberischen Unterlassens wird darüber hinaus im Zusammenhang mit Unvereinbarerklärungen gleich unter mehreren Gesichtspunkten diskutiert. So ordnet man beide Rechtsfiguren einander zu, weil jeweils von der Nichtigerklärung abgewichen wird (1.), weil man den gleichheitswidrigen Begünstigungsausschluss für einen Fall des Unterlassens (2.) oder auch das Unterlassen für einen Begründungsansatz der Unvereinbarerklärungen (3.) hält, weil gesetzgeberisches Unterlassen und die Weiteranwendbarkeit unvereinbarer Normen gelegentlich gemeinsam auftreten (4.) und weil das für aussetzungsorientierte Unvereinbarerklärungen zentrale Argument der gesetzgeberischen Gestaltungsfreiheit auch im Zusammenhang mit dem Unterlassen verwendet wird (5.).

1. Unterlassen und Nichtigerklärung

Viele Stimmen in der Literatur halten Entscheidungen, in denen das Bundesverfassungsgericht die Verfassungswidrigkeit gesetzgeberischen Unterlassens fest-

42 Vgl. § 95 Abs. 1 S. 1 BVerfGG, wonach das Bundesverfassungsgericht im Verfahren der Verfassungsbeschwerde feststellen kann, dass die Unterlassung eines Trägers staatlicher Gewalt eine Vorschrift des Grundgesetzes verletzt. In den Verfahren der abstrakten und konkreten Normenkontrolle ist eine Unterlassung als solche kein tauglicher Kontrollgegenstand. Statt aller Blüggel (Fn. 6), 117; Ulsamer, in: Maunz, Theodor / Schmidt-Bleibtreu, Bruno / Klein, Franz / Bethge, Herbert: Bundesverfassungsgerichtsgesetz – Kommentar, Loseblatt, Stand des Gesamtwerks Januar 2011, § 80 Rn. 27; zum Rechtsschutz gegen ein Unterlassen des parlamentarischen Gesetzgebers Schenke, Wolf-Rüdiger: Rechtsschutz gegen das Unterlassen von Rechtsnormen, VerwArch 1991, 307 (318ff.).

43 Zu erheblichen Problemen und Zweifelsfragen im Bereich des Rechtsschutzes gegen grundrechtswidriges Unterlassen des Gesetzgebers aus neuerer Zeit Rupp, Hans Heinrich: Bemerkungen zum Individualrechtsschutz gegen die Verfassungswidrigkeit von Rechtsnormen und unterlassenen Rechtsnormen, in: Depenheuer, Otto: Staat im Wort: Festschrift für Josef Isensee; 2007; 283 (288ff.).

44 Dazu genauer sogleich m.w.N.

stellt, für Unvereinbarerklärungen.[45] Unterlässt nämlich der Gesetzgeber eine vom Grundgesetz geforderte Regelung, so ist mangels Normsubstanz eine Nichtigerklärung des Unterlassens nicht möglich.[46] Das Bundesverfassungsgericht kann daher nur festzustellen, dass ein bestimmter Regelungsauftrag besteht. Als Rechtsprechungsorgan ist es dem Bundesverfassungsgericht außerdem grundsätzlich versagt, eine eigenständige Regelung zu treffen.[47] Hieraus folgert man nun, dass nur eine Unvereinbarerklärung ausgesprochen werden könne.[48] Selbst Sachs[49], ein ausgesprochener Kritiker der Unvereinbarerklärung, hält die Nichterfüllung von Verfassungsaufträgen für einen der wenigen anzuerkennenden Fälle der Unvereinbarkeit einer Gesetzeslage ohne Nichtigkeit. Teilweise wird auch von besonders unproblematischen Fällen der Unvereinbarerklärung gesprochen.[50]

Tatsächlich liegt dieser Sichtweise jedoch eine Differenzierung in der Wahrnehmung zugrunde: Man könnte annehmen, jedwede Normenkontrollentscheidung, deren Tenor Normen als verfassungswidrig und damit unvereinbar,

45 Z.B. Steiner, Udo: Zum Entscheidungsausspruch und seinen Folgen bei der verfassungsgerichtlichen Normenkontrolle, in: Isensee, Josef / Lecheler, Helmut: Freiheit und Eigentum – Festschrift für Walter Leisner zum 70. Geburtstag, 1999, 569 (570); Rupp (Fn. 43), 288; Siedler (Fn. 8), 142ff, 199; Pestalozza (Fn. 5), § 20 Rn. 115; Benda/Klein (Fn. 13), Rn. 1269; zumeist wird das Unterlassen für eine eigene Fallgruppe der Unvereinbarerklärung angesehen, so z.B. Lechner, Hans / Zuck, Rüdiger: Bundesverfassungsgerichtsgesetz – Kommentar, 5. Auflage, 2006, § 95 Rn. 26; Bernd (Fn. 8), 77; so wohl auch Gusy (Fn. 9), 189;Voßkuhle, in: Mangoldt, Herrmann von / Klein, Friedrich / Starck, Christian: Kommentar zum Grundgesetz, sechste Auflage, 2010, Art. 93 Rn. 48; Kreutzberger (Fn. 10), 148 hingegen hält das gesetzgeberische Unterlassen nicht für eine eigene Fallgruppe der Unvereinbarerklärung, sondern für einen Teil der Gruppe der auch die Gleichheitsfälle angehören (siehe ebd. 149); ebenso Blüggel (Fn. 6), 118f. wenn sich das Unterlassen in einer Norm manifestiert.

46 Siedler (Fn. 8), 143; Pestalozza (Fn. 5), § 20 Rn. 114; Voßkuhle (Fn. 45), Art. 93 Rn. 48; Kreutzberger (Fn. 10), 148f; Rupp (Fn. 43), 288; Gusy (Fn. 9), 189; Leal, Paul E. Rueda: Die verfassungsgerichtliche Unvereinbarerklärung verfassungswidriger Gesetze – Untersuchungen zur Entwicklung und Funktion dieser Rechtsfigur im deutschen Recht und zu ihrer Übertragbarkeit ins costa-ricanische Recht, 1999, 44; vgl. auch Hein (Fn. 6), 56 m.w.N; vgl. auch Rupp-v. Brünneck (Fn. 2), 367; vgl. dazu auch Pestalozza (Fn. 34), 526, 529 Fn. 28, der auf die Möglichkeit der Fiktion verweist, die gebotene, aber nicht erlassene Norm sei existent gewesen; kritisch dazu aber Siedler (Fn. 8), 144f.

47 Siehe dazu Siedler (Fn. 8), 143. m.w.N.

48 Rupp (Fn. 43), 288; Siedler (Fn. 8), 144; 199.

49 Sachs, Michael: Tenorierung bei Normenkontrollentscheidungen des Bundesverfassungsgerichts, DÖV 1982, 23 (28).

50 Vgl. Battis (Fn. 10), Rn. 38; Voßkuhle (Fn. 45), Art. 93 Rn. 48.

nicht aber für nichtig, ausweist, sei eine Unvereinbarerklärung.[51] Diese Einschätzung ist aber nicht unproblematisch, da dass Bundesverfassungsgericht die bei einer Nichtigerklärung für gewöhnlich ausgesprochene Tenorierung "[...] ist mit dem Grundgesetz unvereinbar und nichtig.[...]" aus unterschiedlichen Gründen um die Wörter "und nichtig" kupiert.[52] So geschah dies etwa auch bei Entscheidungen, in denen das Bundesverfassungsgericht über die Verfassungsmäßigkeit bereits aufgehobener Normen zu entscheiden hatte, die im Falle ihrer Wirksamkeit ohne Weiteres für nichtig erklärt worden wären.[53]

Beim verfassungswidrigen gesetzgeberischen Unterlassen muss auf die verfassungswidrige Rechtslage hingewiesen werden[54], was aber eben nicht mittels einer Nichtigerklärung möglich ist. Konsequent ergibt sich ein Tenor, der auf die Unvereinbarkeit mit dem Grundgesetz hinweist, jedoch keine Nichtigerklärung beinhaltet. Der Grund für den Verzicht auf die Nichtigerklärung ist beim verfassungswidrigen gesetzgeberischen Unterlassen dann aber ein anderer als der, den das Bundesverfassungsgericht etwa bei aussetzungsorientierten Unvereinbarerklärungen nennt. Bei diesen ist es regelmäßig die Gestaltungsfreiheit des Gesetzgebers, die den Ausschlag gibt. Orientiert man sich also nur in der dargelegten Weise am jeweiligen Entscheidungstenor, dann ist "Unvereinbarerklärung" lediglich eine untechnische Bezeichnung für eine ganze Reihe denkbarer unterschiedlicher[55] Entscheidungsmöglichkeiten, was die Analyse und Interpretation der verfassungsgerichtlichen Rechtsprechung erschwert und Ungenauigkeiten provoziert. Will man hingegen mit "Unvereinbarerklärung" ganz bestimmte Entscheidungen mit spezifischen Voraussetzungen und Folgen bezeichnen, muss man die verfassungsgerichtliche Rechtsprechung über den Tenor hinaus analysieren. Das bedeutet für Fälle des verfassungswidrigen gesetzgeberischen Unterlassens, dass erst noch ermittelt werden muss, ob sich diese den aussetzungs- oder anwendungsorientierten Unvereinbarerklärungen zuordnen las-

---

51 So offenbar die Vorgenannten.

52 Siehe dazu die Darstellung bei Graßhof (Fn. 6), 91ff.

53 Vgl. BVerfGE 98, 83; vgl. auch Graßhof (Fn. 6), 151f. der zu Recht darauf hinweist, dass das Gericht auch die aufgehobenen Normen dennoch hätte für nichtig erklären können und sollen.

54 Vgl. dazu Graßhof, in: Umbach, Dieter C. / Clemens, Thomas; Dollinger, Franz-Wilhelm: Bundesverfassungsgerichtsgesetz – Mitarbeiterkommentar und Handbuch, 2. Auflage 2005, § 78 Rn. 84.

55 Ohne nähere Bestimmung wären jedenfalls unter den Begriff Unvereinbarerklärung zu fassen: die hier als aussetzungs- und anwendungsorientierte Unvereinbarerklärungen bezeichneten Entscheidungen, Fälle verfassungswidrigen gesetzgeberischen Unterlassens in seinen unterschiedlichen Formen (dazu siehe noch unten 3. Teil B.I.5.a. und b.), Fälle der Verfassungswidrigerklärung bereits aufgehobener Gesetze, verfassungsgerichtliche Übergangsregelungen und ggf. Fälle von Appellentscheidungen.

sen. Der Vorteil eines technischen Verständnisses des Unvereinbarerklärungsbegriffes besteht außerdem darin, dass damit automatisch ein Informationszuwachs verbunden ist.

2. Unterlassen und Gleichheitsverstoß

a. Gleichheitswidriger Begünstigungsausschluss

Überschneidungen zwischen gesetzgeberischem Unterlassen und Unvereinbarerklärung werden vor allem für Verstöße gegen Gleichheitssätze behauptet. Das zentrale Thema ist dabei der gleichheitswidrige Begünstigungsausschluss. Bei diesem kann man die Verfassungswidrigkeit darin begründet sehen, dass der Gesetzgeber die Gleichstellung der ausgeschlossenen Gruppen unterlassen hat. Während die ausdrücklich in der Regelung enthaltene Begünstigung verfassungsgemäß ist[56], erscheint die fehlende Berücksichtigung den Ausgeschlossenen als eine "Lücke" im Gesetz, die schwerlich als nichtig bezeichnet werden kann[57] und so gesehen ein verfassungswidriges gesetzgeberisches Unterlassen darstellt.[58] Hieraus folgert man nun, dass das Bundesverfassungsgericht beim gleichheitswidrigen Begünstigungsausschluss nur die Verfassungswidrigkeit eines Unterlassens feststelle.[59] Diese Sichtweise verkennt aber, dass ein

---

56 Pohle, Albrecht Peter: Die Verfassungswidrigerklärung von Gesetzen: Eine Untersuchung der Voraussetzungen und Folgen des Verzichts auf die gesetzestechnisch mögliche Nichtigerklärung durch das Bundesverfassungsgericht, 1979, 80, 130; vgl. dazu auch Jülicher, Friedrich: Die Verfassungsbeschwerde gegen Urteile bei gesetzgeberischem Unterlassen: zum Rechtsschutz bei gesetzgeberischem Unterlassen und willkürlichem gesetzlichen Begünstigungsausschluß, 1972, 59f.

57 Zum Ausschluss von der Begünstigung als Lücke Zeidler (Fn. 3), 213; siehe auch Starck, in: Mangoldt, Herrmann von / Klein, Friedrich / Starck, Christian: Kommentar zum Grundgesetz, sechste Auflage, 2010, Art. 3 Rn. 250ff; vgl. auch Stein, in: Denninger, Erhard / Hoffmann-Riem, Wolfgang / Schneider, Hans-Peter / Stein, Ekkehart / Wassermann, Rudolf: Kommentar zum Grundgesetz für die Bundesrepublik Deutschland, 3. Auflage, Loseblatt, Stand Oktober 2001, Art. 3 I Rn. 59f.

58 So etwa Schneider, Rudolf: Rechtsschutz gegen verfassungswidriges Unterlassen des Gesetzgebers, AöR 89 (1964), 24 (24ff., 50); Rauschning, Dietrich: Die Sicherung der Beachtung von Verfassungsrecht, 1969, 233f; Seiwerth, Jakob: Zur Zulässigkeit der Verfassungsbeschwerde gegenüber Grundrechtsverletzungen des Gesetzgebers durch Unterlassen, 1962, 72; vgl. dazu auch Maurer (Fn. 20), 352; vgl. auch Lechner, Hans: Zur Zulässigkeit der Verfassungsbeschwerde gegen Unterlassungen des Gesetzgebers, NJW 1955, 1817 (1818); etwas zurückhaltender konstatieren Gusy (Fn. 9), 190 und Pestalozza (Fn. 40), 532 nur Ähnlichkeiten zwischen Unterlassen und Begünstigungsausschluss.

59 Zum Ganzen Bachof (Fn. 4), 183; vgl. auch Rupp (Fn. 43), 288; vgl. dazu auch Lechner/Zuck (Fn. 45), § 95 Rn. 9

Gleichheitsverstoß formal kein Unterlassen darstellt.[60] Deutlich wird dies, wenn man sie auf die unterschiedlichen Konstellationen des Begünstigungsausschlusses anwendet. Beim ausdrücklichen Begünstigungsausschluss ist die Einbeziehung in die Begünstigung mittels (Teil-)Nichtigerklärung durchaus vorstellbar.[61] Der Ausschluss von der Begünstigung ist hier ja ausdrücklich in der Regelung formuliert. So betrachtet wird beim ausdrücklichen Begünstigungsausschluss keine Lücke in der Norm, sondern ein "Zuviel" der Norm gerügt.[62]

b. Konkludenter Begünstigungsausschluss

Schwieriger ist die Situation beim konkludenten Begünstigungsausschluss[63]: Hier ist die Einbeziehung in die Begünstigung mittels Nichtigerklärung nach der Rechtsprechung des Bundesverfassungsgerichts tatsächlich nicht möglich.[64] Wohl aus diesem Grunde hält man jedenfalls den konkludenten Begünstigungsausschluss teilweise für einen Fall "echten" Unterlassens[65], bei der die Nichtigerklärung daran scheitere, dass der Verfassungsverstoß nicht in einer positivrechtlichen Regelung, sondern in einer Lücke bestehe.[66] Im konkludenten Begünstigungsausschluss soll daher ein Fall verfassungswidrigen gesetzgeberischen Unterlassens und ein Fall der Unvereinbarerklärung gegeben sein.[67]

Diese Gleichstellung von gleichheitswidrigem Begünstigungsausschluss und Unterlassen stützt sich ebenfalls vordergründig auf den Gedanken, in der Begünstigung liege ein verfassungsmäßiges aktives Handeln, in der Nichtberücksichtigung hingegen ein verfassungswidriges Unterlassen.[68] Diese Betrachtungsweise verkennt jedoch die Ergebnisoffenheit des Gleichheitssatzes. Neben der Einbeziehung der Nichtbegünstigten kann der Gleichheitsverstoß in jeder Konstellation auch dadurch beseitigt werden, dass die Begünstigung insgesamt gestrichen[69] oder eine den Kriterien des Gleichheitssatzes entsprechende Neuregelung erlassen wird.[70] Zudem kann nicht die Nichtberücksichtigung als solche,

60 Dies gesteht Lechner (Fn. 58), 1818 zu.

61 Siehe dazu oben 2. Teil A.I.1.c.aa.

62 Vgl. dazu auch Pestalozza (Fn. 5), § 20 Rn. 115.

63 Siehe dazu oben 2. Teil A.I.1.c.bb.

64 Siehe dazu ebd.

65 Kreutzberger (Fn. 10), 149f.

66 Rupp-v. Brünneck (Fn. 2), 367; vgl. dazu die Darstellung bei Vogel (Fn. 40), 225.

67 Rupp-v. Brünneck (Fn. 2), 367f; vgl. zum Ganzen Pestalozza (Fn. 5), § 20 Rn. 115f., der aber von Teilunterlassen spricht.

68 Zu den folgenden Ausführungen siehe Wernsmann (Fn. 3), 106f. m.w.N.

69 Vgl. dazu Pohle (Fn. 56), 80; siehe auch Pestalozza (Fn. 5), § 20 Rn. 115; vgl. dazu auch oben 2. Teil A.I.1.c.bb.

70 Vgl. dazu auch Benda/Klein (Fn. 13), Rn. 500.

sondern nur diese im Verhältnis zur Begünstigung verfassungswidrig sein.[71] Auch für den Fall des konkludenten Begünstigungsausschlusses ist daher die Gleichsetzung mit gesetzgeberischem Unterlassen nicht überzeugend.[72] Ferner gilt für alle Möglichkeiten des gleichheitswidrigen Begünstigungsausschlusses, dass der Gesetzgeber durchaus tätig geworden ist. Lastet man dem Gesetzgeber an, er habe eine Gruppe unberechtigt nicht berücksichtigt, wirft man ihm letztlich nur vor, dass er in seiner Abgrenzung über den begünstigten Personenkreis falsch entschieden habe.[73] Damit wird jedoch kein Unterlassen, sondern ein Handeln des Gesetzgebers angegriffen.[74] Ein Unterlassen im Sinne von Untätigkeit kann diesem nicht vorgeworfen werden.[75] Vielmehr lässt sich das Unterlassen in der Regel folgerichtig auf eine Ungleichbehandlung durch positives Handeln zurückführen.[76] Dies gilt auch für den konkludenten Begünstigungsausschluss, bei dem der Gesetzgeber mit der expliziten Aufzählung der begünstigten Personengruppen sonstige Gruppen ausschließen wollte, in welchem also ein "stillschweigender Ausschluss" vorliegt.[77] Ferner unterscheiden sich der konkludente und der ausdrückliche Begünstigungsausschluss nur in Hinblick darauf, wie der Kreis der Begünstigten sprachlich abgegrenzt wird. Die Entscheidung, ob der begünstigte oder der nicht begünstigte Personenkreis ausdrücklich in der Norm Erwähnung findet, hängt neben sprachlichen und politischen Gründen auch vom Zufall ab.[78] Orientierte man sich an der Unterscheidung beider Formen von Begünstigungsausschlüssen für die Differenzierung von Tun und Unterlassen, bewirkte dies eine ungerechtfertigte Ungleichbehandlung der Fälle des

---

71 Maurer (Fn. 20), 352; vgl. Jülicher (Fn. 56), 61f; Harms, Katharina: Verfassungsrecht in Umbruchsituationen, 1999, 203.

72 Benda/Klein (Fn. 13), Rn. 498; Wernsmann (Fn. 3), 107, 110f; Leal (Fn. 46), 45; vgl. dazu auch Söhn (Fn. 20), 65f; Hein (Fn. 6), 61f.

73 Benda/Klein (Fn. 13), Rn. 499.

74 Vgl. dazu auch Wernsmann (Fn. 3), 110f., der in Parallelität zu den Abgrenzungskriterien im Strafrecht darauf hinweist, dass auch beim konkludenten Begünstigungsausschluss der Schwerpunkt des Verhaltens auf einem Tun des Gesetzgebers liegt und damit dieses der maßgebliche Anknüpfungspunkt ist.

75 Zum Ganzen Benda/Klein (Fn. 13), Rn. 499; Leal (Fn. 46), 45 m.w.N; vgl. dazu Söhn (Fn. 20), 65f.

76 Heun, in: Dreier, Horst: Grundgesetz - Kommentar, Band I, 2. Auflage 2004, Art. 3 Rn. 53; vgl. dazu auch Söhn (Fn. 20), 65f.

77 Söhn (Fn. 20), 68.

78 Zum Ganzen Benda/Klein (Fn. 13), Rn. 499; allgemein zu berücksichtigen ist außerdem auch die Gestaltungsfreiheit des Gesetzgebers, vgl. dazu auch Kischel, Uwe: Steuerrecht und Gleichheitssatz - Gefahren eines dogmatischen Sonderwegs, in: Mellinghoff, Rudolf et al: Gleichheit im Verfassungsstaat - Symposium aus Anlass des 65. Geburtstags von Paul Kirchhof, 2008, 175 (182f.).

konkludenten gegenüber den Fällen des ausdrücklichen Begünstigungsausschlusses.[79] Aus diesen Überlegungen folgen durchaus auch gewichtige praktische Konsequenzen: So beansprucht etwa bei Verfassungsbeschwerden, die sich gegen Unterlassungen des Gesetzgebers richten, die Beschwerdefrist keine Geltung, da es bei solchen an einem zeitlichen Anknüpfungspunkt fehlt.[80]

c. Die Ausnahme von der Ausnahme

Hinzuweisen ist in diesem Zusammenhang auf eine Konstellation, in der gleichheitswidriger Begünstigungsausschluss und gesetzgeberisches Unterlassen scheinbar tatsächlich einen Berührungspunkt haben. Dies betrifft den Fall des Begünstigungsausschlusses, bei dem eine Vielzahl von Beseitigungsmöglichkeiten gerade nicht feststellbar ist[81], wenn also etwa die Verfassung selbst die Einbeziehung der bisher Ausgeschlossenen in die Begünstigung fordert. Der Gleichheitssatz ist dann ausnahmsweise nicht mehr ergebnisoffen. Beim ausdrücklichen Begünstigungsausschluss bewerkstelligt das Bundesverfassungsgericht die Einbeziehung mittels (Teil-)Nichtigerklärung selbst.[82] Handelt es sich aber um einen konkludenten Begünstigungsausschluss, ist die Einbeziehung mittels Nichtigerklärung nach der Rechtsprechung des Bundesverfassungsgerichts nicht möglich.[83] Es kann eben nicht für nichtig erklärt werden, was nicht erwähnt wird. Nach der Rechtsprechung des Bundesverfassungsgerichts handelt es sich dabei um einen Fall verfassungswidrigen gesetzgeberischen Unterlassens.[84] Überschneidungen mit der Unvereinbarerklärung wegen eines Gleichheitsverstoßes gibt es hier jedoch ebenfalls nicht. Betroffen ist ja gerade die Ausnahme von der Unvereinbarerklärung bei Gleichheitsverstößen. Es handelt sich gar nicht um ein Problem der Unvereinbarerklärung, sondern um eines der Nichtigerklärung.[85] Da es innerhalb der Ausnahme von der Unvereinbarerklärung nochmals um den Sonderfall des konkludenten Ausschlusses geht, kann man

---

79 Wernsmann (Fn. 3), 110.

80 Benda/Klein (Fn. 13), Rn. 501; BVerfGE 6, 258 (266); 11, 255 (261); Majer, in: Umbach, Dieter C. / Clemens, Thomas / Dollinger, Franz-Wilhelm: Bundesverfassungsgerichtsgesetz – Mitarbeiterkommentar und Handbuch, 1. Auflage 1992, § 93, Rn. 40ff, der die Annahme einer Verfassungsverletzung durch Unterlassen aber stark einschränken will, Rn. 42.

81 Vgl. dazu ausführlich oben 2. Teil A.I.1.d.

82 Siehe dazu ebd.

83 Siehe dazu oben 2. Teil A.I.1.c.bb.

84 Zum Ganzen mit zahlreichen Beispielen aus der Rechtsprechung Hein (Fn. 6), 57ff; Kreutzberger (Fn. 10), 149f; vgl. z.B. BVerfGE 15, 46 (47f., 75f.).

85 Siehe dazu Hein (Fn. 6), 63.

diese Konstellation als "Ausnahme von der Ausnahme"[86] bezeichnen. Letztlich lässt sich festhalten, dass für den gleichheitswidrigen Begünstigungsausschluss keine Überschneidungen zwischen Unvereinbarerklärung und gesetzgeberischem Unterlassen existieren. Weder der konkludente gleichheitswidrige Begünstigungsausschluss, noch eine andere Form des Begünstigungsausschlusses sind ein Fall gesetzgeberischen Unterlassens.

3. Unterlassen als Begründung für die Unvereinbarerklärung?

Teilweise diskutiert man die spezielle Problematik des gesetzgeberischen Unterlassens auch als möglichen verfassungsgerichtlichen Begründungsansatz für die Unvereinbarerklärung.[87] Dabei decken sich die Ausführungen weitestgehend mit denen zu möglichen Überlagerungen zwischen Unterlassen und Begünstigungsausschluss.[88] Jedoch identifiziert man nicht nur ein Unterlassen im Begünstigungsausschluss, sondern man hält die Rechtsprechung des Bundesverfassungsgerichts zum gleichheitswidrigen Begünstigungsausschluss für die Feststellung verfassungswidrigen Unterlassens.[89] Der tatsächliche Grund für den Verzicht auf die Nichtigerklärung soll nicht die Gestaltungsfreiheit des Gesetzgebers, sondern das in der Nichtberücksichtigung liegende Unterlassen sein.[90] Auch hierbei wird jedoch die Ergebnisoffenheit des Gleichheitssatzes verkannt. Im Übrigen kann sich diese Sichtweise nicht auf die Entscheidungspraxis des Bundesverfassungsgerichts stützen.[91]

4. Unterlassen und Weiteranwendbarkeit der Norm

Zum Teil werden auch Interferenzen zu anwendungsorientierten Unvereinbarerklärungen postuliert. Seer[92] etwa hält das gesetzgeberische Unterlassen für einen Fall der Unvereinbarerklärung neben der Fallgruppe der Gleichheitsverstöße. Er verweist dabei auf Entscheidungen, in denen sich das gesetzliche Leistungsniveau unterhalb des von der Verfassung geforderten Mindeststandards bewegt.

---

86 Hein (Fn. 6), 61.

87 Schlaich/Korioth (Fn. 10), Rn. 408.

88 Siehe dazu oben 3. Teil B.I.2.a. und b.

89 So z.B. Bachof (Fn. 4), 183.

90 Zum Ganzen Bachof (Fn. 4), 183; vgl. dazu auch die Darstellung bei Moench (Fn. 40), 61ff; vgl. auch Siedler (Fn. 8), 143.

91 Zum Ganzen Hein (Fn. 6), 61f. m.w.N; vgl. auch Vogel (Fn. 40), 225; vgl. auch Blüggel (Fn. 6), 118f; siehe zu den Begründungsansätzen des Bundesverfassungsgerichts oben 1. Teil B.I., 2. Teil A.I.1.a. und B.II.1., sowie B.II.2.

92 Vgl. Seer (Fn. 4), 287.

Als ein Paradebeispiel wird die Entscheidung zum Grundfreibetrag[93] angeführt: In dieser wurde der Grundfreibetrag für verfassungswidrig befunden, da dieser das sozialhilferechtliche Existenzminimum unterschritt.[94] Die Nichtigerklärung der den Grundfreibetrag normierenden Regelungen hätte, so Seer richtig, den Verfassungsverstoß nicht beseitigt, sondern sogar vertieft und somit einen Zustand geschaffen, der der verfassungsmäßigen Ordnung noch ferner stünde als die derzeitige verfassungswidrige Regelung. Hieraus folgert Seer nun, dass der verfassungsrechtliche Vorwurf bei dieser Fallgruppe in seinem Kern ein gesetzgeberisches Unterlassen treffe. Ein Unterlassen könne allerdings schon gesetzestechnisch mangels Normsubstanz nur unter sprachlichen Friktionen für nichtig erklärt werden.[95] Erkennbar stehen die Argumente des verfassungswidrigen Unterlassens mit denen, die das Bundesverfassungsgericht bei anwendungsorientierten Unvereinbarerklärungen nennt[96], nebeneinander.

Ähnliches findet sich vor allem zu den schon mehrfach angesprochenen "Besoldungsfällen"[97]: Das Bundesverfassungsgericht hatte beispielsweise in der Entscheidung Teuerungszulage[98] die Nichtigerklärung der die Bezüge nicht angemessen erhöhenden Besoldungsregelung ausgeschlossen, weil eine gänzlich fehlende Besoldungsregelung dem verfassungsgeforderten Zustand noch ferner gestanden hätte, als die verfassungswidrige Besoldungsregelung.[99] Diese Erwägungen hält man teils für überflüssig, weil nicht die Besoldungsregel an sich, sondern nur die Unterlassung der Anpassung verfassungswidrig gewesen sein soll und die Nichtigerklärung deshalb nicht in Betracht kam.[100]

Letztlich lässt sich diese Argumentation auf zwei unterschiedliche Betrachtungsweisen zurückführen, die für Normen, deren Leistungsniveau unterhalb des von der Verfassung geforderten Mindeststandards liegt, vorstellbar sind.[101] So kann man eine unzureichende Besoldungsregel selbst und damit ein gesetzgeberisches "Tun" für verfassungswidrig halten, oder aber man hält die bestehende Besoldungsregel für verfassungsgemäß und sieht nur in den fehlenden weiteren Bestimmungen die Verfassungswidrigkeit. In der zweiten Sichtweise ist es ein

---

93 BVerfGE 87, 153.

94 Vgl. dazu BVerfGE 87, 153 (173ff.).

95 Zum Ganzen Seer (Fn. 4), 287; siehe auch Seer, in: Tipke, Klaus / Lang, Joachim: Steuerrecht, 17. Auflage 2002, § 22 Rn. 286.

96 Siehe dazu oben 2. Teil B.I.

97 Siehe oben 1. Teil A.I., 2. Teil B.I., 2. Teil B.II.3.

98 BVerfGE 8, 1.

99 Vgl. BVerfGE 8, 1 (19).

100 Zum Ganzen Hein (Fn. 6), 63f; siehe auch Kreutzberger (Fn. 10), 150; vgl. auch Pestalozza (Fn. 40), 527; vgl. zum Ganzen auch Leal (Fn. 46), 52f; vgl. Jülicher (Fn. 56), 97.

101 Siehe dazu genauer noch unten 3. Teil B.I.5.b.aa.

gesetzgeberisches Unterlassen, das als verfassungswidrig zu kennzeichnen ist. Für die Richtigkeit der ersten Sichtweise spricht jedenfalls folgende Kontrollüberlegung: Hätte die Besoldungsregelung von Anfang an zu niedrige Bezüge bestimmt, könnte keinesfalls auf das Unterlassen einer Besoldungsänderung abgestellt werden. Das Besoldungsgesetz selbst müsste für verfassungswidrig erachtet werden. Nichts anderes kann aber gelten, wenn infolge einer Änderung der tatsächlichen Verhältnisse die Kollisionslage von Prüfungsmaßstab und -gegenstand später eintritt. Es geht bei der Überprüfung von Gesetzen am Maßstab höheren Rechts nicht um Vorwerfbarkeit von Verhalten, sondern um Vereinbarkeit.[102]

Ohne weiter auf die Richtigkeit einer der Sichtweisen eingehen zu wollen, lässt sich jedenfalls für die angeführten Entscheidungen ohne Weiteres feststellen, dass es für den Verzicht auf die Nichtigerklärung auf ein mögliches Unterlassen gar nicht ankommt. Der Grund dafür, dass eine Nichtigerklärung in den genannten Fällen nicht ausgesprochen wurde, ergibt sich ohne Weiteres daraus, dass die Nichtigerklärung der jedenfalls vorhandenen Regelungen einen noch verfassungsferneren Zustand erzeugt hätte.[103] Damit handelt es sich aber um klassische Fälle der anwendungsorientierten Unvereinbarerklärung.[104]

5. Unterlassen und Gestaltungsfreiheit des Gesetzgebers

Das Bundesverfassungsgericht äußerte in zahlreichen Entscheidungen, dass den geprüften Normen eine Übergangs-, Ausnahme- oder Ausgleichsregel fehle oder sie in sonstiger Weise unvollständig seien und verzichtete dabei auf eine Nichtigerklärung.[105] Diese Entscheidungen sind den aussetzungsorientierten Unvereinbarerklärungen bei Gleichheitsverstößen außerordentlich ähnlich[106]: Das Gericht verweist zwar ausdrücklich[107] auf ein verfassungswidriges Unterlassen des Gesetzgebers, begründet seinen Verzicht auf die Nichtigerklärung aber zudem mit einer bestehenden Vielzahl von gesetzgeberischen Möglichkeiten den verfassungswidrigen Zustand zu beseitigen und der zu schonenden Gestaltungsfreiheit des Gesetzgebers.[108] Außerdem dürfen die geprüften Normen bei diesen Entscheidungen nach Ansicht des Gerichts ebenfalls nicht mehr angewendet

102 Dazu Wernsmann (Fn. 3), 116f.

103 Wernsmann (Fn. 3), 116f; Maurer (Fn. 20), 348; vgl. dazu auch Schenke (Fn. 42), 312; siehe dazu noch unten Fn. 133; vgl. auch BVerfGE 115, 276; 117, 163.

104 Im Ergebnis wie hier Wernsmann (Fn. 3), 116f.

105 Siehe dazu 2. Teil A.II.1.

106 Siehe dazu schon 2. Teil A.II.1. m.w.N.

107 Dies ist aber nicht immer der Fall, siehe dazu noch unten 3. Teil B.I.5.b.

108 Deutlich etwa BVerfGE 107, 150 (185f.).

werden.[109] Trotz der frappierenden Übereinstimmungen ergeben sich aber zwei Unterschiede zu den aussetzungsorientierten Unvereinbarerklärungen: Zum einen hält das Gericht in diesen Entscheidungen eben ein Unterlassen des Gesetzgebers für verfassungswidrig und zum anderen liegt der Verfassungsverstoß nach Aussage des Bundesverfassungsgerichts nicht in einem Gleichheitsverstoß[110]. Der Bezug auf die zu schonende Gestaltungsfreiheit des Gesetzgebers hat diese Entscheidungen gleichwohl in die unmittelbare Nähe der aussetzungsorientierten Unvereinbarerklärungen gerückt.[111] Für diese Gruppe von Entscheidungen stellt sich die Frage, ob es sich gleichzeitig um Fälle gesetzgeberischen Unterlassens und Unvereinbarerklärungen handelt.[112].

a. Echtes Unterlassen

Von einem verfassungswidrigen gesetzgeberischen Unterlassen spricht man, wenn der Gesetzgeber von der Verfassung zu einem Tun verpflichtet wird, er dieser Verpflichtung aber nicht nachgekommen ist.[113] Ist er überhaupt nicht tätig geworden, handelt es sich um "echtes" bzw. "absolutes" Unterlassen.[114] Ein solches Unterlassen ist – was angesichts der fleißigen Legislative nicht dert[115] – nur in wenigen Fällen tatsächlich feststellbar.[116] Das Bundesverfassungsgericht selbst erkennt ein echtes Unterlassen nur dann an, wenn ein ausdrücklicher Auftrag des Grundgesetzes besteht, der Inhalt und Umfang der Gesetzgebungspflicht im Wesentlichen bestimmt.[117] Berührungspunkte mit der

109 BVerfGE 107, 150 (186).

110 Deutlich etwa in BVerfGE 54, 159 (172); 72, 9 (10); 81, 363 (363); es wird hier davon ausgegangen, dass das Gericht jeweils zu Recht ein verfassungswidriges gesetzgeberisches Unterlassen annahm.

111 Dazu siehe oben 2. Teil A.II. m.w.N.

112 Zu diesem möglichen Zusammenhang siehe auch Pestalozza (Fn. 5), § 20 Rn. 116; für eine Einordnung der Fälle als Unvereinbarerklärungen Benda/Klein (Fn. 13), Rn. 1269.

113 Pestalozza (Fn. 40), 526; Siedler (Fn. 8), 142.

114 Pestalozza (Fn. 40), 527; Hein (Fn. 6), 56; Leal (Fn. 46), 44; Pestalozza (Fn. 5), § 20 Rn. 115; Benda/Klein (Fn. 13), Rn. 496; Stark, in: Umbach, Dieter C. / Clemens, Thomas / Dollinger, Franz-Wilhelm: Bundesverfassungsgerichtsgesetz – Mitarbeiterkommentar und Handbuch, 2. Auflage 2005, § 95 Rn. 34.

115 Pestalozza (Fn. 5), § 20 Rn. 115.

116 Hein (Fn. 6), 56; Maurer (Fn. 20), 348; Lerche, Peter: Das Bundesverfassungsgericht und die Verfassungsdirektiven – Zu den "nicht erfüllten Gesetzgebungsaufträgen", AöR 90 (1965), 341 (363); Benda/Klein (Fn. 13), Rn. 496; vgl. Siedler (Fn. 8), 142; Schlaich/Korioth (Fn. 10), Rn. 409.

117 Vgl. BVerfGE 6, 257 (264); 56, 54 (70); 77, 170 (214); vgl. auch Hein (Fn. 6), 56f; Benda/Klein (Fn. 13), Rn. 496; Blüggel (Fn. 6), 118; instruktiv dazu Rupp (Fn. 43), 288f., nach dem sich das Bundesverfassungsgericht bereits veranlasst sah, auch ohne

Unvereinbarerklärung können sich beim echten Unterlassen nicht ergeben, da eine Norm, die kontrolliert und beanstandet werden kann, gerade fehlt.[118] Bestehen die verfassungsrechtlichen Bedenken, weil der Gesetzgeber nach Ansicht des Bundesverfassungsgerichts eine unvollständige Regelung erlassen hat, handelt es sich jedoch um keine Fälle von "echtem" Unterlassen. Der Gesetzgeber ist dann gerade nicht vollständig untätig geblieben, er ist seiner verfassungsrechtlichen Handlungspflicht vielmehr nur teilweise nicht nachgekommen.[119] Es handelt sich gleichwohl um ein verfassungswidriges gesetzgeberisches Unterlassen, genauer um ein "Teil-" oder auch "relatives"[120] Unterlassen".[121]

b. Teilunterlassen

Auch das Bundesverfassungsgericht rekurriert bei der bezeichneten Gruppe von Entscheidungen auf Teilunterlassungen des Gesetzgebers.[122] In vielen Fällen spricht es aber nicht ausdrücklich von einem Unterlassen. Dass es dennoch um ein Teilunterlassen des Gesetzgebers geht, ergibt sich dann aber aus dem Tenor oder aus der Begründung der Entscheidung. Dies zeigt sich beispielsweise anhand eines Beschlusses[123] zum gerichtlichen Verfahrensrecht in Landwirtschaftssachen. Nach diesem waren die Landwirtschaftsgerichte in der ersten Instanz mit einem Amtsrichter und zwei nach Landesrecht vorzuschlagenden landwirtschaftlichen Beisitzern besetzt. Das Bundesverfassungsgericht hielt die vorgelegten Regelungen unter anderem für mit Art. 20 Abs. 2 S. 2, Art. 92 GG insoweit nicht vereinbar, als danach auch Mitglieder des Vorstandes der Landwirtschaftskammer zu landwirtschaftlichen Beisitzern vorgeschlagen werden konnten.[124] Obgleich das Gericht dies im Tenor nicht explizit formulierte, sah es

---

explizite grundgesetzliche Gesetzgebungsaufträge eine grundrechtliche Regelungspflicht des Gesetzgebers zu bejahen; a.A. offenbar Kreutzberger (Fn. 10), 149f.

118 Blüggel (Fn. 6), 118; Hein (Fn. 6), 57; Maurer (Fn. 20), 347f.

119 Zum Ganzen Siedler (Fn. 8), 142; Graßhof (Fn. 54), § 78 Rn. 84.

120 Vgl. dazu Dürig, in: Maunz, Theodor / Dürig, Günther / Herzog, Roman / Scholz, Rupert / Herdegen, Matthias / Klein, Hans H.: Grundgesetz – Kommentar, Band I, Loseblatt, Stand des Gesamtwerks Januar 2011 Art. 3 Rn. 347 (allerdings mit Bezug zum Gleichheitssatz); vgl. auch Lechner (Fn. 58), 1818.

121 Pestalozza (Fn. 5), § 20 Rn. 115; vgl. Leal (Fn. 46), 44; Siedler (Fn. 8), 142, 144; Hein (Fn. 6), 68; Moench (Fn. 40), 61; vgl. auch Gusy (Fn. 9), 190; Pestalozza (Fn. 40), 529ff; instruktiv zur Erweiterung des Unterlassensbegriffs Rupp (Fn. 43), 290; siehe dazu auch Maurer (Fn. 20), 348; Blüggel (Fn. 6), 118 hält in diesen Fällen ebenfalls ein Unterlassen für gegeben.

122 Siehe nur BVerfGE 72, 9 (10); 81, 363 (363).

123 BVerfGE 54, 159.

124 Zum Ganzen BVerfGE 54, 159 (159ff.).

den Verfassungsverstoß in einem verfassungswidrigen gesetzgeberischen Unterlassen. Es erklärte die Vorschrift für verfassungswidrig, soweit sie eine bestimmte Regelung – nämlich die Eingrenzung des Personenkreises potentieller Beisitzer – nicht vorsah. Ausdrücklich wies das Gericht in der Entscheidungsbegründung darauf hin, dass der Verfassungsverstoß seine Ursache nicht in einer positiv-rechtlichen Regelung habe, sondern sich aus der Unvollständigkeit der Normen ergebe.[125] Für ein solches verfassungswidriges gesetzgeberisches Teilunterlassen lassen sich mit den "partiell ausgeführten Gesetzgebungsaufträgen" (aa.) und den "fehlenden Übergangs-, Ausnahme- oder Ausgleichsregeln" (bb.) zwei Fallgruppen unterscheiden.

aa. Partiell ausgeführte Gesetzgebungsaufträge

In der ersten Konstellation erlässt der Gesetzgeber in Erfüllung eines verfassungsrechtlichen Gesetzgebungsauftrags ein Gesetz, kommt dem Auftrag aber nicht vollständig nach.[126] Wiederum kann das verfassungsrechtliche Defizit in zweierlei Weise wahrgenommen werden.[127] Betrachtet man den gesetzgeberischen Erfüllungsversuch einheitlich, so muss man das ganze Gesetz für verfassungswidrig halten.[128] Der Gesetzgeber hätte dann ein neues, ausreichendes Gesetz zu erlassen. Nach anderer Sichtweise hat der Gesetzgeber die ihm von der Verfassung auferlegte Pflicht – ein bestimmtes Gesetz zu erlassen – durch die unzureichenden Regelungen immerhin auch zu einem Teil erfüllt. Dieser Teil entspricht durchaus dem von der Verfassung geforderten Zustand. Immerhin hat der Gesetzgeber den Gesetzgebungsauftrag nicht nur teilweise versäumt, sondern auch teilweise umgesetzt. Die verfassungsrechtliche Forderung nach weiteren Regelungen kann die Verfassungsmäßigkeit der bereits teilweisen Erfüllung des Gesetzgebungsauftrags nach dieser Sichtweise nicht berühren.[129]

Das Bundesverfassungsgericht hat in solchen Fällen die angegriffene Vorschrift insoweit für unvereinbar erklärt, wie der Gesetzgeber eine angemessene Regelung unterlassen hat.[130] Einen Teil der Norm hält das Gericht offenbar für

125 BVerfGE 54, 159 (172); vgl. dazu auch Graßhof (Fn. 6), 146, 150; vergleichbare Fälle: z.B. BVerfGE 55, 134; 59, 302; 64, 323; 72, 155; 85, 226; 90, 128; 101, 54; 114, 1.

126 Zu den folgenden Gedanken siehe Graßhof (Fn. 6), 144ff.

127 Siehe dazu schon oben 3. Teil B.I.4.

128 So Schneider, Bernd Jürgen: Die Funktion der Normenkontrolle und des richterlichen Prüfungsrechts im Rahmen der Rechtsfolgenbestimmung verfassungswidriger Gesetze, 1988, 148 Fn. 17; 197; 161; in diese Richtung wohl auch Seer (Fn. 4), 287; Classen, Claus-Dieter: Gesetzesvorbehalt und Dritte Gewalt, JZ 2003, 693 (698).

129 So Graßhof (Fn. 6), 144; Kleuker (Fn. 9), 49; siehe auch Siedler (Fn. 8), 144 m.w.N; im Ansatz schon Pohle (Fn. 56), 80.

130 Vgl. z.B. BVerfGE 81, 363 (363); vgl. dazu auch Graßhof (Fn. 6), 145.

verfassungsgemäß, jedoch verortet es das gesetzgeberische Unterlassen dennoch in der Vorschrift. Diese Vorgehensweise kann nicht überzeugen.[131] Das erlassene Gesetz kann entweder insgesamt für verfassungswidrig angesehen werden oder es kann hinsichtlich des bereits dem Verfassungsauftrag entsprechenden Teils für verfassungsgemäß angesehen werden, wobei nach der Verfassung noch weitere Regelungen erforderlich sind[132]. Nach der ersten Sichtweise ist die Norm insgesamt verfassungswidrig. Sie müsste also insgesamt für verfassungswidrig und gegebenenfalls für nichtig erklärt werden.[133] Nach der zweiten Sichtweise ist die Norm, da sie den Verfassungsauftrag jedenfalls teilweise erfüllt, verfassungsgemäß. Verfassungswidrig ist dann nur ein Unterlassen des Gesetzgebers. Besteht aber die Verfassungswidrigkeit darin, dass eine Regelung fehlt, gibt es keinen Grund dafür, die Verfassungswidrigkeit dieses Fehlens in einer bestehenden Norm zu verorten, die ebenfalls den Sachbereich der fehlenden Norm betrifft.[134] Nach beiden Sichtweisen besteht somit kein Anlass, die Regelung für unvereinbar zu erklären, soweit der Gesetzgeber eine Regelung unterlassen hat.[135] Die Regelung ist entweder insgesamt für verfassungswidrig

---

131 Ausführlich zu der Frage, ob ein Gesetz, das einen verfassungsrechtlichen Gesetzgebungsauftrag umsetzt, die konkludente Regelung enthalten kann, dass der Gesetzgebungsauftrag durch das Gesetz abschließend erfüllt sein soll Graßhof (Fn. 6), 145; kritisch zur Rechtsprechung des Bundesverfassungsgerichts auch Pestalozza (Fn. 40), 531f; kritisch auch Blüggel (Fn. 6), 119f.

132 Diese Sichtweise ähnelt der beim gleichheitswidrigen Begünstigungsausschluss (3. Teil B. I.2.a.) dargestellten Ansicht, in der fehlenden Berücksichtigung läge ein Unterlassen. Die Rechtsprechung des Bundesverfassungsgerichts zu diesen Fällen ist aber unterschiedlich. Bei einem gleichheitswidrigen Begünstigungsausschluss erklärt das Gericht nicht die Nichterwähnung für unvereinbar, sondern es erklärt die ganze gleichheitswidrige Norm für unvereinbar. Nicht die fehlende Berücksichtigung ist unvereinbar, sondern die bestehende gleichheitswidrige Begünstigung. Bei Teilunterlassungsfällen wird hingegen eine Norm für insoweit unvereinbar erklärt, als sie eine bestimmte Regelung nicht enthält. Dazu Graßhof (Fn. 6), 147f.

133 Gusy (Fn. 9), 190; Pestalozza (Fn. 5), § 20 Rn. 115f. Wenn die Nichtigerklärung einen verfassungsferneren Zustand erzeugen würde, ist aber auch eine anwendungsorientierte Unvereinbarerklärung denkbar. Tatsächlich finden sich einige Entscheidungen, die nach der Rechtsprechung des Bundesverfassungsgerichts Fälle von Teilunterlassen wären, bei denen aber zugleich die weitere Anwendbarkeit der geprüften Regelungen aus verfassungsrechtlichen Gründen geboten schien. Diese Entscheidungen sind aus diesem Grund, unabhängig von einem eventuellen Teilunterlassen, als anwendungsorientierte Unvereinbarerklärungen anzusehen; vgl. schon oben 3. Teil B.I.4; vgl. auch BVerfGE 115, 276; 117, 163.

134 So richtig und wörtlich Graßhof (Fn. 6), 147; Graßhof (Fn. 54), § 78 Rn. 84.

135 Graßhof (Fn. 6), 146; vgl. auch Pestalozza (Fn. 5), § 20 Rn. 114; zum Unterlassen Schlaich/Korioth (Fn. 10), Rn. 409; Hein (Fn. 6), 68; Löwer, Wolfgang: Steuerpflicht

zu erklären oder es ist lediglich die Verfassungswidrigkeit eines gesetzgeberischen Unterlassens festzustellen.[136] Die Unvereinbarerklärung ist ebenso wie die Nichtigerklärung auf bereits bestehende Normen bezogen. Für die Nichtigerklärung erkennt das Bundesverfassungsgericht an, dass es nicht möglich sei, "eine Norm insoweit für nichtig zu erklären, als sie etwas [...] nicht anordnet".[137] Dies muss dann aber auch für die Unvereinbarerklärung gelten. Eine Nichtregelung kann ebenso wenig für unvereinbar erklärt werden, wie sie für nichtig erklärt werden kann.[138]

bb. Fehlende Übergangs-, Ausnahme- oder Ausgleichsregel

In anderen Entscheidungen erachtet das Bundesverfassungsgericht eine gesetzliche Regelung zwar grundsätzlich für verfassungskonform, es hält jedoch eine Übergangs-, Ausnahme- oder Ausgleichsregel für geboten.[139] So wurde etwa in einer Entscheidung zum Arbeitslosengeld[140] eine Bestimmung des Arbeitsförderungsgesetzes für mit Art. 14 GG insoweit unvereinbar erklärt, als der Gesetzgeber eine Übergangsregelung unterlassen hatte.[141] Der Gesetzgeber hatte die für den Erwerb eines Anspruchs auf Arbeitslosengeld erforderliche Anwartschaftszeit von 180 auf 360 Tage erhöht, ohne eine Übergangsvorschrift für solche Versicherten vorzusehen, welche die zuvor maßgebliche Anwartschaftszeit bereits erfüllt hatten.[142] Sofern in diesen Entscheidungen ein verfassungswidriges gesetzgeberisches Unterlassen[143] gesehen wird, gilt das oben Gesagte auch hier.

---

trotz verfassungswidriger Steuernormen? – Anmerkungen zur Rechtsprechung des Bundesverfassungsgerichts zum Familienexistenzminimum, StVj 1991, 97 (100).

136 So etwa in BVerfGE 8, 1 (2); 44, 249 (251).

137 Z.B. BVerfGE 18, 288 (301); vgl. dazu auch oben 3. Teil B.I; deutlich Rupp-v. Brünneck (Fn. 2), 367 (Fn. 49); vgl. auch Rupp (Fn. 43), 288f; Pestalozza (Fn. 5), § 20 Rn. 114; Hein (Fn. 6), 56; Schlaich/Korioth (Fn. 10), Rn. 408; vgl. dazu auch Lechner/Zuck (Fn. 45), § 95 Rn. 9.

138 Graßhof (Fn. 6), 148; vgl. Graßhof (Fn. 54), § 78 Rn. 84; vgl. zum Ganzen Hein (Fn. 6), 68f; jedenfalls auch in diese Richtung Kreutzberger (Fn. 10), 149.

139 Siehe dazu Graßhof (Fn. 6), 149ff.

140 BVerfGE 72, 9.

141 BVerfGE 72, 9 (10); weitere Fälle: BVerfGE 21, 173; 68, 155; 77, 308; 85, 226; 98, 265; 107, 150.

142 BVerfGE 72, 9 (10).

143 Tatsächlich stellt sich die Frage, ob die Annahme eines verfassungswidrigen gesetzgeberischen Unterlassens bei diesen Entscheidungen mit den allgemein geäußerten Anforderungen an ein solches in Einklang steht. Die Beantwortung dieser Frage ist aber nicht Gegenstand der vorliegenden Arbeit. Graßhof (Fn. 6), 150f. sieht den Verfassungsverstoß in diesen Fällen nicht in einem verfassungswidrigen Unterlassen, sondern in der Regelung selbst. Grundsätzlich seien die Regelungen daher für nichtig zu erklären. Kri-

Es ist eben nicht nachvollziehbar, warum eine bestehende Norm für unvereinbar erklärt wird, soweit eine andere Norm fehlt.[144] Folgerichtig ist dann die explizite Feststellung eines verfassungswidrigen Unterlassens des Gesetzgebers.[145]

II. Verfassungswidriges gesetzgeberisches Unterlassen als eigenständige Tenorierungsform

Zusammenfassend lässt sich feststellen, dass verfassungswidriges gesetzgeberisches Unterlassen und Unvereinbarerklärung strikt voneinander abzugrenzen sind. Hat der Gesetzgeber den Erlass eines Gesetzes verfassungswidrig unterlassen, ist weder für ein echtes noch für ein teilweises Unterlassen eine Unvereinbarerklärung die geeignete Entscheidungsform. Die Unvereinbarerklärung beanstandet eine bestehende Regelung, die Verfassungswidrigerklärung gesetzgeberischen Unterlassens rügt hingegen das Fehlen einer Regelung.[146] Konsequent ist allein die ausdrückliche Feststellung des verfassungswidrigen gesetzgeberischen Unterlassens durch das Bundesverfassungsgericht.[147]

C. Übergangsregelungen des Bundesverfassungsgerichts

Verfassungsgerichtliche Übergangsregelungen[148] scheinen auf den ersten Blick nicht viel mit Unvereinbarerklärungen gemein zu haben.[149] Bei Unvereinbarerklärungen geht es dem Gericht um die Frage, ob für eine bestehende verfassungswidrige Norm auf die Nichtigerklärung verzichtet werden muss und ob diese Norm vorübergehend anwendbar sein soll. Davon zu unterscheiden ist der Fall, dass das Bundesverfassungsgericht eine *eigene Übergangsregelung* anord-

---

tisch zur Praxis des Bundesverfassungsgerichts z.B. auch Pestalozza (Fn. 5), § 20 Rn. 115f.

144 Zum Ganzen Graßhof (Fn. 6), 150.

145 So auch in BVerfGE 53, 257; 55, 134; 71, 255; Graßhof (Fn. 54), § 78 Rn. 84 m.w.N.

146 Schlaich/Korioth (Fn. 10), Rn. 409; Hein (Fn. 6), 57.

147 Graßhof (Fn. 6), 144ff; Graßhof (Fn. 54), § 78 Rn. 84; Maurer (Fn. 20), 348; Hein (Fn. 6), 77f; vgl. auch Schlaich/Korioth (Fn. 10), Rn. 409; a.A. z.B. Siedler (Fn. 8), 198f. m.w.N.

148 Vgl. dazu Graßhof (Fn. 54), § 78 Rn. 72ff. m.w.N; zu deren Zulässigkeit ausführlich Siedler (Fn. 8), 164ff. m.w.N; zustimmend z.B. Benda/Klein (Fn. 13), Rn. 1277; kritisch z.B. Gusy (Fn. 9), 202, 197ff.

149 Zur Abgrenzung siehe auch Blüggel (Fn. 6), 100, 122ff; Graßhof (Fn. 6), 184, 302ff; Bethge (Fn. 36), 23.

net, die bislang vom eigentlich zuständigen Gesetzgeber nicht getroffen wurde.[150] Teilweise wird die Formulierung "Übergangsregelung" auch als Synonym für die weitere Anwendbarkeit einer verfassungswidrigen Norm verwendet.[151] Um Verwechslungen zwischen der weiteren Anwendbarkeit verfassungswidriger Normen mit vom Bundesverfassungsgericht selbst geschaffenen Regelungen zu vermeiden, sollte die Formulierung "Übergangsregelung" nur im letztgenannten Fall Verwendung finden.[152]

Deutlich werden die Unterschiede zwischen der weiteren Anwendbarkeit verfassungswidriger Normen und verfassungsgerichtlichen Übergangsregelungen anhand der Entscheidung Schwangerschaftsabbruch I[153]. In diesem Urteil setzte das Gericht auf Grundlage von § 35 BVerfGG verbindliche Regeln des materiellen Strafrechts als normvertretendes Übergangsrecht.[154] Im Unterschied dazu wird bei der (anwendungsorientierten) Unvereinbarerklärung die zeitweilige Weiteranwendung verfassungswidrigen Rechts angeordnet, welches zuvor vom Gesetzgeber erlassen wurde. Jedoch hat das Bundesverfassungsgericht auch Übergangsregelungen erlassen, die zum Teil auf beanstandeten Normen aufbauten, indem sie diese in verfassungsrechtlich gebotener Weise modifizierten.[155] So wurden im Parteispendenurteil III[156] Bestimmungen des EStG und des Körperschaftssteuergesetzes für teilweise unvereinbar mit Art. 3 Abs. 1 GG erklärt, weil sie die steuerliche Abzugsfähigkeit von Parteispenden nicht auf einen Höchstbetrag begrenzten und daher das Recht auf gleiche Teilhabe an der politischen Willensbildung verletzten.[157] Das Gericht stützte seinen Verzicht auf

150 Bethge (Fn. 36), 23; Graßhof (Fn. 54), § 78 Rn. 72; vgl. dazu auch Ossenbühl, Fritz: Bundesverfassungsgericht und Gesetzgebung, in: Badura, Peter / Dreier, Horst: Festschrift 50 Jahre Bundesverfassungsgericht, Erster Band, Verfassungsgerichtsbarkeit – Verfassungsprozeß, 2001, 33 (45f.).

151 Z.B. Schlaich/Korioth (Fn. 10), Rn. 421 a.E; ähnlich Kischel, Uwe in: Epping, Volker / Hillgruber, Christian: Beck´scher Online-Kommentar – GG, Stand April 2011, Edition: 10, Art. 3 Rn. 73.

152 Hüsken, Felix B: Verfassungsgerichtliches Übergangsrecht im Spiegel des Gemeinschaftsrechts, in: Zeitschrift für Wett- und Glücksspielrecht 2009, 13 (13) etwa ordnet aussetzungsorientierte und anwendungsorientierte Unvereinbarerklärungen und Entscheidungen in denen das Bundesverfassungsgericht normvertretendes Übergangsrecht schafft, einheitlich als Unvereinbarerklärungen ein.

153 BVerfGE 39, 1.

154 BVerfGE 39, 1 (2f.); Bethge (Fn. 36), 23; vgl. auch BVerfGE 88, 203 (208ff.); sehr kritisch zu dieser Rechtsprechung Siedler (Fn. 8), 167f.

155 Zur Anwendbarkeit mit Maßgaben siehe bereits oben 2. Teil B.III; vgl. auch Siedler (Fn. 8), 164.

156 BVerfGE 73, 40.

157 Vgl. dazu BVerfGE 73, 40 (70ff.).

die Nichtigerklärung zunächst wie bei einer aussetzungsorientierten Unvereinbarerklärung auf die zu schonende Gestaltungsfreiheit des Gesetzgebers[158]. Darüber hinaus stellte es wie bei einer anwendungsorientierten Unvereinbarerklärung fest, dass eine Anwendungssperre für die unvereinbaren Regelungen ausscheide, um ein rechtliches Vakuum und Unsicherheit bei den betroffenen Steuerpflichtigen und Behörden zu verhindern.[159] Jedoch ging es dem Gericht dabei nicht nur um die weitere Anwendbarkeit der verfassungswidrigen Normen, es hielt vielmehr den Erlass einer Übergangsregelung für geboten.[160] Ganz konkret ordnete es die Fortgeltung der verfassungswidrigen Steuernormen mit der Maßgabe an, dass Ausgaben zur Förderung staatspolitischer Zwecke für jeden Steuerpflichtigen bis zu einem Höchstbetrag von 100.000 DM abzugsfähig seien.[161] Diese "Maßgabe" enthielt eine ganz neue Regelung.[162]

Aus dieser scheinbaren Verknüpfung von anwendungsorientierter Unvereinbarerklärung und Übergangsregelung[163] hat man gefolgert, dass es sich bei solchen Entscheidungen um Unvereinbarerklärungen handele.[164] Diese Ansicht verkennt aber, dass das Bundesverfassungsgericht bei Übergangsregelungen selbst normsetzend tätig wird und damit über die temporäre Weitergeltung verfassungswidrigen Rechts, wie sie für anwendungsorientierte Unvereinbarerklärungen typisch ist, hinausgeht.[165] Im Parteispendenurteil III erließ das Bundesverfassungsgericht eine eigene Übergangsregelung im "Gewande" einer anwendungsorientierten Unvereinbarerklärung.[166] Für den Erlass einer verfassungsgerichtlichen Übergangsregelung ist der Ausspruch einer Unvereinbarerklärung nicht essentiell. Ebenso gut kann das Bundesverfassungsgericht eine Norm für

---

158 BVerfGE 73, 40 (101).

159 BVerfGE 73, 40 (101f.).

160 Wie zuvor, vgl. dazu 2. Teil B.I.3; zu dieser Übereinstimmung siehe auch Siedler (Fn. 8), 165.

161 BVerfGE 73, 40 (102); dies übersieht wohl Schlaich/Korioth (Fn. 10), Rn. 420 a.E.

162 Graßhof (Fn. 6), 303; weitere Beispiele mit Erläuterung 302ff; zur Anwendbarkeit mit Maßgaben siehe schon oben 2. Teil B.III.

163 Ähnliche Fälle sind z.B. BVerfGE 93, 37 (41); 100, 313 (402); 113, 1 (28); 118, 168 (211).

164 So z.B. Seer (Fn. 4), 287; Seer (Fn. 95), § 22 Rn. 286; keine Differenzierung zwischen Erlass einer Übergangsregelung und Ausspruch einer anwendungsorientierten Unvereinbarerklärung offenbar bei Lechner/Zuck (Fn. 45), § 95 Rn. 25; Gleichsetzung von Übergangsregelungen mit anwendungsorientierten Unvereinbarerklärungen unter dem Topos "Übergangsregelungen" bei Kreutzberger (Fn. 10), 167ff, 167f. m.w.N.

165 Siedler (Fn. 8), 167; Bumke, Christian: Relative Rechtswidrigkeit, 2004, 243 m.w.N.

166 Graßhof (Fn. 6), 184; besonders schwierig ist die Abgrenzung, wenn die Anordnung der Anwendbarkeit mit Maßgaben nicht im Tenor formuliert wird, so etwa in BVerfGE 113, 1 (28); 100, 313 (402).

nichtig erklären und zusätzlich eine Übergangsregelung erlassen.[167] Anzuerkennen ist aber, dass die Grenzen zwischen anwendungsorientierter Unvereinbarerklärung und eigener positiver Normsetzung durch das Bundesverfassungsgericht verschwimmen, wenn das Gericht die Anordnung der Weitergeltung mit "besonderen Maßgaben" versieht, die der bisherige Normgeber gerade nicht erlassen hatte.[168] Um Abgrenzungsschwierigkeiten zwischen anwendungsorientierten Unvereinbarerklärungen und verfassungsgerichtlichen Übergangsregelungen zu vermeiden, sollte das Gericht auf die Anordnung der weiteren Anwendbarkeit "mit der Maßgabe" verzichten und deutlich zwischen beiden Entscheidungsformen unterscheiden.[169] Von den Unvereinbarerklärungen sind verfassungsgerichtliche Übergangsregelungen strikt abzugrenzen.[170]

D. Zusammenfassung

Die Unvereinbarerklärungen treten in der Rechtsprechung des Bundesverfassungsgerichts in zwei Erscheinungsformen auf: als aussetzungsorientierte Unvereinbarerklärungen[171], bei denen die für unvereinbar erklärten Normen einer Anwendungssperre unterliegen und die anhängigen Verfahren ausgesetzt werden sollen, und als anwendungsorientierte Unvereinbarerklärungen[172], bei denen die für unvereinbar erklärten Normen jedenfalls vorläufig weiter anwendbar sind. Aussetzungsorientierte Unvereinbarerklärungen werden fast ausschließlich[173] bei Regelungen ausgesprochen, die (auch) gegen einen Gleichheitssatz[174] verstoßen. Dabei spielt es keine Rolle, gegen welchen Gleichheitssatz eine Regelung verstößt[175] und ob es sich um gleichheitswidrige Begünstigungen[176] oder Belastungen[177] handelt. Gleichheitswidrige Normen erklärt das Gericht in der Regel[178] nur für unvereinbar und nicht für nichtig. Zur Begründung für den Ver-

---

167 So etwa in BVerfGE 39, 1 (2f.).

168 So Bethge (Fn. 36), 23 m.w.N.

169 Graßhof (Fn. 6), 306; Graßhof (Fn. 54), § 78 Rn. 80; für eine Anordnung von Übergangsregelungen im Tenor wohl auch Benda/Klein (Fn. 13), Rn. 133.

170 Graßhof (Fn. 6), 306; Blüggel (Fn. 6), 23f; Bethge (Fn. 36), 23 weist auf jedenfalls graduelle Unterschiede hin.

171 2. Teil A.

172 2. Teil B.

173 2. Teil A.II.2.

174 2. Teil A.II.2.

175 2. Teil A.I.1.b.aa

176 2. Teil A.I.1.

177 2. Teil A.I.2.

178 2. Teil A.I.

zicht auf die Nichtigerklärung verweist es regelmäßig auf eine Vielzahl von Möglichkeiten, die Verfassungswidrigkeit bei Gleichheitsverstößen zu beseitigen[179] und auf die dann zu wahrende Gestaltungsfreiheit des Gesetzgebers[180]. In seiner Rechtsprechung existieren weitere Entscheidungen, in denen es unter Verweis auf die zu schonende Gestaltungsfreiheit des Gesetzgebers auf die Nichtigerklärung verzichtet und Normen nur für unvereinbar erklärt. Hierbei handelt es sich zumeist um Fälle gesetzgeberischen Teilunterlassens[181], bei denen das Bundesverfassungsgericht nur die Verfassungswidrigkeit des gesetzgeberischen Unterlassens feststellen sollte[182] und die von den Unvereinbarerklärungen zu unterscheiden sind. Ausnahmsweise werden auch gleichheitswidrige Normen für nichtig erklärt.[183] Dieser Nichtigkeitsausspruch erfolgt aus Rücksicht auf einen zwingenden Verfassungsauftrag oder wenn nach den sonstigen Umständen des Einzelfalles nur eine Möglichkeit zur Beseitigung des Verfassungsverstoßes in Betracht kommt und bei erkennbarem Willen des Gesetzgebers. Es finden sich aber auch Entscheidungen, in denen das Gericht die Norm trotz Gleichheitsverstoß ohne weitere Begründung für nichtig erklärt.

Anwendungsorientierte Unvereinbarerklärungen spricht das Bundesverfassungsgericht aus, um verfassungsfernere Zustände[184] zu vermeiden. Die Nichtigerklärung der rechtswidrigen Normen soll in diesen Fällen noch negativere Auswirkungen haben, als die temporäre Weiteranwendung der unvereinbaren Regelungen. Die gleiche Argumentation verwendete das Bundesverfassungsgericht auch bei einem Teil der so genannten Appellentscheidungen.[185] Bei diesen handelt es sich jedoch um Vereinbarerklärungen, weshalb sie von den Unvereinbarerklärungen abzugrenzen sind. Auf die Art des Verfassungsverstoßes kommt es bei den anwendungsorientierten Unvereinbarerklärungen nicht an. Entscheidend ist, dass der Fortfall der verfassungswidrigen Normen und die damit verbundene fehlende Anwendungsmöglichkeit zerstörerische Folgewirkungen haben würde. Da auch die aussetzungsorientierten Unvereinbarerklärungen die Unanwendbarkeit von Normen zur Folge haben, kann es auch bei diesen zu solchen Situationen kommen. In dieser Konstellation wird die eigentlich auszusprechende aussetzungsorientierte Unvereinbarerklärung überformt und wandelt sich[186] zur anwendungsorientierten Unvereinbarerklärung um. Die anwendungs-

179 2. Teil A.I.1.a.
180 2. Teil A.I.1.a.aa.
181 3. Teil B.I.5.b.
182 Siehe dazu oben 3. Teil B.II.
183 2. Teil A.I.1.d.
184 2. Teil B.I.
185 3. Teil A.
186 2. Teil B.II.1.

orientierten Unvereinbarerklärungen sind ferner von den vom Bundesverfassungsgericht erlassenen Übergangsregelungen[187] abzugrenzen. Im Unterschied zu den anwendungsorientierten Unvereinbarerklärungen trifft das Gericht bei Übergangsregelungen eine eigene Neuregelung mit gesetzesvertretendem Charakter.[188]

187 3. Teil C.

188 Siehe Graßhof (Fn. 54), § 78 Rn. 72.

4. Teil: Die Zulässigkeit von Unvereinbar-erklärungen

Es hat sich gezeigt, dass man einem der Kernprobleme im Umgang mit den Unvereinbarerklärungen – den Schwierigkeiten, ihren Ausspruch vorherzusehen[1] – dadurch begegnen kann, indem man sie als aussetzungs- und anwendungsorientierte Variante versteht und die verfassungsgerichtliche Rechtsprechung entsprechend einordnet. Davon unabhängig stellt sich aber die Frage nach der verfassungsrechtlichen Zulässigkeit von Unvereinbarerklärungen[2] und den gegebenenfalls zugehörigen Zulässigkeitsvoraussetzungen.

A. Unvereinbarerklärungen zwischen Nichtigkeit und Vernichtbarkeit

Die Zweifel an der verfassungsrechtlichen Zulässigkeit der Unvereinbarerklärungen beruhen vor allem auf dem auch vom Bundesverfassungsgericht[3] vertretenen Grundsatz von der ipso-iure-Nichtigkeit verfassungswidriger Gesetze. Teils folgert man aus diesem die Unzulässigkeit der von der Nichtigerklärung abweichenden Tenorierungsvariante[4], teils fordert man zumindest überzeugende Gründe, die das Abweichen von der Nichtigerklärung rechtfertigen[5].

---

1 Zu diesem Problem und zur zugehörigen Kritik siehe oben 1. Teil B.II.

2 Ebd.

3 Vgl. BVerfGE 1, 14 (37); 7, 377 (387); 14, 174 (190); 29, 11 (17); 103, 332 (390).

4 Skouris, Wassilios: Teilnichtigkeit von Gesetzen, 1973, 51f., 57; Detterbeck , Steffen: Streitgegenstand und Entscheidungswirkungen im Öffentlichen Recht – Grundlagen des Verfahrens vor den allgemeinen Verwaltungsgerichten und vor dem Bundesverfassungsgericht, 1995, 436; Ipsen, Jörn: Rechtsfolgen der Verfassungswidrigkeit von Norm und Einzelakt, 1980, 217; vgl. Sachs, Michael: Zu den Folgen von Gleichheitsverstößen in Tarifverträgen, RdA 1989, 25 (27ff); vgl. Bachof, Otto: Der Richter als Gesetzgeber, in: Gernhuber, Joachim: Tradition und Fortschritt im Recht: Festschrift gewidmet der Tübinger Juristenfakultät zu ihrem 500jährigem Bestehen 1977 von ihren gegenwärtigen Mitgliedern und in deren Auftrag, 1977, 177 (183); vgl. auch Kreutzberger, Senja: Die gesetzlich nicht geregelten Entscheidungsvarianten des Bundesverfassungsgerichts, 2007, 112; vgl. dazu auch Moench, Christoph: Verfassungswidriges Gesetz und Normenkontrolle: die Problematik der verfassungsgerichtlichen Sanktion, dargestellt anhand der Rechtsprechung des Bundesverfassungsgerichtes, 1977, 38; für gleichheitswidrige und nachbesserungsfähige defizitäre Gesetze Blüggel, Jens: Unvereinbarerklärung statt Normkassation durch das Bundesverfassungsgericht, 1998, 167;

I. Das Nichtigkeitsdogma als Voraussetzung für die Rechtfertigungsbedürftigkeit?

Diese unmittelbare Verknüpfung von Unzulässigkeit bzw. Rechtfertigungsbedürftigkeit der Unvereinbarerklärungen mit der Lehre von der ipso-iure-Nichtigkeit erschließt sich nicht ohne Weiteres. Zu berücksichtigen ist zunächst, dass nach der Lehre von der ipso-iure-Nichtigkeit verfassungswidrige Gesetze nichtig sind.[6] Für Unvereinbarerklärungen ist hingegen kennzeichnend, dass das Bundesverfassungsgericht Normen für mit der Verfassung unvereinbar, nicht jedoch für nichtig erklärt. Das Gericht erklärt mit der Unvereinbarerklärung also Normen für verfassungswidrig, ohne zugleich die Nichtigkeit auszusprechen. Eben dies hält man teilweise für unzulässig.[7] Ob dieser Gedankengang richtig ist, lässt sich letztlich nur anhand des Begriffes der "Nichtigkeit" ermitteln. Was bedeutet "Nichtigkeit" und woraus resultiert sie (1.), wie wird sie herbeigeführt (2.), wie tritt sie ein (3.) und tritt sie ausnahmslos ein (4.)?

---

für Fälle des Rechtsfolgenarguments Hein, Peter E.: Die Unvereinbarerklärung verfassungswidriger Gesetze durch das Bundesverfassungsgericht, 1988. 117ff.

5 Blüggel (Fn. 4), 152f; Vogel, Kurt: Das Bundesverfassungsgericht und die übrigen Verfassungsorgane - Bundesverfassungsgerichtliche Argumentationsfiguren zu den Grenzen der Verfassungsgerichtsbarkeit, 1988, 215; Maurer, Hartmut: Zur Verfassungswidrigerklärung von Gesetzen, in: Im Dienst an Recht und Staat: Festschrift für Werner Weber zum 70. Geburtstag, 1974, 345 (346); Sachs, Michael: Tenorierung bei Normenkontrollentscheidungen des Bundesverfassungsgerichts, DÖV 1982, 23 (24f.); Hartmann, Christian: Verfassungswidrige und doch wirksame Rechtsnormen? – Zur Frage alternativer Rechtsgeltungsbestimmungen im Grundgesetz, DVBl. 1997, 1264 (1268); vgl. auch Schlaich, Klaus / Korioth, Stefan: Das Bundesverfassungsgericht – Stellung, Verfahren, Entscheidungen, 8. Auflage, 2010, Rn. 402.

6 Siehe nur Stern, in: Bonner Kommentar zum Grundgesetz, Loseblatt, Stand des Gesamtwerks Mai 2011, Art. 93 Rn. 270; Bethge in: Maunz, Theodor / Schmidt-Bleibtreu, Bruno / Klein, Franz / Bethge, Herbert: Bundesverfassungsgerichtsgesetz – Kommentar, Loseblatt, Stand des Gesamtwerks Januar 2011, § 78 Rn. 7; vgl. Schlaich/Korioth (Fn. 5), Rn. 379; Löwer, Wolfgang: Zuständigkeiten und Verfahren des Bundesverfassungsgerichts, in: Isensee, Josef / Kirchhof, Paul: Handbuch des Staatsrechts der Bundesrepublik Deutschland, Band III, Demokratie – Bundesorgane, 3. Auflage 2005, § 70 Rn. 114.

7 So etwa Vogel (Fn. 5), 215; zum Ganzen Skouris (Fn. 4), 51ff; vgl. zum Ganzen auch Sachs (Fn. 4), 27; Detterbeck (Fn. 4), 436, vgl. aber auch 438.

1. Ausgangspunkt: § 78 S. 1 BVerfGG

Nichtigkeit bedeutet, dass die mit einem Rechtsakt intendierten Wirkungen nicht eintreten.[8] Für ein nichtiges Gesetz hat dies zur Folge, dass es im Rechtssinne nicht existiert und folglich auch nicht angewendet werden kann.[9] An diesen Nichtigkeitsbegriff knüpft auch das BVerfGG an. Nach § 78 S. 1 BVerfGG erklärt das Bundesverfassungsgericht im Verfahren der abstrakten Normenkontrolle Gesetze für nichtig, wenn es zu der Überzeugung gelangt, dass diese mit dem Prüfungsmaßstab unvereinbar sind. Über § 82 Abs. 1 BVerfGG gilt § 78 BVerfGG für das Verfahren der konkreten Normenkontrolle entsprechend, für Verfassungsbeschwerden folgt die Nichtigkeit aus § 95 Abs. 3 S. 1 BVerfGG.[10] Keine Aussage wird darüber getroffen, wie die Nichtigkeit herbeigeführt wird und wann sie eintritt.

2. Herbeiführung der Nichtigkeit

Nach der herrschenden Lehre von der ipso-iure-Nichtigkeit[11] tritt die Nichtigkeit von selbst ein. Verfassungswidrige Gesetze sind nach dieser Nichtigkeitslehre

---

8 Wörtlich Graßhof, Malte: Die Vollstreckung von Normenkontrollentscheidungen des Bundesverfassungsgerichts, 2003, 70; ausführlich zum Begriff der Nichtigkeit Scholzen, Hans: Nichtigkeit oder Vernichtbarkeit verfassungswidriger Rechtsnormen – Eine verfassungsrechtliche Untersuchung des Rechtsschicksals verfassungswidriger Gesetze und darauf gegründeter Einzelakte, 1977, 18ff, v.a. 19; für Rechtsgeschäfte nach dem BGB vgl. Flume, Werner: Allgemeiner Teil des Bürgerlichen Rechts, Zweiter Band, Das Rechtsgeschäft, 4. Auflage, 1992, 547; Grunewald, Barbara: Bürgerliches Recht, 8. Auflage, 2009, § 5 Rn. 1; vgl. auch Palandt: Bürgerliches Gesetzbuch mit Nebengesetzen, 70. Auflage 2011, vor § 104 Rn. 27; vgl. auch von Olshausen, Henning von: Die Wirksamkeit des Gesetzes und der Geltungsanspruch der Verfassung, JZ 1967, 116 (117); vgl. auch Pietzcker, Jost: Zur Inzidentverwerfung untergesetzlicher Rechtsnormen durch die vollziehende Gewalt, AöR 101 (1976), 374 (381).

9 Zum Ganzen Graßhof (Fn. 8), 70.

10 Zur Gesetzeslage siehe Bethge (Fn. 6), § 78 Rn. 1; Löwisch, Manfred: Zu den Folgen der Nichtigkeitsfeststellung eines Gesetzes durch das Bundesverfassungsgericht, insbesondere für private Rechtsverhältnisse, JZ 1961, 731 (731); Schlaich/Korioth (Fn. 5), Rn. 378.

11 Hein (Fn. 4), 92ff; Kreutzberger (Fn. 4), 112f., 40ff; Blüggel (Fn. 4), 151; Ipsen (Fn. 4), 313; Bethge (Fn. 6), § 78 Rn. 7; Bethge, Herbert: Die Entscheidungswirkung von Normbeanstandungen des Bundesverfassungsgerichts, Jura 2009, 18 (20); Stern (Fn. 6), Art. 93 Rn. 270f; Detterbeck (Fn. 4), 433; Rennert, in: Umbach, Dieter C. / Clemens, Thomas / Dollinger, Franz-Wilhelm: Bundesverfassungsgerichtsgesetz – Mitarbeiterkommentar und Handbuch, 1. Auflage 1992, § 31 Rn. 15, 94f; Schlaich/Korioth (Fn. 5), Rn. 378f; Löwer (Fn. 6), § 70 Rn. 114, 120; Sachs, Michael: Die Bindung des Bundesverfassungsgerichts an seine Entscheidungen, 1977, 288ff; Bettermann, Klaus August:

ohne Weiteres nichtig. Eines konstitutiven Aktes zur Herbeiführung der Nichtigkeit bedarf es nicht.[12] Die Nichtigerklärungen des Bundesverfassungsgerichts sind danach deklaratorischer Natur und das Gericht stellt folglich die Nichtigkeit von Gesetzen im Rahmen von Normenkontrollentscheidungen nur fest.[13] An diesem Befund ändert sich auch nichts durch den gesetzlichen Terminus "Nichtigerklärung". Die Nichtigerklärung ist nicht Voraussetzung, sondern Folge der ipso-iure-Nichtigkeit.[14] Nach der Nichtigkeitslehre ist gleichwohl eine quasigestaltende Wirkung der verfassungsgerichtlichen Entscheidungen vorstellbar. Die Entscheidungen lassen zwar die materielle Rechtslage unberührt, immerhin ordnen sie jedoch allgemeinverbindlich an, wie die Rechtslage zu beurteilen ist.[15]

Richterliche Gesetzesbindung und Normenkontrolle, in: Müller, Georg / Rhinow, René A. / Schmid, Gerhard / Wildhaber, Luzius: Staatsorganisation und Staatsfunktionen im Wandel – Festschrift für Kurt Eichenberger zum 60. Geburtstag; 1982, 593 (598); Pietzcker (Fn. 8), 381; Bachof, Otto: Die Prüfungs- und Verwerfungskompetenz der Verwaltung gegenüber dem verfassungswidrigen und dem bundesrechtswidrigen Gesetz, AöR 87 (1962), 1 (33, 35); Skouris (Fn. 4), 51; Jachmann, Monika: Die Nichtanwendbarkeit des Vermögensteuergesetzes ab dem 01.01.1997, JA 1998, 235 (236); im Ergebnis wohl auch Battis, Ulrich: Der Verfassungsverstoß und seine Folgen, in: Isensee, Josef / Kirchhof, Paul: Handbuch des Staatsrechts der Bundesrepublik Deutschland, Band VII, Normativität und Schutz der Verfassung – Internationale Beziehungen, 1. Auflage 1992, § 165 Rn. 32; Schilling, Theodor: Rang und Geltung von Normen in gestuften Rechtsordnungen, 1994, 630f; Löwisch (Fn. 10), 731; Stahl, Christian: Das Argument der Finanz- und Haushaltsplanung nach dem Erbschaftsteuerbeschluss vom 7. November 2006, DÖV 2008, 194 (195); Menzel, Andreas: Kompetenzkonflikt zwischen Bund und Land in der Gesetzgebung – Kompetenzwidriges Bundesrecht und Landesgesetzgebung, DVBl. 1997, 640 (646); im Ergebnis auch Bumke, Christian: Relative Rechtswidrigkeit, 2004, 245f.

12 Schneider, Hans: Der Gegenstand der Normenkontrolle. Betrachtungen über das Umschlagen eines Gesetzes in die Verfassungswidrigkeit, in: Carstens, Karl / Peters, Hans: Festschrift Hermann Jahrreiss: zu seinem siebzigsten Geburtstag, 19. August 1964, gewidmet, 1964, 385 (391); Hein (Fn. 4), 92f; Bethge (Fn. 6), § 78 Rn. 7.

13 Detterbeck (Fn. 4), 433; Stern (Fn. 6), Art. 93 Rn. 271; Löwisch (Fn. 10), 731; Sachs (Fn. 11), 291, 288f; Schlaich/Korioth (Fn. 5), Rn. 380; Hein (Fn. 4), 93.

14 Bethge (Fn. 6), § 78 Rn. 8.

15 So Rennert (Fn. 11), § 31 Rn. 95; Stark, in: Umbach, Dieter C. / Clemens, Thomas / Dollinger, Franz-Wilhelm: Bundesverfassungsgerichtsgesetz – Mitarbeiterkommentar und Handbuch, 2. Auflage 2005, § 95 Rn. 85; deutlich Bachof (Fn. 11), 34; vgl. dazu auch Benda, Ernst / Klein, Eckart: Verfassungsprozeßrecht – Ein Lehr- und Handbuch, 2. Auflage 2001, Rn. 1250.

Die Anhänger der Vernichtbarkeitslehre[16] vertreten hingegen die Ansicht, dass Nichtigkeit erst durch die "Vernichtung" der Normen herbeigeführt werden muss. Hiernach beruht die im BVerfGG genannte Nichtigkeit auf einem Gestaltungsurteil des Bundesverfassungsgerichts. Die Nichtigerklärungen des Bundesverfassungsgerichts sind nach dieser Ansicht folglich konstitutiv.[17]

3. Eintritt der Nichtigkeit

Rein begrifflich sind unterschiedliche Zeitpunkte vorstellbar, zu denen die Nichtigkeit eintreten kann. Vorstellbar ist zunächst, dass dies gleichzeitig mit der Verfassungswidrigkeit geschieht. Nach der ipso-iure-Theorie wäre die Norm mit

---

16 Heckmann, Dirk: Geltungskraft und Geltungsverlust von Rechtsnormen: Elemente einer Theorie der autoritativen Normgeltungsbeendigung, 1997, 57; Lippold, Rainer: Gilt im deutschen Recht ein Fehlerkalkül für Gesetze?, Der Staat 29 (1990), 185 (198ff.); Lembke, Ulrike: Einheit aus Erkenntnis? – Zur Unzulässigkeit der verfassungskonformen Gesetzesauslegung als Methode der Normkompatibilisierung durch Interpretation, 2009, 202; Schneider, Bernd Jürgen: Die Funktion der Normenkontrolle und des richterlichen Prüfungsrechts im Rahmen der Rechtsfolgenbestimmung verfassungswidriger Gesetze, 1988, 227; Götz, Heinrich: Der Wirkungsgrad verfassungswidriger Gesetze, NJW 1960, 1177 (1179); Maunz, in: Maunz, Theodor / Dürig, Günther / Herzog, Roman / Scholz, Rupert / Herdegen, Matthias / Klein, Hans H.: Grundgesetz – Kommentar, Loseblatt, Stand des Gesamtwerks Januar 2011, Art. 93 Rn. 34; Pestalozza, Christian: Verfassungsprozeßrecht – Die Verfassungsgerichtsbarkeit des Bundes und der Länder mit einem Anhang zum Internationalen Rechtsschutz, 3. Auflage, 1991, § 20 Rn. 14f; Böckenförde, Christoph: Die sogenannte Nichtigkeit verfassungswidriger Gesetze, 1966, 61f; Hoffmann, Gerhard: Die Verwaltung und das verfassungswidrige Gesetz, JZ 1961, 193 (203, 193); Söhn, Hartmut: Anwendungspflicht oder Aussetzungspflicht bei festgestellter Verfassungswidrigkeit von Gesetzen, 1974, 41; Graßhof (Fn. 8), 87f; Riechelmann, Frank: Struktur des verfassungsrechtlichen Bestandsschutzes – Das Verhältnis zwischen Vertrauensschutz, Rechtssicherheit und Kontinuität, 2005 104; Moes, Christoph: Die Anordnung der befristeten Fortgeltung verfassungswidriger Steuergesetze durch das Bundesverfassungsgericht, StuW 2008, 27 (32f.) unter pragmatischer Perspektive; Breuer, Marten: Nichtiges Gesetz und vernichtbarer Verwaltungsakt – Überlegungen zur Ratio der Fehlerfolgendifferenzierung bei Norm und Einzelakt, DVBl. 2008, 555 (565); Moench (Fn. 4), 114ff; Gärditz, Klaus Ferdinand: Landesrecht aufhebende Geltungskraft verfassungswidriger Bundesgesetze?, DÖV 2001, 539 (541).

17 Zum Ganzen Graßhof (Fn. 8), 70; Ipsen (Fn. 4), 151; nach Lembke (Fn. 16), 203 entspricht die Unterscheidung zwischen deklaratorischen und konstitutiven Entscheidungen des Bundesverfassungsgerichts nicht der Unterscheidung zwischen Nichtigkeitsdogma und Vernichtbarkeitslehre. Alle ein Gesetz für verfassungsgemäß erklärenden Entscheidungen seien deklaratorisch, alle ein Gesetz für verfassungswidrig und nichtig erklärenden Entscheidungen seien dagegen konstitutiv.

der Normenkollision automatisch[18] nichtig. Einige Anhänger der ipso-iure-Nichtigkeit sind der Ansicht, dass diese nur mit ex tunc Wirkung vorstellbar sei, weil sie bereits im Begriff der Nichtigkeit enthalten sei. Damit werde zugleich deutlich, dass der Begriff ex-tunc-Nichtigkeit ein terminologisches Unding darstelle.[19] Dagegen spricht aber beispielsweise die Regelung des § 140 Abs. 3, 5 des österreichischen Bundes-Verfassungsgesetzes (B-VG), nach der die Aufhebung verfassungswidriger Gesetze ex nunc oder pro futuro ausdrücklich möglich ist.[20] Die Nichtigkeit ex tunc ist auch nach der Vernichtbarkeitslehre denkbar.[21] Hierfür muss das Bundesverfassungsgericht lediglich die verfassungswidrige Rechtsnorm rückwirkend zum Zeitpunkt des Verfassungswidrigwerdens vernichten.[22] Die Nichtigkeit kann, losgelöst von rechtslogischen Erwägungen[23], nach beiden Ansätzen aber auch ex nunc[24], also zu dem Zeitpunkt eintreten, zu dem die Verfassungswidrigkeit erkannt wird. Vorstellbar ist schließlich auch, dass die verfassungswidrige Norm erst zu einem Zeitpunkt nach der Feststellung der Verfassungswidrigkeit, also pro futuro[25], nichtig wird.[26]

Einfachgesetzlich ergibt sich die ex-tunc-Nichtigkeit mittelbar aus § 79 BVerfGG, der ohne diese unverständlich wäre.[27] Nach § 79 Abs. 2

---

18 Zum Automatismus der Nichtigkeit vgl. Detterbeck (Fn. 4), 433f; siehe auch Hartmann (Fn. 5), 1264.

19 Ipsen (Fn. 4), 151; vgl. auch Stern (Fn. 6), Art. 93 Rn. 276; für die ipso-iure-Nichtigkeit ex tunc z.B. Bethge (Fn. 6), § 78 Rn. 7; Löwer (Fn. 6), § 70 Rn. 114; Schlaich/Korioth (Fn. 5), Rn. 379; Schneider (Fn. 12), 391; Stern, in: Stern, Klaus: Das Staatsrecht der Bundesrepublik Deutschland – Band II – Staatsorgane, Staatsfunktionen, Finanz- und Haushaltsverfassung, Notstandsverfassung, 1980, § 44 V 3 g) γ) S. 1041.

20 Zu § 140 B-VG vgl. Strehle, Barbara: Rechtswirkungen verfassungsgerichtlicher Normenkontrollentscheidungen, 1980 121ff; vgl. dazu auch Schlaich/Korioth (Fn. 5), Rn. 379; Benda/Klein (Fn. 15), Rn. 1252; vgl. auch Lembke (Fn. 16), 205.

21 Siehe nur Hoffmann (Fn. 16), 203; Detterbeck (Fn. 4), 434; so wohl auch Benda/Klein (Fn. 15), Rn. 1251.

22 Moench (Fn. 4), 135f.

23 Zu diesen siehe sogleich 4. Teil A.II.3.

24 Nach Maiwald, Joachim: Anwendbarkeit für verfassungswidrig erklärter Gesetze?, BayVbl. 1971, 90 (93) kommt eine verfassungsgerichtliche Entscheidung, die lediglich die Verfassungswidrigkeit eines Rechtssatzes feststelle, in materieller Hinsicht einer ex-nunc-Vernichtung nahe; vgl. dazu auch Söhn (Fn. 16), 1f.

25 Nach Geiger, Willi: Zur Lage unserer Verfassungsgerichtsbarkeit, in: Spanner, Hans / Lerche, Peter: Festgabe für Theodor Maunz – Zum 70. Geburtstag am 1. September 1971, 1971, 117 (136) kommt die verfassungsgerichtliche Beschränkung seines Ausspruches auf die Verfassungswidrigkeit einer Regelung einer Nichtigerklärung pro futuro gleich.

26 Zum Ganzen Graßhof (Fn. 8), 71.

27 Benda/Klein (Fn. 15), Rn. 1252; Graßhof (Fn. 8), 72.

S. 1 BVerfGG bleiben nicht mehr anfechtbare Entscheidungen, sprich Verwaltungsakte und Akte der Rechtsprechung[28], die auf einer gemäß § 78 BVerfGG für nichtig erklärten Norm beruhen, von der Nichtigkeit unberührt, dürfen jedoch nach § 79 Abs. 2 S. 2 BVerfGG nicht mehr vollstreckt werden. Es wird also vorausgesetzt, dass die Betroffenen die Entscheidungen, die noch angefochten werden können, diese aufgrund der Nichtigkeit der gesetzlichen Grundlage wirksam anfechten können.[29] Wirksam kann die Anfechtung in den Fällen, in denen für die Anfechtung die Rechtslage zum Zeitpunkt des Erlasses der Entscheidung maßgeblich ist, aber nur sein, wenn die gesetzliche Grundlage mit der Wirkung ex tunc nichtig ist.[30] Ferner führte die sich nur auf nicht mehr anfechtbare Entscheidungen beziehende Regelung des § 79 Abs. 2 S. 2 BVerfGG bei einer Nichtigkeit ex nunc zu dem widersprüchlichen Ergebnis, dass nur für die nicht mehr anfechtbaren Entscheidungen die Vollstreckung ausgeschlossen wäre. Weiterhin vollstreckbar wären aber diejenigen Entscheidungen, die an sich anfechtbar wären, aber nicht wirksam angefochten werden könnten, weil die Nichtigkeit ex-nunc eintritt.[31]

4. Ausnahmslosigkeit der Nichtigkeit

Den bisherigen Feststellungen lässt sich entnehmen, dass sich Nichtigkeits- und Vernichtbarkeitslehre nur in der rechtstechnischen Herbeiführung der Nichtigkeit unterscheiden. Für die Frage der Zulässigkeit von Unvereinbarerklärungen spielt die Unterscheidung zwischen beiden Ansätzen dann aber keine Rolle. Nimmt man für die Nichtigkeitslehre an, dass verfassungswidrige Normen *immer* automatisch nichtig sind, bleibt für Unvereinbarerklärungen tatsächlich kein Raum. Ebenso verhält es sich aber, wenn man für die Vernichtbarkeitslehre annimmt, dass das Bundesverfassungsgericht verfassungswidrige Normen *immer* für nichtig erklären muss[32], wobei gerade für die Vernichtbarkeitslehre Ausnahmen durchaus für möglich gehalten werden.[33] Insbesondere für die Nichtigkeitslehre gilt, dass nur, weil die Nichtigkeit automatisch eintritt, diese nicht

28 Siehe dazu Bethge (Fn. 6), § 79 Rn. 46.

29 Bethge (Fn. 6), § 79 Rn. 51; Benda/Klein (Fn. 15), Rn. 1255; Graßhof (Fn. 8), 72.

30 Graßhof (Fn. 8), 72; vgl. Benda/Klein (Fn. 15), Rn. 1252.

31 Zum Ganzen Benda/Klein (Fn. 15), Rn. 1252; Graßhof (Fn. 8), 72; vgl. auch Rennert (Fn. 11), § 31 Rn. 15.

32 Zum ganzen Gedanken siehe Moench (Fn. 4), 135f; vgl. auch Brinckmann, Hans: Das entscheidungserhebliche Gesetz, 1970, 39.

33 So z.B. Graßhof (Fn. 8), 89, 155ff., 176ff.

auch ausnahmslos eintreten muss.[34] Die Forderung von Begründungen für die Unvereinbarerklärungen betrifft also tatsächlich die Frage nach der *Ausnahmslosigkeit*[35] der Nichtigkeit.[36]

II. Ipso-iure-Nichtigkeit und Vernichtbarkeit

Auf eine Stellungsnahme zu der Frage, ob die Nichtigkeit ipso iure oder als Gestaltung eintritt, kann dennoch nicht verzichtet werden.[37] Zweifel an der Zulässigkeit der Unvereinbarerklärungen werden vor allem aus dem Lager der Nichtigkeitslehre geäußert.[38] Diesen wäre der Boden entzogen, wenn sich die Nichtigkeitslehre schon als nicht zutreffend erwiese. Weiterhin ist eine Positionierung für die dogmatische Einordnung der Unvereinbarerklärungen in das BVerfGG und die Rechtsprechung des Bundesverfassungsgerichts zu Normenkontrollentscheidungen im Allgemeinen von Bedeutung. Im Übrigen würde die Übersichtlichkeit der Darstellung darunter leiden, wenn die Zulässigkeit der Unvereinbarerklärungen und die jeweiligen Rechtfertigungsmodelle stets aus zwei Perspektiven, nämlich für das Zutreffen der Nichtigkeits- und der Vernichtbarkeitslehre, untersucht werden müssten.

---

34 Dies übersehen z.B. Hein (Fn. 4), 96f; Schneider (Fn. 16), 97; offenbar auch Stern (Fn. 6), Art. 93 Rn. 275f; vgl. dazu Pietzcker (Fn. 8), 382 m.w.N.

35 Zur Frage der Möglichkeit von Ausnahmen vgl. auch Blüggel (Fn. 4), 151, 137ff; auch Detterbeck (Fn. 4), 438 weist auf die möglicherweise eingeschränkte Geltung der ipso-iure-Nichtigkeit hin; vgl. auch Vogel (Fn. 5), 215; vgl. auch Bethge (Fn. 6), § 78 Rn. 57; Siedler, Nina-Luisa: Gesetzgeber und Bundesverfassungsgericht, 1999, 141 stellt fest, dass die Anerkennung der Unvereinbarerklärung bei Gleichheitsverstößen eine Ausnahme von der gesetzlich vorgeschriebenen Nichtigerklärung verfassungswidriger Bestimmungen bedeute, ohne zwischen ipso-iure-Nichtigkeit und Vernichtbarkeit zu unterscheiden.

36 Zu diesen Gedanken siehe Graßhof (Fn. 8), 73; siehe auch Graßhof, in: Umbach, Dieter C. / Clemens, Thomas / Dollinger, Franz-Wilhelm: Bundesverfassungsgerichtsgesetz – Mitarbeiterkommentar und Handbuch, 2. Auflage 2005, § 78 Rn. 36.

37 Zum Streit zwischen Nichtigkeit und Vernichtbarkeit siehe die Habilitationen von Heckmann (Fn. 16), 44ff; Ipsen (Fn. 4), 145ff. und passim; Schilling (Fn. 11), 557ff; weitere Publikationen jüngeren Datums: Schneider (Fn. 16), 38ff; Bumke (Fn. 11), 236ff; Menzel (Fn. 11), 640 (642ff.); Lembke (Fn. 16), 195ff; Breuer (Fn. 16), 555ff; Baumeister, Peter: Das Rechtswidrigwerden von Normen – Eine rechtsdogmatische Untersuchung zu den Grenzen der Wirksamkeit und Anwendbarkeit von Normen – Probleme des Spannungsverhältnisses von Recht und Zeit, 1996, S. 269, 284 setzt die ipso-iure-Nichtigkeit als herrschende Meinung für seine Ausführungen voraus.

38 Siehe dazu oben 4. Teil A.

Über den Charakter der Nichtigkeit kann man sich auf drei Ebenen auseinander setzen. Argumente für und wider der jeweiligen Positionen lassen sich anhand des Bundesverfassungsgerichtsgesetzes (1.), des Grundgesetzes (2.) und mittels rechtslogischer und verfassungsdogmatischer Überlegungen (3.) ermitteln.[39] Die Analyse berührt notwendigerweise Normgeltungsfragen. Dabei handelt es sich um ein sehr komplexes Thema, weil es eine fast vollständige Erarbeitung der Normentheorie verlangt.[40] Die vorliegende Bearbeitung muss sich auf die Darstellung der wichtigsten Gedankengänge zum Thema Nichtigkeit beschränken.[41]

1. Offener einfachgesetzlicher Befund

Für den Streit über die Richtigkeit von Nichtigkeits- oder Vernichtbarkeitslehre lassen sich innerhalb des Bundesverfassungsgerichtsgesetzes vor allem die §§ 76, 78 und 79 BVerfGG in Anspruch nehmen. Der Wortlaut des § 78 BVerfGG spricht zunächst für eine konstitutive Entscheidung des Gerichts, da es hiernach verfassungswidrige Gesetze für nichtig erklärt. Immerhin war der Norm vor ihrer Änderung durch das Vierte Änderungsgesetz zum BVerfGG[42] noch zu entnehmen, dass das Bundesverfassungsgericht die Nichtigkeit "feststellen"[43] würde. Dieser Interpretation von § 78 BVerfGG ist aber entgegenzuhalten, dass mit seiner Änderung eine Entscheidung für die konstitutive Wirkung der verfassungsgerichtlichen Entscheidung gerade nicht beabsichtigt war. Der amtlichen Begründung lässt sich entnehmen, dass durch die Formulierung "erklärt" die quasi-gestaltende Wirkung[44] der Nichtigerklärung deutlicher heraus-

39 Zu diesem und den folgenden Gedanken Graßhof (Fn. 8), 74ff; vgl. zum Aufbau auch Menzel (Fn. 11), 643ff; zur Frage Nichtigkeit oder Vernichtbarkeit verfassungswidriger Rechtsnormen siehe auch Scholzen (Fn. 8), 23ff.

40 Vgl. Heckmann (Fn. 16), 44; zur Frage der Geltungsbeendigung von Normen siehe z.B. Heckmann (Fn. 16), 44ff. m.w.N.

41 Zur historischen Entwicklung siehe Ipsen (Fn. 4), 23ff; zum richterlichen Prüfungsrecht siehe dann auch Bumke (Fn. 11), 239f.

42 Vom 21. Dezember 1970, BGBl. I, S. 1765.

43 Vgl. § 78 S. 1 BVerfGG Stand 12. März 1951 BGBl. I, S. 243 (250); § 78 S. 2 BVerfGG war hingegen schon damals zu entnehmen, dass das Bundesverfassungsgericht weitere Bestimmungen des gleichen Gesetzes unter näher bezeichneten Voraussetzungen gleichfalls für nichtig erklären könne. BGBl. I,1951, S. 243 (251); vgl. dazu Hoffmann (Fn. 16), 196; vor der Änderung des § 78 BVerfGG wurde diese Regelung wegen ihres Wortlautes von den Anhängern der Nichtigkeitslehre in Anspruch genommen, siehe z.B. Löwisch (Fn. 10), 732; vgl. auch Bachof (Fn. 4), 182; zu Versuchen das BVerfGG zu reformieren ausführlich Ipsen (Fn. 4), 82ff.

44 Siehe dazu schon oben 4. Teil A.I.2.

gestellt werden sollte.[45] Außerdem ist in § 31 BVerfGG davon die Rede, dass ein Gesetz vereinbar erklärt wird. Gestaltend ist eine "Vereinbarerklärung" gleichwohl nicht.[46] Die Entstehungsgeschichte des § 78 BVerfGG spricht folglich eher für die ipso-iure-Nichtigkeit und diese hat den damaligen Beratungen[47] wohl auch zugrunde gelegen.[48] Damit ist allerdings nicht vollständig gesichert, dass das BVerfGG auf der Regelkonzeption der ipso-iure-Nichtigkeit aufbaut und auch der Terminus "Nichtigerklärung" daran nichts ändert.[49] Eine bewusste Entscheidung für eine Nichtigkeit ipso iure wurde bei der Erarbeitung des Gesetzes eben auch nicht getroffen, so dass § 78 BVerfGG folglich keine der Lehren eindeutig favorisiert[50] was im Übrigen auch für § 79 BVerfGG gilt.[51]

Ein Argument für die Nichtigkeit ipso iure lässt sich anhand von § 76 BVerfGG herleiten.[52] Nach § 76 Abs. 1 Nr. 2 BVerfGG kann das abstrakte Normenkontrollverfahren vor dem Bundesverfassungsgericht auf Antrag der Bundesregierung, einer Landesregierung oder eines Drittels der Mitglieder des Bundestags eingeleitet werden, wenn diese Bundes- oder Landesrecht für gültig halten, nachdem ein Gericht, eine Verwaltungsbehörde oder ein Organ des Bundes oder eines Landes Recht als unvereinbar mit dem Grundgesetz oder sonstigem Bundesrecht nicht angewendet hat. Die Bestimmung setzt also ein selbständiges Prüfungs- und Entscheidungsrecht der Verwaltungsbehörden in Bezug auf die Verfassungsmäßigkeit des von ihnen anzuwendenden Rechts voraus. Der Gesetzgeber hätte den im Falle des § 76 Abs. 1 Nr. 2 BVerfGG Antragsberechtigten kein Recht auf Einleitung des abstrakten Normenkontrollverfahrens eingeräumt, wenn ein selbständiges Normenkontrollrecht der Verwaltungsbehörden

45 BT-Drs. V/3816, S. 7, 11; Rennert (Fn. 11), § 31 Rn. 96; vgl. dazu auch Bethge (Fn. 6), § 78 Rn. 8.

46 Sachs (Fn. 11), 290.

47 Vgl. dazu Graßhof (Fn. 8), 84ff.

48 Stern (Fn. 6), Art. 93 Rn. 271; Breuer (Fn. 16), 563; Schlaich/Korioth (Fn. 5), Rn. 379; vgl. Bachof (Fn. 4), 182.

49 So aber und zum Ganzen Bethge (Fn. 6), § 78 Rn. 8; vgl. auch Bachof (Fn. 11), 32; vgl. Battis (Fn. 11) § 165 Rn. 30 m.w.N; vgl. auch Pohle, Albrecht Peter: Die Verfassungswidrigerklärung von Gesetzen: Eine Untersuchung der Voraussetzungen und Folgen des Verzichts auf die gesetzestechnisch mögliche Nichtigerklärung durch das Bundesverfassungsgericht, 1979, 64.

50 Überzeugend Heckmann (Fn. 16), 54 m.w.N., der auf die Fruchtlosigkeit der Diskussion verweist, da schon der Begriff "Nichtigkeit" nicht einheitlich gebraucht werde; überzeugend auch Graßhof (Fn. 8), 87; siehe auch Breuer (Fn. 16), 563; Hoffmann (Fn. 16), 196; Pestalozza (Fn. 16), § 20 Rn. 119.

51 Dazu Hoffmann (Fn. 16), 196f.

52 Siehe zu den folgenden Gedanken Michel, Helmut: Normenkontrolle durch die vollziehende Gewalt, NJW 1960, 841 (842).

nicht bestehen würde, weil dann die Regierungen auf Grund der allgemeinen Weisungs- und Aufsichtsrechte die Anwendung der strittigen Rechtsnorm durch die "gesetzesungehorsame" Instanz erzwingen könnten.[53]

Zu berücksichtigen ist aber, dass im Unterschied zu den Anghörigen des Bundestages es den Mitgliedern der Länderparlamente verwehrt ist, Antrag auf abstrakte Normenkontrolle nach § 76 Abs. 1 Nr. 2 BVerfGG zu stellen. Damit müssten die Länderparlamente es hinnehmen, dass einzelne Verwaltungsbehörden ihre Gesetze unangewendet lassen, ohne sich dagegen wehren zu können. Auch kann es Verwaltungsbehörden nicht erlaubt sein, sich über den Willen des Landesgesetzgebers hinwegzusetzen, wenn es den Gerichten gleichzeitig wegen Art. 100 Abs. 1 GG nicht gestattet ist, selbständig die Verfassungswidrigkeit von nachkonstitutionellen Gesetzen festzustellen. Im übrigen gilt § 76 Abs. 1 Nr. 2 BVerfGG auch für Gerichte, obwohl Art. 100 Abs. 1 GG die Normverwerfung nachkonstitutioneller Normen beim Bundesverfassungsgericht monopolisiert. Bewährung findet § 76 Abs. 1 Nr. 2 BVerfGG bei Meinungsverschiedenheiten über die Vereinbarkeit von vorkonstitutionellem Recht.[54] Darüber hinaus lässt sich § 76 Abs. 1 Nr. 2 BVerfGG auch ein Argument gegen die ipso-iure-Nichtigkeit entnehmen: Die Vorschrift geht ganz selbstverständlich davon aus, dass Regelungen, die ein Fachgericht als rechtswidrig nicht anwendet, von anderen nicht diese Meinung teilenden Gerichten weiter angewendet werden dürfen und müssen. Dies verträgt sich mit der Annahme der ipso-iure-Nichtigkeit nicht.[55] Zusammenfassend lässt sich feststellen, dass dem Bundesverfassungsgerichtsgesetz keine eindeutigen Aussagen dahingehend zu entnehmen sind, welche der Lehren zu favorisieren ist.

2. Keine klare Stellungnahme des Grundgesetzes

Eine ausdrückliche Regelung, die die Rechtsfolgen der Fehlerhaftigkeit von Gesetzen bestimmt, findet sich auch im Grundgesetz nicht.[56] Jedoch lassen sich diverse Verfassungsbestimmungen sowohl für die Nichtigkeits-, als auch für die Vernichtbarkeitslehre fruchtbar machen.

53 Michel (Fn. 52), 842.

54 Zum Ganzen Götz (Fn. 16), 1177, 1180.

55 Pestalozza (Fn. 16), § 20 Rn. 16.

56 Hein (Fn. 4), 94; Breuer (Fn. 16), 558; Benda/Klein (Fn. 15), Rn. 1245.

a. Art. 100 GG

Dies zeigt sich zunächst bei Art. 100 Abs. 1 GG.[57] Die in diesem Artikel statuierte Vorlagepflicht umfasst Gesetze, auf deren "Gültigkeit" es bei der Entscheidung ankommt. Im Unterschied zur bloßen "Entscheidungserheblichkeit" weist dieser Ausdruck auf die mögliche Alternative – die Ungültigkeit – hin. Art. 100 Abs. 1 GG vermittelt folglich, dass Gesetze "gültig" und "ungültig" sein können. Angesichts der Tatsache, dass es in Art. 100 Abs. 1 GG um Normen geht, deren Verfassungsmäßigkeit zweifelhaft ist, ergibt sich aus dieser Vorschrift die Nichtigkeit – "Ungültigkeit" – als Rechtsfolge der Verfassungswidrigkeit von Normen.[58]

Dem lässt sich aber entgegengehalten, dass Art. 100 Abs. 1 GG lediglich voraussetzt, dass Auswirkungen der Verfassungswidrigkeit eines Gesetzes auf dessen Gültigkeit möglich sind. Die Ungültigkeit muss aber nicht ipso iure herbeigeführt werden, sinnvollerweise kann diese gemäß Art. 100 Abs. 1 GG auch aufgrund einer konstitutiven Entscheidung des Bundesverfassungsgerichts eintreten. Treffend wurde dazu geäußert, dass bezogen auf den Zeitpunkt vor der Verfassungsgerichtsentscheidung Art. 100 Abs. 1 GG dann nur eine "hypothetische Ungültigkeit" meine.[59] Aus dem in Art. 100 Abs. 1 GG verwendeten Ausdruck ergibt sich also nicht zwangsläufig, dass die Verfassungswidrigkeit zur Ungültigkeit von Gesetzen führt.[60]

Dem Art. 100 Abs. 1 GG kann man noch ein weiteres Argument für die Nichtigkeitslehre entnehmen: Verbunden ist dies mit der Annahme, dass Art. 100 Abs. 1 GG das richterliche Prüfungsrecht in seiner historisch überkommenen Form voraussetzt. Dieses ist aber untrennbar mit der Annahme verbunden gewesen, dass ein verfassungswidriges Gesetz nichtig-unverbindlich-ungültig sei. Eben diese Prämisse findet in dem in Art. 100 Abs. 1 GG verwendeten Begriff der "Gültigkeit" ihren Niederschlag.[61]

Andererseits kann Art. 100 Abs. 1 GG aber ebenso gut so verstanden werden, dass er eine konstitutive Nichtigerklärung ermöglicht. Immerhin schließt Art. 100 Abs. 1 GG gerade die Befugnis des einfachen Richters aus, Gesetze,

---

57 Siehe dazu etwa Hein (Fn. 4), 93f; Breuer (Fn. 16), 557; Benda/Klein (Fn. 15), Rn. 1246.

58 Ipsen (Fn. 4), 165f; für eine aus Art. 100 Abs. 1 S. 1 GG resultierende ipso-iure-Nichtigkeit auch Schlaich/Korioth (Fn. 5), Rn. 379; ebenso Löwer (Fn. 6), § 70 Rn. 114; Battis (Fn. 11), § 165 Rn. 30.

59 So und zum Ganzen Graßhof (Fn. 8), 80f; Schneider (Fn. 16), 52; für die aus Art. 100 Abs. 1 GG folgende Vernichtbarkeit Götz (Fn. 16), 1178f; ebenso Hoffmann (Fn. 16), 197.

60 Benda/Klein (Fn. 15), Rn. 1246; Pestalozza (Fn. 16), § 20 Rn. 16; Moench (Fn. 4), 121.

61 Ausführlich Ipsen (Fn. 4), 165 m.w.N.

die er für verfassungswidrig hält, unangewendet zu lassen. Stattdessen ist ein eigenes Verfahren vorgesehen, in welchem die Verfassungswidrigkeit geltend zu machen ist.[62] Eine Rechtsordnung mit einem richterlichen Verwerfungsmonopol bedarf letztlich keines Nichtigkeitsdogmas.[63]

Darüber hinaus kann man Art. 100 Abs. 1 GG auch derart lesen, dass er die ipso-iure-Nichtigkeit sogar ausschließt. Denn was ipso iure nichtig ist, kann nicht binden; was zur Vorlage zwingt, bindet jedoch, und jede Bindungswirkung setzt die Zugehörigkeit dieser bindenden Norm zur geltenden Rechtsordnung voraus. Art. 100 Abs. 1 GG setzt nach diesem Verständnis also die Gültigkeit verfassungswidriger Gesetze voraus, weil auch das verfassungswidrige Gesetz die Gerichte in Form einer Vorlagepflicht bindet.[64] Diesem Verständnis widerspricht aber, dass nicht das verfassungswidrige Gesetz, sondern Art. 100 Abs. 1 GG den Richter zur Vorlage an das Bundesverfassungsgericht verpflichtet.[65]

b. Art. 123 GG

Für die Richtigkeit der ipso-iure-Nichtigkeit spricht auf den ersten Blick Art. 123 Abs. 1 GG. Nach diesem gilt Recht aus der Zeit vor dem Zusammentritt des Bundestages, soweit es dem Grundgesetz nicht widerspricht, fort. Art. 123 Abs. 1 GG ordnet die Geltungsbeendigung vorkonstitutionellen Rechts für den Zeitpunkt der Normenkollision an. Die Rechtsfolge des Widerspruchs zum Grundgesetz tritt also unbestritten ipso iure ein. Dann aber stellt sich die Frage, warum die Nichtigkeitsfolge für nachkonstitutionelle Gesetze bestritten wird.[66] Allerdings kann Art. 123 Abs. 1 GG auch in die umgekehrte Richtung gelesen werden: Gerade weil die ipso-iure-Nichtigkeit für vorkonstitutionelles Recht ausdrücklich normiert ist, kann diese Regelung als Ausnahme einer vorausgesetzten Vernichtbarkeit verstanden werden.[67]

---

62 Zum Ganzen Graßhof (Fn. 8), 81.

63 Pestalozza (Fn. 16), § 20 Rn. 16; Heckmann (Fn. 16), 57; Riechelmann (Fn. 16), 103.

64 Zur Bindung der Gerichte Söhn (Fn. 16), 14f; Hoffmann (Fn. 16), 197; Moench (Fn. 4), 123.

65 Ipsen (Fn. 4), 168; Stern (Fn. 6), Art. 93 Rn. 272f; eine schöne Darstellung gegen die Inanspruchnahme von Art. 100 Abs. 1 GG von der Vernichtbarkeitslehre findet sich auch bei Schlaich/Korioth (Fn. 5), Rn. 382; ebenso bei Detterbeck (Fn. 4), 435.

66 Zum Ganzen Ipsen (Fn. 4), 161 m.w.N; vgl. auch Stern (Fn. 6), Art. 93 Rn. 272; Battis (Fn. 11) Rn. 30.

67 Schneider (Fn. 16), 45f; Graßhof (Fn. 8), 82.

c. Art. 31 GG

Gleiches gilt auch für Art. 31 GG, nach dem Bundesrecht Landesrecht bricht. Dem Ausdruck "brechen" kann nicht nur entnommen werden, dass dem Bundesrecht entgegenstehendes Landesrecht unangewendet aber gültig bleibt, sondern auch dass die Kollision die Nichtigkeit der niederrangigen Norm zur Folge hat. Somit könnte Art. 31 GG die vorausgesetzte ipso-iure-Nichtigkeit ebenso bestätigen, wie einen Sonderfall vom Regelfall der Vernichtbarkeit statuieren.[68]

d. Art. 93 Abs. 1 Nr. 1 und Art. 41 Abs. 2 GG

Weitere Argumente für die Vernichtbarkeitslehre lassen sich mittelbar Art. 93 Abs. 1 Nr. 1 GG, §§ 13 Nr. 5, 63ff. BVerfGG und Art. 41 Abs. 2 GG, §§ 13 Nr. 3, 48 BVerfGG entnehmen. In den Verfahren des Organstreits und der Wahlprüfungsbeschwerde findet eine Inzidentnormenkontrolle durch das Bundesverfassungsgericht statt, weil es sich auch dort nicht auf Regelungen stützen darf, die verfassungswidrig sind. Nun sind allerdings, im Gegensatz zu den prinzipalen Normenkontrollen, diese Regelungen nicht Streitgegenstand, sondern nur Grundlage der Entscheidung. Wenn das Bundesverfassungsgericht aber in diesem Zusammenhang die Verfassungswidrigkeit einer Vorschrift erkennen würde, müsste es nach dem Nichtigkeitsdogma an sich gleichwohl die Nichtigkeit der Vorschrift feststellen. Dies ist aber nicht der Fall. Hieraus kann man folgern, dass die Aufhebung von Normen den Verfahren der prinzipalen Normenkontrolle vorbehalten ist.[69] Vorstellbar ist aber auch, dass ausschließlich in den Verfahren der prinzipalen Normenkontrolle, obgleich sie nur deklaratorisch wirken, die erfolgreiche Geltendmachung der Nichtigkeit möglich ist. Die Erkenntnis der Verfassungswidrigkeit bzw. Nichtigkeit ist so gesehen also nur dem Bundesverfassungsgericht und auch diesem nur in bestimmten Verfahren vorbehalten.[70]

68 Breuer (Fn. 16), 556 m.w.N. und Hinweis auf die Einschränkung von Art. 31 GG durch die Föderalismusreform; vgl. auch Benda/Klein (Fn. 15), Rn. 1245; vgl. auch Hoffmann (Fn. 16), 194; einen Hinweise für die Nichtigkeit bei Normenkollisionen entnimmt Löwer (Fn. 6), § 70 Rn. 114 dem Art. 31 GG; ebenso Skouris (Fn. 4), 51.

69 Zum Ganzen Heckmann (Fn. 16), 56 m.w.N; Pestalozza (Fn. 16), § 20 Rn. 16.

70 Vgl. für Art. 100 Abs. 1 GG Ipsen (Fn. 4), 168; vgl. dazu auch Bachof (Fn. 11), 34; vgl. dazu auch Stern (Fn. 6), Art. 93 Rn. 197; vgl. Graßhof (Fn. 8), 82; ablehnend Heckmann (Fn. 16), 56 Fn. 51.

e. Das staatliche Gewaltmonopol

Weitere Ansätze ergeben sich aus dem Verhältnis zwischen Nichtigkeit und dem implizit verfassungsrechtlich vorausgesetzten staatlichen Gewaltmonopol[71]. Versteht man das Nichtigkeitsdogma derart, dass jeder Rechtsunterworfene die Gültigkeit jedes beliebigen Staatsakts mit dem Argument in Zweifel ziehen dürfte, dieser sei rechtswidrig und für ihn daher unverbindlich, so führt dies in letzter Konsequenz zum Fortfall der Steuerungsfähigkeit des Rechts und damit einer der Grundbedingungen, um derentwillen die Rechtsunterworfenen ihren Gewaltverzicht erklärt haben.[72] Auf diese Weise ergibt sich aus dem Konzept der ipso-iure-Nichtigkeit staatlicher Hoheitsakte ein mit dem staatlichen Gewaltmonopol nicht zu vereinbarendes Spannungsverhältnis. So verstanden führt die ipso-iure-Nichtigkeit "zu rechtlich gestatteter Nichtbefolgung, ohne dass es hierfür einer Zwischenschaltung des Staates" bedarf. Die automatisch eintretende Nichtigkeit bewirkt einen "partiellen Rückfall in vorstaatliche Zustände", da sie den Staat als Entscheidungsträger über die Rechtsstellung Privater eliminiert. Das Vertrauen des Einzelnen darauf, dass staatliche Akte von den Rechtsunterworfenen grundsätzlich als gültig anerkannt werden, ist jedoch eine Voraussetzung des Gewaltmonopols.

Diesem Gedankengang widerspricht allerdings, dass die Erkenntnis der Verfassungswidrigkeit und Nichtigkeit beim Verfassungsgericht monopolisiert ist. Nur von diesem werden Gültigkeitszweifel verbindlich verworfen oder bestätigt.[73] Wenn Normen im materiellen Sinne nichtig sein können, ohne dass sich der Einzelne unmittelbar darauf berufen können muss, wird dem Gewaltmonopol des Staates Genüge getan.[74] Außerdem ist die deutsche Rechtsordnung trotz Geltung des Nichtigkeitsdogmas de facto nicht in vorstaatliche Zustände zurückgefallen. Ursächlich dafür ist allerdings auch, dass die Rigidität der ipso-

---

71 Nach Müller, Christian: Das staatliche Gewaltmonopol – Historische Entwicklung, verfassungsrechtliche Bedeutung und aktuelle Rechtsfragen, 2007, 113 wird das Gewaltmonopol unter anderem in den Art. 20 Abs. 2, 73 Nr. 10, 87 Abs. 1 S. 2 GG implizit vorausgesetzt. Nach Hammer, Felix: Private Sicherheitsdienste, staatliches Gewaltmonopol, Rechtsstaatsprinzip und "schlanker Staat", DÖV 2000, 613 (617) wird das staatliche Gewaltmonopol mittelbar von Art. 20 Abs. 3 und Art. 33 Abs.4 GG erfasst. Ausführlich zur Stellung des staatlichen Gewaltmonopols im Grundgesetz ebd. 616ff. und Müller (Fn. 71), 108ff.

72 Dazu und zu den folgenden Gedanken zum Teil wörtlich Breuer (Fn. 16), 561f., der ausdrücklich einer "Einheitslösung" nicht das Wort reden will und für bestimmte Fallgruppen die ipso-iure Nichtigkeit für zulässig hält (vgl. a. ders. 562).

73 Siehe dazu schon oben 3. Teil A.I.2.

74 Vgl. dazu auch den Vorschlag von Arndt, Claus: Sondervotum - Richterstatus - Nichtigkeitswirkung, DRiZ 1971, 37 (39).

iure-Nichtigkeit dank verfassungsgerichtlichen Verwerfungsmonopols und der regelmäßigen Umsetzung der Gesetze durch Einzelakte kompensiert wird.[75] Treffend lässt sich von der Nichtigkeit ex tunc mit Wirkung ex nunc sprechen.[76]

f. Art. 1 Abs. 3 und Art. 20 Abs. 3 GG

Dass der ipso-iure-Nichtigkeit Verfassungsrang[77] zukommt, lässt sich neben den bereits benannten Art. 100 Abs. 1, 123 Abs. 1 GG auch auf die Art. 1 Abs. 3, 20 Abs. 3, Art. 79 Abs. 3 S. 1 GG stützen.[78] Die in den Art. 1 Abs. 3 und 20 Abs. 3 GG festgelegte Bindung des Gesetzgebers an die Verfassung schließt es aus, dass verfassungswidriges Recht jemals rechtmäßig sein kann. Art. 79 GG lässt ein auch nur zeitweiliges Zurücktreten des Grundgesetzes nicht zu, weil es sich als Recht höheren Ranges und aus anderer stärkerer Quelle kennzeichnet.[79]

Dem kann aber entgegengehalten werden, dass man in den Art. 1 Abs. 3, 20 Abs. 3 GG zwar eine beabsichtigte Rangordnung erkennen kann, die durch ein System von Bindungsgeboten garantiert ist, beide Regelungen enthalten sich jedoch der Aussage, ob Verstöße gegen diese Bindungsgebote im Wege der Selbstregulierung notwendig die ipso-iure-Nichtigkeit hervorrufen.[80] Die aus den Verfassungsbestimmungen gezogene Schlussfolgerung ist nicht zwingend.[81] Insofern kann sich das Nichtigkeitsdogma auch nicht überzeugend auf die Art. 1 Abs. 3, 20 Abs. 3 GG stützen.[82]

---

75 Zum Ganzen Breuer (Fn. 16), 562f.

76 Graßhof (Fn. 8), 87.

77 Vgl. Hein (Fn. 4), 94, 96f; Schlaich/Korioth (Fn. 5), Rn. 379; Stern (Fn. 6), Rn. 271; Kreutzberger (Fn. 4), 112f; Arndt, Claus: Das Grundrecht der Kriegsdienstverweigerung, NJW 1957, 361 (363); Hamann, Andreas: Aussetzung der Vollziehung von Steuerbescheiden bei verfassungsrechtlich zweifelhaften Steuergesetzen, NJW 1959, 1465 (1467); Bethge (Fn. 11), 20 spricht von verfassungsrechtlichem Gehalt; für Löwer (Fn. 6), § 70 Rn. 120 ist das Nichtigkeitsdogma in Regelungshöhe der Verfassung angesiedelt; nach Gusy, Christoph: Parlamentarischer Gesetzgeber und Bundesverfassungsgericht, 1985, 195 ist die Nichtigkeit vom Grundgesetz geboten.

78 Pietzcker (Fn. 8), 381f. verweist zusätzlich auf Art. 19 Abs. 4 GG: Die Art. 1 Abs. 3, 20 Abs. 3 , 19 Abs. 4 GG forderten als Regel die Nichtigkeit rechtswidriger Rechtssätze in dem Sinne, dass sich die rechtswidrige Norm bei Inanspruchnahme der Rechtsschutzmöglichkeiten vom Augenblick ihrer Rechtswidrigkeit an nicht mehr gegenüber der ranghöheren Norm durchzusetzen vermöge.

79 Arndt, Adolf: Die Bindungswirkung des Grundgesetzes, BB, 1960, S. 993 (993f.); siehe dazu auch Hoffmann (Fn. 16), 196.

80 Götz (Fn. 16), 1177; Breuer (Fn. 16), 556 m.w.N.

81 Hoffmann (Fn. 16), 196.

82 Vgl. Hoffmann (Fn. 16), 196; Götz (Fn. 16), 1177; Breuer (Fn. 16), 556.

Mehr Gewicht erlangt die Anknüpfung an den Grundsatz des Vorranges der Verfassung, wenn man diesen mit der Annahme, die Rechtsordnung sei eine Einheit, innerhalb derer Widersprüche nicht denkbar seien, verknüpft. Dann kann sich in der Tat ergeben, dass verfassungswidrige Gesetze als nichtig betrachtet werden müssen.[83] Diese Argumentation verlässt aber bereits den Bereich reiner Verfassungsauslegung und befindet sich auf der Ebene rechtslogischer Überlegungen.[84] Eine klare Rechtsfolgenregelung kann weder anhand einer Exegese des Grundgesetzes[85], noch des Bundesverfassungsgerichtsgesetzes ermittelt werden.[86]

3. Rechtslogische Erwägungen

Einleuchtend ist aber auch, dass der Verstoß einer Rechtsnorm gegen die Verfassung nicht folgenlos bleiben kann. Folglich muss man sich der Problematik Nichtigkeit – Vernichtbarkeit anhand rechtslogischer Überlegungen nähern. Zugrunde zu legen sind dabei gleichwohl erkennbare Aussagen und Strukturen des positiven Rechts.[87] Mit dem Kollisionsmodell (a.), dem Rechtsgeltungsmodell (b.) und den Lehren von der faktischen Geltung (c.) und vom Fehlerkalkül (d.) existieren vier unterschiedliche Denkansätze, wie man die Nichtigkeits- bzw. die Vernichtbarkeitslehre herleiten kann. Die Möglichkeit der Diskussion auf rechtslogischer Ebene wird von Vertretern der Nichtigkeitslehre teilweise mit dem Hinweis verneint, dass die ipso-iure-Nichtigkeit rechtslogisch zwingend sei.[88] Dass dies aber gerade nicht der Fall ist, zeigen bereits die Regelungen in den Staaten, in denen die konstitutive Wirkung von Normenkontrollentscheidungen normiert wurde.[89] Die Folgen von Fehlern bei Normen können jedenfalls verfassungsrechtlich geregelt sein.[90]

---

83 Hein (Fn. 4), 93.

84 Vgl. Graßhof (Fn. 8), 74; dazu sogleich.

85 So auch Pestalozza (Fn. 16), § 20 Rn. 119; Heckmann (Fn. 16), 54f; für Art. 100 Abs. 1 GG vgl. etwa Breuer (Fn. 16), 557; Bumke (Fn. 11), 240; Benda/Klein (Fn. 15), Rn. 1246; Pietzcker (Fn. 8), 380.

86 Heckmann (Fn. 16), 56.

87 Zum Ganzen Hartmann (Fn. 5), 1264; schon Götz (Fn. 16), 1177 verwies auf den Gesamtzusammenhang der Rechtsordnung und dem ihr immanenten Ordnungsgefüge, aus dem die Maßstäbe zu schöpfen seien, welche zu der Entscheidung befähigten, ob verfassungswidrige Gesetze ipso iure nichtig oder durch Gestaltungsurteil vernichtbar seien.

88 Detterbeck (Fn. 4), 435; in der Tendenz offenbar auch Stern (Fn. 6), Art. 93 Rn. 271; zu dieser Frage siehe auch Scholzen (Fn. 8), 18ff. m.w.N.

89 Oft zitierter Beleg hierfür ist der bereits erwähnte § 140 B-VG; vgl. dazu auch Heckmann (Fn. 16), 48 Fn. 12 mit weiteren Beispielen; Schlaich/Korioth (Fn. 5), Rn. 379;

a. Das Kollisionsmodell

Das Kollisionsmodell[91] begründet die ipso-iure-Nichtigkeit aus der Verbindung der Annahme der Einheit der Rechtsordnung mit dem Grundsatz des Vorrangs der Verfassung: Zwischen Rechtsnormen können Widersprüche bestehen. Diese Möglichkeit resultiert daraus, dass Rechtsnormen in unserer Rechtsordnung keinen gemeinsamen Ursprung haben. Sie basieren auf verschiedenen Rechtsquellen. Da die Rechtsordnung letztlich in sich widerspruchsfrei sein muss, müssen die Widersprüche gelöst werden. Den Normadressaten erscheint die Rechtsordnung als Einheit. Da sich widersprechende Rechtsbefehle unterschiedlicher Rechtsnormen mit der Einheit der Rechtsordnung nicht vereinbaren lassen, muss geregelt sein, was im Falle der Kollision von Rechtsnormen geschieht. Es muss also eine Regel existieren, aus der sich ergibt, welche Rechtsnorm fortgilt und weiterhin anzuwenden ist und welche Rechtsnorm nicht mehr gültig und folglich nichtig ist.[92] Beanspruchen sowohl die Verfassung als auch das verfassungswidrige Gesetz gleichzeitig und unmittelbar Geltung hinsichtlich eines Tatbestandes, ist ein echter Normenkonflikt gegeben. Innerhalb einer Ordnung können sich widersprechende Normen ebenso wenig gleichermaßen gelten, wie zwei gegensätzliche Urteile zugleich wahr sein können.[93] Aus der Annahme der Einheit der Rechtsordnung folgt daher, dass innerhalb einer Rechtsordnung keine normativen Widersprüche bestehen dürfen und Normenkollisionen folglich gelöst werden müssen. Zu der Frage der Auflösung dieser Normenkollision äußert sich das Grundgesetz mittels des in den Art. 1 Abs. 3, 20 Abs. 3, Art. 79 Abs. 3 S. 1 GG vorgesehenen Grundsatzes des Vorrangs der Verfassung. Dieser Grundsatz ist nur gewahrt, wenn das verfassungswidrige Gesetz der Verfassung

---

Battis (Fn. 11), Rn. 26; Hein (Fn. 4), 94f; Hartmann (Fn. 5), 1264; vgl. dazu auch Sachs (Fn. 11), 290; Bachof (Fn. 4), 182; Bethge (Fn. 11), 20; Benda/Klein (Fn. 15), Rn. 759; vgl. auch Söhn (Fn. 16), 5f; mehrere Beispiele zur Frage ob positivrechtlich bestimmt ist, dass Normenkontrollentscheidungen konstitutiv bzw. deklaratorisch sind, finden sich bei Schilling (Fn. 11), 567ff.

90 Siehe z.B. Löwer (Fn. 6), § 70 Rn. 114; vgl. auch Benda/Klein (Fn. 15), Rn. 1248; siehe auch bereits Löwisch (Fn. 10), 731; Waldhoff, Christian: Die Rückwirkung von EuGH-Entscheidungen – Finanzielle Auswirkungen europäischer Rechtsprechung als Kriterium einer Entscheidungsfolgenabschätzung, EuR 2006, 615 (621) spricht von einer politischen Entscheidung zwischen Nichtigkeit und Vernichtbarkeit.

91 Vgl. z.B. Detterbeck (Fn. 4), 434; Graßhof (Fn. 8), 74; Ipsen (Fn. 4), 73f; Hein (Fn. 4), 93; Löwisch (Fn. 10), 731; Schmidt, Johannn / Lange, Arnold: Die Sachentscheidung im verfassungsgerichtlichen Normenkontrollverfahren, in: Damrau, Jürgen / Kraft, Alfons / Fürst, Walther: Festschrift für Otto Mühl zum 70. Geburtstag, 1981, 595 (596); Blüggel (Fn. 4), 140.

92 Zum Ganzen Detterbeck (Fn. 4), 434.

93 Olshausen (Fn. 8), 118.

weicht. Der Verfassung ist daher eine Kollisionsregel zugunsten des Vorrangs der Verfassung zu entnehmen.[94] Dem Kollisionsmodell kann man entgegengehalten, dass damit die Notwendigkeit einer ipso-iure-Nichtigkeit nicht bewiesen ist. Auch wenn die Kollision zwischen Verfassung und verfassungswidrigem Gesetz beseitigt wird und sich dabei grundsätzlich die Verfassung durchsetzen muss, steht nicht fest, auf welche Weise dies geschehen soll.[95] Die Ausgestaltung der Nichtigkeit als Vernichtbarkeit würde dieses Ziel ebenso gut wie die ipso-iure-Nichtigkeit erfüllen. Ferner stützt sich das Kollisionsmodell mit den Grundsätzen vom Vorrang der Verfassung und der Einheit der Rechtsordnung auf Prinzipien[96], die als solche nur ein Ziel vorgeben, ohne Aussagen über die Art und Weise der Erreichung dieses Ziels zu treffen.[97] Aller Kritik zum Trotz ist dem Kollisionsmodell aber zuzugestehen, dass es ein plausibles Konzept zur Regulierung von Normenkollisionsituationen darstellt.

b. Rechtsgeltungsmodell

Das Rechtsgeltungsmodell[98] setzt den Gedanken der Einheit der Rechtsordnung und die Stufenbauordnung der Rechtsordnung voraus. Hinzu kommt die Annahme, dass Normen ihre Geltung aus einer Geltungsanordnung durch eine Norm höherer Stufe beziehen. Nach dem Rechtsgeltungsmodell sind daher die Verfassungsnormen Bedingungen, welche die Rechtsgeltung von Gesetzen bestimmen. Soll ein Gesetz wirksam zustande kommen, muss es diese Rechtsgeltungsbedingungen erfüllen.[99] Konsequenz dieser Annahme ist, dass verfassungswidrige – also die Geltungsvoraussetzungen nicht erfüllende – Gesetze

94 Zum Ganzen Detterbeck (Fn. 4), 434 m.w.N; Graßhof (Fn. 8), 74; Ipsen (Fn. 4), 73f; Hein (Fn. 4), 93; Löwisch (Fn. 10), 731; Schmidt/Lange (Fn. 91), 596; Blüggel (Fn. 4), 140; vgl. auch Pietzcker (Fn. 8), 381; vgl. Kreutzberger (Fn. 4), 112; nach Hartmann (Fn. 5), 1266 begründet das Kollisionsmodell überzeugend die ipso iure Nichtigkeit, gleichwohl soll es nur als Hilfserwägung herangezogen werden können.

95 Benda/Klein (Fn. 15), Rn. 1247; Moench (Fn. 4), 118ff, 143; Schneider (Fn. 16), 106f; vgl. in diesem Zusammenhang auch die Kritik bei Breuer (Fn. 16), 559.

96 Zur Frage der Wirkung von Prinzipien siehe Alexy, Robert: Theorie der Grundrechte, Zweite Auflage, 1994, 71ff. Teilweise wird im Gebot der ipso-iure-Nichtigkeit in der Tat ein Rechtsprinzip gesehen. So z.B. Blüggel (Fn. 4), 147ff; vgl. dazu auch unten 4. Teil C.II.2.c.bb.(2).

97 Zum Ganzen Graßhof (Fn. 8), 74f.

98 Vgl. dazu etwa Olshausen (Fn. 8), 117; Hein (Fn. 4), 93; Brinckmann (Fn. 32), 31; Hartmann (Fn. 5), 1264.

99 Zum Ganzen Ipsen (Fn. 4), 74; sehr ausführliche und instruktive Herleitung bei Lippold (Fn. 16), 185ff; Graßhof (Fn. 8), 75; Blüggel (Fn. 4), 119f; Riechelmann (Fn. 16), 101; ausführlich zu den setzungsorientierten Normgeltungsbegriffen Heckmann (Fn. 16), 44ff.

von vornherein nicht in Geltung getreten sind.[100] Scheinbar ergibt sich hieraus zwangsläufig die Richtigkeit der (ausnahmslosen) ipso-iure-Nichtigkeit verfassungswidriger Normen.

Dagegen kann man aber einwenden, dass kein Grund ersichtlich ist, warum Verfassungsnormen als Rechtsgeltungsvorschriften aufzufassen sein müssen. Ebenso gut könnte man annehmen, dass Verfassungsnormen erst als Maßstab einer verfassungsgerichtlichen Prüfung zu der Nichtigkeit verfassungswidriger Gesetze führen.[101]

Eine weitere Schwäche des Rechtsgeltungsmodells ergibt sich aus dem ihr zugrunde liegenden Gedanken, dass verfassungswidrige Gesetze von vornherein nicht in Geltung treten können, weil sie die Geltungsvoraussetzungen nicht erfüllen. Hieraus folgerte bereits Kelsen[102]: "Zwischen einer Norm höherer Stufe und einer Norm niederer Stufe, das heißt zwischen einer Norm, die die Erzeugung einer anderen bestimmt, und dieser anderen Norm kann kein Konflikt bestehen, da die Norm der niederen Stufe in der Norm der höheren Stufe ihren Geltungsgrund hat." Deutlich wird, dass es, anders als nach dem Kollisionsmodell, beim Rechtsgeltungsmodell nicht zu Normenkollisionen kommen kann.[103] Dann aber ist es anhand des Rechtsgeltungsmodells nicht möglich, zu erklären, wie Normen zunächst verfassungsgemäß und zu einem späteren Zeitpunkt verfassungswidrig sein können. Die Möglichkeit des Verfassungswidrigwerdens von Normen ist aber allgemein anerkannt.[104] Um mit dem Rechtsgeltungsmodell zu diesem Ergebnis zu kommen, müsste man schon das nachträgliche Entstehen einer weiteren Geltungsvoraussetzung in die Argumentation einfügen oder aber einen bereits anfänglich existenten aber erst später sichtbar werdenden verfassungsrechtlichen Makel antizipieren. Konsequenter wäre aber auch dann eine Nichtigkeit der Norm von Anfang an. Die Tatsache, dass verfassungsgemäß er-

---

100 Blüggel (Fn. 4), 139f; Olshausen (Fn. 8), 117; Hein (Fn. 4), 93; Brinckmann (Fn. 32), 31; Hartmann (Fn. 5), 1264.

101 Vgl. zu diesem Punkt und weitere Kritik bei Graßhof (Fn. 8), 76f; Schilling (Fn. 11), 560f; Schneider (Fn. 16), 106f; vgl. Moench (Fn. 4), 120f; Söhn (Fn. 16), 45, 52.

102 Kelsen, Hans: Reine Rechtslehre, Zweite Auflage 1960, Nachdruck 2000, 212.

103 Vgl. Graßhof (Fn. 8), 75; das Kollisionsmodell setzt notwendig die jedenfalls für eine juristische Sekunde bestehende Rechtsgeltung beider Normen voraus. Vgl. Hartmann (Fn. 5), 1266.

104 Siehe dazu oben 3. Teil A.I.1; siehe nur Baumeister (Fn. 37), 63; die Möglichkeit des Verfassungswidrigwerdens wird bei der Beschreibung der Nichtigkeit gelegentlich übersehen, vgl. etwa Schneider (Fn. 12), 391; richtig aber bereits Löwisch (Fn. 10), 731.

lassene Normen erst nach einer gewissen Zeit mit der Verfassung kollidieren können[105], lässt sich mit dem Rechtsgeltungsmodell nicht schlüssig erklären.[106]

c. Faktische Geltung

Rechtsnormen gelten solange, bis ihre Verfassungswidrigkeit "von höherer Stelle" festgestellt wird. Dies ergibt sich aus dem Institut der Normenkontrolle mit dem Verwerfungsmonopol des Bundesverfassungsgerichts. Allerdings sind die verfassungswidrigen Regelungen bis zu ihrer Verwerfung von zahlreichen Normadressaten in unter Umständen zahlreichen Fällen als wirksam und gültig behandelt worden. Dies hat zur Folge, dass die Regelungen vielfältige Wirkungen rechtlicher und tatsächlicher Art hervorgerufen haben. Hieran kann auch die Annahme einer ipso-iure-Nichtigkeit nichts ändern[107] Daraus kann man folgern, dass verfassungswidrigen Normen, weil sie Teil der Rechtswirklichkeit geworden sind, nur noch ex nunc aufgehoben werden können.[108] Gegen diese im Ansatz destruktive Argumentation spricht aber, dass sie lediglich die faktische Geltung meint, wenn sie auf die Unmöglichkeit der Rückabwicklung einer "in Kraft getretenen" verfassungswidrigen Norm verweist. Das Nichtigkeitsdogma aber bestreitet keinesfalls die faktische Geltung des verfassungswidrigen Gesetzes, sondern erkennt der Regelung ihre normative Geltung ab.[109] Die Frage der rechtlichen Bewertung der Gültigkeit der Norm ist von der Tatsache, dass die Norm angewendet worden ist, zu unterscheiden.[110] Olshausen[111] formulierte insofern treffend: "Ein vom Parlament erlassener Akt, der prätendiert, verbindliches Gesetz zu sein, wird von den Adressaten befolgt, nicht weil er objektiv der Verfassung entspricht, sondern weil die Adressaten gewöhnlich ohne weitere Bedenken von dieser Übereinstimmung ausgehen; die soziale Effektivität ist nicht durch normlogische Kriterien bedingt."

---

105 Vgl. dazu auch Benda/Klein (Fn. 15), Rn. 1251; Heusch, in: Umbach, Dieter C. / Clemens, Thomas / Dollinger, Franz-Wilhelm: Bundesverfassungsgerichtsgesetz – Mitarbeiterkommentar und Handbuch, 2. Auflage 2005, § 31 Rn. 80.

106 Siehe dazu auch Heckmann (Fn. 16), 47.

107 Zum Ganzen Böckenförde (Fn. 16), 115ff; Heckmann (Fn. 16), 53; Graßhof (Fn. 8), 78f; vgl. auch Moench (Fn. 4), 117; vgl. auch Löwisch (Fn. 10), 732.

108 Vgl. Böckenförde (Fn. 16), 122; Moench (Fn. 4), 123; vgl. dazu auch die Darstellung bei Hartmann (Fn. 5), 1265.

109 Ipsen (Fn. 4), 157; Olshausen (Fn. 8), 119f; Heckmann (Fn. 16), 53; Graßhof (Fn. 8), 79 weist zu Recht darauf hin, dass sich das Argument der faktischen Geltung nur gegen die ex tunc Wirkung jeder Nichtigkeit richtet; vgl. auch die Darstellung bei Hein (Fn. 4), 95f; kritisch zur Darstellung Ipsens Bumke (Fn. 11), 242.

110 Ipsen (Fn. 4), 154ff.

111 Olshausen (Fn. 8), 119.

d. Die Lehre vom Fehlerkalkül

Von Kelsen stammt der Satz: "Die sogenannten ‚verfassungswidrigen' Gesetze sind verfassungsmäßige, aber in einem besonderen Verfahren aufhebbare Gesetze."[112] Nach seiner Ansicht[113] hat die Rechtsordnung die Bedingungen der Nichtigkeit von Normen ebenso zu regeln, wie die Befugnis zur Feststellung dieser Bedingungen. Die Nichtigkeit könne vor der Feststellung rechtlich nicht behauptet werden. Folglich müsse die Feststellung konstitutiven Charakter haben und die Vernichtung des fehlerhaften Gesetzes bewirken.[114] Kelsen wurde aufgrund dieser Ausführungen vorgeworfen, dass er damit seine rechtstheoretischen Prämissen geradezu umkehre.[115] Vor allem in jüngerer Zeit hat man versucht, die Defizite in der rechtslogischen Herleitung der Vernichtbarkeitslehre zu beseitigen.[116] Ausgangspunkt der Überlegungen ist das bereits dargestellte Rechtsgeltungsmodell:

Die Rechtsordnung regelt nicht die Bedingungen der Nichtigkeit, sondern durch Ermächtigungsnormen die Bedingungen der Geltung von Rechtsnormen. Nur wenn seine Geltung durch eine Norm höherer Stufe festgelegt wird, kann ein Rechtsakt gelten. Vorstellbar ist damit aber auch, dass eine Norm trotz ihrer Fehlerhaftigkeit gilt, wenn die Geltung von einer weiteren Norm höherer Stufe angeordnet wird.[117] Solche Normen, welche die Geltung von Normen trotz Fehlerhaftigkeit festsetzen, bezeichnet man als "Fehlerkalkül".[118] Weist die Rechtsordnung ein solches Fehlerkalkül auf, folgt daraus die vorläufige Gültigkeit verfassungswidriger Gesetze. Wenn aber die vorläufige Geltung verfassungswidri-

112 Kelsen (Fn. 102), 278; die jedenfalls im Nachdruck verwendete Formulierung "Die sogenannte ‚verfassungswidrigen' Gesetze […]", wird wie oben zitiert gelesen.

113 Vgl. zum Folgenden Kelsen (Fn. 102), 275ff; Lembke (Fn. 16), 198.

114 Vgl. dazu auch Hartmann (Fn. 5), 1264f.

115 Vgl. z.B. Lembke (Fn. 16), 198; siehe ausführlich dazu Lippold (Fn. 16), 196f; vgl. dazu auch Hartmann (Fn. 5), 1265f.

116 Zu den folgenden Gedanken Lembke (Fn. 16), 198ff; Lippold (Fn. 16), 196f; zum ebenso die Vernichtbarkeitslehre stützenden Ansatz der autoritativen Normgeltungsbeendigung siehe Heckmann (Fn. 16), 116ff; kritisch dazu Breuer (Fn. 16), 560; vgl. auch Blasberg, Georg: Verfassungsgerichte als Ersatzgesetzgeber – Entscheidungsaussprüche bei Normenkontrollen von Bundesverfassungsgericht und Corte Costituzionale, 2003, 103f.

117 Zum Ganzen Graßhof (Fn. 8), 77.

118 Merkl, Adolf: Die Lehre von der Rechtskraft – Entwickelt aus dem Rechtsbegriff – Eine rechtstheoretische Untersuchung, 1923, 293, vgl. auch 293ff; Lippold (Fn. 16), 185f. m.w.N.

ger Gesetze in der Rechtsordnung angelegt ist, kann logisch nur die Vernichtbarkeitslehre richtig sein.[119]

Teilweise hält man Art. 100 Abs. 1 GG für ein solches Fehlerkalkül.[120] Diese Vorschrift kann aber sehr unterschiedlich interpretiert werden, wie sich oben[121] bereits zeigte.[122] Das Fehlerkalkül für Gesetze kann sich aber aus Art. 93 Abs. 1 i.V.m. Art. 94 Abs. 2 S. 1 GG, § 31 Abs. 2 S. 1 BVerfGG ergeben. Anzuknüpfen ist zunächst an Art. 94 Abs. 2 S. 1 GG. Nach diesem bestimmt der Gesetzgeber, in welchen Fällen die Entscheidungen des Bundesverfassungsgerichts Gesetzeskraft haben. Von dieser Ermächtigung hat der Gesetzgeber in § 31 Abs. 2 S. 1 und 2 BVerfGG Gebrauch gemacht. Für Normenkontrollentscheidungen kann man nun folgern, dass diese nach § 31 Abs. 2 S. 1 und 2 BVerfGG Gesetzeskraft im Sinne derogatorischer Kraft gegenüber Gesetzen haben.[123] Das Fehlerkalkül für Gesetze ergibt sich dann aus Art. 93 Abs. 1 i.V.m. Art. 94 Abs. 2 S. 1 GG, § 31 Abs. 2 S. 1 BVerfGG für den Fall, dass das Bundesverfassungsgericht fälschlich ein verfassungswidriges Gesetz für verfassungsgemäß erklärt. Nach der Nichtigkeitslehre müsste die Entscheidung gleichfalls als nichtig angesehen werden. Dann müsste das verfassungswidrige Gesetz aber immer wieder vorgelegt werden können, da eine nichtige Entscheidung keine Bindungswirkung entfaltet. Die Vertreter der Nichtigkeitslehre gehen dennoch von der Rechtskraft und damit Bindungswirkung *aller* verfassungsgerichtlichen Entscheidungen aus. Dies deckt sich mit der Regelung des Art. 93 Abs. 1 GG. Hiernach *entscheidet* das Bundesverfassungsgericht auch über die Vereinbarkeit von Gesetzen mit der Verfassung.[124] Wenn also das Gericht den Rechtsfall entscheidet, ist vorausgesetzt, dass den Urteilen und Beschlüssen des Gerichtes Bindungswirkung zukommt. Nur so kann die Rechtslage abschließend geklärt werden.[125] Hält man aber auf der einen Seite verfassungswidrige Gesetze für nichtig und bejaht auf der anderen Seite gleichwohl

---

119 Hierzu Lembke (Fn. 16), 198, Graßhof (Fn. 8), 77; das bedeutet zugleich, dass für eine Rechtsordnung ohne Fehlerkalkül die Nichtigkeitslehre anzunehmen ist, siehe Lippold (Fn. 16), 198f; vgl. dazu schon Löwisch (Fn. 10), 731.

120 In diese Richtung wohl Achterberg, in: Bonner Kommentar zum Grundgesetz, Loseblatt, Stand 1981, Art. 92 Rn. 124; vgl. auch Graßhof (Fn. 8), 77.

121 4. Teil II.2.a.

122 Das sehen auch die Anhänger der Vernichtbarkeitslehre so, vgl. Lembke (Fn. 16), 199; Lippold (Fn. 16), 200ff; vgl. aber auch Hartmann (Fn. 5), 1267.

123 Lippold (Fn. 16), 201 m.w.N; Lembke (Fn. 16), 200.

124 Zum Ganzen Lembke (Fn. 16), 201.

125 Lembke (Fn. 16), 201; zur Letztverbindlichkeit verfassungsgerichtlicher Entscheidungen vgl. Kischel, Uwe: Darf der Gesetzgeber das Bundesverfassungsgericht ignorieren? – Zum erneuten Erlaß für nichtig erklärter Gesetze, AöR 131 (2006), 219 (227).

eine Bindungswirkung aller Verfassungsgerichtsentscheidungen, bejaht man zugleich das Vorhandensein eines Fehlerkalküls.[126] Auszugehen ist nämlich von der Annahme, dass die Geltung einer verfassungswidrigen Norm nur durch eine Rechtsnorm mit Verfassungsrang angeordnet werden kann. Die Normenkotroll-entscheidungen des Bundesverfassungsgerichts haben wegen Art. 94 Abs. 2 GG aber nur Gesetzeskraft. Aufgrund dieser Entscheidungen können verfassungswidrige Gesetze folglich nicht in Geltung versetzt werden. Wenn die Entscheidungen dennoch allgemein verbindlich sind, muss das verfassungswidrige Gesetz streng logisch schon vorher gelten.[127]

Gegen diese Herleitung lässt sich jedoch einwenden, dass fehlerhafte Normenkontrollentscheidungen, in denen Gerichte Gesetze selbst hervorbringen, in den Stufenbau der Rechtsordnung einzuordnen sind. Bestimmt die Verfassung, dass eine gerichtliche Entscheidung unanfechtbar ist, so bringt sie zum Ausdruck, dass die Entscheidung unabhängig von ihrem Inhalt Bestand haben soll. Damit ermächtigt die Verfassung die Entscheidung zugleich dazu, die Verfassung derogieren zu können. Mithin hat die Entscheidung Verfassungsrang; für Entscheidungen des Bundesverfassungsgerichts ergibt sich dies dann aus Art. 92 GG. Bei einer fehlerhaften Normenkontrollentscheidung würde die Entscheidung des Bundesverfassungsgerichts die Verfassung in der Weise umformen, dass die bis zur Entscheidung ipso iure nichtige Norm mit der geänderten Verfassung übereinstimmt. Zugleich würde die Norm rückwirkend in Geltung versetzt.[128] Es zeigt sich, dass sich die rechtslogische Herleitung der Vernichtbarkeit wesentlich auf die Annahme stützt, dass verfassungsgerichtlichen Entscheidungen dieselbe derogatorische Kraft wie Gesetzen zukommt.[129] Der Ansatz entwickelt seine Überzeugungskraft aus der Art und Weise, wie innerhalb der Nichtigkeitslehre mit fehlerhaften Normenkontrollentscheidungen umgegangen wird. Vertreten werden kann aber eben auch, dass fehlerhafter Normbestätigung Verfassungskraft zukommt[130] oder verfassungswidrige Gesetze eben nicht durch eine Entscheidung des Bundesverfassungsgerichts geheilt werden

126 Lippold (Fn. 16), 203.

127 Zum Ganzen Lembke (Fn. 16), 202; Lippold (Fn. 16), 203.

128 Zum Ganzen Schilling (Fn. 11), 582f. m.w.N; kritisch dazu Lembke (Fn. 16), 202 Fn. 74.

129 Vgl. Schilling (Fn. 11), 580.

130 Siehe oben Schilling (Fn. 11), 582f; vgl. dazu auch Vogel, Klaus: Rechtskraft und Gesetzeskraft der Entscheidungen des Bundesverfassungsgerichts, in: Starck, Christian: Bundesverfassungsgericht und Grundgesetz – Festgabe aus Anlaß des 25jährigen Bestehens des Bundesverfassungsgericht, Erster Band, Verfassungsgerichtsbarkeit, 1976, 568 (611ff.); dies sieht aber auch Lembke (Fn. 16), 201.

können[131]. Angenommen werden kann außerdem, dass unzutreffende Entscheidungen des Bundesverfassungsgerichts zwar theoretisch, nicht aber von Verfassungs wegen existieren.[132] Die Konsequenz, dass das Grundgesetz ein Fehlerkalkül enthält, ist nur eine von mehreren denkbaren Lösungsmöglichkeiten. Zu berücksichtigen ist außerdem, dass die für die Vernichtbarkeitslehre vorgetragene Argumentation auf dem Rechtsgeltungsmodell aufbaut und damit dessen Schwächen teilt.

4. Zwischenergebnis

Es kann davon ausgegangen werden, dass bei Erlass des Bundesverfassungsgerichtsgesetzes und des Grundgesetzes die Lehre von der ipso-iure-Nichtigkeit vorausgesetzt wurde.[133] Jedoch kann keinem von beiden eine eindeutige Stellungnahme zu der hier interessierenden Thematik entnommen werden. Auf rechtslogischer Ebene erweist sich das Kollisionsmodell noch am ehesten dazu geeignet, durchweg plausible Ergebnisse zu gewährleisten. Ferner ist nicht zu übersehen, dass sich die ipso-iure-Nichtigkeit gut in das bestehende einfachrechtliche und grundgesetzliche System einfügt. Härten, die die automatische Nichtigkeit mit sich bringt, werden etwa durch das Verwerfungsmonopol, die Bestandskraft von Einzelakten und die Bestimmungen des BVerfGG[134] abgefedert. In der Summe spricht mehr dafür, der Nichtigkeitslehre den Vorzug zu geben.[135] Für die aussetzungs- und anwendungsorientierten Unvereinbarerklärungen stellt sich angesichts der ipso-iure-Nichtigkeit verfassungswidriger Gesetze die Frage nach ihrer Zulässigkeit. Dabei geht es im Kern darum, ob verfassungswidrige Gesetze immer nichtig sind, oder ob in bestimmten Konstellationen verfassungswidrige Regelungen nicht ipso-iure nichtig sind bzw. das Abweichen von der Nichtigkeit überzeugend gerechtfertig werden kann. Das Bundesverfassungsgericht jedenfalls, das wie bereits erwähnt ebenfalls von der

---

131 Nach Rennert (Fn. 11), § 31 Rn. 95 kann ein normbestätigendes Urteil ein materiell nichtiges Gesetz nicht gültig machen; ebenso Lange, Klaus: Rechtskraft, Bindungswirkung und Gesetzeskraft der Entscheidungen des Bundesverfassungsgerichts, JuS 1978, 1 (6).

132 Hartmann (Fn. 5), 1267.

133 Vgl. Hein (Fn. 4), 94; Bachof (Fn. 4), 182; aus dem Lager der Vernichtbarkeitslehre: Breuer (Fn. 16), 563.

134 Vor allem ist hier § 79 BVerfGG zu nennen, vgl. zur Bewährung der ipso-iure-Nichtigkeit auch Hein (Fn. 4), 96; Battis (Fn. 11), Rn. 32; zugestanden wird die Bewährung jedenfalls teilweise auch von Vertretern der Vernichtbarkeitslehre, vgl. Breuer (Fn. 16), 563; siehe dazu auch Schlaich/Korioth (Fn. 5), Rn. 382.

135 Im Ergebnis wie hier zuletzt Bumke (Fn. 11), 245.

ipso-iure-Nichtigkeit verfassungswidriger Gesetze ausgeht[136], hält Ausnahmen von der Nichtigkeit für möglich.[137]

B. Erklärungsversuche hinsichtlich aussetzungsorientierter Unvereinbarerklärungen

Die Zulässigkeit der aussetzungsorientierten Unvereinbarerklärungen ergibt sich möglicherweise aus den vom Bundesverfassungsgericht verwendeten Begründungsansätzen. Regelmäßig führt das Gericht aus, dass die Nichtigerklärung einer gleichheitswidrigen Norm mit Rücksicht auf die Gestaltungsfreiheit (I.) des Gesetzgebers ausscheide.[138] Diesem stünden mehrere Möglichkeiten der Beseitigung des verfassungswidrigen Zustandes zur Verfügung.[139] Daneben stützt das Gericht den Ausspruch von aussetzungsorientierten Unvereinbarerklärungen auf die Chance der von einer Begünstigung gleichheitswidrig ausgeschlossenen Personen, beim Verzicht auf die Nichtigerklärung doch noch in die Begünstigung einbezogen zu werden (II.).[140] Fraglich ist aber, ob diese Begründungsansätze das Abweichen von der ipso-iure-Nichtigkeit rechtfertigen können. Die gleiche Frage stellt sich auch in Bezug auf einen weiteren, so vom Bundesverfassungsgericht nicht verwendeten Erklärungsansatz, der sich auf die Besonderheiten des Gleichheitssatzes stützt (III.).

I. Gestaltungsfreiheit des Gesetzgebers

In den weitaus meisten Unvereinbarerklärungen[141] weicht das Bundesverfassungsgericht von der Nichtigerklärung der verfassungswidrigen Normen ab,

---

136 BVerfGE 1, 14 (37); 7, 377 (387); 14, 174 (190); 21, 292 (305); 29, 11 (17).

137 Vgl. nur BVerfGE 84, 9 (20); vgl. auch BVerfGE 103, 332 (390).

138 Ausführlich dazu oben 2. Teil A.I.1.a.aa.

139 Ausführlich dazu oben 2. Teil A.I.1.a; vgl. zum Ganzen auch Wernsmann, Rainer: Das gleichheitswidrige Steuergesetz – Rechtsfolgen und Rechtsschutz, 2000, 82.

140 Siehe dazu oben 2. Teil A.I.1.a.bb.

141 So z.B. BVerfGE 18, 288 (302); 25, 101 (111); 28, 227 (243); 30, 292 (333); 31, 1 (7); 32, 365 (372); 37, 154 (167); 37, 217 (260f.); 37, 342 (361); 38, 1 (22); 38, 61 (101f.); 39, 316 (332f.); 41, 399 (426); 43, 58 (74); 45, 104 (141); 46, 97 (112f.); 47, 1 (33); 48, 227 (239f.); 52, 369 (379); 57, 335 (346); 61, 43 (68); 61, 319 (356); 73, 40 (101); 75, 166 (182); 78, 350 (363); 79, 88 (105); 82, 126 (154); 84, 348 (365); 85, 191 (211f.); 87, 234 (262); 97, 35 (48); 98, 17 (46); 98, 365 (402); 99, 165 (184f.); 99, 280 (298); 99, 341 (358); 100, 59 (103); 100, 104 (136); 100, 195 (208); 102, 68 (92); 109, 64 (95);

wenn es meint, dass die Nichtigerklärung in die Gestaltungsfreiheit[142] des Gesetzgebers eingreife.[143] Diese Frage stellt sich vor allem[144] bei Gleichheitsverstößen, die nach "oben" oder nach "unten" korrigiert werden können. In der Regel ist dem verletzten Gleichheitssatz eben nicht zu entnehmen, ob etwa eine gleichheitswidrig gewährte Begünstigung insgesamt zu streichen oder auszudehnen ist.[145] Das Bundesverfassungsgericht will in diesen Konstellationen dem Gesetzgeber bei der Bereinigung der verfassungswidrigen Rechtslage den Vortritt lassen und beschränkt sich auf die aussetzungsorientierte Unvereinbarerklärung.

Eine Rechtfertigung mit dem Argument "Rücksicht auf die Gestaltungsfreiheit des Gesetzgebers", womit sich das Gericht auf den Gewaltenteilungsgrundsatz stützt[146], kann aber nur gelingen, wenn aussetzungsorientierte Unvereinbarerklärungen die Gestaltungsfreiheit des Gesetzgebers tatsächlich weniger stark beeinträchtigen als Nichtigerklärungen. Bejahendenfalls wäre weiter zu untersuchen, ob der Schutz der Gestaltungsfreiheit des Gesetzgebers vor stärkerer Beeinträchtigung den Grundsatz der ipso-iure-Nichtigkeit überwinden kann.[147] Beeinträchtigungen der gesetzgeberischen Gestaltungsfreiheit durch das Bundesverfassungsgericht sind dabei in zweierlei Weise denkbar: Das Bundesverfassungsgericht kann mit seinen Entscheidungen den Gesetzgeber in seinen Möglichkeiten zur Regelung bestimmter Sachbereiche beschränken und damit in die inhaltliche Gestaltungsfreiheit des Gesetzgebers eingreifen.[148] Vorstellbar ist daneben aber auch, dass das Gericht die gesetzgeberische Zuständigkeit in for-

---

109, 256 (273); 114, 1 (70); 115, 276 (317); 116, 243 (269); 117, 1 (69); 117, 163 (199); 118, 45 (78).

142 Zum Begriff der gesetzgeberischen Gestaltungsfreiheit siehe z.B. Schuppert, Gunnar Folke: Rigidität und Flexibilität von Verfassungsrecht – Überlegungen zur Steuerungsfunktion von Verfassungsrecht in normalen wie in "schwierigen Zeiten", AöR 120 (1995), 32 (48) m.w.N.

143 Vgl. z.B. BVerfGE 109, 256 (273).

144 Vgl. dazu aber auch schon oben 3. Teil B.I.5.

145 Vgl. Maiwald (Fn. 24), 92; zur ausnahmsweisen Nichtigerklärung bei Gleichheitsverstößen vgl. schon oben 2. Teil A.I.1.d. und unten 4. Teil. B.III.4.

146 Hein (Fn. 4), 78f; Hartmann (Fn. 5), 1269; zum Gewaltenteilungsgrundsatz siehe z.B. Lang, Heinrich: Gesetzgebung in eigener Sache – Eine rechtstheoretische und rechtssystematische Untersuchung zum Spannungsverhältnis von Distanzgebot und Eigennutz, 2007, 234ff; Sinemus, Burkhard: Der Grundsatz der Gewaltenteilung in der Rechtsprechung des Bundesverfassungsgerichts, 1982, 41ff., 100ff; Schodder, Thomas F. W.: Föderative Gewaltenteilung in der Bundesrepublik Deutschland – Eine Untersuchung ihrer gegenwärtigen Wirkungen und Probleme, 1989, 3ff., 30ff.

147 Vgl. dazu auch Kreutzberger (Fn. 4), 118.

148 Vgl. zum Ganzen Graßhof (Fn. 8), 129f; vgl. auch Kreutzberger (Fn. 4), 118.

maler Ebene berührt, wenn es etwa selbst gesetzgeberisch tätig wird.[149] Die gesetzgeberische Gestaltungsfreiheit kann sowohl bei gleichheitswidrigen Begünstigungen (1.), als auch bei gleichheitswidrigen Belastungen (2.) beeinträchtigt sein.

1. Gestaltungsfreiheit und gleichheitswidriger Begünstigungsausschluss

a. Grundsätzlich keine Beeinträchtigung bei Gesamtnichtigerklärung

Bei allen drei Formen des Begünstigungsausschlusses[150] wird der verfassungswidrige Zustand jedenfalls beseitigt, wenn das Bundesverfassungsgericht die Nichtigkeit der Begünstigung insgesamt[151] feststellt. In seinen Möglichkeiten zur Regelung bestimmter Sachbereiche wird der Gesetzgeber durch die nur negativ wirkende Gesamtnichtigerklärung, die ja lediglich die verfassungswidrige Norm beseitigt, nicht eingeschränkt.[152] Es ist ihm unbenommen, den fraglichen Sachbereich erneut zu regeln. Er kann es bei der Streichung der Begünstigung belassen, er kann die Begünstigung, gegebenenfalls auch rückwirkend[153], auf die bisher Begünstigten und die bisher Ausgeschlossenen erstrecken und er kann

149 Vgl. dazu Hillgruber, Christian: Richterliche Rechtsfortbildung als Verfassungsproblem, in: JZ 1996, 118 (122).

150 Zu den Formen des Begünstigungsausschlusses siehe oben 2. Teil A.I.1.c.

151 Zur Nichtigerklärung der Gesamtregelung vgl. Wernsmann (Fn. 139), 89ff.

152 Siehe Jülicher, Friedrich: Die Verfassungsbeschwerde gegen Urteile bei gesetzgeberischem Unterlassen: zum Rechtsschutz bei gesetzgeberischem Unterlassen und willkürlichem gesetzlichen Begünstigungsausschluß, 1972, 63; BVerfGE 8, 28 (37); Benda/Klein (Fn. 15), Rn. 1269; Sachs, Michael: Bloße Unvereinbarerklärung bei Gleichheitsverstößen?, NVwZ 1982, 657 (660); Gerontas, Apostolos: Die Appellentscheidungen, Sondervotumsappelle und die bloße Unvereinbarkeitsfeststellung als Ausdruck der funktionellen Grenzen der Verfassungsgerichtsbarkeit, DVBl. 1982, 486 (490); Maurer (Fn. 5), 353; Kreutzberger (Fn. 4), 136f; Vogel (Fn. 5), 233; Stern (Fn. 6), Art. 93 Rn. 282; Stahl (Fn. 11), 197.

153 Gesichtspunkte des Vertrauensschutzes sollten einer Rückwirkung nicht entgegen stehen. Vorstellbar sind möglicherweise Situationen, in denen der Gesetzgeber die Begünstigung aus tatsächlichen Gründen nicht nachholen kann. Ein Beispiel soll die ungleiche Einrichtung eines Hausarbeitstages (vgl. BVerfGE 52, 369) sein. So Graßhof (Fn. 8), 137. Dabei erscheint die Nachholung zumindest in dem Sinne denkbar, dass die freien Tage den betroffenen Personen im Nachhinein zugesprochen werden, sie diese also nur später "nehmen" können. Im Übrigen könnten faktisch nicht nachholbare Begünstigungen auch beim Ausspruch aussetzungsorientierten Unvereinbarerklärungen vom Gesetzgeber nicht nachgeholt werden. Vgl. dazu auch Graßhof (Fn. 8), 137.

auch eine vollkommen neue Regelung erlassen.[154] Es zeigt sich, dass die Gestaltungsfreiheit sogar in besonderem Maße durch den Nichtigkeitsausspruch gewährleistet wird.[155] Nur dann trifft der Gesetzgeber auf "die planierte Fläche des Ungeregelten, in die er seine Linien einzeichnen kann".[156] Die bei der Unvereinbarerklärung nach Auffassung des Bundesverfassungsgerichts bestehenden Handlungspflichten des Gesetzgebers[157] existieren bei der Nichtigerklärung gerade nicht. Etwas anderes lässt sich auch nicht einem Normwiederholungsverbot, nach welchem dem Gesetzgeber der erneute Erlass für nichtig erklärter Gesetze untersagt sein könnte[158], entnehmen. Regelt der Gesetzgeber die Begünstigungsvoraussetzungen nach der Nichtigerklärung neu, ist er gehalten, den Maßgaben des Gleichheitssatzes dieses Mal zu entsprechen. Dann aber erlässt der Gesetzgeber keine inhaltsgleiche Neuregelung, so dass sich die Frage nach dem Normwiederholungsverbot gerade nicht stellt.[159]

Schwieriger zu beurteilen ist, ob die Nichtigerklärung eines gleichheitswidrigen Gesetzes insgesamt einen Eingriff in die gesetzgeberische Zuständigkeit darstellt. Dafür spricht, dass nur der Gesetzgeber entscheiden darf, ob der Gleichheitsverstoß auf der Ebene der bislang Begünstigten oder Belasteten kor-

---

154 Vgl. zum Ganzen auch die Darstellung bei Wernsmann (Fn. 139), 92f; ebenso Maurer (Fn. 5), 353.

155 Siehe dazu Sachs (Fn. 152), 660; Skouris (Fn. 4), 52; Leal, Paul E. Rueda: Die verfassungsgerichtliche Unvereinbarerklärung verfassungswidriger Gesetze – Untersuchungen zur Entwicklung und Funktion dieser Rechtsfigur im deutschen Recht und zu ihrer Übertragbarkeit ins costa-ricanische Recht, 1999, 56; vgl. dazu auch Schwenke, Michael: Ist eine "Ergreiferprämie" nach österreichischem Vorbild sinnvoll?, DStR 1999, S. 404 (404); Glanegger, Peter: Der Kinderbetreuungs- und Kindererziehungsbedarf nach dem Beschluß des BVerfG vom 10.11.1998, 2 BvR 1057-91, 1226-91, 980-91, DStR 1999, 227 (228).

156 Skouris (Fn. 4), 52f; Ipsen, Jörn: Nichtigerklärung oder "Verfassungswidrigerklärung" – Zum Dilemma der verfassungsgerichtlichen Normenkontrollpraxis, JZ 1983, 41 (45); Sachs (Fn. 152), 660; Sachs (Fn. 5), 27; Löwer (Fn. 6), § 56 Rn. 106 (in der Vorauflage); Vogel (Fn. 5), 232; vgl. auch Jülicher (Fn. 152), 63; Gerontas (Fn. 152), 490; Hein (Fn. 4), 116 hingegen meint, dass bei Unvereinbarerklärung und Nichtigerklärung der Gesetzgeber über das volle Regelungsspektrum verfüge.

157 Siehe dazu noch unten 5. Teil A.II.1; vgl. Kreutzberger (Fn. 4), 119; Pohle (Fn. 49), 166; vgl. dazu auch Ipsen (Fn. 4), 142; Sachs (Fn. 152), 661; Vogel (Fn. 5), 233.

158 Ausführlich zum Normwiederholungsverbot Kischel (Fn. 125), 219ff; Detterbeck, Steffen: Normwiederholungsverbote aufgrund normverwerfender Entscheidungen des Bundesverfassungsgerichts?, AöR 116 (1991), 391 (404ff.); Korioth, Stefan: Die Bindungswirkung normverwerfender Entscheidungen des Bundesverfassungsgerichts für den Gesetzgeber, Der Staat 1991, 549 (549ff.).

159 Siehe zum Ganzen Wernsmann (Fn. 139), 93; vgl. auch Maurer (Fn. 5), 353; im Ergebnis wie hier Kreutzberger (Fn. 4), 118f.

rigiert werden muss.[160] Allerdings ändert der Umstand, dass ein Gleichheitsverstoß auch auf andere Weise als die Nichtigerklärung der gleichheitswidrigen Norm beseitigt werden kann, nichts daran, dass der Gesetzgeber keine gleichheitswidrigen Normen erlassen darf.[161] Nach dem ipso-iure-Grundsatz bereinigt die Verfassung die Verfassungswidrigkeit durch die Nichtigkeit der fraglichen Regelung selbst. Die gesetzgeberische Gestaltungsfreiheit kann hier durch die Nichtigerklärung nicht eingeschränkt werden, da sie in dieser Situation nie besteht oder bestanden hat. Der Gesetzgeber ist nicht zur Gestaltung befugt, das Bundesverfassungsgericht aber zur Nichtigerklärung verpflichtet.[162] Die Gesamtnichtigerklärung eines gleichheitswidrigen Begünstigungsausschlusses beeinträchtigt die Gestaltungsfreiheit des Gesetzgebers folglich nicht stärker als eine aussetzungsorientierte Unvereinbarerklärung.[163]

b. Mögliche Teilnichtigerklärung beim ausdrücklichen Begünstigungsausschluss

aa. Nichtigerklärung der Begünstigung

Im Unterschied zum konkludenten und auf unterschiedlichen Regelungssystemen beruhenden gleichheitswidrigen Begünstigungsausschluss kann die Verfassungswidrigkeit beim ausdrücklichen Begünstigungsausschluss auch durch Teilnichtigerklärung[164] der nur den Begünstigungsausschluss enthaltenden Norm

---

160 So etwa Maiwald (Fn. 24), 92; teils wird das verfassungsgerichtliche Argument der Gestaltungsfreiheit auch kritiklos übernommen, so etwa Löwer, Wolfgang: Steuerpflicht trotz verfassungswidriger Steuernormen? – Anmerkungen zur Rechtsprechung des Bundesverfassungsgerichts zum Familienexistenzminimum, StVj 1991, 97 (100); Lechner, Hans / Zuck, Rüdiger: Bundesverfassungsgerichtsgesetz – Kommentar, 5. Auflage, 2006, § 95 Rn. 23f; Heußner, Herrmann: Folgen der Verfassungswidrigkeit eines Gesetzes ohne Nichtigerklärung, NJW 1982, 257 (257); Lübbe-Wolff, Gertrude: Die Grundrechte als Eingriffsabwehrrechte - Struktur und Reichweite der Eingriffsdogmatik im Bereich staatlicher Leistungen, 1988, 252; Rupp-von Brünneck, Wiltraut: Verfassungsgerichtsbarkeit und gesetzgebende Gewalt – Wechselseitiges Verhältnis zwischen Verfassungsgericht und Parlament, AöR 102 (1977), 1 (19); Schenke, Wolf-Rüdiger: Der Umfang der bundesverfassungsgerichtlichen Überprüfung, NJW 1979, 1321 (1326).

161 Zum Ganzen Graßhof (Fn. 8), 130f.

162 So treffend (zum Teil wörtlich) Hein (Fn. 4), 115f.

163 Wernsmann (Fn. 139), 92; Stern (Fn. 6), Art. 93 Rn. 282; Löwer (Fn. 6), § 70 Rn. 123; Maurer (Fn. 5), 353; Hein (Fn. 4), 110f; Benda (Fn. 15), Rn. 1269; Jülicher (Fn. 152), 63; Kreutzberger (Fn. 4), 118ff; Hartmann (Fn. 5), 1268 m.w.N; vgl. auch BVerfGE 8, 28 (37); vgl. auch Heun, Werner: Funktionell-rechtliche Schranken der Verfassungsgerichtsbarkeit – Reichweite und Grenzen einer dogmatischen Argumentationsfigur, 1992, 22.

164 Vgl. oben 2. Teil A.I.1.c.aa.

bzw. des Normteils beseitigt werden.[165] Gesamt- und Teilnichtigerklärung führen durchaus einen verfassungsgemäßen Zustand herbei. Nimmt man an, dass dem Bundesverfassungsgericht nicht vorgegeben ist, welche der beiden Möglichkeiten es zu wählen hat, würde dem Gesetzgeber für den Zeitraum zwischen der Entscheidung des Bundesverfassungsgerichts und der gesetzgeberischen Neuregelung durch die Gesamtnichtigerklärung der Begünstigung eine bestimmte Gesetzeslage anstelle des für nichtig erklärten Gesetzes(teils) aufgezwungen.[166]

In seinen Gestaltungsmöglichkeiten ist der Gesetzgeber aber auch in diesem Fall nicht beeinträchtigt, da er auch hier die Gesetzeslage belassen oder neu regeln kann. Daneben stellt sich aber die Frage, ob der Gesetzgeber bereits dadurch in seiner Gestaltungsfreiheit verletzt ist, indem das Bundesverfassungsgericht überhaupt die Rechtslage gestaltet hat. Zu fragen ist dabei danach, ob vom Schutz der gesetzgeberischen Gestaltungsfreiheit auch ein gesetzgeberischer *Gestaltungsvorrang* erfasst ist und wie weit dieser reicht. Immerhin verändert das Bundesverfassungsgericht durch die Gesamtnichtigerklärung die Rechtslage. Ein so weit verstandener Gestaltungsvorrang des Gesetzgebers gegenüber dem Bundesverfassungsgericht, dass man durch diese Veränderung der Rechtslage bereits die Gestaltungsfreiheit des Gesetzgebers verletzt sieht, lässt sich aber nicht begründen. Der Gesetzgebers bedarf keines Schutzes, wenn er die Rechtslage, die durch die Gesamtnichtigerklärung herbeigeführt wird, im Nachhinein wieder rückgängig machen kann.[167]

Im Übrigen kann ein Gestaltungsvorrang des Gesetzgebers schon deswegen nicht verletzt sein, weil das Bundesverfassungsgericht angesichts der ipso-iure-Nichtigkeit die Rechtslage gerade nicht gestaltet hat. Soweit sich die Rechtslage mit der verfassungsgerichtlichen Entscheidung verändert, sind dies die gewöhnlichen Folgen der Nichtigkeit. Das Bundesverfassungsgericht kann sich eben nicht frei zwischen Gesamt- und Teilnichtigerklärung entscheiden. Die Verfassung selbst beseitigt die Verfassungswidrigkeit durch die ipso-iure-Nichtigkeit. Das Bundesverfassungsgericht stellt diese Nichtigkeit lediglich fest.[168] Auf die Frage, ob nach der ipso-iure-Nichtigkeit die Begünstigung insgesamt, oder aber nur der Begünstigungsausschluss nichtig sind, kommt es dabei nicht an.[169] Auch beim ausdrücklichen Begünstigungsausschluss kann eine Gesamtnichtigerklä-

165 Siehe dazu oben 2. Teil A.I.1.a.

166 Vgl. zum Ganzen die Darstellung bei Graßhof (Fn. 8), 131ff; Maurer (Fn. 5), 353f.

167 Zum Ganzen Graßhof (Fn. 8), 132f.

168 Zum Ganzen Heun (Fn. 163), 23.

169 Zum Problem welche Norm(en) oder Normenteile nach der ipso-iure-Nichtigkeit nichtig sind siehe noch unten 4. Teil B.III.2.a.

rung die Gestaltungsfreiheit des Gesetzgebers nicht stärker beeinträchtigen, als dies bei einer aussetzungsorientierten Unvereinbarerklärung der Fall wäre.[170]

bb. Nichtigerklärung nur des Ausschlusses

Die genannten Erwägungen sind auch zu berücksichtigen, wenn das Bundesverfassungsgericht die Nichtigkeit nur desjenigen Normteils feststellt, der den Begünstigungsausschluss enthält.[171] Bei einer solchen Teilnichtigerklärung würde die Begünstigung auf die bisher ausgeschlossene Gruppe ausgedehnt.[172] Wenn etwa eine Regelung verfassungswidrig und ausdrücklich allen Studenten, außer denen der Rechtswissenschaft, eine von sonstigen Bestimmungen unabhängige Zuwendung von monatlich 1.000,00 € gewährte, müsste der Teil der Norm eliminiert werden, der die Rechtswissenschaftler explizit ausschließt. Auch hier kann der Gesetzgeber die Rechtslage jedenfalls für den Zeitraum nach der Neuregelung ohne Beeinträchtigung seiner Freiheiten gestalten, im Beispiel also die Zuwendung belassen, streichen oder gänzlich neu regeln. Problematisch ist aber, dass das Bundesverfassungsgericht möglicherweise eine Norm "erzeugt", die der Gesetzgeber so nicht gewollt hat. Das Bundesverfassungsgericht könnte durch die Ausdehnung der Begünstigung die Rechtslage gestaltet und damit in die Gestaltungsfreiheit des Gesetzgebers eingegriffen haben.[173] Jedoch gilt auch hier, dass das Bundesverfassungsgericht angesichts der ipso-iure-Nichtigkeit gerade nicht gestaltet haben kann. Wenn nur der Teil der Norm ipso iure nichtig ist, der den Begünstigungsausschluss enthält, dann stellt das Bundesverfassungsgericht dies lediglich fest. Geht man von der ipso-iure-Nichtigkeit verfassungswidriger Gesetze und fehlerfreier Arbeit des Gerichts aus, hat das Bundesverfassungsgericht nicht selbst gestaltet.

---

170 Im Ergebnis wie hier Kreutzberger (Fn. 4), 120, nach dieser hat der Gesetzgeber mit § 78 BVerfGG die Nichtigerklärung für den Fall der Verfassungswidrigkeit eines Gesetzes vorgeschrieben und damit eine mögliche Gestaltungsfreiheit selbst beschränkt; vgl. dazu auch Stern (Fn. 6), Art. 93 Rn. 200; im Ergebnis wie hier auch Graßhof (Fn. 8), 131ff., der allerdings von der Vernichtbarkeit von Gesetzen ausgeht.

171 Vgl. oben 2. Teil A.I.1.c.aa.

172 Dazu Wernsmann (Fn. 139), 88f.

173 In diese Richtung Wernsmann (Fn. 139), 89; Jülicher (Fn. 152), 78; vgl. Dax, Günter: Das Gleichbehandlungsgebot als Grundlage positiver subjektiv-öffentlicher Rechte, 1969, 138f.

2. Gleichheitswidrige Belastungen

Auch bei gleichheitswidrigen belastenden Gesetzen beeinträchtigt die Gesamtnichtigerklärung die Gestaltungsfreiheit des Gesetzgebers nicht.[174] Dem Gesetzgeber wird keine Gestaltungsmöglichkeit genommen, die er bei einer Unvereinbarerklärung hätte. Falls das Bundesverfassungsgericht eine Belastung mittels Teilnichtigerklärung ausdehnen würde[175], könnte hier der Gesetzgeber die Belastung regelmäßig sogar rückwirkend aufheben, da Gesichtspunkte des Vertrauensschutzes im Normalfall nicht entgegenstehen. Denkbar ist freilich auch, dass die Natur der Belastung eine vollständige rückwirkende Beseitigung nicht zulässt. Dies wäre etwa bei Arbeitsdiensten der Fall, da bereits vollzogene Tätigkeiten faktisch nicht rückabgewickelt werden können. Jedoch kann das Bundesverfassungsgericht in dieser Situation auch auf eine Gesamtnichtigerklärung anstelle der Unvereinbarerklärung zurückgreifen.[176] Folglich wird, solange das Bundesverfassungsgericht die Nichtigkeit nach dem Grundsatz der ipso-iure-Nichtigkeit nur feststellt, bei gleichheitswidrigen Belastungen insgesamt die gesetzgeberische Gestaltungsfreiheit nicht vermehrt beeinträchtigt.

3. Zwischenergebnis

Die Nichtigerklärung gleichheitswidriger Normen gewährleistet die Gestaltungsfreiheit des Gesetzgebers mindestens genauso gut wie die aussetzungsorientierte Unvereinbarerklärungen.[177] Auf das Argument des Schutzes der gesetzgeberischen Gestaltungsfreiheit lassen sich Abweichungen von der Nichtigkeit der verfassungswidrigen Normen folglich nicht stützen.

---

174 Hierzu und zum Folgenden Wernsmann (Fn. 139), 92f; 123ff., deutlich 125f; vgl. auch Gubelt, in: Münch, Ingo von / Kunig, Philip: Grundgesetz-Kommentar, Band 1, 4. Auflage, 1992, Art. 3 Rn. 47.

175 Theoretisch möglich, wenn in der Praxis auch sehr unwahrscheinlich, ist dies etwa beim ausdrücklichen Belastungsausschluss.

176 Eine Belastungsausdehnung könnte im Übrigen auch mit der diskutierten Vorstellung, nach der der Gleichheitssatz nur zur Verbesserung der eigenen Rechtsstellung eingesetzt werden darf, kollidieren. Kritisch und ausführlich dazu Wernsmann (Fn. 139), 108ff.

177 Vgl. dazu Ipsen (Fn. 156), 44; Geiger (Fn. 25), 136; Benda/Klein (Fn. 15), Rn. 1269; Maurer (Fn. 5), 353; Kreutzberger (Fn. 4), 118; Hartmann (Fn. 5), 1268 sieht diesen Begründungsversuch als mittlerweile widerlegt an.

II. Chance auf Teilhabe des Beschwerten

1. Bessere Aussichten bei Unvereinbarerklärung?

Spricht das Bundesverfassungsgericht eine aussetzungsorientierte Unvereinbarerklärung aus, überantwortet es zugleich dem Gesetzgeber, zu entscheiden, wie die Verfassungsverletzung zu beseitigen ist.[178] Für die Betroffenen eines gleichheitswidrigen Begünstigungsausschlusses eröffnet sich damit die Chance, durch die gesetzgeberische Neuregelung doch noch in die Begünstigung einbezogen zu werden.[179] Ob man dies für den tatsächlichen Hintergrund der abweichenden Rechtsprechung des Bundesverfassungsgerichts beim gleichheitswidrigen Begünstigungsausschluss halten kann, sei dahingestellt.[180] Es fragt sich aber, ob sich aus dieser Argumentation Ausnahmen vom ipso-iure-Grundsatz ergeben. Die erste Voraussetzung dafür ist, dass aussetzungsorientierte Unvereinbarerklärungen die Teilhabemöglichkeiten des Betroffenen besser als Gesamt- oder Teilnichtigerklärungen gewährleisten.

Dafür spricht zunächst, dass das Ziel der Nichtigerklärung – die Herstellung eines verfassungsgemäßen Zustandes – vollends verfehlt zu werden scheint, wenn dem Betroffenen oder dem Drittbegünstigten auch noch die bisherige – an sich verfassungsgemäße – Position genommen würde.[181] Die aussetzungsorientierte Unvereinbarerklärung eröffnet dem von der Begünstigung ausgeschlossenen Beschwerdeführer die Möglichkeit, von einer ihn einschließenden Neuregelung des Gesetzgebers zu profitieren.[182] Eine Gesamtnichtigerklärung der Regelung scheint so gesehen für den konkret ausgeschlossenen Bürger unbefriedigend.[183] An seiner Situation ändert sich zunächst nichts[184], er kommt auch fortan nicht in den Genuss der begehrten Begünstigung. Indem diese Argumentation für die Nichtigerklärung nur den Zeitraum unmittelbar nach der verfassungsge-

178 Siehe dazu schon oben 2. Teil A.I.1.a.aa.

179 Vgl. BVerfGE 22, 349 (362f.); 61, 138 (146); 74, 182 (195f.); 93, 386 (395); aus jüngerer Zeit BVerfGE 121, 241 (252f.).

180 Nach Pohle (Fn. 49), 81f; Sachs (Fn. 152), 660; Gerontas (Fn. 152), 490; Ipsen (Fn. 4), 141; Vogel (Fn. 5), 233; vgl. auch Wernsmann (Fn. 139), 96f. verdeckt das Argument der Gestaltungsfreiheit diesen wahren Grund lediglich.

181 Vgl. Pohle (Fn. 49), 82f; Sachs (Fn. 152), 660; Gerontas (Fn. 152), 490; Skouris (Fn. 4), 52; Ipsen (Fn. 4), 110.

182 Sachs RdA (Fn. 4), 28; Wernsmann (Fn. 139), 125; vgl. auch Vogel (Fn. 5), 233.

183 Nach Wernsmann (Fn. 139), 105 beruht der Verzicht auf die Nichtigerklärung beim konkludenten Begünstigungsausschluss nicht auf der gesetzgeberischen Gestaltungsfreiheit, sondern auf der Nichterreichbarkeit des Rechtsschutzziels; vgl. auch Wernsmann (Fn. 139), 95f; vgl. dazu auch Sachs NVwZ (Fn. 151), 660.

184 Kischel, Uwe in: Epping, Volker / Hillgruber, Christian: Beck´scher Online-Kommentar – GG, Stand April 2011, Edition: 10, Art. 3 Rn. 63; vgl. Stahl (Fn. 11), 197.

richtlichen Entscheidung in die Betrachtung einbezieht, greift sie aber zu kurz. Auch nach einer Gesamtnichtigerklärung kann der Gesetzgeber ohne Weiteres darüber entscheiden, ob er die Begünstigung auf den bisher ausgeschlossenen Personenkreis ausdehnen will.[185] Die Nichtigerklärung der begünstigenden Norm hindert den Gesetzgeber nicht am Erlass einer umfassenden Begünstigung. Daher beeinträchtigen Nichtigerklärungen die Teilhabechancen des Beschwerten nicht stärker als aussetzungsorientierte Unvereinbarerklärungen. Dies gilt um so mehr für Teilnichtigerklärungen, nach denen die Betroffenen sogar unmittelbar in die Begünstigung einbezogen sind.[186]

2. Rechtskraft der fachgerichtlichen Entscheidungen

Als problematisch könnte sich aber erweisen, dass die der verfassungsgerichtlichen Entscheidung zugrunde liegenden fachgerichtlichen Entscheidungen in Rechtskraft erwachsen. Nach der Gesamtnichtigerklärung müssen die Fachgerichte den Anspruch auf Gewährung der Begünstigung mangels einschlägiger Anspruchsgrundlage verneinen. Bei rückwirkender Ausdehnung der Begünstigung durch den Gesetzgeber besteht nun die Gefahr, dass die Rechtskraft der abweisenden Entscheidung des Ausgangsverfahrens dem Beschwerten entgegengehalten wird.[187] Dem kann man ausgezeichnet mit den aussetzungsorientierten Unvereinbarerklärungen begegnen. Bei diesen sind die Ausgangsverfahren bis zur gesetzlichen Neuregelung auszusetzen[188], so dass keine rechtskräftigen Entscheidungen ergehen können.

Die dargestellten Befürchtungen treffen aber auch für die Nichtigerklärung nicht zu. Materielle Rechtskraft bedeutet, dass der Inhalt der Entscheidung für die Parteien und ein neu angerufenes Gericht maßgeblich ist, soweit es in einem späteren Verfahren um dieselbe Rechtsfolge geht. Dadurch soll verhindert werden, dass über denselben Streitgegenstand ein weiterer Rechtsstreit geführt und darüber erneut oder abweichend entschieden wird.[189] Geschützt ist durch die materielle Rechtskraft der inhaltliche Bestand der Entscheidung bei Übereinstimmung des Streitgegenstandes[190]; sie ist also auch auf diesen beschränkt[191]. Ermit-

185 Graßhof (Fn. 8), 134f.

186 Siehe dazu das Beispiel oben 2. Teil I.1.c.aa.

187 In diese Richtung BVerfGE 15, 46 (76); 22, 349 (363); 52, 369 (379); 71, 224 (228); zum Ganzen Graßhof (Fn. 8), 135.

188 Siehe dazu noch ausführlich unten 5. Teil A.I.4. und III. 1. und 2.

189 Gottwald, Peter, in: Rauscher, Thomas / Wax, Peter / Wenzel, Joachim: Münchener Kommentar zur Zivilprozessordnung mit Gerichtsverfassungsgesetz und Nebengesetzen, Band 1, 3. Auflage, 2008, § 322 Rn. 1.

190 Jauernig, Othmar: Zivilprozessrecht, 30. Auflage 2011, § 37 Rn. 6.

telt wird der Streitgegenstand aus dem Tenor und, soweit diese zur Auslegung erforderlich sind, aus den Gründen der Entscheidung.[192] Betroffen ist vom Streitgegenstand also nicht die allgemeine, im Tenor ausgesprochene Rechtsfolge, wie zum Beispiel die Verurteilung zum Erlass eines Verwaltungsaktes. Vielmehr bezieht er sich immer nur auf eine konkrete Rechtsfolge im Rahmen einer Einzelbeziehung, wie etwa die Zahlung aus einem bestimmten Kaufvertrag.[193] Streitgegenstand ist mithin der auf einen bestimmten Sachverhalt gestützte prozessuale Anspruch des Klägers zu der im Antrag bezeichneten Leistung[194], der durch die Anspruchsgrundlage gekennzeichnet ist. Würde sich also die Anspruchsgrundlage ändern, wäre ein neuer Streitgegenstand gegeben. Erlässt aber der Gesetzgeber eine rückwirkende Neuregelung, beinhaltet diese eine neue Anspruchsgrundlage. Folglich wirkt die auf den Streitgegenstand bezogene materielle Rechtskraft, anders als bei einem nicht rückwirkenden Gesetz[195], nicht gegenüber einer rückwirkenden Änderung der Rechtslage.[196] Vorauszusetzen ist dabei aber, dass die Rückwirkung verfassungsgemäß ist. Eine Nichtigerklärung der begünstigenden Normen mindert die Chancen des Beschwerten an einer nachträglichen Teilhabe folglich nicht. Der Verzicht auf die Nichtigerklärung lässt sich mit den Belangen des Beschwerdeführers bzw. Klägers des Ausgangsverfahrens nicht begründen.[197]

---

191 Schmitt Glaeser, Walter / Horn, Hans-Detlef: Verwaltungsprozeßrecht – Kurzlehrbuch mit Systematik zur Fallbearbeitung, 15. Auflage, 2000, Rn. 112.

192 Rennert, Klaus, in: Eyermann, Erich / Fröhler, Ludwig / Geiger, Harald: Verwaltungsgerichtsordnung – Kommentar, 13. Auflage, 2010, § 121 Rn. 19, 21.

193 Graßhof (Fn. 8), 136; Hartmann, Peter, in: Baumbach, Adolf / Lauterbach, Wolfgang / Albers, Jan / Hartmann, Peter: Zivilprozeßordnung mit Gerichtsverfassungsgesetz und anderen Nebengesetzen, 57. Auflage, 1999, § 322 Rn. 18; Jauernig (Fn. 190), § 37 Rn. 1ff.

194 Clausing, Berthold, in: Schoch, Friedrich / Schmidt-Aßmann, Eberhard / Pietzner, Rainer: Verwaltungsgerichtsordnung, 18. Auflage 2009, § 121 Rn. 66; Lindner, Josef Franz, in: Posser, Herbert / Wolff, Heinrich Amadeus: Beck'scher Online-Kommentar, VwGO, Stand: 1.4.2011, Edition: 17, § 121 Rn. 33; vgl. BGH NJW 1981, 2306; NJW 1983, 388 (389).

195 Kornblum, Udo: Zum Verhältnis von Gesetzesänderung und materieller Rechtskraft verwaltungsrechtlicher Entscheidungen, JZ 1962, 656f.

196 Zum Ganzen Graßhof (Fn. 8), 135f; Schmitt Glaeser/Horn (Fn. 191), Rn. 115; Rennert (Fn. 192), § 121 Rn. 28; Schaefer, Karl Heinz: Gesetzesänderung, Verwaltungsakte und Rechtskraft von Urteilen, in: DÖV 1960, 851 (853).

197 Zum Ganzen Sachs, Michael: Die Folgen der Unvereinbarkeit des Hausarbeitstagsanspruchs für Frauen mit dem Grundgesetz; FamRZ 1982, 981 (984); im Ergebnis wie hier Vogel (Fn. 5), 233f; Stern (Fn. 6), Art. 93 Rn. 282; vgl. zum Ganzen auch Siedler (Fn. 35), 134.

III. Besonderheiten des Gleichheitssatzes

Mögliche Ausnahmen von der ipso-iure-Nichtigkeit und damit die Zulässigkeit der aussetzungsorientierten Unvereinbarerklärungen könnten sich aus einem dritten Erklärungsansatz ergeben. Dieser stützt sich auf die strukturellen Besonderheiten, die aus der Natur des Gleichheitssatzes resultieren (1.) und die Möglichkeiten der ipso-iure-Nichtigkeit (2.), damit umzugehen.

1. Die Natur des Gleichheitsverstoßes

Aus dem Gleichheitssatz folgt, dass gleiche Sachverhalte gleich und ungleiche Sachverhalte entsprechend ihrer Ungleichheit ungleich geregelt werden müssen. Der Gleichheitssatz vergleicht also und setzt folglich wenigstens zwei (oder mehrere) Sachverhalte voraus. Relevant ist nur, ob gleiche Sachverhalte vorliegen, die auch gleich zu regeln sind. Es interessiert also nicht die Regelung der Sachverhalte als solche. Dadurch ist auch der Rechtsausspruch des Gleichheitsverstoßes bestimmt. Es sind nicht die Regelung A oder B verfassungswidrig, sondern ihre unterschiedliche Regelung. Ausschließlich in diesem Verhältnis, also in der unterschiedlichen Behandlung, ist ein gegen den Gleichheitssatz verstoßendes Gesetz verfassungswidrig.[198] Der Gleichheitssatz untersagt im Unterschied zu den Freiheitsgrundrechten Staatstätigkeiten nicht schlechthin.[199] Setzt man als einzigen Prüfungsmaßstab den Gleichheitssatz an, so ist jede staatliche Einwirkung auf den Bürger gestattet, solange sie nur gleichmäßig ausgeübt wird.[200]

a. Normen im gesetzestechnischen Sinne

Diese Besonderheit von Gleichheitsverstößen wird besonders deutlich[201], wenn man Normen, aus denen sich ja die Gleichheitsverstöße ergeben, als Normen im

---

198 Zum Ganzen (teils wörtlich) Maurer (Fn. 5), 354.

199 Vgl. Schlaich/Korioth (Fn. 5), Rn. 402; zum Prinzip der Gleichheit als formales Rechtsprinzip vgl. Gallwas, Hans-Ullrich: Grundrechte, 1995, Rn. 221ff.

200 Sachs, Michael: Zur dogmatischen Struktur der Gleichheitsrechte als Abwehrrechte, DÖV 1984, 411 (414); Hein (Fn. 4), 101f; vgl. dazu auch Starck, in: Mangoldt, Herrmann von / Klein, Friedrich / Starck, Christian: Kommentar zum Grundgesetz, sechste Auflage, 2010, Art. 3 Abs. 1 Rn. 229; instruktiv zur Ausprägung des allgemeinen Gleichheitssatzes als Gebot der Waffengleichheit Dalibor, Marcel: Verfassungswidrige Risikoverteilung im Kostenverfahren nach § 269 Abs. 3 S. 3 ZPO, ZZP 2006, 331 (334).

201 Zu den folgenden Gedanken Hein (Fn. 4), 100ff.

gesetzestechnischen Sinne begreift.[202] Danach sind Norm und Normtext zu unterscheiden.[203] Unter Normen[204] sind dabei generelle rechtliche Verhaltensgebote zu verstehen, die sich entweder an jedermann oder an bestimmte Rechtsanwendungsorgane richten. In einem Normtext können mehrere Normen enthalten sein. Die Normen müssen dabei nicht explizit im Normtext Erwähnung finden.[205] So bemerkte *Ipsen* treffend, dass rationelle Regelungstechnik es geraten erscheinen lassen könne, mit einem – sprachlich weit gefassten – Text ein ganzes Bündel von Normen auszudrücken, ohne dass dies auf den ersten Blick dem Text zu entnehmen sei.[206] Für gleichheitswidrige Begünstigungsausschlüsse hat das beispielsweise zur Folge, dass diese aus zwei Normen im gesetzestechnischen Sinne bestehen. Die erste Norm ist die Gewährung der Begünstigung, die zweite Norm ist der Ausschluss von der Begünstigung.[207]

Da der Gleichheitssatz verletzt ist, wenn eine Gruppe von Normadressaten im Vergleich zu anderen Normadressaten anders behandelt wird, obwohl zwischen beiden Gruppen keine Unterschiede von solcher Art und solchem Gewicht bestehen, dass sie die ungleiche Behandlung rechtfertigen könnten[208], ist ein Gleichheitsverstoß nach dem Normenbegriff im gesetzestechnischen Sinne immer nur im Vergleich zwischen zwei *Normen* feststellbar.[209] Diese Besonderheit

---

202 Vgl. Hein (Fn. 4), 101; vgl. Ipsen (Fn. 4), 99f; zur Kritik hieran siehe sogleich 4. Teil B.III.1.c.

203 Müller, Friedrich: Normstruktur und Normativität – Zum Verhältnis von Recht und Wirklichkeit in der juristischen Hermeneutik, entwickelt an Fragen der Verfassungsinterpretation, 1966, 147ff.

204 Allgemein zum Normbegriff siehe z.B. Alexy (Fn. 96), 49ff; Axer, Peter: Normsetzung der Exekutive in der Sozialversicherung – Ein Beitrag zu den Voraussetzungen und Grenzen untergesetzlicher Normsetzung im Staat des Grundgesetzes, 2000, 35ff. m.w.N; Wesche, Steffen: Gegenseitigkeit und Recht – Eine Studie zur Entstehung von Normen, 2001, 19ff. m.w.N.

205 Implizit Skouris (Fn. 4), 94f.

206 Ipsen (Fn. 4), 99f; in dessen Folge und zum Ganzen Hein (Fn. 4), 101; vgl. auch Schlaich/Korioth (Fn. 5), Rn. 386.

207 Hein (Fn. 4), 101; Jülicher (Fn. 152), 62; vgl. Söhn (Fn. 16), 68; vgl. Ipsen (Fn. 4), 99f.

208 BVerfGE 55, 72 (88); vgl. auch Ipsen, Jörn: Staatsrecht II – Grundrechte, 13. Auflage, 2010, Rn. 805ff; Schlaich/Korioth (Fn. 5), Rn. 402 m.w.N; instruktiv zur Struktur des Gleichheitssatzes Kischel, Uwe: Systembindung des Gesetzgebers und Gleichheitssatz, AöR 124 (1999), 174 (180ff.).

209 Vogel (Fn. 5), 234; Kreutzberger (Fn. 4), 127; vgl. dazu auch Gusy (Fn. 77), 195; Siedler (Fn. 35), 136; Seer, Roman: Die Unvereinbarkeitserklärung des BVerfG am Beispiel seiner Rechtsprechung zum Abgabenrecht, NJW 1996, 285 (286); deutlich auch Jülicher (Fn. 152), 61f; in diese Richtung auch Rau, Christian: Selbst entwickelte Grenzen der Rechtsprechung des United States Supreme Court und des Bundesverfassungsge-

lässt sich treffend als verfassungswidrige Normenrelation bezeichnen.[210] Dem Gleichheitssatz kann man folglich mit Sicherheit nur entnehmen, dass eine Regelung, die sich aus dem Verhältnis zweier Normen ergibt, verfassungswidrig ist.[211] Nichts aber wird darüber ausgesagt, wie eine der Verfassung entsprechende Lösung aussieht. Verlangt wird lediglich Gleichmäßigkeit, welche Form sie auch immer haben mag.[212] Betrachtet man beide Normen für sich, sind sie nicht verfassungswidrig.[213] Sofern eine der Normen nicht existiert, ist die verbleibende Norm verfassungsgemäß.[214] Fällt also eine der beiden Normen weg, ist die andere Norm nicht mehr zu beanstanden. Es ist nicht eine bestimmte Norm im

---

richts, 1996, 214; nach Wernsmann (Fn. 139), 116 ergibt sich der Verstoß gegen den Gleichheitssatz immer erst aus der Zusammenschau zweier Regelungen.

210 Ipsen (Fn. 4), 213f.; Maurer (Fn. 5), 354 bezeichnet sie als "relative Verfassungswidrigkeit". Diese Formulierung könnte allerdings als weniger gravierend missgedeutet werden, Ipsen (Fn. 4), 213.

211 Vgl. Maurer (Fn. 5), 354; vgl. auch Geiger (Fn. 25), 137; Hein (Fn. 4), 102.

212 Zum Ganzen Hein (Fn. 4), 102; Classen, Claus-Dieter: Wie viele Wege führen zur Gleichberechtigung von Männern und Frauen? – Gemeinsamkeiten und Unterschiede von deutschem und europäischem Recht, JZ 1996, 921 (928); vgl. Geiger (Fn. 25), 137.

213 Vgl. dazu auch Gusy (Fn. 77), 195; Classen (Fn. 212), 928; Schlaich/Korioth (Fn. 5), Rn. 402; Kreutzberger (Fn. 4), 127; Ipsen (Fn. 4), 110; Seer (Fn. 209), 286; Rinken, in: Denninger, Erhard / Hoffmann-Riem, Wolfgang / Schneider, Hans-Peter / Stein, Ekkehart / Wassermann, Rudolf: Kommentar zum Grundgesetz für die Bundesrepublik Deutschland, 3. Auflage, Loseblatt, Stand Oktober 2001, Art. 94 Rn. 48; Schefold, Dian / Leske, Klaus-Rüdiger: Hochschulvorschaltgesetz: verfassungswidrig - aber nicht nichtig – Zur Rechtslage nach dem Universitätsrechts-Urteil des Bundesverfassungsgerichts, in: NJW, 1973, 1297 (1300); vgl. auch Löwer (Fn. 6), § 70 Rn. 122; vgl. auch Heun, Werner: Normenkontrolle, in: Badura, Peter / Dreier, Horst: Festschrift 50 Jahre Bundesverfassungsgericht, Erster Band, Verfassungsgerichtsbarkeit – Verfassungsprozeß, 2001, 615 (635); vgl. Harms, Katharina: Verfassungsrecht in Umbruchsituationen, 1999, 203; vgl. auch Kischel (Fn. 184), Art. 3 Rn. 63; in diese Richtung auch schon Hoffmann-Riem, Wolfgang: Die Beseitigung verfassungswidriger Rechtslagen im Zweitaktverfahren, DVBl. 1971, 842 (842); Friesenhahn, Ernst: Zum Inhalt und zur Wirkung der Entscheidung des Deutschen Bundesverfassungsgerichts, in: Giuffrè, A: Scritti in onore di Gaspare Ambrosini I, 1970, 669 (679ff); nach Wernsmann (Fn. 139), 116 sind hingegen beide Normen verfassungswidrig, unter Einblendung von Rechtsschutzaspekten aber nicht als nichtig zu betrachten.

214 So grundsätzlich auch BVerfGE 93, 386 (396); deutlich auch in BVerfGE 105, 73 (133), dennoch stützte sich das Bundesverfassungsgericht in beiden Entscheidungen wiederum auf das Argument der Gestaltungsfreiheit des Gesetzgebers, um das Abweichen von der Nichtigerklärung zu begründen.

gesetzestechnischen Sinne, die gegen den Gleichheitssatz verstößt, sondern die ungleichmäßige Gesamtregelung eines Lebenssachverhaltes.[215]

b. Keine Sonderstellung des Gleichheitssatzes?

Gegen diese Überlegungen spricht aber, dass der Gleichheitssatz ein Grundrecht ist und kein Grund besteht, warum Art. 3 GG eine Sonderstellung eingeräumt werden sollte. Sobald ein Gesetz gegen die Verfassung verstößt, ist dieses verfassungswidrig. So gesehen erscheint es nicht überzeugend, wenn nach der Theorie der verfassungswidrigen Normenrelation bei isolierter Betrachtung einer gleichheitswidrigen Norm von "für sich" verfassungsgemäßen Normen ausgegangen wird.[216] Immerhin sind Gesetze, die gegen Kompetenzvorschriften des Grundgesetzes verstoßen, verfassungswidrig, auch wenn ihr Inhalt verfassungsmäßig ist.[217] Man kann diese Position anhand eines Beispiels verdeutlichen, in welchem die Gruppe X nach einer Regelung eine Begünstigung erhalten soll, währenddessen die Gruppe Y gleichheitswidrig nicht erwähnt wird. Der Gleichheitssatz besagt, dass die Begünstigung der Gruppe X nicht gewährt werden darf, ohne dass auch die Gruppe Y die Begünstigung erhält. Daraus könnte man folgern, dass genau die der Gruppe X die Begünstigung gewährende Regelung gegen den Gleichheitssatz verstößt. Dann aber kann der Verstoß scheinbar in dieser Regelung verortet werden.[218]

Diese Sichtweise verkennt aber den bei der Theorie von der verfassungswidrigen Normenrelation zugrunde gelegten Begriff von der Norm im gesetzestechnischen Sinne.[219] Zwar lässt sich im Beispiel der Verstoß in der Regelung verorten, jedoch besteht diese Regelung im gesetzestechnischen Sinne aus zwei Normen: aus der ausdrücklichen Begünstigung und dem konkludenten Begünstigungsausschluss.[220] Die Verfassungswidrigkeit der Regelung ergibt sich, wie gezeigt, aus dem Verhältnis dieser beiden Normen zueinander. Verortet man die Verfassungswidrigkeit in der Regelung, weist man lediglich auf die verfassungswidrige Normenrelation hin. Nach der Theorie von der verfassungswidrigen Normenrelation sind die gleichheitswidrigen Normen bei isolierter Betrach-

215 So und zum Ganzen Hein (Fn. 4), 102; vgl. Schlaich/Korioth (Fn. 5), Rn. 402; Jülicher (Fn. 152), 61; vgl. Heun (Fn. 163), 22; vgl. auch Dax (Fn. 173), 131; vgl. dazu auch Wernsmann (Fn. 139), 134f; vgl. auch Hoffmann-Riem (Fn. 213), 842.

216 Graßhof (Fn. 8), 110.

217 Graßhof (Fn. 8), 111.

218 Vgl. das Beispiel auch bei Graßhof (Fn. 8), 111f; vgl. auch Sachs NVwZ (Fn. 151), 661.

219 Siehe dazu auch Hein (Fn. 4), 103; Kreutzberger (Fn. 4), 131.

220 Hein (Fn. 4), 101, 103; Jülicher (Fn. 152), 62; vgl. Ipsen (Fn. 4), 99f; das erkennt auf Seiten der Kritiker der Theorie der verfassungswidrigen Normenrelation ebenfalls Hartmann (Fn. 5), 1269) an.

tung "für sich" verfassungsmäßig, weil bei dieser eben keine Norm im gesetzestechnischen Sinne *selbständig* verfassungswidrig ist. Damit wird die Verfassungswidrigkeit der Rechtslage, solange beide Normen existieren, aber keineswegs bezweifelt. Das Beispiel des kompetenzwidrig erlassenen Gesetzes passt nicht zu dem hier erörterten Problem. Bei einem solchen Gesetz besteht die Verfassungswidrigkeit ja gerade nicht in einer verfassungswidrigen Normenrelation.

c. Keine zusätzliche Norm im Begünstigungsausschluss?

Aber auch das Postulat der Norm im gesetzestechnischen Sinne bereitet Schwierigkeiten.[221] Dies zeigt sich am Beispiel des konkludenten gleichheitswidrigen Begünstigungsausschlusses. Wie gezeigt enthält dieser in textlich einheitlicher Fassung zwei Normen im gesetzestechnischen Sinne. Jedoch könnte sich die begrenzende, ausschließende Wirkung auch bereits aus der Enumeration an sich ergeben. Die positive Gewährleistung, wie etwa eine nur Frauen als Begünstigte nennende Regelung, führt so gesehen in ihrem logischen Umkehrschluss zu dem Ausschluss (von Männern). Dann handelt es sich nicht um eine zusätzliche Norm, die den Ausschluss in isolierter Form enthält.[222] Man kann also geteilter Meinung zu der Frage sein, ob in dem nur konkludent erklärten Ausschluss eine eigene Norm zu sehen ist.

Jedoch sprechen für die Annahme der Norm im gesetzestechnischen Sinne gute Gründe: Nur für den Fall des konkludenten Begünstigungsausschlusses kann ernsthaft am Vorhandensein zweier Normen gezweifelt werden. Denn bei der Konstellation des ausdrücklichen und des auf verschiedenen Regelungssystemen beruhenden Begünstigungsausschlusses ergibt sich der Gleichheitsverstoß aus mindestens zwei ausdrücklich formulierten Normen.[223] Ferner hängt es neben sprachlichen und politischen Gründen auch vom Zufall ab, in welcher Gesetzestechnik eine Regelung formuliert wird.[224] Eine unterschiedliche Behandlung von ausdrücklichem und konkludentem Begünstigungsausschluss aus Gründen des Zufalls mit möglicherweise vollkommen unterschiedlichen Folgen für beide Konstellationen erscheint nicht sachgerecht. Legt man hingegen den Begriff der Norm im gesetzestechnischen Sinne zugrunde, erlangt man für alle

221 Kritisch Blüggel (Fn. 4), 158 und Graßhof (Fn. 8), 113ff.

222 Blüggel (Fn. 4), 158; Brinckmann (Fn. 32) 105f; Graßhof (Fn. 8), 114; gegen die Theorie der verfassungswidrigen Normenrelation wendet sich auch Bumke (Fn. 11), 244f., für den die Rechtfertigung der aussetzungsorientierten Unvereinbarerklärungen aber dennoch aus Besonderheiten des Gleichheitssatzes folgt.

223 Zu den gesetzestechnischen Möglichkeiten des Begünstigungsausschlusses siehe dazu oben 2. Teil A.I.1.c.

224 Vgl. 3. Teil B.I.2.b. m.w.N.

Konstellationen des Begünstigungsausschlusses die gleichen Ergebnisse. Dies erscheint schon deswegen sinnvoll, weil es sich in allen Konstellationen einheitlich um einen gleichheitswidrigen Begünstigungsausschluss handelt. Für die Annahme der Norm im gesetzestechnischen Sinne spricht außerdem, dass der Gesetzgeber mit der ausdrücklichen Aufzählung der begünstigten Personengruppen beim konkludenten Begünstigungsausschluss sonstige Gruppen ausschließen will ("beredtes Schweigen").[225] Gäbe es diesen "stillschweigenden" Ausschluss des Gesetzgebers nicht, könnte durch analoge Anwendung der begünstigenden Teilregelung dem Gleichheitssatz Rechnung getragen werden.[226] Der konkludent erklärte Ausschluss muss demnach als eigene Norm angesehen werden, weil anderenfalls eine Verletzung des Grundgesetzes zu verneinen wäre. Insgesamt kann man mit dem Begriff der Norm im gesetzestechnischen Sinne und dem damit verbundenen Hinweis auf die verfassungswidrigen Normenrelationen den Besonderheiten des Gleichheitssatzes besonders gut gerecht werden.[227]

d. Gleichheitsverstoß durch nur eine Regelung?

Doch es stellt sich die Frage, ob verfassungswidrige Normenrelationen tatsächlich die notwendige Bedingung eines Gleichheitsverstoßes sind. Dies wäre nicht der Fall, wenn der Gleichheitssatz durch nur eine Regelung verletzt werden könnte, wie es von Kritikern der Theorie der verfassungswidrigen Normenrelation behauptet wird.[228] Zum Beweis hat man auf einen Beschluss des Bundesverfassungsgericht[229] zum Gebührengesetz NRW verwiesen.[230] Nach § 15 Abs. 4 S. 2 dieses Gesetzes betrug die behördliche Gebühr für einen Widerspruch gegen eine Kostenentscheidung ein Viertel der Gebühr für einen Widerspruch gegen die Sachentscheidung. Die Gebühr für einen Widerspruch gegen die Sachentscheidung war mit der Gebühr für die Sachentscheidung identisch. Der Gleichheitsverstoß lag darin, dass Kostenentscheidungen in aller Regel unabhängig von der Sachentscheidung einen ähnlichen Aufwand verursachen, aufgrund der Koppelung an die Sachentscheidung aber unterschiedlich hohe Ge-

225 Söhn (Fn. 16), 68.

226 Siehe dazu Jülicher (Fn. 152), 62f.

227 Siehe dazu oben 4. Teil B.III.1. und 2.a; Graßhof (Fn. 8), 124ff. schlägt zur Lösung der Probleme insbesondere bei gleichheitswidrigen Begünstigungen vor, solche als bedingtes Unterlassen zu verstehen.

228 So Graßhof (Fn. 8), 112ff.

229 BVerfGE 50, 217.

230 So ausführlich Graßhof (Fn. 8), 113.

bühren für die Kostenentscheidungen erhoben wurden.[231] Mit § 15 Abs. 4 S. 2 scheint nur eine Regelung am Gleichheitsverstoß beteiligt zu sein. Allem Anschein nach werden die zu vergleichenden Sachverhalte von derselben Regelung erfasst.[232]

Jedoch trügt dieser erste Anschein. Es darf eben nicht nur § 15 Abs. 4 S. 2, nach dem die behördliche Gebühr für einen Widerspruch gegen eine Kostenentscheidung ein Viertel der Gebühr für einen Widerspruch gegen die Sachentscheidung beträgt und der sich folglich im Wesentlichen in einem Gesetzesverweis erschöpft, berücksichtigt werden. Hinzuzuziehen sind auch die Normen, auf die verwiesen wird. Abstrakt betrachtet beruht der Gleichheitsverstoß auf der Norm, die bestimmt, dass die Gebühr ein Viertel der Gebühr einer leichten Sachentscheidung beträgt und der Norm, die bestimmt, dass die Gebühr ein Viertel der Gebühr einer schwierigen Sachentscheidung beträgt. Aus der Zusammenschau von § 15 Abs. 4 S. 2 und den vom Verweis erfassten Paragraphen lassen sich zwei Normen ermitteln. Der Gleichheitsverstoß beruht folglich auf mindestens zwei Normen. Es handelt sich um einen Fall von auf verschiedenen Regelungssystemen beruhender unterschiedlicher Belastung.[233]

Hervorzuheben ist nochmals, dass mit der Theorie der verfassungswidrigen Normenrelation die Existenz eines Gleichheitsverstoßes durch nur eine Regelung im Sinne eines abgeschlossenen Normtextes nicht bestritten wird. Es wird lediglich davon ausgegangen, dass sich ein Gleichheitsverstoß aus mindestens zwei Normen im gesetzestechnischen Sinne ergibt. Dies gilt etwa beim gleichheitswidrigen Begünstigungsausschluss für alle drei Konstellationen[234]: Beim ausdrücklichen Ausschluss sind dies die Normen, welche die Begünstigung und den Begünstigungsausschluss enthalten. Gleiches gilt für den konkludenten Ausschluss. Bei dem auf verschiedenen Regelungssystemen beruhenden Begünstigungsausschluss handelt es sich um diejenigen Norm(en), welche die erste Begünstigungsmethode enthalten und um die Normen, welche die davon abweichende Begünstigungsmethode enthalten.

2. Verfassungswidrige Normenrelationen und ipso-iure-Nichtigkeit

a. Möglichkeiten der ipso-iure-Nichtigkeit

Was kann nun die ipso-iure-Nichtigkeit bei verfassungswidrigen Normenrelationen ausrichten? Ruft sie beispielsweise beim ausdrücklichen Begünstigungs-

231 Zum Ganzen BVerfGE 50, 217 (227ff.).

232 So Graßhof (Fn. 8), 113.

233 In diese Richtung auch Wernsmann (Fn. 139), 120.

234 Siehe dazu oben 2. Teil A.I.1.c; vgl. auch Wernsmann (Fn. 139), 86f.

ausschluss die Nichtigkeit der Begünstigung oder des Begünstigungsausschlusses hervor? Die Gleichheitswidrigkeit wäre in beiden Konstellationen beseitigt.[235] Nach dem Kollisionsmodell[236] ist die verfassungswidrige Norm im Zeitpunkt ihrer Kollision mit dem Grundgesetz als nichtig anzusehen. Das Problem ist aber, dass sich beim Gleichheitsverstoß die Verfassungswidrigkeit wie gezeigt aus dem Verhältnis von mindestens zwei Normen im gesetzestechnischen Sinne ergibt. Da das Grundgesetz nicht determiniert, ob die eine oder die andere Norm nichtig ist[237], kann die ipso-iure-Nichtigkeit weder die Nichtigkeit der einen, noch der anderen Norm herbeiführen.[238] Der Grundsatz der ipso-iure-Nichtigkeit, der nur ein Urteil über die einzelne Norm fällen kann, hat sich anhand von Gesetzen, die in Eigentum und Freiheit eingreifen, herausgebildet und ist an diese angepasst. Die "relative Verfassungswidrigkeit" bei Gleichheitsverstößen kann er nicht "recht fassen". Entweder verfehlt er das eigentliche Ziel – den Verfassungsverstoß – oder er geht über das Ziel hinaus.[239] Würde die Normenrelation insgesamt für nichtig erklärt, würde dies den eigentlichen Kern der Verfassungswidrigkeit verfehlen. Es fielen dann auch im Grunde verfassungsmäßige Normen der Nichtigkeitsfolge anheim.[240] Eine kassatorische Entscheidung ist unmöglich, weil für eine Tenorierung nach den §§ 78, 95 Abs. 3 BVerfGG eine unabdingbare Voraussetzung fehlt: eine isolierbare verfassungswidrige Norm.[241] Dem Gleichheitsverstoß und den aus ihm resultierenden verfassungswidrigen Normenrelationen entspricht die dogmatische Ausrichtung der ipso-iure-Nichtigkeit folglich nicht.[242] Da sie nicht automatisch eintreten kann, ist es dem Bundesverfassungsgericht verwehrt, die Nichtigkeit einer oder mehrerer Normen festzustellen.

---

235 Vgl. oben. 2. Teil A.I.1.c.aa.

236 Vgl. dazu oben 4. Teil A.II.3.a.

237 Vgl. Gusy (Fn. 77), 196; vgl. auch Seer (Fn. 209), 286; Siedler (Fn. 35), 136.

238 Vgl. Schlaich/Korioth (Fn. 5), Rn. 402; vgl. Heun (Fn. 163), 23.

239 Zum Ganzen Maurer (Fn. 5), 354 m.w.N; Ipsen (Fn. 4), 213 m.w.N; vgl. auch Gusy (Fn. 77), 195; vgl. auch Classen (Fn. 212), 928; vgl. auch Ipsen (Fn. 4), 112; Kreutzberger (Fn. 4), 129; vgl. Harms (Fn. 213), 203.

240 Hein (Fn. 4), 103; vgl. auch Kreutzberger (Fn. 4), 128f; vgl. auch Heun (Fn. 163), 22.

241 So bereits Ipsen (Fn. 4), 213f; Schlaich/Korioth (Fn. 5), Rn. 402; Siedler (Fn. 35), 136; Harms (Fn. 213), 203; Rinken (Fn. 213), Art. 94 Rn. 48; vgl. dazu auch Rau (Fn. 209), 214; Gusy (Fn. 77), 195; Lübbe-Wolff (Fn. 160), 249.

242 Siedler (Fn. 35), 136; Ipsen (Fn. 4), 214; vgl. Maurer (Fn. 5), 354; Benda/Klein (Fn. 15), Rn. 1269; Hein (Fn. 4), 103; Vogel (Fn. 5), 234; Kreutzberger (Fn. 4), 127.

b. Textlicher Bezug auch der aussetzungsorientierten Unvereinbarerklärung?

Wenn bei verfassungswidrigen Normenrelationen die Nichtigkeit nicht zu greifen vermag, fragt sich aber, warum gerade die aussetzungsorientierte Unvereinbarerklärung in diesem Fall die adäquate Tenorierung darstellen soll.[243] Ebenso wie die Nichtigerklärung scheint sie sich auf eine konkrete Norm zu beziehen.[244] Dafür spricht, dass das Bundesverfassungsgericht die Bezeichnungen "Unvereinbarerklärung"[245] oder "Unvereinbarkeitserklärung"[246] verwendet, die ähnlich wie die Formulierung "Nichtigerklärung" einen konstitutiven Charakter suggerieren. Auch die Tatsache, dass die für unvereinbar erklärten Regelungen einer Anwendungssperre unterliegen, weist in diese Richtung.[247] So gesehen erfordert die Unvereinbarerklärung ebenso wie die Nichtigerklärung, dass die Verfassungswidrigkeit verortet wird. Dann aber ist es merkwürdig, dass eine verfassungswidrige Normenrelation zwar nicht für nichtig, gleichwohl aber für unvereinbar erklärt werden können soll.

Jedoch trifft diese Sichtweise nicht den eigentlichen Kern des Problems bei der verfassungswidrigen Normenrelation. Legt man die ipso-iure-Nichtigkeit verfassungswidriger Gesetze zugrunde, so tritt die Nichtigkeit einer Norm im Normalfall mit ihrer Verfassungswidrigkeit von selbst ein und das Bundesverfassungsgericht stellt die selbständig eingetretene Nichtigkeit lediglich fest.[248] Bei einem Gleichheitsverstoß, der zu einer verfassungswidrigen Normenrelation führt, ist ein solcher Normalfall aber nicht gegeben. Die Nichtigkeit "findet" keine isolierbare Norm.[249] Daher kann die Nichtigkeit einer oder mehrerer Normen gerade nicht von selbst eintreten. Was aber vermag das Bundesverfassungsgericht zu tun, wenn es um die Verfassungswidrigkeit einer Rechtslage in Gestalt einer verfassungswidrigen Normenrelation weiß, zugleich aber nicht zur Feststellung der Nichtigkeit einer bestimmten Norm imstande ist? Es bleibt ihm nur die Möglichkeit, die Verfassungswidrigkeit der Normenrelation festzustel-

243 Siehe zum Ganzen die ausführliche Kritik bei Graßhof (Fn. 8), 109; zur Kritik siehe auch Graßhof (Fn. 36), § 78 Rn. 62; vgl. auch Hartmann (Fn. 5), 1269; vgl. Blüggel, Jens: Unvereinbarerklärung statt Normkassation durch das Bundesverfassungsgericht, 1998, 157ff; Sachs NVwZ (Fn. 151), 661.

244 Dafür etwa Hartmann (Fn. 5), 1269.

245 Vgl. z.B. BVerfGE 100, 59 (103); noch deutlicher etwa in BVerfGE 120, 125 (167): "Wird eine Norm mit dem Grundgesetz für unvereinbar erklärt [...]".

246 Vgl. nur BVerfGE 115, 381 (393); 116, 229 (242).

247 Vgl. Graßhof, (Fn. 36), § 78 Rn. 62.

248 Siehe dazu schon oben 4. Teil A.I.2.

249 Vgl. dazu oben 4. Teil B.III.2.a.

len.[250] Des Nichtigkeitsausspruches muss sich das Gericht nach dem bisher Gesagten enthalten. Genau dieser Situation entspricht aber der Ausspruch einer aussetzungsorientierten Unvereinbarerklärung. Setzt man für die Unvereinbarerklärung und die Nichtigerklärung einen konstitutiven Charakter[251] voraus und hält sie bei einer verfassungswidrigen Normenrelation gleichermaßen für unmöglich, unterstellt man, dass sie sich in einem Alternativverhältnis befinden. Dies ist aber gerade nicht der Fall. Die aussetzungsorientierte Unvereinbarerklärung ist nicht als Alternative zur Nichtigerklärung, sondern als ein "Weniger"[252] zur Nichtigerklärung zu sehen und muss grundsätzlich[253] bei jedem Gleichheitsverstoß anstelle der Nichtigerklärung ausgesprochen werden.[254] Aussetzungsorientierte Unvereinbarerklärungen sind so gesehen nur der Ausdruck des Nichteintritts der Nichtigkeitsfolge. Konstitutiven Charakter haben die aussetzungsorientierten Unvereinbarerklärungen dabei ebenso wenig, wie nach der ipso-iure-Nichtigkeit die Nichtigerklärungen. Das Bundesverfassungsgericht muss in der besonderen Situation des Gleichheitsverstoßes mit dem Ausspruch der Unvereinbarkeit "auf dem halben Wege stehen bleiben".[255] Bestätigt wird dies durch die Rechtsprechung des Bundesverfassungsgerichts. Obgleich auch das Gericht von "Unvereinbarerklärungen" oder "Unvereinbarkeitserklärungen" spricht, tenoriert es doch regelmäßig: "[...]ist mit Artikel 3 Absatz 1 des Grundgesetzes unvereinbar [...]"[256], was auf den feststellenden Charakter der Entscheidung verweist. Es lassen sich keine Unvereinbarerklärungen finden, in denen das Bundesverfassungsgericht tenorierte: "[...] wird für unvereinbar erklärt [...]". Auch der Einwand, dass für unvereinbar erklärte Regelungen einer Anwendungssperre unterliegen sollen, vermag die Theorie der verfassungswidrigen Normenrelation nicht zu widerlegen. Selbst wenn auf eine verfassungswidrige Normenrelation keine Anwendungssperre folgen könnte, hieße das nicht, dass die Annahme der verfassungswidrigen Normenrelation unrichtig wäre. Fraglich

250 Geiger (Fn. 25), 137; ähnlich Gusy (Fn. 77), 196; vgl. auch Kreutzberger (Fn. 4), 129f, 131.

251 Konsequent Graßhof (Fn. 8), 89, der von der Vernichtbarkeit verfassungswidriger Gesetze ausgeht.

252 In diese Richtung auch Pestalozza (Fn. 16), § 20 Rn. 113.

253 Zur ausnahmsweisen Nichtigerklärung siehe unten 4. Teil B.III.4. Zum Zusammenfallen von Freiheits- und Gleichheitsverstoß siehe unten 4. Teil B.III.5.

254 In diese Richtung Hein (Fn. 4), 104; Seer (Fn. 209), 286; nach Sachs NVwZ (Fn. 151), 661 ist aus der auf die Struktur von Gleichheitsverletzungen abstellenden Begründung Allgemeingültigkeit zu folgern; in diese Richtung auch Maurer (Fn. 5), 355, der aber bei Gleichheitssatzverstößen mit "einseitiger", insbesondere diskriminierender Wirkung die Nichtigerklärung für geboten hält (Hervorhebung im Original).

255 Siedler (Fn. 35), 136; vgl. auch Ipsen (Fn. 4), 213 m.w.N.

256 Vgl. z.B. BVerfGE 116, 229 (229); 114, 357 (357).

wäre dann vielmehr, ob die Anwendungssperre unvereinbarer Regelungen die richtige Rechtsfolge der aussetzungsorientierten Unvereinbarerklärung ist.[257]

c. Art. 117 Abs. 1 GG

Wenn die Ausführungen zur verfassungswidrigen Normenrelation, wie soeben gezeigt, Allgemeingültigkeit beanspruchen, müsste sich aber an sich jegliche Normnichtigkeit wegen Gleichheitsverletzungen verbieten. Dagegen spricht neben der Rechtsprechung des Bundesverfassungsgerichts[258] auch die Regelung des Art. 117 Abs. 1 GG.[259] Dieser sieht das Außerkrafttreten von Recht vor, das gegen Art. 3 Abs. 2 GG verstößt und scheint gegenstandslos zu sein, wenn sich ein Gleichheitsverstoß normstrukturell nicht einer oder mehreren Rechtsnormen zuordnen lässt.[260] Jedoch folgt aus den Ausführungen zur verfassungswidrigen Normenrelation nur, dass die Nichtigkeit nicht ipso iure eintreten kann. Die Verfassung selbst kann in ihren Vorschriften durchaus die Normnichtigkeit bestimmen. Bei Art. 117 Abs. 1 GG spricht in der Tat viel dafür, dass von der jeweiligen Nichtigkeit der die Frauen benachteiligenden Normen auszugehen ist.[261] Diese Nichtigkeit der gegen Art. 3 Abs. 2 GG verstoßenden Regelungen ergibt sich dann aber eben nicht aus dem Grundsatz der ipso-iure-Nichtigkeit, sondern aus Art. 117 Abs. 1 GG. Daher muss Art. 117 Abs. 1 GG auch nicht als gegenstandslos angesehen werden. Darüber hinaus wäre Art. 117 Abs. 1 GG auch nicht gegenstandslos, wenn sich aus ihm die geschilderte Normnichtigkeit nicht ergäbe. Zwar träten die betroffenen Normen nicht außer Kraft, die jeweilige Normenrelation würde aber gleichwohl als verfassungswidrig gekennzeichnet. Damit wären auch die speziellen Folgen der aussetzungsorientierten Unvereinbarerklärungen – wie etwa die Anwendungssperre – verbunden, so dass künftig keine weiteren Gleichheitsverstöße mehr stattfänden.[262] Schließlich besteht auch die Möglichkeit, dass der Verfassungsgesetzgeber bei Erlass von Art. 117 Abs. 1 GG die Besonderheiten, die sich bei einem Gleichheitsverstoß

257 Zur Konstruktion der Anwendungssperre siehe unten 5. Teil A.I.4.

258 Zur ausnahmsweisen Nichtigerklärung siehe unten 4. Teil B.III.4. Zum Zusammenfallen von Freiheits- und Gleichheitsverstoß siehe unten 4. Teil B.III.5.

259 Zum Ganzen Sachs NVwZ (Fn. 151), 661.

260 Sachs NVwZ (Fn. 151), 661.

261 So und zum Ganzen Hein (Fn. 4), 104f; in der Tendenz wohl in diese Richtung BVerfGE 3, 225 (240f.).

262 Zur Anwendungssperre siehe unten 5. Teil A.I.4.; zu den Folgen der aussetzungsorientierten Unvereinbarerklärungen siehe unten 5. Teil A. passim.

ergeben, übersah.[263] Dann aber spricht der Erlass von Art. 117 Abs. 1 GG keineswegs gegen die Richtigkeit verfassungswidriger Normenrelationen.

d. Die Nichtigerklärung auch gleichheitswidriger Gesetze?

Jedoch erscheint die Nichtigerklärung gleichheitswidriger Gesetze auch angesichts der dogmatischen Konstruktion der ipso-iure-Nichtigkeit nicht gänzlich ausgeschlossen. Orientiert man sich etwa an der Rechtsgeltungslehre[264], bedingt die Einhaltung der Gleichheit als das ausgewogene Verhältnis zur Vergleichsnorm die Rechtsgeltung einer jeden Norm. Folglich muss *jeder* der beiden Normen der gleiche Verteilungsmaßstab zugrunde liegen. Haben die beiden Normen einen ungleichen Verteilungsmaßstab, erfüllen sie ihre Geltungsvoraussetzungen nicht und sind daher beide nichtig.[265] Jedoch wurde auf die Schwächen des Rechtsgeltungsmodells, die zu ihrer Ablehnung führen, bereits hingewiesen.[266] Außerdem kommt man auch mit der Rechtsgeltungslehre nicht durchweg zur Nichtigkeit beider Normen. Entsteht etwa ein Gleichheitsverstoß erst durch den Erlass einer weiteren Norm, kommt man keineswegs zu dem Ergebnis, dass beide – also insbesondere die ältere – Normen nichtig sind. Überzeugender ist es aber auch nicht, die Nichtigkeit nur der jüngeren Norm anzunehmen[267], da man durchaus auch die ältere Norm als durch die jüngere derogiert ansehen könnte[268].

Darüber hinaus hält Sachs[269] Vorschriften, die gleichzeitig mit dem Gleichheitsgebot in Konflikt geraten, ohne Weiteres beide für verfassungswidrig und tritt für deren Nichtigkeit ein.[270] In der Tat lässt sich der Gleichheitsverstoß dadurch beseitigen, indem die gesamte Regelung aufgehoben wird. Doch kann die Gleichheitswidrigkeit beispielsweise bei Begünstigungsausschlüssen eben auch durch die Entfernung nur der Begünstigung oder nur des Ausschlusses beseitigt werden. Aus der Tatsache, dass der Gleichheitssatz eine gleichheitswidrige Handlung verbietet und die Beseitigung der Gleichheitswidrigkeit fordert, folgt

263 Für das BVerfGG ist das anerkannt, vgl. etwa Ipsen (Fn. 4), 214.
264 Siehe dazu oben 4. Teil A.II.3.b.
265 So etwa Hartmann (Fn. 5), 1269; in diese Richtung auch Brinckmann (Fn. 32), 37, der darauf verweist, dass die Nichtigkeit bei einem Verstoß gegen Art. 3 Abs. 1 GG ohne weiteres aus der traditionellen Geltungslehre folgt.
266 4. Teil A.II.3.b.
267 So z.B. Sachs NVwZ (Fn. 151), 661 Fn. 65.
268 Vgl. Hein (Fn. 4), 103f.
269 Sachs NVwZ (Fn. 151), 661; Sachs RdA (Fn. 4), 28; im Ergebnis wie dieser aber auch Graßhof (Fn. 8), 110 m.w.N; Graßhof, (Fn. 36), § 78 Rn. 62; Blüggel (Fn. 4), 159; Schilling (Fn. 11), 585f.
270 Kritisch dazu z.B. Hein (Fn. 4), 103f. und Vogel (Fn. 5), 234f.

noch nicht, auf welche Weise dies zu geschehen hat.[271] Angesichts der obigen Ausführungen zu den Möglichkeiten der ipso-iure-Nichtigkeit bei verfassungswidrigen Normenrelationen liegt in der Ansicht von Sachs im Ergebnis die Forderung nach konstitutiver und auf die Gesamtregelung bezogener Normvernichtung.[272] Ein Widerspruch zu den Möglichkeiten der ipso-iure-Nichtigkeit bei verfassungswidrigen Normenrelationen lässt sich dann aber gar nicht ausmachen. Offen bleibt, ob das Bundesverfassungsgericht bei verfassungswidrigen Normenrelationen ausnahmsweise zur konstitutiven Nichtigerklärung befugt ist.[273]

e. Zwischenergebnis

Es lässt sich zunächst festhalten, dass Gleichheitsverstöße aus verfassungswidrigen Normenrelationen bestehen. Auf diese Konstellation ist der Grundsatz der ipso-iure-Nichtigkeit nicht zugeschnitten. Eine für die Anwendbarkeit der ipso-iure-Nichtigkeit erforderliche isolierbare verfassungswidrige Norm lässt sich bei Gleichheitsverstößen nicht ausmachen. Das Konzept der verfassungswidrigen Normenrelation gewährleistet einen sachgerechten Umgang mit den Besonderheiten, die sich aus dem Gleichheitssatz ergeben. Wenn nun die Nichtigkeit gleichheitswidriger Regelungen nicht automatisch eintreten kann, ist damit aber noch nicht die Zulässigkeit der aussetzungsorientierten Unvereinbarerklärungen nachgewiesen. Das Bundesverfassungsgericht selbst könnte befugt oder sogar verpflichtet sein, die verfassungswidrige Normenrelation mittels konstitutiver Nichtigerklärung aufzulösen.

3. Gestaltende Nichtigerklärung durch das Bundesverfassungsgericht?

a. Bundesverfassungsgericht oder Gesetzgeber?

Es fragt sich jedoch, ob es die Aufgabe des Bundesverfassungsgerichts sein kann, die verfassungswidrige Rechtslage zu beseitigen. Immerhin existiert mehr als eine Möglichkeit[274], diese zu bereinigen. Insofern könnte es von Verfassung wegen auch dem Gesetzgeber obliegen, den Verfassungsverstoß aus der Welt zu schaffen. Für die Beantwortung dieser Frage muss ermittelt werden, welche Aufgabenbereiche sich dem Gesetzgeber und welche sich dem Bundesverfassungsgericht zuordnen lassen und in welchen der Aufgabenbereiche die Bereinigung der verfassungswidrigen Rechtslage letztlich fällt.

---

271 Hein (Fn. 4), 104.

272 Konsequent Graßhof (Fn. 8), 89, welcher der Vernichtbarkeitslehre anhängt.

273 Zur Frage einer konstitutiven Nichtigerklärung sogleich, siehe unten 4. Teil B.III.3.c.

274 Siehe dazu oben 2. Teil A.I.1.a.

Zu diesem Problem lässt sich das vom Bundesverfassungsgerichts verwendete Argument der gesetzgeberischen Gestaltungsfreiheit fruchtbar machen.[275] Das Grundgesetz geht im Verhältnis der obersten Verfassungsorgane zueinander von je eigenen, kompetenzrechtlich abgesteckten Aufgabenbereichen dieser Organe aus.[276] Wie aber bestimmt man diese Aufgabenbereiche? Dazu existieren unterschiedliche Denkansätze.[277] Einerseits werden die jeweiligen Aufgabenbereiche mit Hilfe der Auslegung und Anwendung des materiellen Verfassungsrechts umrissen[278], andererseits orientiert man sich an den unterschiedlichen Fähigkeiten und Funktionen der Staatsorgane.[279] Das Verhältnis dieser Denkansätze zueinander, die Frage, wie genau sich die Aufgabenbereiche der Verfassungsorgane voneinander abgrenzen lassen und ob oder wie sich das Bundesverfassungsgericht in das Gewaltenteilungssystem einordnen lässt, sind sehr schwierige und komplexe Probleme, deren Untersuchung den Rahmen dieser Arbeit sprengen würde.[280] Jedenfalls aber kann davon ausgegangen werden, dass das Bundesverfassungsgericht alle wesentlichen Merkmale eines rechtsprechenden Organs aufweist und ihm als Gericht folglich die Anwendung von anderer Stelle gesetzten Rechts "im Rahmen eines geordneten Verfahrens" und "mittels rational nachvollziehbarer Begründung" überantwortet ist.[281] Die zentrale Auf-

---

275 Dazu und zu den folgenden Gedanken siehe Hein (Fn. 4), 106ff.

276 Vgl. dazu BVerfGE 62, 1 (51); vgl. auch Graßhof (Fn. 8), 129; Gusy (Fn. 77), 88ff; kritisch zu den Entwicklungen im Verhältnis der Verfassungsorgane zueinander z.B. Vogel, Hans-Jochen: Gewaltenmischung statt Gewaltenteilung?, NJW 1996, 1505 (1505ff.).

277 Vgl. z.B. bei Siedler (Fn. 35), 7ff.

278 Siehe dazu Siedler (Fn. 35), 11ff. m.w.N; vgl. dazu Gusy (Fn. 77), 95; Jekewitz, Jürgen: Bundesverfassungsgericht und Gesetzgeber – Zu den Vorwirkungen von Existenz und Rechtsprechung des Bundesverfassungsgerichts in den Bereich der Gesetzgebung, in: Der Staat 19 (1980), 535, 542.

279 Vgl. die Darstellung bei Siedler (Fn. 35), 15ff; Heun (Fn. 163), 12ff; Hesse, Konrad: Funktionelle Grenzen der Verfassungsgerichtsbarkeit, in: Häberle, Peter / Hollerbach, Alexander: Konrad Hesse – Ausgewählte Schriften, 1984, 311 (311ff.); Hesse, Konrad: Grundzüge des Verfassungsrechts der Bundesrepublik Deutschland, Neudruck der 20. Auflage 1999, Rn. 567ff.

280 Eine ausführliche Darstellung findet sich z.B. bei Siedler (Fn. 35), 11ff.

281 Siedler (Fn. 35), 23 m.w.N; Heun (Fn. 163), 13; Roellecke, Gerd: Aufgaben und Stellung des Bundesverfassungsgerichts im Verfassungsgefüge, in: Isensee, Josef / Kirchhof, Paul: Handbuch des Staatsrechts der Bundesrepublik Deutschland, Band III, Demokratie - Bundesorgane, Dritte Auflage, 2005, § 67 Rn. 11f; Scheuner, Ulrich: Verfassungsgerichtsbarkeit und Gesetzgebung – Zum ersten Thema der Staatsrechtslehrertagung 1980, in: DÖV 1980, 473 (477); vgl. Hesse Grundzüge (Fn. 279), Rn. 561, 563, 566; vgl. Vogel (Fn. 5), 101; vgl. Kischel (Fn. 125), 222; Säcker, Horst: Die Rechtsmacht des Bundesverfassungsgerichts gegenüber dem Gesetzgeber, BayVbl. 1979, 193

gabe der Gesetzgebung besteht hingegen in der politischen Willensbildung über grundlegende Fragen des Gemeinwesens.[282] Die Gesetzgebung unterliegt der Gestaltungsmacht des demokratisch legitimierten Gesetzgebers, dem in der Funktionenordnung der erste Zugriff auf Sachprobleme zukommt.[283]

b. Verfassungsgerichtliche Beseitigung von Gleichheitsverstößen

Was folgt daraus hinsichtlich der Beseitigung von Gleichheitsverstößen? Für das Beispiel des ausdrücklichen gleichheitswidrigen Begünstigungsausschlusses kommen zwei Varianten in Frage, wie das Bundesverfassungsgericht die verfassungswidrige Rechtslage mittels konstitutiver Nichtigerklärung beseitigen kann.[284] Es könnten alle Normen für nichtig erklärt werden, die an der verfassungswidrigen Normenrelation beteiligt sind oder aber die Begünstigung könnte mittels einer Teilnichtigerklärung ausgedehnt werden. Eine konstitutive Nichtigerklärung des Bundesverfassungsgericht in die eine oder andere Richtung setzt jedoch notwendig voraus, dass sich das Gericht für die Nichtigerklärung der Begünstigung insgesamt oder nur des Ausschlusses entscheidet. Egal welchen Weg das Gericht beschreitet, es würde die rechtliche Situation in die eine oder die andere Richtung verändern und folglich die bestehende Rechtslage gestalten.[285]

c. Aufgabenbereich des Bundesverfassungsgerichts?

Die Frage lautet nun, ob diese gestaltende Tätigkeit noch in den Aufgabenbereich des Bundesverfassungsgerichts fällt, ob also das Gericht in dieser Weise gestaltend tätig werden darf. Man kann hierin einen verfassungsgerichtlichen Übergriff in den Aufgabenbereich des Gesetzgebers erblicken und diesen möglicherweise als noch hinnehmbar ansehen. Immerhin wäre mit einer konstitutiven Nichtigerklärung des Bundesverfassungsgerichts die verfassungswidrige

(194); Hein (Fn. 4), 108; vgl. auch Brohm, Winfried: Die Funktion des BVerfG - Oligarchie in der Demokratie?, NJW 2001, 1 (9); zum Bundesverfassungsgericht als Gericht ausführlich Schlaich/Korioth (Fn. 5), Rn. 26ff., 510ff.

282 Siedler (Fn. 35), 15f; Schubert, Reinhard / Thedieck, Franz: Grundrechtstheorie und legislative Gestaltungsfreiheit, in: Zeitschrift für Rechtspolitik, 1979, 254 (254); Katz, Alfred: Staatsrecht – Grundkurs im öffentlichen Recht, 18. Auflage, 2010, Rn. 422; Hermes, Georg / Walther, Susanne: Schwangerschaftsabbruch zwischen Recht und Unrecht – Das zweite Abtreibungsurteil und seine Folgen, in: NJW 1993, 2337 (2347); BVerfGE 33, 125 (159); 45, 297 (331); vgl. BVerfGE 53, 30 (56); Hesse Grundzüge (Fn. 279), Rn. 569; Hein (Fn. 4), 108; BVerfGE 34, 52 (59); 95, 1 (15f.); 4, 219 (234).

283 Kischel (Fn. 125), 222; vgl. BVerfGE 77, 84 (104).

284 Dazu schon oben 2. Teil A.I.1.c.aa.; eine andere Frage ist aber, ob das Bundesverfassungsgericht dies auch darf.

285 Zum Ganzen Ipsen (Fn. 4), 213f. m.w.N.

Rechtslage unmittelbar beseitigt und es müssten nicht unter Umständen langwierige gesetzgeberische Bemühungen abgewartet werden. Darüber hinaus ist durchaus vorstellbar, dass Bundesverfassungsgericht und Gesetzgeber die verfassungswidrige Rechtlage in der gleichen Art und Weise, wie etwa die Ausdehnung einer Begünstigung, beseitigten. Wozu sollte der Gesetzgeber bemüht werden, wenn ohnehin dasselbe Ergebnis einträte?[286]

Gegen diese Überlegungen spricht aber die in der Gerichtsförmigkeit[287] des Bundesverfassungsgerichts begründete Begrenzung der Entscheidungsbefugnis, die dem Gericht etwa die selbständige Zuteilung von Begünstigungen, die in der Nichtigerklärung nur des Aussschlusses beinhaltet wäre, verwehrt.[288] Insofern kann das Bundesverfassungsgericht im Verhältnis zum Gesetzgeber nicht als Normproduzent, sondern nur als Normkontrolleur angesehen werden.[289] In der Demokratie, in der die Staatsgewalt vom Volke ausgeht, kann die Gesetzgebung eben nur dem vom Volk gewählten Parlament zustehen.[290] Allerdings binden die Normenkontrollentscheidungen des Bundesverfassungsgerichts nicht nur gemäß § 31 Abs. 1 BVerfGG alle anderen Gewalten, sie haben nach Abs. 2 sogar Gesetzeskraft. Insofern tritt das Gericht in diesen Fällen scheinbar formal durchaus als (negatorischer) Gesetzgeber und damit als Konkurrent der eigentlichen Legislative auf.[291] Jedoch kann die Normenkontrolle mit einem für das Gesetz negativen Ergebnis letztlich schon deshalb nicht als Gesetzgebung bezeichnet werden, weil auch die richterliche Bestätigung einer Regelung als rechtmäßig nicht als Rechtsetzung angesehen werden kann. Solange die richterliche Normenkontrolle als eine Rechtskontrolle, d.h. als eine Rechtmäßigkeitskontrolle

---

286 Für die Nichtigerklärung i.E. wohl Skouris (Fn. 4), 52f; Sachs NVwZ (Fn. 151), 660; vgl. auch Ipsen (Fn. 156), 43f; vgl. auch Pohle (Fn. 49), 82f.

287 Vgl. Scheuner (Fn. 281), 477; vgl. Bryde, Brun-Otto: Verfassungsentwicklung – Stabilität und Dynamik im Verfassungsrecht der Bundesrepublik Deutschland, 1982, 302; vgl. Merten, Detlef: Demokratischer Rechtsstaat und Verfassungsgerichtsbarkeit, DVBl. 95 (1980), 773 (777); Löwer (Fn. 6), § 70 Rn. 1f; Hein (Fn. 4), 108.

288 Heun (Fn. 163), 22; Heun (Fn. 213), 635.

289 Schlaich, Klaus: Die Verfassungsgerichtsbarkeit im Gefüge der Staatsfunktionen - Besteuerung und Eigentum, in: Veröffentlichungen der Vereinigung der Deutschen Staatsrechtslehrer (VVDStRL), Heft 39 1981, 99 (115); Fleury, Roland: Verfassungsprozessrecht, 8. Auflage, 2009, Rn. 4; Hein (Fn. 4), 108; vgl. Hesse Funktionelle Grenzen (Fn. 279), 312; Hein (Fn. 4), 108; vgl. Schlaich/Korioth (Fn. 5), Rn. 388; vgl. BVerfGE 4, 219 (234); 34, 52 (59); 2, 380 (406); zum Verhältnis Gesetzgeber und Rechtsprechung im Allgemeinen vgl. auch BVerfGE 96, 375 (394).

290 Seuffert, Walter: Die Abgrenzung der Tätigkeit des Bundesverfassungsgerichts gegenüber der Gesetzgebung und der Rechtsprechung, NJW 1969, 1369 (1373).

291 Jekewitz (Fn. 278), 538.

verstanden wird, kann in ihr keine Überschreitung der Grenze zwischen Legislative und Judikative gesehen werden.[292]

Gegen die Möglichkeit des Gerichts gestaltend tätig zu werden spricht auch, dass die grundgesetzliche Bindung von Bundesverfassungsgericht und Gesetzgeber sich unterscheiden. Die Normen des Grundgesetzes stellen für den Gesetzgeber Handlungs-, für das Bundesverfassungsgericht Kontrollnormen dar.[293] Deutlich wird dies am Beispiel des allgemeinen Gleichheitssatzes. Den Gesetzgeber verpflichtet dieser als Handlungsnorm zur materiellen Gleichbehandlung. Das Bundesverfassungsgericht stellt einen Verstoß gegen Art. 3 Abs. 1 GG nur dann fest, wenn sich kein sachlicher Grund für die gesetzgeberische Entscheidung finden lässt. Es zeigt sich die Verschiedenheit der jeweiligen Tätigkeiten. Der Gesetzgeber ist zur freien politischen Entscheidung und Gestaltung innerhalb der verfassungsrechtlichen Grenzen befugt, welche das Bundesverfassungsgericht als Rechtsprechungsorgan kennzeichnet. Um die gesetzgeberischen Gestaltungskompetenzen zu wahren, muss das Bundesverfassungsgericht darauf beschränkt bleiben, dessen Gestaltungsspielraum herauszuarbeiten und die Einhaltung des Spielraums zu überprüfen. Der Gesetzgeber kann nach seinem Belieben ein von ihm für verfassungsmäßig gehaltenes Gesetz erlassen.[294] Da nun bei Gleichheitsverstößen die Wahl einer der Beseitigungsmöglichkeiten verfassungsrechtlich nicht vorgegeben ist, führten sowohl Gesamt-, als auch Teilnichtigerklärung zu einer Rechtslage, die verfassungsrechtlich nicht determiniert ist. In der Auswahl einer der Möglichkeiten liegt mehr als Nachprüfung und Kontrolle. Letztlich ist eine Entscheidung zu besorgen, bei welcher gesetzgeberische Opportunitätserwägungen zum tragen kommen.[295] Es muss daher die Aufgabe des Gesetzgebers sein, die Konsequenz aus dem Gleichheitsverstoß zu ziehen.[296] Das ist auch aus praktischen Gesichtspunkten sinnvoll. Das Bundesverfassungsgericht hat mit dem Instrument der Nichtigerklärung nur beschränkte Möglichkeiten, den Gleichheitsverstoß zu beseitigen. Der Gesetzgeber, dem neben dem Instrument der Gesetzesaufhebung auch das Mittel des Gesetzesneuerlasses zur

292 Vgl. dazu Bettermann, Karl August: Richterliche Normenkontrolle als negative Gesetzgebung?, DVBl. 1982, 91 (91ff.).

293 Hein (Fn. 4), 108f. m.w.N.

294 Zum Ganzen Hein (Fn. 4), 108f. m.w.N; vgl. Kischel (Fn. 125), 223.

295 Hein (Fn. 4), 109; vgl. auch Löwer (Fn. 6), § 70 Rn. 122; vgl. auch Kirchhof, Paul: Der allgemeine Gleichheitssatz, in: Isensee, Josef / Kirchhof, Paul: Handbuch des Staatsrechts der Bundesrepublik Deutschland Band V - Allgemeine Grundrechtslehren, Zweite Auflage, 2000, § 124 Rn. 272; vgl. Schlaich/Korioth (Fn. 5), Rn. 411; vgl. auch Geiger (Fn. 25), 137; Harms (Fn. 213), 203.

296 Vgl. dazu auch BVerfGE 68, 1 (86); vgl. zu den erweiterten Handlungsmöglichkeiten des Gesetzgebers Harms (Fn. 213), 200f.

Verfügung steht, besitzt eine Vielzahl von Handlungsmöglichkeiten.[297] Das Bundesverfassungsgericht darf den Gesetzgeber nur auf dessen Gestaltungsaufgabe hinweisen.[298] Letztlich muss dem Gericht die beschriebene Gestaltung der Rechtslage verwehrt bleiben.[299]

Vor diesem Hintergrund lässt sich auch der Hinweis des Bundesverfassungsgerichts auf die gesetzgeberische Gestaltungsfreiheit deuten. Da die Aufgabenzuweisung bei dem Problem der verfassungswidrigen Normenrelation mit Hilfe der durch das Gewaltenteilungsprinzip vorgezeichneten Zuständigkeitsverteilung zwischen den Verfassungsorganen erfolgt, empfiehlt sich jedoch als treffendere Bezeichnung für diese Situation die Formulierung "Gestaltungszuständigkeit".[300]

4. Die ausnahmsweise Nichtigerklärung

Wie fügt sich nun die Rechtsprechung des Bundesverfassungsgerichts, nach der auch bei Gleichheitsverstößen in Ausnahmefällen eine Nichtigerklärung auszusprechen ist[301], in das dargestellte System ein? Dargelegt wurde bereits, dass das Bundesverfassungsgericht bei Gleichheitsverstößen die Nichtigkeit der unvereinbaren Regelungen feststellt, wenn eine Vielzahl von Beseitigungsmöglichkeiten nicht besteht (a.) oder wenn der Wille des Gesetzgebers zur Art und Weise der Beseitigung des Gleichheitsverstoßes erkennbar ist (b.).[302] Dabei geht es um die Nichtigerklärung der Normen oder Normenteile, die den ausdrücklichen Begünstigungsausschluss enthalten, also um die Ausdehnung der Begünstigung.

a. Keine Vielzahl von Beseitigungsmöglichkeiten

Gegen eine ausnahmsweise Nichtigerklärung bei fehlender Vielzahl von Beseitigungsmöglichkeiten spricht auf den ersten Blick nicht viel.[303] So erscheint et-

---

297 Vgl. zum Ganzen auch BVerfGE 68, 1 (86); vgl. zu den erweiterten Handlungsmöglichkeiten des Gesetzgebers Harms (Fn. 213), 200f.

298 Zum Ganzen Hein (Fn. 4), 109f; vgl. auch Seer (Fn. 209), 286.

299 Siedler (Fn. 35), 136; Gusy (Fn. 77), 196; Vogel (Fn. 5), 235; Harms (Fn. 213), 203; vgl. Maiwald (Fn. 24), 92; vgl. dazu auch Rau (Fn. 209), 214; Kreutzberger (Fn. 4), 128; vgl. auch Ipsen (Fn. 4), 110.

300 Hein (Fn. 4), 110; Schlaich/Korioth (Fn. 5), Rn. 411; Siedler (Fn. 35), 134f.

301 Zur ausnahmsweisen Nichtigerklärung siehe oben 2. Teil A.I.1.d.

302 Vgl. 2. Teil A.I.1.d.aa. und bb.

303 Allgemein zustimmend Löwer (Fn. 6), § 70 Rn. 122; Wernsmann (Fn. 139), 100; Kreutzberger (Fn. 4), 152; Heun, in: Dreier, Horst: Grundgesetz - Kommentar, Band I, 2. Auflage 2004, Art. 3 Rn. 54; Pestalozza, Christian: "Noch verfassungsmäßige" und "bloß verfassungswidrige" Rechtslagen – Zur Feststellung und kooperativen Beseiti-

wa die Ausdehnung einer Begünstigung mittels Teilnichtigerklärung unproblematisch geboten zu sein, wenn ein Verfassungsauftrag dies erfordert, die Begünstigung also von der Verfassung verlangt wird.[304] In dieser Konstellation ist die Gestaltungsfreiheit des Gesetzgebers auf nur eine Möglichkeit geschrumpft.[305] Schwieriger ist die Situation jedoch, wenn man die ausnahmsweise Nichtigerklärung auf Fälle ausdrücklicher, verfassungsgebotener Begünstigung beschränkt[306]. Dann fragt sich, ob solche Fälle nicht nur theoretisch sondern auch faktisch denkbar sind[307] und wie häufig sie überhaupt eintreten.[308] In der Regel geht es ja um Fälle, bei denen nicht ein konkreter Verfassungsauftrag die Begünstigung fordert, sondern sonstige Verfassungsbestimmungen für die Erstreckung der Begünstigung sprechen. Gegen die Zulässigkeit der ausnahmsweisen Nichtigerklärung bei nur allgemeinen Verfassungsaufträgen kann man anführen, dass sie zwar Teilhaberechte begründen können, diese aber vom Gesetzgeber konkretisiert werden müssen.[309]

Es ist aber auch in dieser Konstellation die Verfassung selbst, welche die Ausdehnung der Begünstigung auf die bisher nicht begünstigte Gruppe fordert. Daraus folgt, dass das Grundgesetz selbst die Bereinigung der verfassungswidrigen Normenrelation vorgibt. Fordert nämlich das Grundgesetz, eine Norm aus der verfassungswidrigen Normenrelation zu erhalten, ist nur noch eine der denkbaren Möglichkeiten, den verfassungswidrigen Zustand zu beseitigen, verfassungsrechtlich zulässig. Die Verfassung selbst isoliert die verfassungswidrige Norm. Dies hat zur Folge, dass der Grundsatz der ipso-iure-Nichtigkeit wieder zu greifen vermag. Das Bundesverfassungsgericht kann die Nichtigkeit der je-

---

gung verfassungsimperfekter Zustände, in: Starck, Christian: Bundesverfassungsgericht und Grundgesetz – Festgabe aus Anlaß des 25jährigen Bestehens des Bundesverfassungsgerichts, Erster Band, Verfassungsgerichtsbarkeit, 1976, 519 (533); Jülicher (Fn. 152), 83ff; wohl auch Vogel (Fn. 5), 238; Jarass, Hans D. / Pieroth, Bodo: Grundgesetz für die Bundesrepublik Deutschland – Kommentar, 11. Auflage, 2011, Art. 3 Rn. 42; a.A. offenbar Pohle (Fn. 49), 84; Moench (Fn. 4), 168f; zu den Gefahren der Kassation einer Ausschlussregelung vgl. Jülicher (Fn. 152), 75ff; kritisch auch Ipsen (Fn. 4), 112.

304 So z.B. Kreutzberger (Fn. 4), 152; Siedler (Fn. 35), 139; Hein (Fn. 4), 112; Blüggel (Fn. 4), 41f.

305 Wernsmann (Fn. 139), 100f; vgl. auch Pestalozza (Fn. 303), 533; vgl. Blüggel (Fn. 4), 42.

306 In diese Richtung Moench (Fn. 4), 168f.

307 So z.B. Siedler (Fn. 35), 139.

308 Für extrem selten halten solche Fälle Kreutzberger (Fn. 4), 153; Jülicher (Fn. 152), 84, 88; Schlaich/Korioth (Fn. 5), Rn. 401 rekurrieren auf eine Entscheidung die keine Unvereinbarerklärung enthält; in diese Richtung auch Löwer (Fn. 6), § 70 Rn. 122.

309 Zum Ganzen Leal (Fn. 155), 38 m.w.N.

weiligen Norm feststellen.[310] Daher ist die ausnahmsweise Nichtigerklärung immer dann zulässig, wenn das Grundgesetz selbst die Bereinigung der verfassungswidrigen Normenrelation in irgendeiner Weise festlegt.[311]

b. Erkennbarer Wille des Gesetzgebers

Schwieriger ist die Situation aber, wenn zur ausnahmsweisen Nichtigerklärung auf den erkennbaren Willen[312] des Gesetzgebers abgestellt wird. Es ist durchaus vorstellbar, dass die Gesetzeslage nach der verfassungsgerichtlichen Teilnichtigerklärung mit derjenigen übereinstimmt, die sich nach einer Gesetzesveränderung von Seiten der Legislative ergäbe. Jedenfalls wenn mit Sicherheit angenommen werden kann, dass der Gesetzgeber dem Gleichheitsverstoß in der gleichen Weise begegnet wäre – er also bei Kenntnis des gleichheitsrechtlichen Verfassungsmangels die Begünstigung ausgedehnt hätte – mag dies für die Zulässigkeit der verfassungsgerichtlichen Teilnichtigerklärung sprechen.[313] Auch wäre die verfassungsgerichtliche Teilnichtigerklärung praktikabel, da auf diese Weise der verfassungswidrige Zustand unmittelbar und zügig beseitigt wäre und außerdem dem Rechtsschutzinteresse der Betroffenen voll entsprochen würde.

Andererseits kann dadurch die Gestaltungsfreiheit des heutigen Gesetzgebers beeinträchtigt sein, da er unter Umständen an den hypothetischen Willen[314] eines früheren Gesetzgebers gebunden wird.[315] Problematisch ist außerdem, dass die Verfassung in dieser Konstellation nicht selbst vorgibt, wie die verfassungswidrige Normenrelation zu beseitigen ist. Selbst wenn es möglich wäre, in allen Fällen den gesetzgeberischen Willen zweifelsfrei korrekt zu ermitteln, so ist doch die Frage nach der verfassungswidrigen Norm nur verfassungspolitisch

310 Hein (Fn. 4), 112; Maurer (Fn. 5), 355; im Ergebnis ebenfalls wie hier z.B. Löwer (Fn. 6), § 70 Rn. 122; Wernsmann (Fn. 139), 100; Kreutzberger (Fn. 4), 152; kritisch aber Ipsen (Fn. 4), 112; ebenfalls kritisch Jülicher (Fn. 152), 75ff; zur Rechtsprechung des Bundesverfassungsgerichts beim konkludenten Begünstigungsausschluss in dieser Situation siehe oben 3. Teil B.I.2.c.

311 Zum Ganzen Kreutzberger (Fn. 4), 152; Heun (Fn. 303), Art. 3 Rn. 54 m.w.N; Hein (Fn. 4), 112.

312 Zur Frage, wie der gesetzgeberische Wille zu ermitteln sein soll vgl. Pestalozza (Fn. 303), 534; Vogel (Fn. 5), 238.

313 So etwa Pestalozza (Fn. 303), 533; Pohle (Fn. 49), 84; Leal (Fn. 155), 38ff; vgl. dazu auch Ipsen (Fn. 4), 110f; Jarass/Pieroth (Fn. 303), Art. 3 Rn. 42; noch weitergehender Löwer (Fn. 6), § 70 Rn. 122; im Ergebnis für die Teilnichtigerklärung Maurer (Fn. 5), 355.

314 Vgl. Jülicher (Fn. 152), 83.

315 Vogel (Fn. 5), 238f; Hein (Fn. 4), 113; Jülicher (Fn. 152), 83.

beantwortet, verfassungsrechtlich aber weiterhin offen.[316] Realistischerweise wird man zudem nur den mutmaßlichen Willen der Legislative ermitteln können. Es fragt sich, ob das Bundesverfassungsgericht in dieser besonderen Situation befugt ist, den nur mutmaßlichen Willen des Gesetzgebers herbeizuführen. Das Bundesverfassungsgericht trifft auf Grundlage einer stets mit Unsicherheiten belasteten Ermittlung eines fiktiven Gesetzgeberwillens[317] letztlich eine verfassungspolitische Entscheidung[318] und greift damit in die Willensbildung der gesetzgeberischen Gewalt ein.[319] Aus diesem Grunde ist diese Frage zu verneinen.[320] Zulässig ist die ausnahmsweise Nichtigerklärung bei Gleichheitsverstößen nur dann, wenn keine Vielzahl von Beseitigungsmöglichkeiten gegeben ist.[321] Soweit das Bundesverfassungsgericht trotz gleichheitswidrigen Begünstigungsausschluss Nichtigerklärungen ohne gesonderte Begründung ausspricht[322], fügt sich dies nicht in die von ihm selbst aufgestellte Dogmatik ein.[323]

5. Zusammenfallen von Gleichheits- und Freiheitsverstoß

Das Bundesverfassungsgericht hat in Fällen, in denen der Verstoß eines Gesetzes gegen einen Gleichheitssatz mit dem Verstoß gegen ein Freiheitsgrundrecht zusammenfiel,[324] ebenfalls aussetzungsorientierte Unvereinbarerklärungen ausgesprochen.[325] Mit dem verwirklichten Gleichheitsverstoß ist auch in dieser Konstellation eine verfassungswidrige Normenrelation entstanden. Insofern gleicht diese Situation etwa der des gleichheitswidrigen Begünstigungsausschlusses, dem man diese Fälle zurechnen könnte.[326] Auf diese Weise behandelte man alle Gleichheitsverstöße einheitlich. Andererseits sollte die Nichtiger-

316 Hein (Fn. 4), 112.

317 Vogel (Fn. 5), 238; vgl. dazu auch Pestalozza (Fn. 303), 534; Jülicher (Fn. 152), 83; Heun (Fn. 163), 23.

318 Vgl. dazu Siedler (Fn. 35), 138; in diese Richtung Wernsmann (Fn. 139), 101; Heun (Fn. 163), 23.

319 Hein (Fn. 4), 113; vgl. auch Heun (Fn. 163), 23; Siedler (Fn. 35), 139f.

320 Deutlich Heun (Fn. 163), 23; Kreutzberger (Fn. 4), 151; Siedler (Fn. 35), 139f; kritisch auch Wernsmann (Fn. 139), 101 Fn. 110; Heun (Fn. 303), Art. 3 Rn. 54; Vogel (Fn. 5), 238; Jülicher (Fn. 152), 83.

321 Hein (Fn. 4), 113.

322 Siehe dazu oben 2. Teil A.I.1.d.cc.

323 Vgl. dazu Hein (Fn. 4), 53f. m.w.N; Jülicher (Fn. 152), 55.

324 Siehe dazu schon oben 2. Teil A.I.1.b.bb.

325 Z.B. BVerfGE 35, 79 (148); 43, 242 (291); 75, 40 (41); vgl. dazu auch BVerfGE 38, 61 (101f.).

326 In diese Richtung Ipsen (Fn. 4), 108ff; Sachs (Fn. 5), 24 der Unvereinbarerklärungen allerdings insgesamt ablehnt.

klärung hier eher dem Rechtsschutzbedürfnis des benachteiligten Bürgers entsprechen.[327] Mit ihr fiele der ebenfalls verwirklichte Freiheitsverstoß unmittelbar und endgültig weg.

Voraussetzung dafür ist allerdings, dass das Freiheitsgrundrecht tatsächlich selbständig verletzt wurde, was man den einschlägigen verfassungsgerichtlichen Entscheidungen aber durchaus entnehmen kann. So wirkten sich in der Entscheidung zum Sachkundenachweis[328] die Regelungen zur Berufsausübung im Einzelhandel nach Ansicht des Gerichts auf die Betroffenen unterschiedlich aus. Sie waren mit Blick auf die Mehrzahl der Gesetzesadressaten verfassungsgemäß, beeinträchtigten eine bestimmte Personengruppe aber unverhältnismäßig und verletzten daher Art. 12 Abs. 1 GG.[329] Die gesetzliche Belastung war nicht nur im Verhältnis zu einer anderen, sondern schon für sich betrachtet verfassungswidrig.[330] Damit ähnelt die Situation derjenigen bei der fehlenden Vielzahl von Beseitigungsmöglichkeiten. Wenn mit einem Gleichheitssatz zugleich ein Freiheitsgrundrecht selbständig verletzt ist, ergibt sich die Verfassungswidrigkeit jedenfalls einer der Normen zusätzlich aus diesem Verstoß.[331] Bei dieser Verletzung eines Freiheitsgrundrechtes entsteht allerdings keine verfassungswidrige Normenrelation.[332] Das bedeutet, dass dem automatischen Eintritt der Nichtigkeit nach dem ipso-iure-Grundsatz nichts entgegensteht. Folglich ist die gegen das Freiheitsgrundrecht verstoßende Norm verfassungswidrig und ipso iure nichtig.[333]

Wenn also ein Freiheitsgrundrecht selbständig verletzt ist, entfällt die verfassungswidrige Normenrelation, da jedenfalls eine der Normen, aus denen die Normenrelation besteht, nicht mehr existiert. Das Bundesverfassungsgericht kann ohne Weiteres die Nichtigkeit dieser Norm feststellen.[334] Soweit das Gericht in diesem Fall aussetzungsorientierte Unvereinbarerklärungen ausspricht, steht dies nicht im Einklang mit der Theorie der verfassungswidrigen Normenrelation.[335] Diese Erwägungen beanspruchen ebenfalls Geltung, wenn neben dem Verstoß gegen einen Gleichheitssatz ein Verstoß gegen sonstiges höherrangiges

---

327 Vgl. Wernsmann (Fn. 139), 104.

328 BVerfGE 34, 71.

329 Vgl. BVerfGE 34, 71 (80f.); vgl. auch BVerfGE 30, 292 (332f.).

330 Zum Ganzen Maurer (Fn. 5), 356.

331 Maurer (Fn. 5), 356.

332 Vgl. Schlaich/Korioth (Fn. 5), Rn. 411.

333 Vgl. Vogel (Fn. 5), 236f; in diese Richtung auch Wernsmann (Fn. 139), 126.

334 Vgl. dazu Maurer (Fn. 5), 355ff; Hein (Fn. 4), 81; Siedler (Fn. 35), 141f; in diese Richtung wohl auch Wernsmann (Fn. 139), 104; vgl. auch Schlaich/Korioth (Fn. 5), Rn. 412.

335 Im Ergebnis wie hier Hein (Fn. 4), 117; Siedler (Fn. 35), 141f; Maurer (Fn. 5), 345 (356f.); vgl. auch Schlaich/Korioth (Fn. 5), Rn. 412.

Recht gegeben ist[336], aus dem im Normalfall die Nichtigkeit der jeweiligen Norm folgt.

6. Verfassungswidrige Normenrelation bei allen Gleichheitsverstößen?

a. Nichtigerklärung gleichheitswidriger Belastungen?

Die Ausführungen zur verfassungswidrigen Normenrelation beanspruchen wie bereits dargelegt Allgemeingültigkeit.[337] Das bedeutet, das grundsätzlich bei Verstößen gegen alle Gleichheitssätze und bei gleichheitswidrigen Begünstigungen wie Belastungen aussetzungsorientierte Unvereinbarerklärungen ausgesprochen werden müssen.[338] Nicht zu übersehen ist aber, dass sich die Situation einer gleichheitswidrigen Belastung deutlich von der einer gleichheitswidrigen Begünstigung unterscheidet. Es fragt sich, ob nicht Teil- oder Gesamtnichtigerklärung bei gleichheitswidrig belastenden Gesetzen die angemessene Entscheidungsform darstellen.[339] Im Unterschied zum Ausschluss von einer Begünstigung würde die Nichtigerklärung eines gleichheitswidrig belastenden Gesetzes etwa dem Rechtsschutzziel des betroffenen Bürgers genügen. Kassiert das Bundesverfassungsgericht die gleichheitswidrig belastende Norm, entfällt die infolge der Gleichheitswidrigkeit verfassungswidrige Belastung.[340]

b. Abgrenzung von Begünstigung und Belastung

Erschwert werden die Überlegungen zur Behandlung gleichheitswidriger Belastungen durch die Schwierigkeiten, diese sauber von gleichheitswidrigen Begünstigungen zu trennen.[341] Ob dies allerdings der Grund des Bundesverfassungsgerichts dafür ist, gleichheitswidrig belastende Normen für unvereinbar zu erklären, sei dahingestellt.[342] Allerdings ist die Abgrenzung keineswegs so

---

336 Vgl. dazu oben 2. Teil A.I.1.b.cc.

337 Siehe dazu oben 4. Teil B.III.2.b. und c.

338 Siehe dazu oben 2. Teil A.I.1.b. und 2. Teil A.I.2; vgl. auch Kischel (Fn. 184), Art. 3 Rn. 64.

339 Dafür etwa Wernsmann (Fn. 139), 123; Graßhof, (Fn. 36), § 78 Rn. 60; Heun (Fn. 303), Art. 3 Rn. 53; vgl. dazu auch Dürig, in: Maunz, Theodor / Dürig, Günther / Herzog, Roman / Scholz, Rupert / Herdegen, Matthias / Klein, Hans H.: Grundgesetz – Kommentar, Band I und V, Loseblatt, Stand des Gesamtwerks Januar 2011, Art. 3 Abs. 1 Rn. 350.

340 Wernsmann (Fn. 139), 123.

341 Vgl. Kischel (Fn. 184), Art.3 Rn. 65.2.

342 So aber Moench (Fn. 4), 54.

schlüssig, wie dies auf den ersten Blick erscheint.[343] Daraus könnte man folgern, dass die Unterscheidung zwischen belastenden und begünstigenden Normen nicht zu deren unterschiedlicher Behandlung führen darf und für die Unvereinbarerklärung allein der Verstoß gegen den Gleichheitssatz entscheidend ist.[344] Will man hinsichtlich der Folgen von gleichheitswidrigen Belastungen und Begünstigungen differenzieren, muss man diese sauber voneinander abgrenzen können. Es stellt sich daher die Frage, wann von einer Begünstigung und wann von einer Belastung gesprochen werden kann.

aa. Belastung – Begünstigung: Eine Frage der Perspektive

Festzuhalten ist zunächst, dass die Entscheidung, ob eine Regelung als belastend oder begünstigend anzusehen ist[345], von der jeweiligen Perspektive abhängt.[346] So ergeben sich etwa bei einer Regelung, die von einer allgemein belastenden Norm eine Ausnahme gewährt, zwei Blickwinkel: Betrachtet man isoliert die die Belastungsausnahme statuierende Regelung, erscheint diese als Begünstigung[347]. Eine von einer steuerentlastenden[348] Norm nicht erfasste Person würde sich beispielsweise die Einbeziehung in diese "Begünstigung" wünschen. Ein anderes Bild ergibt sich aber, wenn statt einer isolierten Betrachtung die jeweiligen Regelungen im Gesamtzusammenhang wahrgenommen werden. Dann stellt sich die Ausnahmeregelung nur als Abweichung von einer grundsätzlich bestehenden Belastung dar.[349] Um festzustellen, ob eine bestimmte Norm belastend oder begünstigend wirkt, muss demzufolge entschieden werden, ob die jeweiligen Normen einer isolierten Betrachtung oder eine Gesamtbetrachtung zu unterziehen sind.

---

343 Hein (Fn. 4), 40; vgl. dazu auch Vogel, Klaus: Besteuerung von Eheleuten und Verfassungsrecht, StuW 1999, 201 (203); Hein (Fn. 4), 41 und Maurer (Fn. 5), 355 meinen gar, dass eine Abgrenzung nicht in jedem Fall eindeutig getroffen werden könne.

344 Zum Ganzen Hein (Fn. 4), 41; vgl. auch Maurer (Fn. 5), 355.

345 Eine andere Frage ist die nach der Relativität von Begünstigungen oder Belastungen, wonach jedwede differenzierende Regelung gleichzeitig begünstigend und belastend wirkt. Vgl. dazu Kischel (Fn. 184), Art.3 Rn. 65.2.

346 Dazu Moench (Fn. 4), 55; Hein (Fn. 4), 41; Kischel (Fn. 184), Art.3 Rn. 65.2; Graßhof (Fn. 8), 120; Maurer (Fn. 5), 355.

347 Für diese Sichtweise z.B. Blüggel (Fn. 4), 34.

348 Bei Steuernormen handelt es sich jedenfalls um Normen die belasten, vgl. nur Maurer (Fn. 5), 355; Wernsmann (Fn. 139), 148f. m.w.N.

349 Eine steuerentlastende Regelung wäre also lediglich die Ausnahme von einer grundsätzlichen Belastung, nämlich der Erhebung einer Steuer. Instruktiv zum Ganzen Kischel (Fn. 184), Art.3 Rn. 65.2 m.w.N. und Beispielen; zum Ganzen Wernsmann (Fn. 139), 129, 152f, 157.

bb. Gesamtbetrachtung oder isolierte Betrachtung?

Bei Normenkontrollverfahren besteht von vornherein die Gefahr, eine isolierte Betrachtung[350] zugrunde zu legen, weil regelmäßig der Normteil zum Beschwerdegegenstand erhoben wird, den der Beschwerte als "Beschwer" empfindet. Wenn also zum Beispiel der Beschwerdeführer einer Verfassungsbeschwerde nur den ihn von einer Begünstigung ausdrücklich ausschließenden Normteil rügt, könnte man nur diesen betrachten und für verfassungswidrig halten.[351]

Für die Richtigkeit einer einheitlichen Gesamtbetrachtung spricht dagegen die Struktur des Gleichheitssatzes. Wie gezeigt, ergibt sich ein Gleichheitsverstoß stets aus dem Vergleich einer Gruppe mit einer anderen.[352] Eine Kontrollinstanz muss, um einen Gleichheitsverstoß erkennen zu können, immer über die Norm, die nur die Behandlung der einen Vergleichsgruppe regelt, hinausschauen. Die Normen, welche die Behandlung der anderen Vergleichsgruppe regeln, müssen zum Vergleich herangezogen werden. Ergibt sich nun der Gleichheitsverstoß aus der Zusammenschau mehrerer Regelungen, ergibt sich auch der Verstoß aus allen Normen, auf denen die Ungleichbehandlung der beiden Vergleichsgruppen beruht.[353] Wenn aber die jeweiligen Regelungen mittels einer Gesamtbetrachtung geprüft werden müssen, ist es nur konsequent, auch die Kategorien "Begünstigung" und "Belastung" in dieser Weise zu bilden.

Für die Gesamtbetrachtung spricht ferner, dass nur nach dieser die Rechtsfolgen aus Gleichheitsverstößen einheitlich erwachsen. Betrachtete man etwa bei einem ausdrücklichen gleichheitswidrigen Begünstigungsausschluss isoliert die den Ausschluss ausdrücklich statuierende Teilnorm, träten die Rechtsfolgen einer aussetzungsorientierten Unvereinbarerklärung oder auch Nichtigerklärung nur für diese Teilnorm ein.[354] Anders ist die Situation bei einem konkludenten gleichheitswidrigen Begünstigungsausschluss. Bei diesem existiert die den Ausschluss statuierende Teilnorm im Normtext der eigentlichen Begünstigung.[355] Daher kann der konkludente Ausschluss nicht ohne Weiteres isoliert betrachtet werden. Da folglich die die Begünstigung regelnde Norm in die Betrachtung einbezogen werden muss, träten die Rechtsfolgen einer aussetzungsorientierten Unvereinbarerklärung für die begünstigende und den ausschließende Norm gleichermaßen ein.[356] Es zeigt sich, dass wenn nicht eine einheitliche Gesamtbe-

350 Für eine isolierte Betrachtung wohl Hein (Fn. 4), 41; Moench (Fn. 4), 55.

351 Vgl. z.B. BVerfGE 88, 87 (96, 101f.); dazu auch Wernsmann (Fn. 139), 130.

352 Vgl. dazu oben 4. Teil B.III.1.

353 Zum Ganzen Wernsmann (Fn. 139), 134f; ebenso Jülicher (Fn. 152), 92; Pestalozza (Fn. 303), 535.

354 Vgl. dazu BVerfGE 88, 5 (17).

355 Siehe dazu schon oben 4.Teil B.III.1.a. und d.

356 Vgl. z.B. BVerfGE 93, 386 (402f.).

trachtung zugrunde gelegt wird, der Gesetzgeber mittels (zufälliger) gesetzestechnischer Einkleidung darüber disponiert, welche Folgen ein Gleichheitsverstoß hat.[357] Die Gesamtbetrachtung ermöglicht eine rechtsdogmatisch klare Einordnung, in welchen Fällen es tatsächlich um Begünstigungsausschlüsse und in welchen um die Abwehr von Belastungen geht.[358]

c. Verfassungswidrige Normenrelationen auch bei gleichheitswidrigen Belastungen

Begünstigungen und Belastungen können also durchaus sauber voneinander abgegrenzt werden. Insofern haben die Argumente[359], die für die Nichtigerklärung bei gleichheitswidrigen Belastungen sprechen, ihre Berechtigung. Allerdings gelten die Ausführungen zur verfassungswidrigen Normenrelation für gleichheitswidrige Belastungen[360] ebenso wie für gleichheitswidrige Begünstigungen.[361] Auch bei diesen entsteht eine verfassungswidrige Normenrelation, so dass es der automatisch eintretenden Nichtigkeit an einer isolierbaren Norm mangelt.[362] Auch hier kann vom Bundesverfassungsgericht die Nichtigkeit einer bestimmten Norm nicht festgestellt werden.

Das Entstehen einer verfassungswidrigen Normenrelation findet unabhängig von der Frage, ob eine Begünstigung oder Belastung vorliegt, in den Besonderheiten, die sich aus dem Gleichheitssatz ergeben, seine Ursache. Mithin entstehen verfassungswidrige Normenrelationen im Grundsatz bei gleichheitswidrigen Begünstigungen und Belastungen[363] und dies bei allen Gleichheitssätzen.[364] Die-

357 Zum Ganzen Wernsmann (Fn. 139), 133ff., 141; in diese Richtung wohl auch Pestalozza (Fn. 303), 534f; vgl. dazu auch Dürig (Fn. 339), Art. 3 Abs. 1 Rn. 356; ähnlich Kischel, Uwe: Steuerrecht und Gleichheitssatz - Gefahren eines dogmatischen Sonderwegs, in: Mellinghoff, Rudolf et al: Gleichheit im Verfassungsstaat - Symposium aus Anlass des 65. Geburtstags von Paul Kirchhof, 2008, 175 (182).

358 Für diese Betrachtung Wernsmann (Fn. 139) 130ff. m.w.N., 139, 145, 149, 152; vgl. Vogel (Fn. 343), 203; vgl. dazu auch Kischel (Fn. 184), Art.3 Rn. 57ff; tendenziell in Richtung einheitlicher Gesamtbetrachtung Pestalozza (Fn. 303), 534f; mit Tendenz zu einer Gesamtbetrachtung auch BVerfGE 84, 239 (Leitsatz 4, 272).

359 Siehe oben 4. Teil B.III.6.a.

360 Vgl. dazu oben 2. Teil A.I.2.b.

361 Vgl. dazu auch Wernsmann (Fn. 139), 134f., der gleichwohl der Ansicht ist, dass es der aussetzungsorientierten Unvereinbarerklärung für gleichheitswidrig belastende Normen nicht bedarf (siehe dazu Wernsmann (Fn. 139), 128, 123ff).

362 So wohl auch Leal (Fn. 155), 41.

363 Schefold/Leske (Fn. 213), 1300; vgl. dazu auch Classen (Fn. 212), 928; in diese Richtung z.B. auch Moench (Fn. 4), 51.

sen Befund spiegelt auch die Rechtsprechung des Bundesverfassungsgerichts wider, nach welcher aussetzungsorientierte Unvereinbarerklärungen bei Verstößen gegen alle Gleichheitssätze und bei gleichheitswidrigen Begünstigungen wie Belastungen ausgesprochen werden.[365]

7. Zwischenergebnis

Auf gleichheitswidrige Gesetze ist der Grundsatz der ipso-iure-Nichtigkeit nicht zugeschnitten, weil sich die Verfassungswidrigkeit in diesem Fall aus dem Verhältnis mindestens zweier Normen im gesetzestechnischen Sinne ergibt. Diese verfassungswidrige Normenrelation könnte zwar durch die Streichung einer der Normen beseitigt werden, weil vom Grundgesetz aber nicht determiniert ist, welche der Normen nichtig sein soll, tritt die Nichtigkeit nicht von selbst ein. Dem Bundesverfassungsgericht ist es demzufolge verwehrt, die Nichtigkeit einer oder mehrerer Normen festzustellen. Für eine Nichtigerklärung aus eigener Kraft fehlt ihm die Zuständigkeit. Stellt das Bundesverfassungsgericht die Gleichheitswidrigkeit eines Gesetzes fest, muss es bei der Tenorierung einer aussetzungsorientierten Unvereinbarerklärung stehen bleiben.[366] Die aussetzungsorientierten Unvereinbarerklärungen sind damit die Konsequenz dogmatischer Besonderheiten der Gleichheitssätze. In Ausnahmefällen gibt das Grundgesetz selbst vor, wie die verfassungswidrige Normenrelation aufzulösen ist. Zu Recht stellt das Bundesverfassungsgericht in dieser Konstellation die Nichtigkeit einer oder mehrerer Normen fest. Soweit das Gericht ebenso agiert, wenn es den Willen des Gesetzgebers zur Beseitigung der Verfassungswidrigkeit zu kennen glaubt, lässt sich dies verfassungsrechtlich nicht begründen. Die Rechtsprechung des Verfassungsgerichts ist insofern abzulehnen. Verstößt ein Gesetz gegen einen Gleichheitssatz und ein Freiheitsgrundrecht oder sonstiges höherrangiges Recht, bleibt entgegen der Rechtsprechung des Bundesverfassungsgerichts für den Ausspruch einer aussetzungsorientierten Unvereinbarer-

---

364 Hein (Fn. 4), 104; Seer (Fn. 209), 286; nach Sachs NVwZ (Fn. 151), 661 ist aus der auf die Struktur von Gleichheitsverletzungen abstellenden Begründung Allgemeingültigkeit zu folgern; in diese Richtung auch Maurer (Fn. 5), 355, der aber bei Gleichheitssatzverstößen mit "einseitiger", insbesondere diskriminierender Wirkung die Nichtigerklärung für geboten hält (Hervorhebung im Original).

365 Siehe dazu oben 2. Teil A.I.1.b. und 2. Teil A.I.2; vgl. auch Kischel (Fn. 184), Art. 3 Rn. 64.

366 Es ist insofern nicht nachvollziehbar, wenn das Bundesverfassungsgericht ohne jede Begründung ausschließlich gleichheitswidrige Gesetze für nichtig hält, so etwa in BVerfGE 121, 241.

klärung kein Raum. Die verfassungswidrige Normenrelation wird durch den zusätzlichen Verfassungsverstoß absoluter Natur aufgelöst.

C. Erklärungsversuche anwendungsorientierter Unvereinbarerklärungen

Die Zulässigkeit der anwendungsorientierten Unvereinbarerklärungen lässt sich nicht aus den Besonderheiten, die sich aus den Gleichheitssätzen ergeben, herleiten. Im Unterschied zu den aussetzungsorientierten Unvereinbarerklärungen resultiert die Verfassungswidrigkeit bei diesen oftmals nicht aus Verstößen gegen Gleichheitsgrundrechte.[367] Vielmehr können die Normen aus ganz verschiedenen Gründen verfassungswidrig sein.[368] Ferner rekurriert das Bundesverfassungsgericht in seinem Verzicht auf die Nichtigerklärung gerade nicht auf die Gleichheitssätze, es geht ihm vielmehr um die Vermeidung verfassungsfernerer Zustände.[369] Die Frage nach der Zulässigkeit von anwendungsorientierten Unvereinbarerklärungen ist daher eng mit dem Grundproblem der zerstörerischen Wirkungen von Nichtigerklärungen verbunden (I.) und hängt letztlich davon ab, wie mit diesem Problem umgegangen werden kann (II.).

I. Das Grundlagenproblem: Fiat justitia, pereat mundus?

Zu anwendungsorientierten Unvereinbarerklärungen greift das Bundesverfassungsgericht, wenn es sich mit widersprüchlichen Verfassungsforderungen konfrontiert sieht. In bestimmten Situationen verlangt die Verfassung die Eliminierung einer Norm, deren Aufrechterhaltung gleichzeitig aber aus verfassungsrechtlichen Gründen erforderlich ist.[370] Durch die Nichtigerklärung entstünde ein Regelungsdefizit, welches das Verfassungsunrecht noch vertiefen würde.[371] Es bildete sich ein Zustand, der mit der Verfassung noch weniger vereinbar wäre, als der Zustand, wie er mit dem verfassungswidrigen Gesetz besteht.[372]

---

367 Siehe oben 2. Teil B.I; vgl. Schlaich/ Korioth (Fn. 5), Rn. 407.

368 Vgl. etwa BVerfGE 83, 130 (130); 86, 148 (151).

369 Siehe dazu oben 2. Teil B.I.1.

370 Vgl. zum Ganzen oben 2. Teil B.I.1.

371 Zum Ganzen Moench (Fn. 4), 47; vgl. Vogel (Fn. 5), 227; vgl. Maurer (Fn. 5), 352; Löwer (Fn. 6), § 70 Rn. 121; Schlaich/Korioth (Fn. 5), Rn. 405; Siedler (Fn. 35), 146; Kreutzberger (Fn. 4), 145; vgl. Bachof (Fn. 4), 185; vgl. Pohle (Fn. 49), 107.

372 Vgl. etwa BVerfGE 83, 130 (154).

Das Bundesverfassungsgericht geht in diesen Sonderfällen davon aus, dass die verfassungswidrige Norm für eine Übergangszeit weiter anwendbar bleibt.[373] Dem Gesetzgeber soll die Aufgabe obliegen, einen verfassungsmäßigen Zustand herzustellen.[374] Nicht zu übersehen ist aber, dass damit während der Übergangsphase eine verfassungswidrige Rechtslage perpetuiert wird.[375] Außerdem kann mit diesem Problem auch anders umgegangen werden, als dass auf die anwendungsorientierten Unvereinbarerklärungen ausgewichen wird. Vorstellbar ist zum Beispiel, dass der ipso-iure-Grundsatz streng gehandhabt wird und die verfassungswidrigen Normen ohne jede Berücksichtigung etwaiger Folgen für nichtig erklärt werden – eine Lösung, die jedenfalls rechtstheoretisch konsequent erscheint.[376] Käme diesen Fallkonstellationen eine nur geringe praktische Relevanz zu, spräche dies für eine konsequente Handhabung des ipso-iure-Grundsatzes. Auch wenn man vom Bestand des alten, vorher gültigen Rechts ausgeht, spricht dessen Existenz gegen die Erheblichkeit der Folgewirkungen einer Nichtigerklärung.[377] So gesehen führt eine Nichtigerklärung im Normalfall nicht zu völlig unerträglichen Situationen.[378]

Unberücksichtigt bleibt damit aber, dass dem Bundesverfassungsgericht durchaus Fälle zur Entscheidung vorlagen, die jedenfalls äußerst schwere Beeinträchtigungen für das Gemeinwesen und die Verfassung zur Folge gehabt hätten.[379] So wären dem Bund bei Nichtigerklärung der streitgegenständlichen Regelungen des Umsatzsteuergesetzes in der Allphasenumsatzsteuerentscheidung[380] 41% der Steuereinnahmen entfallen.[381] Bei der erfolgreichen Beschwerde gegen das Bundeswahlgesetz wäre die erforderliche Neuwahl nicht möglich, da der bisherige Bundestag zum Erlass eines neuen Bundeswahlgesetzes nicht

373 Vogel (Fn. 5), 227; vgl. etwa BVerfGE 37, 217 (261); 61, 319 (356).

374 Vgl. etwa BVerfGE 118, 168 (211); 111, 191 (192).

375 Seer (Fn. 209), 287.

376 Vgl. Ipsen (Fn. 4), 216f; vgl. dazu Frenz, Walter: Die Rechtsfolgenregelung durch das Bundesverfassungsgericht bei verfassungswidrigen Gesetzen, DÖV 1993, 847 (848).

377 Vgl. dazu Hartmann (Fn. 5), 1267f., der aber nicht von der ausnahmslosen Nichtigkeit verfassungswidriger Normen ausgeht.; ebenso Hein (Fn. 4), 121.

378 Gusy (Fn. 77), 201.

379 Deutlich Moench (Fn. 4), 130f.

380 BVerfGE 21, 12.

381 Vgl. dazu schon oben 1. Teil A. m.w.N.

legitimiert wäre.[382] Die Nichtigerklärung von § 4 Staatsangehörigkeitsgesetz[383] hätte zur Folge, dass die Neugeborenen erst einmal staatenlos wären.[384]

Es bestand also schon die Möglichkeit, dass die Nichtigerklärung eines Steuergesetzes die Staatsfinanzen ruiniert hätte.[385] Aus verfassungsrechtlicher Sicht ähnlich bedenklich ist auch die Vorstellung, dass eine Nichtigerklärung den Staat eines Verfassungsorgans berauben könnte. Letztlich ist es der umsichtigen Entscheidungsfindung des Bundesverfassungsgerichts zu verdanken, dass Gemeinwesen und Verfassung bisher vor den erheblichen Beeinträchtigungen einer bisweilen zu rigorosen Nichtigkeit bewahrt blieben.[386]

Zur Kenntnis zu nehmen ist außerdem, dass Dogmatik und Pragmatik oftmals nicht vollkommen getrennt voneinander betrachtet werden können. Die Pragmatik stellt sich auch als ein Teil der Dogmatik dar, was sich etwa im Vorbehalt des Möglichen ausdrückt.[387] Einer dogmatisch "sauberen" Bewältigung qua ausnahmsloser Nichtigkeit stehen schwere Bedenken entgegen.[388] Es kann nicht die Aufgabe des Bundesverfassungsgerichts sein, den Staat zugrunde zu richten.[389] Es spricht viel dafür, dass die verfassungsgerichtlichen Entscheidungen keine größeren Abweichungen von der Verfassung herbeiführen dürfen, als mit Bestehen des verfassungswidrigen Gesetzes vorlagen.[390] Die Aufrechterhaltung verfassungswidriger Gesetze bis zur legislativen Neuregelung ist nicht nur praktisch notwendig, sondern erscheint auch verfassungsrechtlich geboten.[391]

---

382 Vgl. dazu Wernsmann (Fn. 139), 39f; Moench (Fn. 4), 85; vgl. auch Ipsen (Fn. 4), 138f; Schlaich/Korioth (Fn. 5), Rn. 433; vgl. auch schon oben 1. Teil A.

383 Vgl. dazu BVerfGE 37, 217; vgl. dazu auch Moench (Fn. 4), 131.

384 Zum Ganzen vgl. Löwer (Fn. 6), § 70 Rn. 121; vgl. Pohle (Fn. 49), 108; im Grundsatz anerkennt das auch Ipsen (Fn. 4), 216.

385 So auch Gusy (Fn. 77), 194.

386 Löwer (Fn. 6), § 70 Rn. 121; vgl. auch Ipsen (Fn. 4), 216; das Bundesverfassungsgericht lobend auch Söhn (Fn. 16), 94.

387 Zum Verhältnis von Dogmatik und Pragmatik siehe Wernsmann (Fn. 139), 68f; zum Begriff "Vorbehalt des Möglichen" vgl. Harms (Fn. 213), 161.

388 Schlaich/Korioth (Fn. 5), Rn. 406f; vgl. Benda (Fn. 15), Rn. 1268.

389 Schneider (Fn. 12), 199; kritisch Pieroth, Bodo: Rechtsverweigerung zur Erhaltung der Funktionsfähigkeit staatlicher Einrichtungen – Kritik einer Argumentationsfigur in der Rechtsprechung, VerwArch 1977, 217 (229).

390 Pohle (Fn. 49), 107.

391 Gusy (Fn. 77), 194.

II. Wege aus dem Dilemma

Unabhängig davon, ob man der Nichtigkeits- oder der Vernichtbarkeitslehre anhängt, sind Konzepte denkbar, wie man dem dargestellten Problem begegnen kann. Diese sind jeweils dadurch gekennzeichnet, dass nach ihnen verfassungswidrige Normen in bestimmten Situationen nicht sofort als nichtig angesehen werden.[392] Dem liegt die Erwägung zugrunde, dass die Verfassung schlechterdings keine Rechtsfolge zulassen kann, welche die Verfassungswidrigkeit der Situation noch intensiviert oder die gar in eine Staatskrise führt und damit die vom Grundgesetz gewährleistete Staatsorganisation gefährdet.[393] Zu differenzieren ist zwischen der Tatbestandslösung (1.) und den Rechtsfolgenlösungen (2.).[394]

1. Die Tatbestandlösung

Die Tatbestandslösung ist zu befürworten, wenn man anerkennt, dass ein Absehen von den harten Folgen der Nichtigkeit in bestimmten Situationen notwendig ist und dennoch von der Ausnahmslosigkeit der ipso-iure-Nichtigkeit[395] ausgeht.[396] Den unerwünschten Folgen der Nichtigkeit wird auf der Tatbestandsseite der Verfassungsmäßigkeitsprüfung Rechnung getragen. Das Bundesverfassungsgericht berücksichtigt dann bereits bei der Prüfung der Verfassungsmäßigkeit der jeweiligen Normen, wie sich deren Eliminierung auswirkt. Für die Entscheidung der Frage, ob eine Norm gegen die Verfassung verstößt, werden also die Folgewirkungen der Nichtigkeit einbezogen. Ergibt sich, dass der Wegfall der jeweiligen Normen aus verfassungsrechtlicher Sicht nicht hingenommen werden kann, fließt diese Erkenntnis in die Verfassungsmäßigkeitsprüfung mit ein.[397] Dies hat zur Folge, dass die Norm insgesamt als (noch) verfassungsge-

392 Löwer (Fn. 6), § 70 Rn. 124; Feick, Martin / Henn, Thomas: Drohendes Überschreiten der vom BVerfG zur Neuregelung der Erbschaftsteuer gesetzten Frist zum 31.12.2008: Darf das alte Recht weiter angewandt werden?, DStR 2008, 1905 (1907); Stern (Fn. 6), Art. 93 Rn. 285; vgl. Bachof (Fn. 4), 186; vgl. Siedler (Fn. 35), 147 m.w.N; Hein (Fn. 4), 120f; Moench (Fn. 4), 131f. m.w.N; siehe dazu und zu den folgenden Gedanken Graßhof (Fn. 8), 199ff.

393 Hartmann (Fn. 5), 1268; Graßhof (Fn. 36), § 78 Rn. 36.

394 Vgl. dazu Löwer (Fn. 6), § 70 Rn. 121.

395 Vgl. dazu schon oben 4. Teil A.I.4.

396 So z.B. Stern (Fn. 6), Art. 93 Rn. 285; Hein (Fn. 4), 120; Gusy (Fn. 77), 194; Stern (Fn. 19), § 44 V 3 g) γ) S. 1041f; Pieroth (Fn. 389), 234ff.

397 Vgl. dazu etwa BVerfGE 21, 12 (39).

mäß angesehen und im Tenor ihre Vereinbarkeit festgestellt wird. Eine Betonung der gesetzgeberischen Verpflichtungen ist jedoch nur in den Entscheidungsgründen möglich.[398] Bereits auf der Tatbestandsseite wird die Verfassungswidrigkeit der Normen verneint. Vor allem in älteren Entscheidungen des Bundesverfassungsgerichts lässt sich eine solche Vorgehensweise teilweise erkennen.[399]

Die Tatbestandslösung hat durchaus positive Effekte: Zum einen werden die negativen Folgewirkungen der Nichtigkeit vermieden. Zum anderen wird auf diese Weise der Grundsatz der ipso-iure-Nichtigkeit geschont.[400] Da die Normen schon nicht verfassungswidrig sind, kommt dieser Grundsatz nicht zur Anwendung. Problematisch ist aber, dass dieses Ergebnis der verfassungsrechtlichen Prüfung die Verfassungswidrigkeit der geprüften Normen nicht erkennen lässt.[401] Die Feststellung der Verfassungswidrigkeit unterbleibt nur wegen der Berücksichtigung der Folgen des Verfassungswidrigkeitsausspruches. Es ist die "Entscheidungsehrlichkeit", die gegen eine Berücksichtigung der Folgen einer Nichtigerklärung auf der Tatbestandsseite spricht.[402] Nun wird die Verfassungswidrigkeit von Normen, welche nicht im Einklang mit der Verfassung stehen, aber nicht dadurch aufgehoben, dass ohne sie ein der Verfassung noch weniger entsprechender Zustand bestünde.[403] Wird die Norm als "noch verfassungsgemäß" bewertet, lässt dies das gebotene Unwerturteil über die Norm nicht erkennen.[404] Bedenklich erscheint ferner, dass nur geboten ist, den Wegfall des Gesetzes zu vermeiden. Dies gibt eine Bewertung als verfassungskonform aber nicht wieder.[405] Immerhin verlangt die Verfassung *trotz der Verfassungswidrigkeit* die Geltung der Norm.[406] Außerdem leuchtet es nicht ein, dass bei der Tat-

---

398 Zum Ganzen Stern (Fn. 6), Art. 93 Rn. 285ff; Pieroth (Fn. 389), 234ff.

399 Siehe z.B. BVerfGE 16, 130; 21, 12; siehe dazu schon oben 3. Teil A.I.2; vgl. Bachof (Fn. 4), 184; nach Graßhof (Fn. 36), § 78 Rn. 35 sind solche Entscheidungen in der Rechtsprechung des Bundesverfassungsgerichts überholt.

400 Stern, (Fn. 19), § 44 V 3 g) γ) S. 1041f; vgl. Graßhof (Fn. 8), 203.

401 Graßhof (Fn. 8), 203.

402 Moench (Fn. 4), 182f; Seer (Fn. 209), 288; Rinken (Fn. 213), Art. 94 Rn. 52 a.E; vgl. auch die ausführliche Kritik der Tatbestandslösung bei Wernsmann (Fn. 139), 61f. m.w.N.

403 Hartmann (Fn. 5), 1266.

404 Schlaich/Korioth (Fn. 5), Rn. 407; Graßhof (Fn. 8), 203; auch Stern (Fn. 6), Art. 93 Rn. 288 deutet an, dass die Tatbestandslösung aufgrund der fehlenden Möglichkeit diese zu tenorieren, nicht befriedigend ist; vgl. dazu auch Wernsmann (Fn. 139), 56f. m.w.N.

405 Graßhof (Fn. 8), 203.

406 Hartmann (Fn. 5), 1268.

bestandslösung die Folgen der Kontrolle die Kontrollintensität bestimmen.[407] Gegen die Tatbestandslösung spricht außerdem, dass die Kategorien "verfassungsmäßig" und "verfassungswidrig" ihre Verlässlichkeit verlieren.[408]

2. Rechtsfolgenlösungen

Nach den Rechtsfolgenlösungen wird in anderer Weise mit den negativen Folgen der Nichtigkeit umgegangen, als nach der Tatbestandslösung (a.). An ihre rechtsdogmatische Herleitung sind hohe Anforderungen zu stellen (b.), wobei die Herleitung auf unterschiedlichen Wegen möglich ist (c.).

a. Keine Nichtigkeit trotz Verfassungswidrigkeit

Im Unterschied zur Tatbestandslösung wird bei den Rechtsfolgenlösungen[409] die Verfassungswidrigkeit der jeweiligen Normen nicht geleugnet.[410] Hiernach prüft das Bundesverfassungsgericht die Regelungen auf ihre Verfassungsmäßigkeit hin und stellt deren Verfassungswidrigkeit gegebenenfalls auch fest. Wenn aber durch die Nichtigkeit der Regelungen ein Zustand geschaffen würde, welcher der verfassungsmäßigen Ordnung noch ferner stünde als die verfassungswidrige Regelung, unterbleibt die Feststellung der Nichtigkeit. Die Folgeprobleme einer etwaigen Nichtigerklärung finden erst auf der Rechtsfolgenseite Berücksichtigung. An der Beurteilung der Regelungen als verfassungswidrig ändert sich nichts.[411]

b. Anforderungen an das Rechtsfolgenkonzept

Angesichts dieses Konzeptes fragt sich, wie Regelungen, deren Verfassungswidrigkeit explizit festgestellt wurde, unter Berücksichtigung des ipso-iure-Grundsatzes existent sein können. Geht man davon aus, dass die Geltung verfassungswidriger Normen in einer überzeugenden Weise hergeleitet werden kann, bestehen noch weitere Probleme: Die Annahme, dass in bestimmten Situationen von der Nichtigkeit verfassungswidriger Normen wegen etwaiger unerträglicher Folgen abgesehen werden muss, ist zwar durchaus konsensfähig, es stellt sich aber die Frage, in welcher Intensität diese Situationen unerträglich sein müssen. Kann etwa schon bei nur "unangenehmen" Folgen der Nichtigkeit, wie etwa ei-

---

407 Löwer (Fn. 6), § 70 Rn. 121.

408 Harms (Fn. 213), 201f.

409 Zur Relevanz der Unterscheidung von Tatbestands- und Rechtsfolgenlösung siehe Wernsmann (Fn. 139), 56ff.

410 Graßhof (Fn. 36), § 78 Rn. 35.

411 Zum Ganzen Wernsmann (Fn. 139), 55.

ner allgemeinen Verschlechterung der Finanzlage des Bundes, von dieser abgesehen werden? Hier ergäben sich ernsthafte Bedenken zum Beispiel in Hinblick auf diejenigen Bürger, deren Grundrechte durch die verfassungswidrigen Gesetze verletzt werden. Ein im Ansatz vernünftiges Konzept könnte sich aus verfassungsrechtlicher Sicht so geradezu in sein Gegenteil verkehren. Andererseits dürfen die Anforderungen bei einer pragmatischen Betrachtungsweise auch nicht zu streng sein, da dann unter Umständen das verfolgte Ziel, der Schutz des Gemeinwesens und der Verfassung vor erheblichen Beeinträchtigungen, nicht gewährleistet werden kann. So kann die Vermeidung der Nichtigkeit nicht erst bei unmittelbar drohendem Staatsbankrott, sondern auch schon bei sukzessive eintretender Zahlungsunfähigkeit der Staatsorgane und den daraus resultierenden Folgeerscheinungen geboten erscheinen. Es stellt sich also die Frage, wo für das Absehen von der Nichtigkeit qua Folgenverantwortung eine Grenze nach "oben" und nach "unten" gezogen ist.[412] An die Rechtsfolgenlösungen sind folglich hohe Anforderungen zu stellen. Gefordert sind zugleich dogmatische Sauberkeit und Brauchbarkeit der gewonnenen Ergebnisse.

c. Herleitungsvarianten

Die Rechtsfolgenlösung kann in unterschiedlicher Weise dogmatisch hergeleitet werden. Vorstellbar ist zum einen, dass man sich auf die Existenz alternativer Rechtsgeltungsanordnungen stützt (aa.) und zum anderen, dass man die Nichtigkeit und ihre Folgen gegeneinander abwägt (bb.).

aa. Alternative Rechtgeltungsanordnung

Ausgangspunkt der ersten Herleitungsvariante[413] ist das oben bereits dargestellte Rechtsgeltungsmodell.[414] Hiernach beziehen Normen ihre Geltung aus einer Geltungsanordnung, die eine Norm höherer Stufe ist. Verfassungsnormen sind demnach Rechtsgeltungsbedingungen, die ein Gesetz erfüllen muss, wenn es wirksam zustande kommen soll. Wenn ein Rechtsakt also nur dann gilt, sofern seine Geltung durch eine Norm höherer Stufe angeordnet wird, ist damit auch vorstellbar, dass eine Norm trotz ihrer Fehlerhaftigkeit gilt, wenn die Geltung von einer weiteren Norm höherer Stufe angeordnet wird.[415] Verfassungsrechtliche Rechtsgeltungsnormen weisen demnach einen Alternativcharakter auf, sie

412 Dieses Problem sieht auch Vogel (Fn. 5), 230.

413 Zum Ganzen Hartmann (Fn. 5), 1266ff.

414 Siehe dazu oben 4. Teil A.II.3.b. m.w.N.

415 Vgl. dazu oben 4. Teil A.II.3.d. m.w.N.

ermächtigten zur verfassungskonformen, aber auch zur verfassungswidrigen Normsetzung.[416]

Verallgemeinert bedeutet dies, dass das materielle Verfassungsrecht eine normative Alternative aufweisen kann, die verfassungswidrigen Normen Rechtsgeltung verleiht, obwohl die Normen den Rechtsgeltungsanforderungen der Verfassung an sich nicht entsprechen.[417] Würde nun die Nichtigkeit einer verfassungswidrigen Norm die bestehende Verfassungswidrigkeit noch vertiefen oder ein staatsgefährdendes Chaos heraufbeschwören, ist die Verfassung auf eine solche alternative Rechtsgeltungsbestimmung hin zu untersuchen. Als alternative Geltungsbestimmung ist dabei im Falle eines Falles diejenige Verfassungsnorm anzusehen, die durch die Regelungslücke beeinträchtigt wäre, welche durch die Nichtigkeit entstünde.[418] Im Ergebnis verlangt also die Verfassung trotz der Verfassungswidrigkeit die Normgeltung, ihr selbst ist eine alternative Rechtsgeltungsregelung zu entnehmen.

Auf diese Weise kann man die Geltung verfassungswidriger Normen plausibel und überzeugend herleiten. Problematisch ist aber, dass die Richtigkeit des Rechtsgeltungsmodells postuliert wird. Auf die Schwächen dieses Modells wurde an anderer Stelle bereits hingewiesen.[419]

bb. Abwägung zwischen der Nichtigkeit und ihren Folgen?

Ausgangspunkt der zweiten Variante der Rechtsfolgenlösung ist die Frage nach der Ausnahmslosigkeit der Nichtigkeit[420], unabhängig davon, ob man der Nichtigkeits-[421] oder der Vernichtbarkeitslehre[422] anhängt. Anzunehmen ist dabei, dass der Grundsatz der ipso-iure-Nichtigkeit im Grundgesetz enthalten oder vorausgesetzt ist bzw. sich die Vernichtbarkeitslehre auf die Verfassung zurückführen lässt. Daran schließt sich die Frage an, ob der ipso-iure-Grundsatz bzw. die Forderung nach Nichtigerklärung abwägungsfähig sind.[423]

---

416 Kelsen (Fn. 102), 277f; so wohl auch Söhn (Fn. 16), 29.

417 Hartmann (Fn. 5), 1266; vgl. dazu auch Lippold (Fn. 16), 194.

418 Zum Ganzen Hartmann (Fn. 5), 1268.

419 Siehe dazu oben 4. Teil A.II.3.b.

420 Vgl. dazu schon oben 4. Teil A.I.4.

421 Siehe dazu bereits oben 4. Teil A; vgl. nur Kreutzberger (Fn. 4), 112 m.w.N.

422 Vgl. Pohle (Fn. 49), 107, 125f; Moench (Fn. 4), 142f; Schneider (Fn. 12), 134f; eine Abwägung für möglich hält auch Graßhof (Fn. 8), 214ff.

423 Bejahend z.B. Feick/Henn (Fn. 392), 1907; Kreutzberger (Fn. 4), 113; Harms (Fn. 213), 204; vgl. dazu auch Siedler (Fn. 35), 147; eine allgemeine Abwägung, welches Ergebnis gemeinwohlverträglicher ist, findet sich etwa in BVerfGE 40, 196 (227ff.); eine Variante des "Abwägungsmodells" vertritt Moes (Fn. 16), 33. Hiernach ist bei Steuernormen die Frage abzuwägen, unter welchen Voraussetzungen der Gesetzgeber auf eine befris-

(1) Relativierung des Nichtigkeitsdogmas?

Dafür spricht zunächst, dass dort, wo der Fortfall einer Norm zu einem Regelungsdefizit mit unabsehbaren Folgen oder aber der Fortfall zur gänzlichen Auflösung verfassungsrechtlicher Ordnungsstrukturen führt, eine unzureichende gesetzliche Regelung unter Umständen besser ist, als gar keine.[424] Der Verzicht auf die Nichtigerklärung erscheint in dieser Situation gerechtfertigt. Der Grundsatz der ipso-iure-Nichtigkeit muss daher modifiziert werden können, indem er mit Hilfe einer Güterabwägung relativiert wird.[425]

Problematisch ist aber, dass dem Versuch, einer an sich nichtigen Norm temporäre Wirkkraft zu verschaffen, der Grundsatz der ipso-iure-Nichtigkeit entgegensteht. An sich sollte sich dieser Grundsatz auch gegenüber solchen Normen, für die schwerwiegende Gründe des öffentlichen Wohls sprechen, durchsetzen.[426] Unklar ist, wie eine Entscheidung, ob ein verfassungswidriges Gesetz dem gesetzlosen Zustand vorzuziehen ist, am Maßstab des Rechts getroffen werden kann.[427] Es leuchtet auf den ersten Blick nicht ein, warum es gerade bei besonders schwerwiegenden – weittragenden – Verstößen des Gesetzgebers gegen die Verfassung zu keinen Folgen kommen soll.[428] Schwierig ist außerdem, dass nach dem bisher Gesagten der Rechtsfolgenlösung die Vorstellung zugrunde liegt, dass durch eine verfassungsgerichtliche Entscheidung eine Lücke in die Rechtsordnung gerissen wird. Jedoch erschafft nicht das Bundesverfassungsgericht die Lücke, sondern die Rechtsordnung selbst. So gesehen kann das Gericht nicht auf die Nichtigerklärung verzichten, da eine zu erhaltende Norm gar nicht besteht.[429]

---

tete Fortgeltung der Regelungen berechtigterweise vertrauen darf; zur Möglichkeit der Abwägung und zum Abwägungsvorgang in den folgenden Gedanken Graßhof (Fn. 8), 215ff.

424 Vgl. Pohle (Fn. 49), 72, der allerdings der Vernichtbarkeitslehre anhängt.

425 Zum Ganzen Schmidt/ Lange (Fn. 91), 601ff. m.w.N; vgl. dazu Moench (Fn. 4), 39f; vgl. auch Gerontas (Fn. 152), 489.

426 Weißauer, Walther / Hesselberger, Dieter: Nichtigkeit oder Vernichtbarkeit verfassungswidriger Normen, DÖV 1970, 325 (326); vgl. Gusy (Fn. 77), 195; Hein (Fn. 4), 193.

427 Ipsen (Fn. 4), 117.

428 Ipsen (Fn. 4), 216; Gusy (Fn. 77), 195 meint zudem, dass zwischen Unvereinbarerklärung und Nichtigerklärung ohnehin nur geringe Unterschiede bestünden. Diese Ansicht übersieht die Unterscheidung von aussetzungs- und anwendungsorientierter Unvereinbarerklärung. Ebenso Stern (Fn. 6), Art. 93 Rn. 285; eine Vermischung beider Fallgruppen der Unvereinbarerklärung findet sich ebenfalls bei Kreutzberger (Fn. 4), 132. Auch bei den Vertretern der Vernichtbarkeitslehre werden die beiden Fallgruppen der Unvereinbarerklärung teils vermischt, so etwa Schneider (Fn. 12), 187.

429 Zum Ganzen Hein (Fn. 4), 120.

In der Tat ist die Nichtgeltung einer verfassungswidrigen Norm prinzipiell das zwingende Resultat des hier vertretenen Grundsatzes der ipso-iure-Nichtigkeit, das jedenfalls nicht ohne Weiteres durch eine Abwägung hinwegrelativiert werden kann.[430] Es stellt sich die Frage, ob und wie sich die Abwägungsfähigkeit des Nichtigkeitsgrundsatzes überzeugend entwickeln lässt. Dafür braucht es jedenfalls mehr als die bloße Feststellung, dass in bestimmten Situationen die Nichtigkeit eines verfassungswidrigen Gesetzes als nicht hinnehmbar erscheint. Neben dem Problem, wie das Nichtigkeitsdogma konkret überwunden werden kann, fragt sich auch, wie eine Abwägung im Einzelnen vonstatten gehen soll.

(2) Die Überwindung des Nichtigkeitsdogmas

Voraussetzung für die Überwindung des Nichtigkeitsdogmas ist, dass es überhaupt überwunden werden kann. Es gibt durchaus Verfassungsgüter, die nicht abwägungsfähig sind. So wird dies für die Menschenwürde aus Art. 1 Abs. 1 GG überwiegend angenommen[431], die auch gegenüber dem verfassungsändernden Gesetzgeber änderungsfest ist. Für die Folgen der Verfassungswidrigkeit von Gesetzen steht es jedenfalls dem Verfassungsgesetzgeber frei, eine Verfassungsnorm zu erlassen, welche die Fehlerfolgen normwidriger Gesetzgebung abweichend von dem Grundsatz der ipso-iure-Nichtigkeit regelt.[432] Daraus ist zu folgern, dass der Verfassungsgesetzgeber die Gültigkeit einer verfassungswidrigen Norm und deren bloße Aufhebbarkeit durch das Bundesverfassungsgericht ausdrücklich anordnen kann. Wenn nun aber eine solche Regelung durch den Verfassungsgesetzgeber möglich ist, dann muss es auch unter geltendem Recht möglich sein, die Wirkung der Nichtigkeit auf die Zukunft zu beschränken, sofern das Grundgesetz dies ausnahmsweise fordert und anderen Verfassungsinhalten im Ausnahmefall Priorität gegenüber dem Grundsatz der ipso-iure-Nichtigkeit einzuräumen ist. Im Rahmen der systematischen Auslegung ist bei der Auslegung der Verfassung der Grundsatz der Einheit der Verfassung zu beachten. Diesen bezeichnet das Bundesverfassungsgericht als vornehmsten Ver-

430 Hartmann (Fn. 5), 1266; kritisch auch Vogel (Fn. 5), 228; Moench (Fn. 4), 42.

431 BVerfGE 75, 369 (380); 93, 266 (293); Höfling, in: Sachs, Michael: Grundgesetz – Kommentar, 5. Auflage 2009, Art. 1 Rn. 11; Pieroth, Bodo / Schlink, Bernhard: Grundrechte – Staatsrecht II, 26. Auflage 2010, Rn. 381; Dreier, in: Dreier, Horst: Grundgesetz - Kommentar, Band I, 2. Auflage 2004, Art. 1 Abs. 1 Rn. 44; a.A. wenn Menschenwürde gegen Menschenwürde steht Starck (Fn. 200), Art. 1 Rn. 35 a.E.

432 Siehe z.B. Löwer (Fn. 6), § 70 Rn. 114; vgl. auch Benda/Klein (Fn. 15), Rn. 1248; siehe auch bereits Löwisch (Fn. 10), 731; Waldhoff (Fn. 90), 621 spricht von einer politischen Entscheidung zwischen Nichtigkeit und Vernichtbarkeit.

fassungsgrundsatz. Widerstreitende Verfassungsnormen sind danach im Wege praktischer Konkordanz einander zuzuordnen, welche beide Normen zu möglichst optimaler Entfaltung kommen lässt.[433]

Zu einem ähnlichen Ergebnis gelangt man mit einem von Blüggel[434] entwickelten Modell: Vorauszusetzen ist zunächst, dass sich aus dem Grundsatz der ipso-iure-Nichtigkeit die Nichtigkeit verfassungswidriger Gesetze ergibt und dieser Grundsatz die Funktion hat, die Einheit der Rechtsordnung zu sichern und die normative Kraft der Verfassung zu wahren.[435] Rechtslogisch zwingend ist der Grundsatz hingegen nicht.[436] Der ipso-iure-Grundsatz besagt vielmehr, was rechtlich gesollt ist und hat daher normativen Charakter.[437] Weiterhin lässt sich diese "Norm" auch verfassungsrechtlich ableiten und grundgesetzlich verankern.[438] Fraglich ist aber, in welcher Art und Weise der ipso-iure-Grundsatz Normenkollisionen auflöst.[439] Es stellt sich damit die Frage nach der rechtlichen Qualität des Grundsatzes. Strukturtheoretisch lassen sich Rechtsnormen in Regeln und Prinzipien unterteilen.[440] Folgt man dem von Alexy entwickelten Prinzipienbegriff[441], sind Prinzipien Normen[442], die gebieten, dass etwas in einem relativ auf die rechtlichen und tatsächlichen Möglichkeiten möglichst hohen Maße realisiert wird.[443] Prinzipien sind mithin Optimierungsgebote, die in unterschiedlichen Graden erfüllt werden können. Dabei hängt das gebotene Maß ihrer Erfüllung von den tatsächlichen und rechtlichen Möglichkeiten ab.[444] Regeln[445]

---

433 Zum Ganzen Wernsmann (Fn. 139), 62ff., 67f. mit Hinweis auf BVerfGE 19, 206 (220) und 93, 1 (21); in diese Richtung auch Vogel (Fn. 5), 230f; eine Abwägung im Sinne einer "Art praktischer Konkordanz" präferiert auch Kreutzberger (Fn. 4), 113; siehe auch Moench (Fn. 4), 40, 143f; vgl. Jachmann (Fn. 11), 237; zum Begriff "praktische Konkordanz" siehe Hesse Grundzüge (Fn. 279), 72.

434 Zu den folgenden Gedanken Blüggel (Fn. 4), 143ff.

435 Siehe dazu oben 4. Teil A.II.3.a; vgl. Ipsen (Fn. 4), 160; vgl. Benda/Klein (Fn. 15), Rn. 1247; vgl. dazu auch Hesse Grundzüge (Fn. 279), Rn. 42ff.

436 Vgl. oben 4. Teil A.II.3.

437 Blüggel (Fn. 4), 145 m.w.N.

438 Siehe oben 4. Teil A.II.3.a; vgl. Blüggel (Fn. 4), 145.

439 Blüggel (Fn. 4), 145.

440 Siehe dazu und zum Folgenden Alexy (Fn. 96), 71ff.

441 So auch Blüggel (Fn. 4), 146.

442 Zu den zahlreichen Differenzierungskriterien zur Unterscheidung von Prinzipen und Regeln, die in der Literatur diskutiert werden, siehe Alexy (Fn. 96), 73ff. m.w.N.

443 Alexy (Fn. 96), 75.

444 Alexy (Fn. 96), 75f; vgl. auch Riedel, Eibe: Rechtliche Optimierungsgebote oder Rahmensetzungen für das Verwaltungshandeln?, VVDStRL 58 (1999), S. 180-216, 180 (183).

sind dagegen Normen, die nur erfüllt oder nicht erfüllt werden können.[446] Der Unterschied zwischen Regeln und Prinzipien ist folglich ein qualitativer und nicht nur ein gradueller.[447] Dieser qualitative Unterschied wird auch in der Art und Weise der Auflösung einer Normenkollision sichtbar. Ein Konflikt zwischen Regeln kann nur dadurch gelöst werden, dass entweder eine Ausnahmeklausel, die den Konflikt beseitigt, in eine der Regeln eingefügt oder mindestens eine der Regeln für ungültig erklärt wird.[448] Bei Prinzipienkollisionen muss hingegen eines der kollidierenden Prinzipien zurücktreten. Es muss also weder eines der Prinzipien für ungültig erklärt werden, noch ist eine Ausnahmeklausel einzufügen. Vielmehr geht das eine Prinzip dem anderen unter bestimmten Umständen vor.[449] Demzufolge spielen sich Regelkonflikte in der Dimension der Geltung ab; Prinzipienkollisionen finden hingegen, da nur geltende Prinzipien miteinander kollidieren können, jenseits der Dimension der Geltung in der Dimension des Gewichts statt.[450] Für den Grundsatz der ipso-iure-Nichtigkeit fragt sich, ob dieser als Norm eine Regel oder ein Prinzip darstellt.

Vergegenwärtigt man sich das am Ausgangspunkt dargestellte Dilemma, ergibt sich, dass dieser Grundsatz als ein Prinzip anzusehen ist.[451] Kollidiert nämlich ein einfaches Gesetz mit einer Verfassungsnorm, fordert die Verfassung zum Schutz der Einheit der Rechtsordnung die Nichtigkeit des Gesetzes. Ausdruck dieser Forderung ist der Grundsatz der ipso-iure-Nichtigkeit. Verlangt nun aber eine andere Verfassungsnorm, dass das Gesetz fort gilt, fordern folglich Normen, die sich verfassungsrechtlich verorten lassen, gleichzeitig die Vernichtung und das Fortgelten des verfassungswidrigen Gesetzes. Diese Verfassungsnormen kollidieren daher ihrerseits hinsichtlich ihres Ziels. Beide Verfassungsnormen sind aber Ausdruck des Geltungsanspruchs der Verfassung. Die Verfassung fordert also, dass *beide* Normen gelten. Dann aber kann die Kollision dieser Verfassungsnormen nicht in der Dimension der Geltung, sondern muss in der Dimension des Gewichts stattfinden. Somit spricht viel dafür, den Grundsatz der

445 Nach Alexy definiert Riedel (Fn. 444), 183 Rechtsregeln als defintive deontologische Pflichtsätze relativ geringen Abstraktionsgrades mit Konditionalprogramm, die eine bestimmte Rechtsfolge gebieten.

446 Alexy (Fn. 96), 76.

447 Alexy (Fn. 96), 76f.

448 Alexy (Fn. 96), 77.

449 Alexy (Fn. 96), 79.

450 Alexy (Fn. 96), 79.

451 Im Ergebnis wie hier Blüggel (Fn. 4), 150; Blasberg (Fn. 116), 105f.

ipso-iure-Nichtigkeit als Prinzip zu verstehen.[452] Wenn dieser Grundsatz aber ein Prinzip ist, bedeutet dies, dass er nicht schlechthin den Vorrang vor anderen Prinzipien genießt. Daher gilt der ipso-iure-Grundsatz nicht absolut und ist einer Abwägung zugänglich.[453]

Die Abwägungsvariante der Rechtsfolgenlösung lässt sich also überzeugend herleiten. Damit ist dogmatisch begründet, warum verfassungswidrige Gesetze trotz des Grundsatzes der ipso-iure-Nichtigkeit Geltung beanspruchen können.[454] Aus der Herleitung ergibt sich zugleich, dass das Bundesverfassungsgericht keiner besonderen Ermächtigungsgrundlage für den Ausspruch der anwendungsorientierten Unvereinbarerklärungen bedarf.[455] Die Kritiker der Abwägungsvariante übersehen, dass es nicht allein das Bundesverfassungsgericht ist, das die drohende Lücke in der Rechtsordnung verhindert. Es ist die Rechtsordnung selbst, die das Defizit abwendet.[456] Die Vertreter der abweichenden Ansicht irren in der Annahme, die verfassungswidrige Norm sei zunächst nichtig und werde dann vom Bundesverfassungsgericht "gerettet".[457] Tatsächlich reagiert die Verfassung selbst reflexartig auf die drohenden erheblichen Beeinträchtigungen in eben dem Augenblick, in dem die Norm verfassungswidrig wird und

---

452 Zum Ganzen Blüggel (Fn. 4), 147ff, der aber nicht unmittelbar auf den ipso-iure-Grundsatz als Verfassungsnorm zu rekurrieren scheint, sondern auf die im jeweiligen Fall durch das einfache Gesetz verletzte Verfassungsnorm.

453 Blüggel (Fn. 4), 151.

454 Nicht zu bestreiten ist allerdings, dass die dargestellten Herleitungen vom Gedanken des "richtigen" Ergebnisses beseelt sind. Als vollständig "saubere" Lösung empfiehlt etwa Hartmann (Fn. 5), 1268 dem Bundesverfassungsgericht de lege ferenda den Erlass vorläufiger Regelungen zu ermöglichen. In diese Richtung auch Söhn (Fn. 16), 94f. Kritisch dazu aber Siedler (Fn. 35), 162f.

455 In der Tendenz wie hier Hein (Fn. 4), 199; Löwer (Fn. 6), § 70 Rn. 124 sieht in § 35 BVerfGG die relevante Rechtsgrundlage; folgt man hingegen der Vernichtbarkeitslehre, spricht einiges dafür, die weitere Anwendbarkeit als Vollstreckungsakt anzusehen, vgl. dazu Graßhof (Fn. 8), 256f.

456 Vgl. dazu auch Kreutzberger (Fn. 4), 140, 145; vgl. auch Pohle (Fn. 49), 107; Moench (Fn. 4), 142; vgl. Schneider (Fn. 12), 134f.

457 Die weiter anwendbaren verfassungswidrigen Normen finden ihren Geltungsgrund also nicht in einer Anordnung des Bundesverfassungsgerichts. So aber z.B. Burghart, Axel: Das verfassungswidrige aber nicht nichtige Gesetz - ungültig aber wirksam?, NVwZ 1998, 1262 (1264); Gerhard, Torsten: Die Rechtsfolgen prinzipaler Normenkontrollen für Verwaltungsakte - § 79 Abs. 2 BVerfGG und § 183 VwGO, 2008, 37; wohl auch Rinken (Fn. 213), Art. 94 Rn. 50b; in diese Richtung auch Mayer, Christian: Die Folgen des Ausbleibens der vom Bundesverfassungsgericht geforderten Reform des Vermögenssteuerrechts, DStR 1997, 1152 (1154).

damit an sich nichtig ist.[458] In dieser besonderen Situation vermag sich der Grundsatz der ipso-iure-Nichtigkeit nicht durchzusetzen. Im Zentrum der Betrachtung darf in diesen Fällen ausnahmsweise nicht die Schwere des gesetzgeberischen Verfassungsverstoßes liegen, sondern der Blick muss auf die noch schwerwiegenderen Folgen, welche die Nichtigkeit der betreffenden Regelungen nach sich zögen, gerichtet werden. Es ist daher nicht nur praktisch notwendig, sondern auch verfassungsrechtlich zulässig, wenn das Bundesverfassungsgericht zur Vermeidung verfassungsfernerer Zustände anstelle von Nichtigerklärungen anwendungsorientierte Unvereinbarerklärungen ausspricht.[459] Bedenklich ist allerdings, dass diese Rechtsprechungspraxis geeignet ist, Klageanreize zu beeinträchtigen.[460] Konstruktiv sind insofern Versuche des Bundesverfassungsgerichts, den Gesetzgeber dazu zu verpflichten, die durch die weitere Anwendbarkeit entstehenden Nachteile mit der Neuregelung auszugleichen.[461] Aus Gründen der Rechtsklarheit erscheint es geboten, dass das Bundesverfassungsgericht im Tenor der Entscheidung auf die Weitergeltung der verfassungswidrigen Normen hinweist[462], was das Gericht aber mittlerweile regelmäßig[463] macht.

(3) Die Abwägung

Weiterhin stellt sich die Frage, wie die Abwägung vor sich geht (a) und welche Faktoren Einfluss auf den Abwägungsvorgang haben (b). Die Aufgabe, die Ab-

---

458 Nach Sachs (Fn. 5), 27 kann der Unvereinbarkeitsausspruch nur die Konsequenz der materiellen Rechtslage sein; vgl. auch Pohle (Fn. 49), 107.

459 Wernsmann (Fn. 139), 67f; Benda/Klein (Fn. 15), Rn. 1277; Bethge (Fn. 6), § 78 Rn. 71; Kreutzberger (Fn. 4), 113; Harms (Fn. 213), 202; Aretz, Henning: Neues zur Richtervorlage nach Art. 100 Abs. 1 GG, JZ 1984, 918 (921); zustimmend wohl auch Bachof (Fn. 4), 192; Stahl (Fn. 11), 196; Graßhof (Fn. 36), § 78 Rn. 36; Pohle (Fn. 49), 107; Schneider (Fn. 12), 145; im Ergebnis Seer (Fn. 209), 287; Schenke (Fn. 160), 1326; im Ergebnis wohl auch Schlaich/Korioth (Fn. 5), Rn. 407; einschränkend, aber im Ergebnis ebenfalls zustimmend Vogel (Fn. 5), 230f; Siedler (Fn. 35), 150; zweifelnd Heun (Fn. 163), 23; vgl. auch Hein (Fn. 4), 122, der bei aussetzungsorientierten Unvereinbarerklärungen aber eine Weiteranwendung für möglich hält. Zur abweichenden Ansicht siehe oben 4. Teil C.I. und II.1.

460 Vgl .dazu Moes (Fn. 16), 34; nach Mayer, Christian: Die Nachbesserungspflicht des Gesetzgebers, 1996, 72 wird die durch die von der Nichtigerklärung abweichende Rechtsprechung beeinträchtigte Rechtsklarheit, ob eine Norm Geltung beanspruchen kann oder nicht, teilweise durch eine Tenorierung der Weitergeltung aufgefangen.

461 Vgl. BVerfGE 72, 330 (422f.); vgl. Vogel (Fn. 5), 227.

462 Löwer (Fn. 6), § 70 Rn. 124; vgl. Siedler (Fn. 35), 161; Graßhof (Fn. 36), § 78 Rn. 34.

463 Vgl. BVerfGE 119, 331 (331); 114, 371 (372); 111, 191 (192); anders aber zuletzt aber BVerfGE 119, 181, in der sich die weitere Anwendbarkeit der Normen zweifelsfrei erst aus den Verweisen auf andere Entscheidungen ergibt. Siehe BVerfGE 119, 181 (241).

wägungssituationen "aufzufinden", fällt naturgemäß dem Bundesverfassungsgericht bei der Prüfung der Verfassungsmäßigkeit der jeweiligen Normen zu.[464] Es greift damit nicht in Befugnisse des Gesetzgebers ein, da es den verfassungsmäßigen Zustand nicht selbst herstellt.[465] Dem Gesetzgeber obliegt es, etwa mittels gesetzlicher Neuregelung, die problematische Situation insgesamt zu beseitigen. Es zeigt sich, dass die Verwirklichung der Verfassung hier nur in einem fortlaufenden Prozess möglich ist.[466]

(a) Auflösung einer Prinzipienkollision

Das Bundesverfassungsgericht ermittelt, ob in einer bestimmten Konstellation die negativen Folgewirkungen des Fortfalls einer Norm gegenüber der Forderung der Verfassung nach der Nichtigkeit dieser Regelung überwiegen. Dies folgt aus dem Umstand, dass es sich beim Grundsatz der ipso-iure-Nichtigkeit um ein Prinzip handelt. Das Gericht untersucht also, welchem der sich gegenüberstehenden Prinzipien im konkreten Fall das größere Gewicht beizumessen ist.[467] Nach Alexy ist bei der Auflösung einer Prinzipienkollision das Maß der Nichterfüllung des einen Prinzips zur Wichtigkeit der Erfüllung des anderen Prinzips ins Verhältnis zu setzen.[468] Jenes müsse von dieser abhängig gemacht, an diese gekoppelt werden. Es ergebe sich folgendes "Abwägungsgesetz": "Je höher der Grad der Nichterfüllung oder Beeinträchtigung des einen Prinzips ist, um so größer muss die Wichtigkeit der Erfüllung des anderen sein."[469] Dabei ist für jeden Abwägungsvorgang essentiell, dass die sich gegenüberstehenden Güter in ihrer Gewichtung variabel sind.[470]

(b) Der Abwägungsvorgang

Wenn Gründe vorliegen, die gegen die Nichtigkeit der Regelungen sprechen, heißt dies noch nicht, dass die Nichtigkeit ausscheidet.[471] Einfluss auf das Zu-

---

464 Zur Kompetenz des Bundesverfassungsgerichts in diesen Fällen siehe Blüggel (Fn. 4), 174ff; im Ergebnis für die Kompetenz des Bundesverfassungsgerichts auch Moench (Fn. 4), 145.

465 Blüggel (Fn. 4), 184f.

466 Zur Vorläufigkeit der anwendungsorientierten Unvereinbarerklärung siehe noch unten 4. Teil C.II.2.c.bb.(3) (b) (cc); Siedler (Fn. 35), 162.

467 Dazu und zu den folgenden Gedanken Blüggel (Fn. 4), 169ff; vgl. auch Blasberg (Fn. 116), 106.

468 Alexy (Fn. 96), 146.

469 Alexy (Fn. 96), 146.

470 Graßhof (Fn. 8), 215.

471 Vgl. Schneider (Fn. 12), 147.

rückweichen der Nichtigkeit haben auf der einen Seite die Schwere des Verfassungsverstoßes (bb) und auf der anderen Seite das Ausmaß der Folgen, die eine sofortige Nichtigkeit haben würde (aa).[472] Der Grundsatz der ipso-iure-Nichtigkeit tritt zurück, wenn die nachteiligen Folgen, die aus der Nichtigerklärung resultieren, gegenüber den Folgen überwiegen, die die weitere Anwendung des verfassungswidrigen Gesetzes mit sich bringt.[473] Damit stehen sich im Rahmen der Abwägung zwei Güter gegenüber. Daneben muss für den Abwägungsvorgang beachtet werden, welches die möglichen Folgen für die verfassungswidrige Norm nach der Abwägung sind (cc).

(aa) Folgen der sofortigen Nichtigkeit

Die Folgen einer sofortigen Nichtigkeit können je nach Regelung ganz unterschiedlich ausfallen.[474] Vorstellbar ist zum einen, dass der Fortfall der Norm ganz erhebliche Beeinträchtigungen hervorruft. Dies ist etwa bei einem ertragreichen Steuergesetz der Fall, dessen Eliminierung unmittelbar den Staatshaushalt in Bedrängnis brächte. Zum anderen sind aber auch mittelschwere oder nur sehr leichte bis gar keine Beeinträchtigungen denkbar, die die Nichtigkeit einer Regelung auslösen kann.[475] Keinerlei Auswirkungen hat zum Beispiel die Nichtigerklärung eines Gesetzes, das noch gar nicht in Kraft getreten ist. Je schwerwiegender die Folgen der Nichtigkeit erscheinen, umso mehr ist die Fortgeltung der verfassungswidrigen Norm gefordert.

Zu berücksichtigen ist auch, ob im Falle der Nichtigerklärung eine andere verfassungsrechtlich unbedenkliche Rechtsnorm "nachrückt". Zu nachteiligen Folgen führt die Nichtigkeit des verfassungswidrigen Gesetzes beispielsweise nicht, wenn das von diesem verdrängte "Altrecht" die Verhältnisse in einer der Verfassung entsprechenden Weise regeln kann.[476] Einzubeziehen ist außerdem, ob der Gesetzgeber dazu in der Lage ist, rechtzeitig eine Neuregelung zu erlassen. Die Nichtigerklärung hat auch dann keine negativen Auswirkungen, wenn der Gesetzgeber regulierend eingreifen kann, bevor die negativen Folgen der Nichtigkeit eintreten.[477]

---

472 Vgl. dazu auch die Darstellung bei Moench (Fn. 4), 161ff.

473 Graßhof (Fn. 8), 221; vgl. Graßhof (Fn. 36), § 78 Rn. 41.

474 Zum Ganzen Graßhof (Fn. 8), 215.

475 Eine Variabilität der Folgen des Wegfalls einer Norm nehmen ebenfalls an Feick/Henn (Fn. 392), 1907.

476 Dazu Graßhof (Fn. 8), 217f.

477 Dazu Graßhof (Fn. 8), 217.

(bb) Schwere des Verfassungsverstoßes

Auch die andere abwägungsrelevante Größe – die Schwere des Verfassungsverstoßes – ist eine variable Größe.[478] Obgleich dem Grundgesetz eine Abstufung der Verfassungsnormen nach dem Grad ihrer Bedeutung nicht unmittelbar zu entnehmen ist, lassen sich verschiedene Differenzierungskriterien hinsichtlich der Schwere eines Verfassungsverstoßes ausmachen.

So kann die Beseitigung von Verfassungsverstößen unterschiedlich dringlich sein. Die Beseitigung eines Verfassungsverstoßes, der ohne Weiteres rückwirkend behoben werden kann, erscheint weniger dringlich, als die Beseitigung eines Verstoßes, der irreversible Auswirkungen hat. Ein Indiz für die fehlende Dringlichkeit der Beseitigung könnte beispielsweise der Umstand sein, dass ein Verfassungsverstoß über einen längeren Zeitraum klaglos hingenommen wurde.

Als weiteren Aspekt der Schwere von Verfassungsverstößen ist auf das Ausmaß der Auswirkungen zu verweisen. So können beispielsweise tatsächliche und symbolische Beeinträchtigungen unterschieden werden. Tatsächliche Beeinträchtigungen sind zu bejahen, wenn die Verfassungsverletzung die Lebensführung der Betroffenen unmittelbar verändert. Dies wäre etwa bei Bürgern gegeben, die einem Ausreiseverbot unterliegen. Symbolische Beeinträchtigungen wirken sich zwar auch "tatsächlich" aus, verändern die Lebensführung der Betroffenen aber nicht wesentlich. Dies wäre etwa bei einer Ausgestaltung des Ehenamenrechts der Fall, in der bei Uneinigkeit der Eheleute der Familienname des Mannes bevorzugt würde.[479] Die Lebensführung der Frauen würde sich in tatsächlicher Hinsicht nicht wesentlich verändern.

Ferner kann auf die Wertigkeit des verletzten Rechtsguts abgestellt werden. Eingriffe in das Recht auf körperliche Unversehrtheit aus Art. 2 Abs. 2 S. 1 GG[480] wiegen etwa schwerer, als Eingriffe in das Recht auf freie Entfaltung der Persönlichkeit nach Art. 2 Abs. 1 GG. So dürfte eine strafrechtliche Sanktion, die zum Beispiel die Entfernung von Körperteilen beinhaltet, schwerer wiegen als das Verbot, in der Öffentlichkeit zu rauchen.[481] Vorstellbar sind auch derart schwerwiegende Mängel eines Gesetzes oder die Verletzung so hochrangiger Verfassungsgüter, dass eine vorläufige Weitergeltung von vornherein nicht in Betracht kommt.[482]

---

478 Dazu und zu den folgenden Gedanken Graßhof (Fn. 8), 215ff.

479 Vgl. dazu BVerfGE 84, 9.

480 Zur besonderen Bedeutung dieses Grundrechts siehe z.B. Lang, Heinrich, in: Epping, Volker / Hillgruber, Christian: Beck´scher Online-Kommentar – GG, Stand April 2011, Edition: 10, Art. 2 Rn. 55ff.

481 Zum Ganzen siehe die Darstellung und die Beispiele bei Graßhof (Fn. 8), 216f.

482 Dazu Graßhof (Fn. 36), § 78 Rn. 42f; vgl. BVerfGE 4, 157 (170); 12, 281 (294).

(cc) Mögliche Folgen nach der Abwägung

Weiterhin ist im Rahmen des Abwägungsprozesses zu beachten, welches die möglichen Folgen für die Norm nach der Abwägung sind. So können die verfassungswidrigen Normen nur vorübergehend[483] oder endgültig Geltung beanspruchen.[484] Der Gesetzgeber kann mittels einer Neuregelung die verfassungswidrige Rechtslage rückwirkend oder nur für die Zukunft beseitigen. Die Frage nach nur vorübergehender oder endgültiger Geltung betrifft demzufolge die Verpflichtung des Gesetzgebers, eine rückwirkende oder nicht rückwirkende Neuregelung zu erlassen. In einigen Fällen ist die rückwirkende Aufhebung der verfassungswidrigen Regelungen möglich. Diese Normen sind dann nur vorübergehend, also unter dem Vorbehalt einer gesetzgeberischen Neuregelung weiter gültig[485] und die Beeinträchtigungen der Verfassung sind nur temporärer Natur. Wird etwa für eine Übergangszeit eine Besoldung auf Grundlage einer verfassungswidrigen, aber anwendbaren Regelung gewährt, kann diese Regelung ohne Weiteres nachträglich und rückwirkend ersetzt werden.[486]

Denkbar ist aber auch, dass eine rückwirkende Bereinigung der verfassungswidrigen Rechtslage in einigen Fällen aus verfassungsrechtlichen oder tatsächlichen Gründen nicht möglich ist.[487] Beispielsweise kann einer Person, die aufgrund einer verfassungswidrigen, aber weiter anwendbaren Regelung ihrer Freiheit aus Art. 2 Abs. 2 S. 2 GG beraubt war[488], die Freiheit eben nicht rückwirkend wieder gegeben werden.[489] Eine Beseitigung bestimmter Verfassungs-

483 In der Literatur wird diese Problematik auch unter dem Begriffspaar "vorläufige und endgültige Anwendbarkeit" diskutiert. Vgl. etwa Stahl (Fn. 11), 196. Dies ist insofern verwirrend, als dass "vorläufige Anwendbarkeit" auch in dem Sinn verwendet werden kann, dass eine Weitergeltung nur für eine Übergangszeit bis zu einer Neuregelung gemeint ist. Um Irritationen zu vermeiden wird hier die Formulierung "vorläufige Anwendbarkeit" für die weitere Geltung verfassungswidriger Normen bis zu einer Neuregelung verwendet. Sofern es darum geht, dass eine weiter anwendbare verfassungswidrige Norm vom Gesetzgeber rückwirkend aufgehoben werden muss, wird von "vorübergehender" Geltung gesprochen.

484 Siehe dazu schon oben 2. Teil B.I.2.b.

485 Vgl. dazu BVerfGE 61, 319 (356f.); vgl. auch BVerfGE 93, 165 (178).

486 Battis (Fn. 11), Rn. 76.

487 Vgl. dazu BVerfGE 111, 191 (224f.); 93, 121 (148f.); vgl. Graßhof (Fn. 8), 186; Wernsmann (Fn. 139), 223 verweist in diesem Zusammenhang auch auf den Vorbehalt des Möglichen; vgl. Graßhof (Fn. 36), § 78 Rn. 53; vgl. auch BVerfGE 87, 114 (136f.); vgl. dazu auch Blüggel (Fn. 4), 114. Zur Differenzierung zwischen vorübergehender und endgültiger Weitergeltung siehe auch Stahl (Fn. 11), 196.

488 Vgl. dazu BVerfGE 109, 190.

489 Weitere Beispiele sind zu finden bei Graßhof (Fn. 8), 189.

verletzungen ist also nicht möglich.[490] Weiterhin vorstellbar sind Situationen, in denen eine Rückabwicklung aus verfassungsrechtlicher Sicht ausgeschlossen ist. So kann die nur vorübergehende Fortgeltung einer Steuernorm zu so erheblichen staatlichen Rückzahlungsverpflichtungen führen, dass der Staat wiederum vor dem Ruin stünde.[491] Der Gesetzgeber ist dann nicht zur rückwirkenden Neuregelung verpflichtet[492], was die endgültige Fortgeltung der verfassungswidrigen Norm für einen begrenzten Zeitraum zur Folge hat.[493] Die Forderung nach einer auch in zeitlicher Hinsicht möglichst vollständigen Beseitigung des Verfassungsverstoßes, also auch für die Vergangenheit[494], wird durch diese "Perpetuierung von Unrecht"[495] beeinträchtigt. Immerhin scheint für diesen Zeitraum latent der Vorrang der Verfassung missachtet zu werden, weshalb Forderungen erhoben werden, an dem Grundsatz festzuhalten, dass sich die Reformpflicht des Gesetzgebers ex tunc auf den gesamten von der Unvereinbarerklärung betroffenen Zeitraum zu erstrecken habe.[496] Jedoch ist es wiederum die Verfassung, welche die endgültige Fortgeltung verlangt. Diese Problematik ist für § 79 Abs. 2 BVerfGG bekannt und auch anerkannt.[497] Dieser begrenzt die effektive Rückwirkung der Nichtigkeit. Aus ihm folgt, dass mit Rücksicht auf die Rechtssi-

490 Vgl. Battis (Fn. 11), Rn. 76.

491 Graßhof (Fn. 8), 220f; vgl. dazu BVerfGE 87, 153 (178f.); 93, 121 (148); 93, 165 (178); vgl. dazu auch Blüggel (Fn. 4), 114.

492 Wernsmann (Fn. 139), 68; Graßhof (Fn. 8), 213f; vgl. auch Schlaich/Korioth (Fn. 5), Rn. 427; sehr kritisch dazu aber Seer (Fn. 209), 289.

493 Für verfassungsrechtliche Gründe zustimmend Schlaich/Korioth (Fn. 5), Rn. 427; ähnlich Herter, Wilfried: Die Unvereinbarerklärung verfassungswidriger Steuergesetze, 1994, 55; vgl. zum Ganzen Graßhof (Fn. 8), 186ff., Graßhof (Fn. 8), 220 verweist ebenfalls auf die Unmöglichkeit einer nur vorläufigen Anwendbarkeit aus tatsächlichen und rechtlichen Gründen; nur im Ergebnis zustimmend Moes (Fn. 16), 31; zustimmend nur unter der Voraussetzung, dass eine Änderung der verfassungsgerichtlichen Rechtsprechung eintritt, die der Gesetzgeber nicht vorhersehen konnte, um so einen zu sorglosen Umgang des Gesetzgebers mit dem Verfassungsrecht zu verhindern, Seer, Roman / Wendt, Volker: Die Familienbesteuerung nach dem so genannten "Gesetz zur Familienförderung" vom 22.12.1999, NJW 2000, 1904 1911; siehe dazu auch die Darstellung bei Graßhof (Fn. 36), § 78 Rn. 47.

494 Graßhof (Fn. 8), 228.

495 Zur eindringlichen Kritik siehe schon oben 1. Teil B.II; siehe auch Wernsmann (Fn. 139), 221; vgl. auch Löwer (Fn. 6), § 70 Rn. 124.

496 Seer (Fn. 209), 289; kritisch unter der Perspektive Grundrechtsschutz Moes (Fn. 16), 31f; vgl. auch Herter (Fn. 493), 55.

497 Gerhard (Fn. 457), 47f.m.w.N.; vgl. auch Bethge (Fn. 6), § 79 Rn. 44; Steiner, Udo: Zum Entscheidungsausspruch und seinen Folgen bei der verfassungsgerichtlichen Normenkontrolle, in: Isensee, Josef / Lecheler, Helmut: Freiheit und Eigentum – Festschrift für Walter Leisner zum 70. Geburtstag, 1999, 569 (576ff.).

cherheit die Auswirkungen der verfassungswidrigen Regelung in der Vergangenheit nicht vollständig bereinigt werden.[498]

Schließlich kann auch das Ausmaß, in welchem die verfassungswidrige Regelung gültig sein soll, variieren. Verlangt die Verfassung, dass nur ein Teil der verfassungswidrigen Norm erhalten bleiben muss, darf auch nur ein Teil der Regelung in Geltung bleiben.[499]

(4) Nur bei Verfassungsgütern?

Ein schwieriges Problem[500] besteht in der Frage, ob der Grundsatz der ipso-iure-Nichtigkeit nur angesichts von Verfassungsgütern zurücktritt.[501] Warum sollten nicht bereits wichtige Belange des Gemeinwohls[502] das Abweichen von der Nichtigkeit rechtfertigen können? Dafür spricht, dass die Konkretisierung von verfassungsrechtlichen Gründen durch das Bundesverfassungsgericht, die im jeweiligen Fall eine weitere Anwendbarkeit der Normen fordern, nicht immer gelingen wird.[503] So hat das Gericht etwa in der Kohlepfennigentscheidung[504] auf eine ausdrückliche Verankerung des mit der weiteren Anwendbarkeit bezweckten Zieles verzichtet. Dort hat es sich zur Begründung auf das Gemeinwohl bezogen, das einen schonenden Übergang zu einer verfassungsmäßigen Rechtslage gebiete.[505] Es fragt sich, ob nicht die Bemühungen, die weitere Anwendbarkeit in jedem Fall verfassungsrechtlich zu legitimieren, die Möglichkeiten einer Verfassungsauslegung übersteigen. Immerhin enthält das Grundgesetz

498 Zum Ganzen Graßhof (Fn. 8), 214.

499 Vgl. dazu BVerfGE 51, 268 (291f.); 41, 251 (267); 33, 1 (13); vgl. Graßhof (Fn. 36), § 78 Rn. 49.

500 Zum Streit darüber innerhalb des Zweiten Senat des Bundesverfassungsgerichts vgl. BVerfGE 109, 190 (235f., 246); vgl. dazu auch Graßhof (Fn. 36), § 78 Rn. 41.

501 Noch enger Klein, Hans H.: Bundesverfassungsgericht und Staatsraison, 1968, 15ff., v.a. 38f.

502 Dazu Graßhof (Fn. 8), 210ff; vgl. auch Häberle, Peter: Buchbesprechung zu: Klein, Hans H.: Bundesverfassungsgericht und Staatsräson, Über Grenzen normativer Gebundenheit des Bundesverfassungsgerichts, 1968, DÖV 1969, 150 (151); vgl. auch Häberle, Peter: "Gemeinwohljudikatur" und Bundesverfassungsgericht – Öffentliche Interessen, Wohl der Allgemeinheit in der Rechtsprechung des BVerfG, AöR 95 (1970), 260 (277); in diese Richtung wohl auch Bachof (Fn. 4), 185; vgl. dazu auch Feick/Henn (Fn. 392), 1908; Schenke (Fn. 160), 1326 hält ein Absehen von der Nichtigerklärung in den Fällen für legitim, in denen diese zu schweren Schäden für das Gemeinwohl führen würde, wobei diese Fälle eng zu beschränken sein sollen.

503 Graßhof (Fn. 8), 205, mit Verweis auf BVerfGE 92, 53; 87, 153; 93, 121; 93, 165; vgl. auch Graßhof (Fn. 8), 205ff.

504 BVerfGE 91, 186.

505 Vgl. BVerfGE 91, 186 (207); vgl. Graßhof (Fn. 8), 206.

keinen vollständigen Katalog verfassungsrechtlich unter besonderen Schutz gestellter Rechtsgüter. Könnte die weitere Anwendbarkeit nur mit aus dem Grundgesetz ableitbaren Verfassungsgütern gerechtfertigt werden, dürfte sie in vielen Konstellationen, in denen sie dringend geboten erscheint, an sich nicht ausgesprochen werden. Dem wäre allenfalls damit zu begegnen, dass das Grundgesetz in übersteigerter Weise ausgelegt und um die jeweils einschlägigen Interessen ergänzt würde.[506]

Anzuerkennen ist, dass diese pragmatische Argumentation wichtige Aspekte berührt. Die dogmatische Herleitung der Geltung verfassungswidriger Normen gibt eine Rechtfertigung aufgrund nichtverfassungsrechtlicher Güter aber nicht her. Hiernach müssen es Verfassungsgüter sein, die dem Nichtigkeitsgrundsatz entgegentreten. Dies gilt offensichtlich für die Variante der Rechtsfolgenlösung, die auf alternative Rechtgeltungsanordnungen abstellt. Die alternative Rechtsgeltungsanordnung folgt aus der Verfassung selbst, ist es doch die jeweils von der Nichtigkeit beeinträchtigte Verfassungsnorm, die die alternative Rechtsgeltungsanordnung beinhaltet. Diese muss also der Verfassung entnommen werden. Ähnliches gilt für die Abwägungslösung. Wenn es nämlich die Verfassung ist, die reflexartig auf die drohenden erheblichen Beeinträchtigungen reagiert, muss der Auslöser des Reflexes in der Verfassung selbst angelegt sein. Auch wenn der ipso-iure-Grundsatz als Prinzip verstanden wird, muss das entgegenstehende Prinzip ein verfassungsrechtliches sein. Das Nichtigkeitsprinzip kann aus der Verfassung abgeleitet werden und ist damit seinerseits ein Prinzip mit Verfassungsrang.[507] Es müssen daher verfassungsrechtliche Gründe sein, die im Einzelfall den Verzicht auf die Nichtigkeitsfeststellung rechtfertigen.[508] Dafür spricht außerdem, dass es sich um eine Einschränkung der Verfassung handelt, für die eine gesetzliche Ermächtigung fehlt. Eine Rechtfertigung kann sich nur aus der Verfassung ergeben.[509] Der Grundsatz der ipso-iure-Nichtigkeit tritt nur dann zurück, wenn die nachteiligen Folgen, die bei einer Nichtigerklärung eintreten, die Folgen überwiegen, die die weitere Anwendung des verfassungswidrigen Gesetzes mit sich bringt. Das Bundesverfassungsgericht muss daher kon-

506 Graßhof (Fn. 8), 208; zum Ganzen ders. 206ff. m.w.N.

507 Blüggel (Fn. 4), 187.

508 Blüggel (Fn. 4), 187; Harms (Fn. 213), 203, 197; Vogel (Fn. 5), 228; Wernsmann (Fn. 139), 67; Kreutzberger (Fn. 4), 113; vgl. Aretz (Fn. 459), 921; nach Siedler (Fn. 35), 149 müssen von Grundgesetz selbst gewährleistete Institutionen oder Funktionseinheiten in einer Schwere betroffen sein, die ihre Funktionsunfähigkeit nahe legt.

509 Harms (Fn. 213), 203; vgl. 197; vgl. auch Aretz (Fn. 459), 921.

kret ermitteln, welcher der Verfassungsforderungen im Einzelfall der Vorrang einzuräumen ist.[510]

(5) Nur befristete Weitergeltung

Wenn sich der ipso-iure-Grundsatz also unter besonderen Umständen nicht unmittelbar durchsetzen kann, ergibt sich dadurch für den Gesetzgeber die Möglichkeit, die Folgen des Wegfalls der Regelung für die Zukunft zu vermeiden.[511] Möglich ist dies durch den Erlass verfassungskonformer Regelungen oder gesetzgeberischer Übergangsregelungen, die den Fortfall der verfassungswidrigen Norm abfedern können. Letztlich stellt die Fortgeltung einer verfassungswidrigen Norm nur eine "ausgesprochene Notlösung" dar.[512] Aus dem erkannten Verfassungsverstoß resultiert eine fortdauernde Belastung.[513] Folglich besteht auch weiterhin die Forderung der Verfassung nach der Beseitigung des Verfassungsverstoßes, weshalb die verfassungswidrige Norm nicht beliebig lang weiter gelten kann.[514] Der Grundsatz der ipso-iure-Nichtigkeit tritt nur für eine bestimmte Zeit zurück. Der Gesetzgeber ist gehalten, die Probleme, die sich aus der Nichtigkeit der verfassungswidrigen Norm ergeben, so schnell wie möglich zu beseitigen.

Die begrenzte Dauer der Fortgeltung folgt unmittelbar aus ihrer Rechtfertigung. Die Forderungen nach Nichtigkeit und nach Wirksamkeit der Regelungen werden immer zu einem bestimmten Zeitpunkt, nämlich dem der verfassungsgerichtlichen Entscheidung, miteinander abgewogen.[515] Je länger aber der verfassungswidrige Zustand andauert, umso dringlicher wird die Forderung nach seiner Beseitigung. Das Verhältnis zwischen Vor- und Nachteilen des Fortgeltens

---

510 Kritisch etwa Stahl (Fn. 11), 198, der die Ansicht vertritt, dass das Bundesverfassungsgericht den Rechtfertigungsgrund des "Interesses an verlässlicher Finanz- und Haushaltsplanung" generalklauselartig verwenden würde; vgl. dazu auch Moes (Fn. 16), 30ff; Tipke, in: Tipke, Klaus / Kruse, Heinrich Wilhelm: Abgabenordnung, Finanzgerichtsordnung – Kommentar zur AO und FGO (ohne Steuerstrafrecht), Loseblatt, Stand Juli 2001, § 165 AO Rz. 12 spricht von einer Kapitulation vor der Macht der nackten fiskalischen Interessen; zur letztlich unberechtigten Kritik am Bundesverfassungsgericht verfassungswidrige Steuergesetze für weiter anwendbar zu erklären vgl. Graßhof (Fn. 36), § 78 Rn. 47; kritisch zu BVerfGE 87, 153 etwa Seer (Fn. 209), 290; kritisch zu einzelnen Argumenten des Bundesverfassungsgerichts auch Wernsmann (Fn. 139), 224 m.w.N.

511 Graßhof (Fn. 8), 241, zum Folgenden Graßhof (Fn. 8), 241ff.

512 Graßhof (Fn. 8), 241.

513 Vgl. auch Seer (Fn. 209), 287; vgl. Löwer (Fn. 6), § 70 Rn. 124.

514 Vgl. dazu BVerfGE 83, 130 (154).

515 Graßhof (Fn. 8), 242.

der Norm neigt sich mit zunehmendem Zeitablauf immer mehr in Richtung der Nachteile. Dies ergibt sich schon daraus, dass die Anwendung einer verfassungswidrigen Norm zu immer weiteren verfassungswidrigen Belastungen führt. Die Nachteile, die sich durch die Eliminierung der verfassungswidrigen Norm ergeben, bleiben bei gleicher Rechtslage hingegen konstant. Das Abwägungsergebnis kann immer nur auf einen bestimmten Zeitraum bezogen sein. Die Verfassung wird ihren Geltungsvorrang gegenüber der verfassungswidrigen Regelung durchsetzen, sobald die Vorteile der Fortgeltung die Nachteile nicht mehr überwiegen.

Demzufolge kann eine verfassungswidrige Norm immer nur für einen befristeten Zeitraum ausnahmsweise Geltung beanspruchen.[516] Gegenüber der Tatbestandslösung, mit der eine befristete und nur vorläufige Hinnahme verfassungswidriger Zustände nicht gewährleistet werden kann, erweist sich die Rechtsfolgenlösung aufgrund der größeren Flexibilität als vorteilhaft.[517] Um Verwirrung zu vermeiden ist es von Vorteil, im Tenor der Entscheidung ausdrücklich auf die weitere Anwendbarkeit und auf die voraussichtliche Dauer der weiteren Anwendbarkeit hinzuweisen.[518] Auch das Bundesverfassungsgericht verweist auf die nur befristete Anwendbarkeit der Regelungen.[519]

Ein wichtiger Aspekt für die Ermittlung der Geltungsfrist ist jedenfalls die zeitliche Möglichkeit des Gesetzgebers, eine verfassungskonforme Neuregelung zu erlassen.[520] Die Bestimmung des genauen Zeitpunkts, an dem das Abwägungsergebnis zugunsten der ipso-iure-Nichtigkeit umschlägt, ist naturgemäß äußerst schwierig. Als relevante Faktoren, neben der gesetzgeberischen Möglichkeit der Neuregelung, kommen die Schwere des Verfassungsverstoßes, die

516 Zum Ganzen Graßhof (Fn. 8), 242; vgl. auch Schneider (Fn. 12), 147; die Fristdauer kann Gegenstand einer Beschwerde vor dem EGMR sein, vgl. EGMR NJW 2003, 2221 (2221), wobei die Beschwerdeführer dieses Verfahrens eine längere Dauer der weiteren Anwendbarkeit der Vorschriften über die Singularzulassung von Rechtsanwälten bei den Oberlandesgerichten begehrten; vgl. dazu Graßhof (Fn. 36), § 78 Rn. 51.

517 Zu den Vorteilen der weiteren Anwendbarkeit vgl. auch die Anekdote bei Bachof (Fn. 4), 192.

518 Für eine Verankerung der weiteren Anwendbarkeit im Tenor und ausdrückliche Begründung Benda/Klein (Fn. 15), Rn. 1277; Bethge (Fn. 11), 22; für eine Anordnung im Tenor Schlaich/Korioth (Fn. 5), Rn. 429; ebenso Siedler (Fn. 35), 164, die eine zwingende Pflicht des Bundesverfassungsgerichts, die weitere Anwendbarkeit der Normen in den Tenor aufzunehmen, aber zu Recht verneint. Genauer dazu Siedler (Fn. 35), 164, 161 m.w.N. Für eine Aufnahme in den Tenor sprechen jedenfalls Gründe der Rechtsklarheit. Nach § 31 Abs. 2 S. 3 BVerfGG wird die Entscheidungsformel im Bundesgesetzblatt veröffentlicht. Vgl. dazu Graßhof (Fn. 36), § 78 Rn. 34.

519 So z.B. in BVerfGE 114, 371 (372); 109, 190 (191); 98, 169 (171); 92, 53 (54).

520 Dazu und weiter zur Fristbestimmung siehe Graßhof (Fn. 8), 243 und 242ff.

Anzahl und Intensität neuer Verfassungsverstöße durch die Anwendung des Gesetzes und die Schwere der Folgen der Nichtigkeit der Norm in Betracht.[521] Überwiegen nach einem gewissen Zeitablauf die Vorteile der Fortgeltung die Nachteile der Nichtigkeit nicht mehr, wird die betreffende Regelung ipso iure nichtig.[522] Letztlich setzt sich also der Grundsatz der ipso-iure-Nichtigkeit durch.

(6) Weitergeltung auch bei aussetzungsorientierten Unvereinbarerklärungen?

Verletzt ein Gesetz einen Gleichheitssatz, kann das Bundesverfassungsgericht die Nichtigkeit der betreffenden Normen nicht feststellen. Besonderheiten bei Gleichheitsverstößen führen dazu, dass das Gericht aussetzungsorientierte Unvereinbarerklärungen aussprechen muss.[523] Gleichwohl steht mit der Unvereinbarerklärung aber die Verfassungswidrigkeit der jeweiligen Regelungen fest. Aus Art. 20 Abs. 3 GG folgt für diesen Fall, dass die an der verfassungswidrigen Normenrelation beteiligten Normen im gesetzestechnischen Sinne nicht angewendet werden dürfen.[524] Wendete man die Normen weiter an, käme es zu erneuten Verfassungsverletzungen. Aus rechtsstaatlichen Erwägungen[525] ergibt sich daher, dass die verfassungswidrigen Normen nach dem Ausspruch einer

---

521 Dazu Graßhof (Fn. 8), 243f.

522 Graßhof (Fn. 8), 246. Hält man für die Nichtigkeit der Norm jedenfalls eine gestaltende Entscheidung des Bundesverfassungsgerichts für erforderlich, kann man hier zu einem abweichenden Ergebnis kommen. In diese Richtung wohl Hoppe, Tilman: Verfassungswidriges Recht: Was folgt aus einem Unterlassen des Gesetzgebers?, DVBl. 2009, 628 (629), der seine Ansicht allerdings nicht dogmatisch herleitet.

523 Siehe dazu oben 4. Teil B.III.

524 Z.B. Hein (Fn. 4), 193; zur Konstruktion der Anwendungssperre ausführlich unten 5. Teil A.I.4. m.w.N.

525 Zusammen mit Art. 20 Abs. 2 GG bilden die drei Grundsätze des Art. 20 Abs. 3 GG jedenfalls den Kern des formellen Rechtsstaatsprinzips, vgl. Sommermann, in: Mangoldt, Herrmann von / Klein, Friedrich / Starck, Christian: Kommentar zum Grundgesetz, sechste Auflage, 2010, Art. 20 Abs. 3 Rn. 227; vgl. dazu auch Sachs, in: Sachs, Michael: Grundgesetz – Kommentar, 5. Auflage 2009, Art. 20 Rn. 75 m.w.N. Damit ist nicht gesagt, dass das Rechtsstaatsprinzip von diesen Bestimmungen abschließend erfasst ist. Vgl. dazu auch ders. Art. 20 Rn. 75 m.w.N; Schulze-Fielitz, in: Dreier, Horst: Grundgesetz - Kommentar, Band II, 2. Auflage 2006, Art. 20 (Rechtsstaat) Rn. 40. Ausführlich zu Art. 20 GG und dem Rechtsstaatsprinzip Kunig, Philip: Das Rechtsstaatsprinzip: Überlegungen zu seiner Bedeutung für das Verfassungsrecht der Bundesrepublik Deutschland, 1986, 72ff. und passim; zu den Problemen im Umgang mit dem Rechtsstaatsprinzip vgl. auch die amüsante Darstellung bei Hien, Eckart: Zwischen Bewährung und Gefährdung - Anmerkungen zur Lage des Rechtsstaates, DVBl. 2007, 201 (201f.).

aussetzungsorientierten Unvereinbarerklärung einer Anwendungssperre unterliegen.

Wenn nun aber die unvereinbaren Normen nicht angewendet werden dürfen, können die gleichen problematischen Folgen entstehen, wie sie für die sofortige Nichtigkeit dargestellt wurden.[526] Auch bei der Nichtigkeit einer Norm besteht die Gefahr schwerwiegender Verfassungsbeeinträchtigungen, weil diese Norm nicht mehr angewendet werden kann.[527] Fraglich ist nun, ob die Grundsätze, die für eine Norm gelten, deren Geltung und Nichtigkeit die Verfassung gleichzeitig fordert, auch auf Regelungen übertragen werden können, die aufgrund einer aussetzungsorientierten Unvereinbarerklärung einer Anwendungssperre unterliegen. Die Antwort auf diese Frage ergibt sich aus der Begründung der Anwendungssperre. Diese lässt sich, wie bereits erwähnt, auf rechtsstaatliche Erwägungen zurückführen.[528] Das Rechtsstaatsprinzip ist eines der zentralen Prinzipien der Verfassung.[529] Es ist ohne Weiteres vorstellbar, dass das Rechtsstaatsprinzip und ein anderes Verfassungsprinzip gleichzeitig Geltung beanspruchen.[530] Daher können Nichtanwendung und Anwendung von gleichheitswidrigen Normen gleichzeitig verfassungsrechtlich gefordert sein. Das Rechtsstaatsprinzip fordert dann die Anwendungssperre, da die Normen verfassungswidrig sind. Drohen aber bei einer sofortigen Nichtanwendung der Verfassung noch schwerwiegendere Beeinträchtigungen, ist die vorläufige weitere Anwendbarkeit der Normen geboten. Diese Situation deckt sich mit der Sachlage, in der verfassungswidrige Normen nicht sofort für nichtig erklärt werden und für eine Übergangszeit weiter anwendbar sind. Die dargestellten Grundsätze können daher auf den Fall, dass eine Regelung einer aussetzungsorientierten Unvereinbarerklärung unterliegt, übertragen werden. Verletzt also ein Gesetz einen Gleichheitssatz, muss das Bundesverfassungsgericht grundsätzlich eine aussetzungsorientierte Unvereinbarerklärung aussprechen. Verlangt aber die Verfassung die weitere Anwendbarkeit der unvereinbaren Regelung, unterliegt diese Norm keiner Anwendungssperre. Zu Recht spricht das Bundesverfassungsgericht dann ebenfalls anwendungsorientierte Unvereinbarerklärungen aus.[531]

---

526 Siedler (Fn. 35), 158.

527 Siehe dazu schon oben 2. Teil B.II.1.

528 Zur Konstruktion der Anwendungssperre ausführlich unten 5. Teil A.I.4. m.w.N.

529 Vgl. dazu Sommermann (Fn. 525), Art. 20 Abs. 3 Rn. 227; vgl. auch Schulze-Fielitz (Fn. 525), Art. 20 (Rechtsstaat) Rn. 41.

530 Vgl. Riedel (Fn. 444), 183.

531 Für anwendungsorientierte Unvereinbarerklärungen auch in diesem Bereich Seer (Fn. 209), 287; Heußner (Fn. 160), 258f; Siedler (Fn. 35), 163; im Ergebnis wohl auch Kreutzberger (Fn. 4), 132ff; vgl. Aretz (Fn. 459), 920; für eine im Einzelfall zulässige Anwendbarkeit unvereinbarer Norm spricht sich auch Hein (Fn. 4), 194 aus, der dies für

III. Zwischenergebnis

Die Ursache dafür, dass verfassungswidrige Normen ausnahmsweise weiter angewendet werden können, liegt in der Verfassung selbst.[532] Das prozessuale Gegenstück dieser materiell-rechtlichen "Verfassungsdurchbrechung"[533] sind die anwendungsorientierten Unvereinbarerklärungen.[534] Der Praxis des Bundesverfassungsgerichts, in bestimmten Konstellationen auf die Nichtigerklärung verfassungswidriger Gesetze zu verzichten und eine anwendungsorientierte Unvereinbarerklärung auszusprechen, stehen aus verfassungsrechtlicher Sicht keine Bedenken gegenüber. Die verfassungswidrigen Regelungen sind allerdings nur befristet[535] und im Grundsatz nur vorübergehend weiter anwendbar[536]. Ferner lässt die dogmatische Herleitung der anwendungsorientierten Unvereinbarerklärungen eine Rechtfertigung nur in Hinblick auf verfassungsrechtliche Gründe, die gegen die Nichtigkeit sprechen, zu.[537] Sofern das Gericht auch auf nichtverfassungsrechtliche Gründe rekurriert, wie es etwa bei wichtigen Belangen des Gemeinwohls der Fall sein kann, bestehen in Hinblick auf den Grundsatz der ipso-iure-Nichtigkeit erhebliche Bedenken.[538]

---

sonstige verfassungswidrige Normen aber ablehnt. Dies ist konsequent, da Hein von der ausnahmslosen Nichtigkeit verfassungswidriger Normen, außer im Fall der verfassungswidrigen Normenrelation, ausgeht.

532 Siehe oben 4. Teil C.II.2.c.bb.(2).

533 Da die Verfassung selbst die weitere Anwendbarkeit fordert, handelt es sich genau genommen um keine Verfassungsdurchbrechung, vgl. Graßhof (Fn. 8), 203.

534 Harms (Fn. 213), 202.

535 4. Teil C.II.2.c.bb.(5).

536 Siehe oben 4. Teil C.II.2.c.bb.(3) (b) (cc).

537 Vgl. oben 4. Teil C.II.2.c.bb.(4).

538 Siehe oben 4. Teil C.II.2.c.bb.(4).

5. Teil: Die speziellen Rechtsfolgen der Unvereinbarerklärungen

Schon der Name der beiden Fallgruppen der Unvereinbarerklärungen weist auf ihre Rechtsfolgen hin. Neben den bereits vorausgesetzten Rechtsfolgen – Anwendbarkeit der unvereinbaren Norm für die anwendungsorientierten Unvereinbarerklärungen und Aussetzung der anhängigen Verfahren für die aussetzungsorientierten Unvereinbarerklärungen[1] – stellt sich die Frage nach ihren weiteren, speziellen Folgen. Beide Fallgruppen der Unvereinbarerklärung haben einen unterschiedlichen dogmatischen Hintergrund. Die aussetzungs- (A.) und die anwendungsorientierten Unvereinbarerklärungen (B.) sind daher auch hinsichtlich ihrer Rechtsfolgen getrennt zu betrachten. Außerdem sind die Folgen gerade anhand der dargestellten Dogmatik zu entwickeln bzw. zu überprüfen.

A. Die speziellen Rechtsfolgen der aussetzungsorientierten Unvereinbarerklärungen

Die Rechtsfolgen der aussetzungsorientierten Unvereinbarerklärungen sind bisher nur sehr lückenhaft gesetzlich geregelt.[2] Lediglich die §§ 31 Abs. 2, 79 Abs. 1 des BVerfGG äußern sich explizit dazu, was bei einer mit dem Grundgesetz für unvereinbar erklärten Norm geschehen soll. Jedoch lässt sich mittlerweile der Rechtsprechung des Bundesverfassungsgerichts eine Mehrzahl von Rechtsfolgen entnehmen, die beim Ausspruch einer aussetzungsorientierten Unvereinbarerklärung eintreten sollen. Damit ist aber noch nicht gesagt, ob die ausgewiesenen Rechtsfolgen auch angesichts des dogmatischen Hintergrundes der Unvereinbarerklärungen Bestand haben können. Zu beachten ist außerdem, dass die Folgen der Unvereinbarerklärung nur allmählich und schrittweise erarbeitet wurden.[3] Auswirkungen resultieren aus den aussetzungsorientierten Unvereinbarerklärungen für die unvereinbaren Normen selbst (I.), für den Gesetzgeber (II.), für die Exekutive und Judikative (III.) und schließlich auch für den Rechtsverkehr zwischen Privatpersonen (IV.).

---

1 Siehe dazu schon oben 2. Teil.

2 Zur Kritik siehe bereits oben 1. Teil B.II.

3 Vgl. dazu Siedler, Nina-Luisa: Gesetzgeber und Bundesverfassungsgericht, 1999, 151.

I. Folgen für die Normen

1. Verfassungsrechtlich gleiche Wirkung wie die Nichtigerklärung?

Unmittelbare Folgen ergeben sich in erster Linie für die für unvereinbar erklärten Normen selbst. Das Bundesverfassungsgericht hat sich in der Entscheidung zur Staatsangehörigkeit von Kindern[4] in Bezug auf die Wirkung von Unvereinbarerklärungen dahingehend geäußert, dass "dies verfassungsrechtlich die gleiche Wirkung wie die Nichtigerklärung"[5] habe. Die unvereinbare Norm dürfe vom Zeitpunkt der Entscheidung des Bundesverfassungsgerichts an nicht mehr angewendet werden.[6] Diese Aussage ist durchaus verwirrend, da dann die Differenzierung zwischen Nichtigerklärung und Unvereinbarerklärung unnötig erscheint.[7] Jedoch sind die Äußerungen des Bundesverfassungsgerichts nicht im Sinne funktionaler Äquivalenz von Nichtigerklärung und aussetzungsorientierter Unvereinbarerklärung zu verstehen. Beide Entscheidungsarten weisen zwar durchaus Gemeinsamkeiten wie etwa ex-tunc-Wirkung[8] und Anwendungsverbot[9] auf, jedoch fördert eine genaue Untersuchung auch zweckmäßige Unterschiede, wie etwa den Bestand der unvereinbaren Normen[10], zutage.[11] Um eine solche differenzierende Betrachtung ging es wohl auch dem Bundesverfassungsgericht.[12]

4 BVerfGE 37, 217.

5 BVerfGE 37, 217 (261).

6 Vgl. BVerfGE 37, 217 (261).

7 Vgl. Löwer, Wolfgang: Steuerpflicht trotz verfassungswidriger Steuernormen? – Anmerkungen zur Rechtsprechung des Bundesverfassungsgerichts zum Familienexistenzminimum, StVj 1991, 97 (106).

8 Siehe dazu unten 5. Teil A.II.1.b.

9 Deutlich BVerfGE 37, 217 (262); siehe dazu unten 5. Teil A.I.4.

10 Siehe dazu unter 5. Teil A.I.3.

11 Zum Ganzen Moench, Christoph: Verfassungswidriges Gesetz und Normenkontrolle: die Problematik der verfassungsgerichtlichen Sanktion, dargestellt anhand der Rechtsprechung des Bundesverfassungsgerichtes, 1977, 45f.; Löwer, Wolfgang: Zuständigkeiten und Verfahren des Bundesverfassungsgerichts, in: Isensee, Josef / Kirchhof, Paul: Handbuch des Staatsrechts der Bundesrepublik Deutschland, Band III, Demokratie – Bundesorgane, 3. Auflage 2005, § 70 Rn. 123.

12 In diese Richtung BVerfGE 37, 217 (262); Moench (Fn. 11), 46; vgl. Leibholz, Gerhard / Rupprecht, Reinhard: Bundesverfassungsgerichtsgesetz – Rechtsprechungskommentar, 1968, § 31 Anm. 3; relativierend auch Balser, Gabriele: Zur Frage der Auswirkungen der Verfassungsswidrig-Erklärung einer Norm durch das Bundesverfassungsgericht auf anhängige Verfahren, Arbeit und Beruf 1977, 229 (230).

2. Gesetzeskraft und Bindungswirkung

Beiden Entscheidungsarten ist gemein, dass sie gemäß § 31 Abs. 2 S. 2 BVerfGG Gesetzeskraft haben, wenn sie im Rahmen einer Verfassungsbeschwerde ergehen.[13] Gleiches gilt gemäß § 31 Abs. 2 S. 1 BVerfGG auch in den Fällen der konkreten und abstrakten Normenkontrolle[14], so dass sich für die Normenkontrollentscheidungen des Bundesverfassungsgerichts insgesamt ergibt, dass sie Gesetzeskraft haben.[15] Nach § 31 Abs. 1 BVerfGG binden die Entscheidungen des Bundesverfassungsgerichts die Verfassungsorgane des Bundes

---

13 Vgl. dazu Bethge, in: Maunz, Theodor / Schmidt-Bleibtreu, Bruno / Klein, Franz / Bethge, Herbert: Bundesverfassungsgerichtsgesetz – Kommentar, Loseblatt, Stand des Gesamtwerks Januar 2011, § 31 Rn. 122; ders. § 78 Rn. 63.

14 Vgl. dazu Rennert, in: Umbach, Dieter C. / Clemens, Thomas / Dollinger, Franz-Wilhelm: Bundesverfassungsgerichtsgesetz – Mitarbeiterkommentar und Handbuch, 1. Auflage 1992, § 31 Rn. 92; vgl. auch Balser (Fn. 12), 229.

15 Leibholz/Rupprecht (Fn. 12), § 31 Anm. 3; Hüsken, Felix B: Verfassungsgerichtliches Übergangsrecht im Spiegel des Gemeinschaftsrechts, in: Zeitschrift für Wett- und Glücksspielrecht 2009, 13 (13); Hüsken, Felix B: Staatsaufsicht über die Landesmedienanstalten und Sportwettenwerbung im Privatfernsehen – Unter besonderer Berücksichtigung des materiellrechtlichen Fernsehwerbeverbotes für Glücksspiele gemäß § 5 Abs. 3 Alt. 1GlüStV, 2008, 126; Hein, Peter E.: Die Unvereinbarerklärung verfassungswidriger Gesetze durch das Bundesverfassungsgericht, 1988, 171; Seer, Roman: Die Unvereinbarkeitserklärung des BVerfG am Beispiel seiner Rechtsprechung zum Abgabenrecht, NJW 1996, 285 (285); Heußner, Herrmann: Folgen der Verfassungswidrigkeit eines Gesetzes ohne Nichtigerklärung, NJW 1982, 257 (257); vgl. Jachmann, Monika: Die Nichtanwendbarkeit des Vermögensteuergesetzes ab dem 01.01.1997, JA 1998, 235 (236); vgl. Arndt, Hans-Wolfgang / Jenzen, Holger: Zur Anwendbarkeit des Vermögensteuergesetzes nach dem 01.01.1997, NJW 1997, 1678 (1678); vgl. Kreutzberger, Senja: Die gesetzlich nicht geregelten Entscheidungsvarianten des Bundesverfassungsgerichts, 2007, 164; vgl. dazu Sachs, Michael: Tenorierung bei Normenkontrollentscheidungen des Bundesverfassungsgerichts, DÖV 1982, 23 (24); Heusch, in: Umbach, Dieter C. / Clemens, Thomas / Dollinger, Franz-Wilhelm: Bundesverfassungsgerichtsgesetz – Mitarbeiterkommentar und Handbuch, 2. Auflage 2005, § 31 Rn. 82; Rinken, in: Denninger, Erhard / Hoffmann-Riem, Wolfgang / Schneider, Hans-Peter / Stein, Ekkehart / Wassermann, Rudolf: Kommentar zum Grundgesetz für die Bundesrepublik Deutschland, 3. Auflage, Loseblatt, Stand Oktober 2001, Art. 94 Rn. 48b; Bron, Jan F. / Seidel, Karsten: Handlungsdruck auf Grund der verfassungsrechtlichen Bedenken gegen den Solidaritätszuschlag im Zeitalter der Abgeltungsteuer, DStZ 2010, 700 (702); anders Maiwald, Joachim: Anwendbarkeit für verfassungswidrig erklärter Gesetze?, BayVbl. 1971, 90 (93), nach dem die Entscheidung keine Gesetzeskraft haben soll, da sie der gesetzgeberischen Gestaltungsfreiheit Rechnung tragen will.

und der Länder sowie alle Gerichte und Behörden.[16] Diese Bindungswirkung kommt also ebenfalls beiden Entscheidungsarten zu.[17] Das bedeutet, dass die Staatsorgane die Entscheidung des Bundesverfassungsgerichts bei ihren eigenen Maßnahmen zu beachten haben.[18]

3. Bestand der Normen

Ein wichtiger Unterschied der aussetzungsorientierten Unvereinbarerklärung gegenüber der Nichtigerklärung ergibt sich aus ihrem dogmatischen Hintergrund. Aussetzungsorientierte Unvereinbarerklärungen spricht das Bundesverfassungsgericht bei gleichheitswidrigen Regelungen aus[19], weil bei Gleichheitssatzverstößen der Grundsatz der ipso-iure-Nichtigkeit nicht zu greifen vermag.[20] Die gleichheitswidrige Gesamtregelung entfällt im Unterschied zur Nichtigkeit einer sonstigen verfassungswidrigen Regelung nicht "automatisch" aus dem Normenbestand. Da auch eine konstitutive Nichtigerklärung des Bundesverfassungsgerichts nicht zulässig ist[21], bleibt die gleichheitswidrige Gesamtregelung erhalten. Die einer aussetzungsorientierten Unvereinbarerklärung unterliegenden Normen haben Bestand, existieren also noch.[22] Mittelbar lässt sich dies auch der

---

16 Vgl. Leibholz/Rupprecht (Fn. 12), § 31 Anm. 3; zu § 31 Abs. 1 BVerfGG vgl. Pestalozza, Christian: Verfassungsprozeßrecht – Die Verfassungsgerichtsbarkeit des Bundes und der Länder mit einem Anhang zum Internationalen Rechtsschutz, 3. Auflage, 1991, § 20 Rn. 83ff; ausführlich zur Bindungswirkung nach § 31 Abs. 1 BVerfGG Schulze-Fielitz, Helmuth: Wirkung und Befolgung verfassungsgerichtlicher Entscheidungen, in: Badura, Peter / Dreier, Horst: Festschrift 50 Jahre Bundesverfassungsgericht, Erster Band, Verfassungsgerichtsbarkeit – Verfassungsprozeß, 2001, 385 (388ff.).

17 Vgl. dazu auch Kreutzberger (Fn. 15), 164; für die Unvereinbarerklärung bereits Hoffmann-Riem, Wolfgang: Die Beseitigung verfassungswidriger Rechtslagen im Zweitaktverfahren, DVBl. 1971, 842 (843); Hein (Fn. 15), 171f; zum Verhältnis der erweiterten Rechtskraft nach § 31 Abs. 1 BVerfGG zur Gesetzeskraft nach § 31 Abs. 2 BVerfGG vgl. Vogel, Klaus: Rechtskraft und Gesetzeskraft der Entscheidungen des Bundesverfassungsgerichts, in: Starck, Christian: Bundesverfassungsgericht und Grundgesetz – Festgabe aus Anlaß des 25jährigen Bestehens des Bundesverfassungsgericht, Erster Band, Verfassungsgerichtsbarkeit, 1976, 568 (610ff.).

18 Pestalozza (Fn. 16), § 20 Rn. 86.

19 Vgl. oben 2. Teil A.I.

20 Ausführlich dazu siehe oben 4. Teil B.III.2.a.

21 Vgl. dazu oben 4. Teil B.III.3.

22 Vgl. dazu Blüggel, Jens: Unvereinbarerklärung statt Normkassation durch das Bundesverfassungsgericht, 1998, 91; Schlaich, Klaus / Korioth, Stefan: Das Bundesverfassungsgericht – Stellung, Verfahren, Entscheidungen, 8. Auflage, 2010, Rn. 403, 424; Löwer (Fn. 11), § 70 Rn. 123; Moench (Fn. 11), 170; Seer (Fn. 15), 287; Heußner (Fn. 15), 257; Benda, Ernst / Klein, Eckart: Verfassungsprozeßrecht – Ein Lehr- und

Rechtsprechung des Bundesverfassungsgerichts entnehmen, wenn es daraufhin hinweist, dass für unvereinbar erklärte Normen grundsätzlich nicht mehr angewendet werden dürfen.[23] Die Frage nach der Anwendbarkeit stellte sich nicht, wenn die Normen keinen Bestand mehr hätten.[24]

Der zunächst nur abstrakt anmutende Bestand der unvereinbaren Normen zeitigt durchaus Folgewirkungen. Für den Normalfall der verfassungswidrigen und daher nichtigen Normen kann man darüber streiten, ob mit der Nichtigkeit "Altrecht" wieder aufzuleben vermag.[25] Immerhin besteht die Möglichkeit, dass verfassungswidriges oder verfassungswidrig gewordenes "Neurecht" ältere, also bereits vorher existierende, oder weniger spezielle Regelungen verdrängt hatte.[26] Mit dem Verschwinden des verfassungswidrigen Rechts[27] könnte das ältere Recht also möglicherweise wieder zur Anwendung gelangen.[28] So hätte sich etwa das Bundesverfassungsgericht in der Entscheidung Schwangerschaftsabbruch II[29] darauf beschränken können, das die §§ 218ff. StGB neuregelnde Reformgesetz für nichtig zu erklären und auf eine Übergangsregelung[30] verzichten können. Die §§ 218ff. StGB a.F. hätten weitergegolten und der Gesetzgeber wäre in der Verantwortung einer neuerlichen Reform gewesen.[31] Bei Normen, die einer aussetzungsorientierten Unvereinbarerklärung unterliegen, ist die Situation eine andere.[32] Da die Normen in Bestand bleiben, entsteht keine Lücke, in die älteres oder allgemeines Recht einrücken könnte. Altrecht kann also keinesfalls wieder aufleben. Diese Besonderheit der aussetzungsorientierten Unvereinbarerklärung kann man treffend als "Sperrwirkung" bezeichnen.[33]

Handbuch, 2. Auflage 2001, Rn. 1274; Pestalozza (Fn. 16), § 20 Rn. 126; Kreutzberger (Fn. 15), 122, 155; Jachmann (Fn. 15), 236.

23 Vgl. etwa BVerfGE 61, 319 (356); 37, 217 (261); 55, 100 (110).

24 Blüggel (Fn. 22), 91.

25 Ausführlich dazu Schlaich/Korioth (Fn. 22), Rn. 455ff. Dafür etwa Kreutzberger (Fn. 15), 159; kritisch Maurer, Hartmut: Zur Verfassungswidrigerklärung von Gesetzen, in: Im Dienst an Recht und Staat: Festschrift für Werner Weber zum 70. Geburtstag, 1974, 345, 357f.

26 Graßhof, Malte: Die Vollstreckung von Normenkontrollentscheidungen des Bundesverfassungsgerichts, 2003, 95.

27 Genau genommen würde für den Fall, dass das neuere Recht von Anfang an verfassungswidrig war, das ältere Recht zu keinem Zeitpunkt verdrängt worden sein.

28 Siedler (Fn. 3), 151; Kreutzberger (Fn. 15), 159.

29 BVerfGE 88, 203.

30 Siehe dazu oben 3. Teil C.

31 Siehe das Beispiel bei Schlaich/Korioth (Fn. 22), Rn. 457.

32 Hein (Fn. 15), 189; Siedler (Fn. 3), 151; Löwer (Fn. 11), § 70 Rn. 123; Benda/Klein (Fn. 22), Rn. 1274; Kreutzberger (Fn. 15), 122, 159f; vgl. Seer (Fn. 15), 287.

33 Pestalozza (Fn. 16), § 20 Rn. 136; vgl. auch Graßhof (Fn. 26), 95.

4. Anwendbarkeit der Normen?

a. Die Rechtsprechung des Bundesverfassungsgerichts

In ständiger Rechtsprechung weist das Bundesverfassungsgericht darauf hin, dass für unvereinbar erklärte Normen grundsätzlich nicht angewendet werden dürfen.[34] Gleichwohl vertritt man vereinzelt die Ansicht, dass die Anwendung für unvereinbar erklärter Steuerrechtsnormen nach Ansicht des Bundesverfassungsgerichts dennoch zulässig sei.[35] Dafür soll insbesondere sprechen, dass die Finanzverwaltung in der Vergangenheit durchaus unvereinbare Steuergesetze anwendete, ohne dass das Bundesverfassungsgericht dem etwa mittels einer Vollstreckungsanordnung nach § 35 BVerfGG entgegentrat.[36] Dem widerspricht aber, dass fehlerhaftes Handeln der Verwaltung und auch des Bundesverfassungsgerichts nicht immer gänzlich ausgeschlossen werden können. Das Gericht differenziert explizit zwischen anwendbaren und nicht anwendbaren unvereinbaren Normen, wobei die weitere Anwendbarkeit der Regelungen die Ausnahme darstellt.[37] Dabei unterscheidet das Gericht nicht nach Rechtsgebieten, was auch nicht sachgerecht wäre. Die ausdrückliche und sehr konkret formulierte Rechtsprechung des Bundesverfassungsgerichts in ihr Gegenteil zu verkehren, nur weil das Gericht nicht zu jedem Zeitpunkt eine rechtswidrige Rechtsanwendung verhinderte, erscheint nicht angemessen. Eine andere Frage ist, ob sich die vom Bundesverfassungsgericht proklamierte Anwendungssperre überzeugend herleiten und begründen lässt (a.). Außerdem fragt sich, ob die Anwendungssperre tatsächlich für Nichtbegünstigte *und* Begünstigte gelten soll (b.).

b. Grundlage der Anwendungssperre

Teilweise bestreitet man, dass die Normanwendungssperre überzeugend begründet werden kann.[38] Wenn nämlich das Bundesverfassungsgericht ein verfas-

---

34 BVerfGE 37, 217 (261); 55, 100 (110); 82, 126 (155); 85, 191 (212); 99, 165 (185).

35 Herter, Wilfried: Die Unvereinbarerklärung verfassungswidriger Steuergesetze, 1994, 83.

36 Herter (Fn. 35), 80ff.

37 Vgl. nur BVerfGE 117, 1 (70); 113, 1 (28), 99, 280 (299).

38 Vgl. Schneider, Bernd Jürgen: Die Funktion der Normenkontrolle und des richterlichen Prüfungsrechts im Rahmen der Rechtsfolgenbestimmung verfassungswidriger Gesetze, 1988, 158ff, der aber nicht vordergründig auf die Rechtsprechung des Bundesverfassungsgerichts sondern auf ein eigenes Konzept der Rechtsfolgen der Verfassungswidrigkeit von Gesetzen rekurriert; kritisch auch Schilling, Theodor: Rang und Geltung von Normen in gestuften Rechtsordnungen, 1994, 590ff, für den eine Anwendungssperre qua Verfassung offenbar nicht in Betracht kommt (vgl. ders., 602); für die Zeit vor

sungswidriges Gesetz nicht aufgehoben habe, müsse dieses naturgemäß weiter anwendbar sein.[39] Auch widerspreche eine Normanwendungssperre dem Rechtsverweigerungsverbot, welches insbesondere dem Richter die Pflicht auferlege, auch bei Widersprüchlichkeit oder Lückenhaftigkeit des Gesetzes eine Entscheidung herbeizuführen.[40]

Dem ist aber entgegenzuhalten, dass wenn das Bundesverfassungsgericht eine aussetzungsorientierte Unvereinbarerklärung ausspricht, damit allgemein und verbindlich feststeht, dass die fragliche Normenlage in der bestehenden Form mit dem Grundgesetz nicht vereinbar ist.[41] Auf die Gesetzeskraft und Bindungswirkung der Unvereinbarerklärungen gemäß §§ 31 Abs. 1, 2 BVerfGG wurde bereits hingewiesen.[42] Jede weitere Anwendung der jeweiligen Normen führte mithin zu weiteren Verfassungsverstößen. Die auf den unvereinbaren Normen beruhenden Akte wären ebenfalls verfassungswidrig. Bis zur Beseitigung dieser verfassungswidrigen Rechtslage würde die Anwendung der unvereinbaren Normen die Verfassungswidrigkeit perpetuieren und intensivieren.[43] Nach Art. 20 Abs. 3 GG sind Legislative, Exekutive und Judikative dazu angehalten, rechtmäßig zu handeln.[44] Um sich nicht dem Vorwurf verfassungswidrigen Handelns auszusetzen, muss jede Anwendung des verfassungswidrigen Rechts von staatlicher Seite unterbleiben. Aus rechtsstaatlichen Erwägungen[45] ergibt sich daher, dass die einer aussetzungsorientierten Unvereinbarerklärung unterliegenden Normen nicht mehr angewendet werden dürfen.[46] Daher ist es

---

BVerfGE 37, 217 vgl. Söhn, Hartmut: Anwendungspflicht oder Aussetzungspflicht bei festgestellter Verfassungswidrigkeit von Gesetzen, 1974, 58f.

39 Söhn (Fn. 38), 59f.

40 Schilling (Fn. 38), 596f.

41 Zum Ganzen siehe Hein (Fn. 15), 188f.

42 Siehe oben 5. Teil A.I.2.

43 Maurer (Fn. 25), 364.

44 Vgl. Sommermann, in: Mangoldt, Herrmann von / Klein, Friedrich / Starck, Christian: Kommentar zum Grundgesetz, Band 1-3, sechste Auflage, 2010, Art. 20 Abs. 3 Rn. 227; Sachs, in: Sachs, Michael: Grundgesetz – Kommentar, 5. Auflage 2009, Art. 20 Rn. 94, 103ff.

45 Zusammen mit Art. 20 Abs. 2 GG bilden die drei Grundsätze des Art. 20 Abs. 3 GG jedenfalls den Kern des formellen Rechtsstaatsprinzips, vgl. Sommermann (Fn. 44), Art. 20 Abs. 3 Rn. 227; vgl. dazu auch Sachs (Fn. 44), Art. 20 Rn. 75 m.w.N. Damit ist nicht geäußert, dass das Rechtsstaatsprinzip mit diesen Bestimmungen umfänglich erfasst ist. Vgl. dazu auch Sachs (Fn. 44), Art. 20 Rn. 75 m.w.N; Schulze-Fielitz, in: Dreier, Horst: Grundgesetz - Kommentar, Band II, 2. Auflage 2006, Art. 20 (Rechtsstaat) Rn. 40.

46 Zum Ganzen Moench (Fn. 11), 171; Siedler (Fn. 3), 156; Maurer (Fn. 25), 362; Feick, Martin / Henn, Thomas: Drohendes Überschreiten der vom BVerfG zur Neuregelung

nachvollziehbar, wenn das Bundesverfassungsgericht auf die Anwendungssperre vom Zeitpunkt der Entscheidung an[47] bis zur Beseitigung der verfassungswidrigen Rechtslage[48] hinweist.[49] Deutlich wird zugleich, dass die Anwendungssperre nicht auf einem angeblichen konstitutiven Charakter der Unvereinbarerklärung beruht.[50] Die Anwendungssperre resultiert wie dargestellt eben nicht daraus, dass die Normen für unanwendbar erklärt werden.[51]

Neben dieser Begründung für die Anwendungssperre verweist man in der Literatur teilweise etwas verkürzend auch darauf, dass sich diese unmittelbar aus dem Grundsatz des Vorrangs der Verfassung ergebe.[52] Für strafrechtliche Regelungen folgt die Anwendungssperre auch einfachgesetzlich aus § 79 Abs. 1 BVerfGG.[53] Nach diesem ist eine Wiederaufnahme eines rechtskräftigen Strafurteils u.a. dann zulässig, wenn dieses auf einer mit dem Grundgesetz unvereinbaren Norm beruht. Wenn schon ein vor der Unvereinbarerklärung ergangenes, rechtskräftiges Strafurteil im Wege der Wiederaufnahme zu beseitigen ist, dann darf das Aussprechen einer Strafe nach der Unvereinbarerklärung erst recht

---

der Erbschaftsteuer gesetzten Frist zum 31.12.2008: Darf das alte Recht weiter angewandt werden?, DStR 2008, 1905 (1906); Jachmann (Fn. 15), 237; auf Art. 1 Abs. 3 GG zusätzlich verweisen Wernsmann, Rainer: Das gleichheitswidrige Steuergesetz – Rechtsfolgen und Rechtsschutz, 2000, 114; Maurer (Fn. 25), 362; Balser (Fn. 12), 230.

47 Vgl. z.B. BVerfGE 37, 217 (261); 55, 100 (110); 93, 386 (402); die Folgen von aussetzungsorientierter und anwendungsorientierter Unvereinbarerklärung vermischt wohl Crezelius, Georg: Verfahrensfragen aufgrund der möglichen Verfassungswidrigkeit des ErbStG, Jahrbuch der Fachanwälte für Steuerrecht 2005, 558 (561f.), der daher zu dem Ergebnis kommt, dass unvereinbare Normen allein für die Zukunft nicht mehr anwendbar sind; keine Differenzierung dann auch bei Sarrazin ebd. 567.

48 Vgl. z.B. BVerfGE 87, 234 (235, 262, 269); 91, 389 (404).

49 Eine weitere Anwendbarkeit der verfassungswidrigen Normen kann sich nur aus verfassungsrechtlichen Gründen ergeben, vgl. dazu oben 4. Teil C.II.2.c.bb.(4) und ee., vgl. auch unten 5. Teil B.I. Das bedeutet zugleich, dass auch die Verwaltung keine weitere Anwendbarkeit verfassungswidriger Normen anordnen kann. Vgl. zu diesem Problem Felix, Günther: Familienlastenabzug: Praktische Schlußfolgerungen für die Steuerberatung aus den Beschlüssen des Bundesverfassungsgerichts vom 29.5.1990 und vom 12.6.1990, Kölner Steuerdialog 1990, 8238 (8239f.); Felix, Günther: Die Wende 1990 in der Einkommenssteuer – Konsequenzen für die Steuerberatung, DStZ 1990, 471 (475).

50 Vgl. dazu oben 4. Teil B.III.2.b.

51 In diese Richtung aber BVerfGE 121, 175 (204), bei der es sich jedoch nach hier vertretener Ansicht um keine Unvereinbarerklärung, sondern um einen Fall von Unterlassen handelt, vgl. dazu 3. Teil B.II.5.

52 So Aretz, Henning: Neues zur Richtervorlage nach Art. 100 Abs. 1 GG, JZ 1984, 918 (920); Benda/Klein (Fn. 22), Rn. 1274; Kreutzberger (Fn. 15), 156.

53 Zum Ganzen Maurer (Fn. 25), 360.

nicht zulässig sein. Aussetzungsorientierte Unvereinbarerklärungen haben für die unvereinbaren Normen eine Anwendungssperre zur Folge.[54]

c. Weitergewährung der Begünstigung?

An sich müsste die Normanwendungssperre einer Weitergewährung der Begünstigung entgegenstehen. Dies ist aber nicht zwangsläufig der Fall. Gleichheitsverstöße basieren, wie bereits dargestellt, immer auf mindestens zwei Normen im gesetzestechnischen Sinne[55], so etwa der gleichheitswidrige Begünstigungsausschluss auf der begünstigenden und von der Begünstigung ausschließenden Norm. Die Normanwendungssperre kann sich nun auf beide Normen oder auch nur auf eine der Normen beziehen. Wäre nur die von der Begünstigung ausschließende Norm in ihrer Anwendung gesperrt, könnten die Leistungen bis zur Neuregelung durch den Gesetzgeber den bisher gleichheitswidrig

54 Schlaich/Korioth (Fn. 22), Rn. 403; Kischel, Uwe in: Epping, Volker / Hillgruber, Christian: Beck´scher Online-Kommentar – GG, Stand April 2011, Edition: 10, Art. 3 Rn. 68; Zeidler, Wolfgang: Die Verfassungsrechtsprechung im Rahmen der staatlichen Funktionen, EuGRZ 1988, 207 (214); Moench (Fn. 11), 171; Graßhof, in: Umbach, Dieter C. / Clemens, Thomas / Dollinger, Franz-Wilhelm: Bundesverfassungsgerichtsgesetz – Mitarbeiterkommentar und Handbuch, 2. Auflage 2005, § 78 Rn. 59; Bethge, Herbert: Die Entscheidungswirkung von Normbeanstandungen des Bundesverfassungsgerichts, Jura 2009, 18 (21); Heußner (Fn. 15), 258; Seer, in: Tipke, Klaus / Lang, Joachim: Steuerrecht, 17. Auflage 2002, § 22 Rn. 287; Gusy, Christoph: Parlamentarischer Gesetzgeber und Bundesverfassungsgericht, 1985, 204; Rau, Christian: Selbst entwickelte Grenzen der Rechtsprechung des United States Supreme Court und des Bundesverfassungsgerichts, 1996, 213; Aretz (Fn. 52), 919; Kreutzberger (Fn. 15), 132; Harms, Katharina: Verfassungsrecht in Umbruchsituationen, 1999, 203; Leibholz/Rupprecht (Fn. 12), § 31 Anm. 3; Jarass, Hans D. / Pieroth, Bodo: Grundgesetz für die Bundesrepublik Deutschland – Kommentar, 11. Auflage, 2011, Art. 3 Rn. 41a, Art. 20 Rn. 35a; Bethge (Fn. 13), § 78 Rn. 63; Heyde, Wolfgang: Gesetzgeberische Konsequenzen aus der Verfassungswidrig-Erklärung von Normen, in: Zeidler, Wolfgang / Maunz, Theodor / Roellecke, Gerd: Festschrift Hans Joachim Faller, 1984, 53 (54); Benda/Klein (Fn. 22), Rn. 1274; Siedler (Fn. 3), 156; Wernsmann (Fn. 46), 217, 114, 134; Gerontas, Apostolos: Die Appellentscheidungen, Sondervotumsappelle und die bloße Unvereinbarkeitsfeststellung als Ausdruck der funktionellen Grenzen der Verfassungsgerichtsbarkeit, DVBl. 1982, 486 (488); Seer, Roman / Wendt, Volker: Die Familienbesteuerung nach dem so genannten "Gesetz zur Familienförderung" vom 22.12.1999, NJW 2000, 1904 (1910); Pestalozza (Fn. 16), § 20 Rn. 126; Heusch (Fn. 15), § 31 Rn. 82; Felix, Günther: Die Wende 1990 in der Einkommenssteuer – Konsequenzen für die Steuerberatung, DStZ 1990, 471 (474); vgl. auch Burghart, Axel: Das verfassungswidrige aber nicht nichtige Gesetz - ungültig aber wirksam?, NVwZ 1998, 1262 (1264); vgl. auch Müller, Christoph: Die Begrenzung der zeitlichen Wirkungen von EuGH-Entscheidungen, 2009, 157.

55 Siehe dazu oben 4. Teil B.III.1.a.

Begünstigten weiter zufließen, währenddessen die bisher von der Begünstigung Ausgeschlossenen zunächst von der Begünstigung ausgeschlossen blieben. Für diese Handhabung spricht, dass der Verfassungsverstoß nicht in der Leistungsgewährung selbst, sondern in dem Verhältnis zwischen Gewähren und Versagen liegt, diese also selbst gar nicht verfassungswidrig ist.[56] Auch das Bundesverfassungsgericht hat in dieser Weise entschieden, wie sich anhand der Entscheidung zur Wahlkampfkostenpauschale[57] zeigt. Dort wurden Parteien und unabhängige Wahlbewerber im Sinne der Chancengleichheit des Art. 38 Abs. 1 S. 1 GG als gleich im Hinblick auf die Frage der Wahlkampfkostenerstattung angesehen, während § 18 PartG nur den Parteien die Erstattung der Wahlkampfkosten zusprach. Die in dieser Verfassungswidrigkeit liegende Ungleichbehandlung führte aber nicht dazu, dass überhaupt keine Kosten mehr erstattet werden konnten. Während der Beschwerdeführer die Neuregelung des § 18 PartG abwarten musste, wurden den Parteien weiterhin die Kosten erstattet.[58]

Eine solche vorbehaltlose Weitergewährung der Begünstigung nach Feststellung der Verfassungswidrigkeit ist äußerst problematisch. Sie führt zu einer Vertiefung und zeitlichen Verlängerung des Verfassungsverstoßes.[59] Wenn das Bundesverfassungsgericht eine aussetzungsorientierte Unvereinbarerklärung ausgesprochen hat, dürfen die unvereinbaren Regelungen daher insgesamt nicht mehr angewendet werden.[60] Dafür spricht außerdem, dass eine vorbehaltlose Weitergewährung der Begünstigung Folgen für die gesetzgeberische Gestaltungsfreiheit haben kann. Sollte sich der Gesetzgeber dafür entscheiden, die verfassungswidrige Rechtslage durch vollständige Streichung zu beseitigen, wäre eine Rücknahme der Begünstigung für die Vergangenheit mit Schwierigkeiten verbunden. Für die Zeit zwischen der Entscheidung des Bundesverfassungsgerichts und dem Inkrafttreten der gesetzgeberischen Neuregelung wäre der Gesetzgeber dazu angehalten, wenn er denn weitere Gleichheitsverstöße vermeiden will, die Begünstigung auf die bisher ausgeschlossenen Personen zu erstrecken.

56 Pohle, Albrecht Peter: Die Verfassungswidrigerklärung von Gesetzen: Eine Untersuchung der Voraussetzungen und Folgen des Verzichts auf die gesetzestechnisch mögliche Nichtigerklärung durch das Bundesverfassungsgericht, 1979, 129f; Pieroth, Bodo / Schlink, Bernhard: Grundrechte – Staatsrecht II, 26. Auflage 2010, Rn. 527.

57 BVerfGE 41, 399.

58 Vgl. Pohle (Fn. 56), 129f.

59 Wernsmann (Fn. 46), 112, 114; Heußner (Fn. 15), 259f; Löwer (Fn. 7), 107; zum Ganzen Skouris, Wassilios: Teilnichtigkeit von Gesetzen, 1973, 55ff.

60 Zum Ganzen Kischel (Fn. 54), Art. 3 Rn. 69; Aretz (Fn. 52), 920; Jarass/Pieroth (Fn. 54), Art. 3 Rn. 41a; Heußner (Fn. 15), 259; Siedler (Fn. 3), 156; Löwer (Fn. 11), § 70 Rn. 123.

Jedenfalls für die Übergangszeit kann dem Gesetzgeber damit eine Regelung vorgegeben sein.[61]

Schließlich kann auch nur durch eine alle am Gleichheitsverstoße beteiligten Normen erfassende Anwendungssperre gewährleistet werden, dass aus Gleichheitsverstößen einheitliche Rechtsfolgen erwachsen. Wenn beispielsweise ein gleichheitswidriger Begünstigungsausschluss in Gestalt eines konkludenten Ausschlusses vorliegt, ergibt sich die Gleichheitswidrigkeit aus dem begünstigenden Teil der Norm und dem nur konkludent formulierten Ausschluss von der Begünstigung.[62] Das Bundesverfassungsgericht erklärt zu Recht die gesamte Regelung für unvereinbar.[63] Da die gesamte Regelung in ihrer Anwendung gesperrt ist, kommt fortan zunächst niemand mehr in den Genuss der Begünstigung. Ergibt sich der Gleichheitsverstoß aus einem ausdrücklichen Ausschluss[64], resultiert die Gleichheitswidrigkeit ebenfalls aus Begünstigung und Begünstigungsausschluss. Es müssten also beide hier ausdrücklich formulierten Normen für unvereinbar erklärt werden. Erklärte das Bundesverfassungsgericht nur den ausdrücklich formulierten Begünstigungsausschluss für unvereinbar, profitierten die bisher Begünstigten weiterhin von der Begünstigung. Die Norm oder der Normteil, der die Begünstigung enthält, wäre dann nicht von der Unvereinbarerklärung erfasst.[65] In welcher Gesetzestechnik eine Regelung formuliert wird, hängt neben sprachlichen und politischen Gründen auch vom Zufall ab.[66] Auch hier erscheint eine unterschiedliche Behandlung von ausdrücklichem und konkludentem Begünstigungsausschluss aus Gründen des Zufalls mit möglicherweise vollkommen unterschiedlichen Folgen für beide Konstellationen nicht sachgerecht. Daher müssen alle Normen, unabhängig von der Gesetzestechnik, für unvereinbar erklärt werden und der Anwendungssperre unterliegen.[67]

5. Ausdehnung der Anwendungssperre auf Parallelnormen?

Eine weiteres Problem besteht in der Frage, ob die Anwendungssperre auf Normen auszudehnen ist, die nicht Gegenstand des Verfahrens sind. Konkret geht es

---

61 Zu diesem Problem vgl. Moench (Fn. 11), 171 Fn. 5.

62 Siehe dazu oben 2. Teil A.I.1.c.bb. mit Beispiel.

63 So etwa in BVerfGE 93, 386 (386f, 396, 402f.).

64 Vgl. oben 2. Teil A.I.1.c.aa. mit Beispiel.

65 Vgl .dazu BVerfGE 88, 87 (96, 101f.); vgl. Jarass/Pieroth (Fn. 54), Art. 20 Rn. 35a; kritisch zur Praxis des Bundesverfassungsgerichts Graßhof (Fn. 54), § 78 Rn. 63, der aber eine Unvereinbarerklärung der Gesamtregelung ebenfalls ablehnt. Vgl. dazu oben 4. Teil B.III.1.d.

66 Vgl. schon oben 4. Teil B.III.1.c. m.w.N.

67 Vgl. dazu Wernsmann (Fn. 46), 134ff; dieses Problem wurde oben bereits bei der Abgrenzung von Belastung und Begünstigung diskutiert, siehe oben 4. Teil B.III.6.b.bb.

um eine Ausdehnung auf so genannte Parallelnormen. Dies sind solche Regelungen, die der streitgegenständlichen Regelung dem Inhalt, Zweck oder Ziel nach gleichen.[68] Es gibt durchaus Bestimmungen in unterschiedlichen Gesetzen, die (teilweise) wortlautidentisch sind.[69] In bestimmten Fällen kann daher die Verfassungswidrigkeit einer solchen "parallelen" Regelung auf der Hand liegen, weil sie den gleichen verfassungsrechtlichen Mangel wie die für unvereinbar erklärte Norm aufweist.[70]

Es handelt sich dabei nicht um ein spezielles Problem der Unvereinbarerklärung, sondern vielmehr um eine Frage nach der allgemeinen Bindungswirkung verfassungsgerichtlicher Entscheidungen.[71] Positive Effekte einer Ausdehnung der Anwendungssperre auf "Parallelnormen" sind die Förderung eines effektiven Rechtsschutzes und der Prozessökonomie.[72] Immerhin könnte mit einer Weitererstreckung die Wiederholung von Verfahren mit gleicher Begründung vermieden werden.[73] Allerdings knüpft auch die Unvereinbarerklärung an den Streitgegenstand an. Normenlagen, die der für unvereinbar erklärten Gestaltung vergleichbar sind, werden nicht von der Unvereinbarerklärung erfasst.[74] Die Frage nach der Verfassungswidrigkeit von Normen ist, trotz aller Ähnlichkeiten der jeweiligen Regelungen, nur vom Bundesverfassungsgericht zu entscheiden.[75] Wenn das Bundesverfassungsgericht nicht ausdrücklich die Verfassungswidrigkeit einer oder mehrerer Normen feststellt, kann nicht von der auf der Verfas-

---

68 Vgl. Siedler (Fn. 3), 155; Pestalozza (Fn. 16), § 20 Rn. 140.

69 Vgl. z.B. nur § 11 VwVfG und § 11 VwVfG M-V.

70 Vgl. dazu Ipsen, Jörn: Rechtsfolgen der Verfassungswidrigkeit von Norm und Einzelakt, 1980, 267.

71 Hein (Fn. 15), 180.

72 Gerontas (Fn. 54), 490; Heußner (Fn. 15), 261.

73 Vgl. zum Ganzen auch Siedler (Fn. 3), 155f; Hein (Fn. 15), 179f. der diese Problematik unter dem Aspekt einer Verpflichtung des Gesetzgebers zur Neuregelung bei Parallelnormen darstellt.

74 Pestalozza, Christian: "Noch verfassungsmäßige" und "bloß verfassungswidrige" Rechtslagen – Zur Feststellung und kooperativen Beseitigung verfassungsimperfekter Zustände, in: Starck, Christian: Bundesverfassungsgericht und Grundgesetz – Festgabe aus Anlaß des 25jährigen Bestehens des Bundesverfassungsgerichts, Erster Band, Verfassungsgerichtsbarkeit, 1976, 519 (563); Pestalozza (Fn. 16), § 20 Rn. 140; Sachs, Michael: Die Folgen der Unvereinbarkeit des Hausarbeitstagsanspruchs für Frauen mit dem Grundgesetz; FamRZ 1982, 981 (983); Bethge (Fn. 13), § 78 Rn. 64; vgl. dazu auch Hüsken Verfassungsgerichtliches (Fn. 15), 19; Hüsken Staatsaufsicht (Fn. 15), 129ff.; dies sieht aber auch Heußner (Fn. 15), 261.

75 Vgl. auch Schlaich/Korioth (Fn. 22), Rn. 416.

sungswidrigkeit beruhenden Anwendungssperre ausgegangen werden.[76] So überzeugend die für die Weitererstreckung genannten Argumente aus pragmatischer Sicht auch sein mögen, eine Ausdehnung der Anwendungssperre auf parallele Normen ist abzulehnen.

Eine analoge Anwendung von § 78 S. 2 BVerfGG ist hingegen möglich und zulässig.[77] Das bedeutet, dass die Unvereinbarerklärung vom Bundesverfassungsgericht auf weitere Bestimmungen des gleichen Gesetzes, die als solche nicht Prüfungsgegenstand sind, wenn sie aus denselben Gründen wie der Prüfungsgegenstand mit dem Grundgesetz oder sonstigem Bundesrecht unvereinbar sind, erstreckt werden kann.[78] Im Unterschied zu den Parallelnormen geht es hier nicht um Regelungen eines parallelen Gesetzeswerkes, sondern um weitere Bestimmungen desjenigen Gesetzes, aus dem bereits eine Regelung als verfassungswidrig erkannt wurde.[79]

II. Folgen für den Gesetzgeber

Der Ausspruch aussetzungsorientierter Unvereinbarerklärungen hat auch für den Gesetzgeber Folgen. Diskutiert werden insbesondere die gesetzgeberischen Verpflichtungen, die rechtliche Situation zu reformieren (1.), den Rechtsnormenbestand auf vergleichbare Verfassungsverstöße hin zu mustern (2.) und vergleichbare verfassungswidrige Normen nicht nochmals zu erlassen (3.).

1. Reformgebot

Anders als bei einer sonstigen verfassungswidrigen und daher nichtigen gesetzlichen Regelung, bei der die verfassungswidrige Gesetzeslage durch die Verfassung selbst beseitigt wird, bleibt nach einer aussetzungsorientierten Unvereinbarerklärung die verfassungswidrige Gesamtregelung in Bestand. Folglich besteht auch die verfassungswidrige Rechtslage fort. Um diese zu beseitigen, muss von staatlicher Seite etwas getan werden. Wie oben bereits dargestellt, liegt es in

---

76 Siedler (Fn. 3), 156; Hein (Fn. 15), 180; Kischel (Fn. 54), Art. 3 Rn. 68; zum Ganzen vgl. auch Löwer (Fn. 7), 112.

77 So z.B. Gusy (Fn. 54), 196; Benda/Klein (Fn. 22), Rn. 1273; Bethge (Fn. 13), § 78 Rn. 64; vgl. auch BVerfGE 94, 241 (265); 40, 296 (329); zum Ganzen siehe Siedler (Fn. 3), 157f.

78 Ulsamer, in: Maunz, Theodor / Schmidt-Bleibtreu, Bruno / Klein, Franz / Bethge, Herbert: Bundesverfassungsgerichtsgesetz – Kommentar, Loseblatt, § 78 Rn. 30 (Stand vorherige Lieferung).

79 Vgl. Siedler (Fn. 3), 111, 157f.

der Zuständigkeit des Gesetzgebers, die Gesetzeslage zu gestalten.[80] Das Bundesverfassungsgericht betont in ständiger Rechtsprechung, dass der Gesetzgeber nach einer aussetzungsorientierten Unvereinbarerklärung verpflichtet[81] sei, die Rechtslage mit der Verfassung in Einklang zu bringen.[82]

a. Regelungspflicht

Diese gesetzgeberische Pflicht zur Neuregelung der von einer Unvereinbarerklärung betroffenen Rechtsmaterie scheint sich problemlos aus dem Grundsatz des Vorrangs der Verfassung und der Verfassungsbindung des Gesetzgebers zu ergeben.[83] So kommt den Unvereinbarerklärungen des Bundesverfassungsgerichts wie dargestellt Bindungswirkung und Gesetzeskraft zu.[84] An die Feststellung der Verfassungswidrigkeit der Rechtslage ist mithin auch der Gesetzgeber gebunden.[85] Außerdem ist der Gesetzgeber nach Art. 20 Abs. 3 GG an die verfassungsgemäße Ordnung[86] gebunden. Aus der Bindung des Gesetzgebers an die Verfassung resultiert folgerichtig die Verpflichtung, verfassungswidrige Zustände zu beseitigen.[87]

Bedenken könnte man aber insofern äußern, als der Gesetzgeber einer solchen Pflicht allenfalls zufällig nachkommen kann, da er nicht hierarchisch strukturiert ist. Es existiert kein an der Spitze stehender Verantwortlicher, der in die Pflicht genommen werden könnte. Aus rechtspraktischen Gesichtspunkten ist zu berücksichtigen, dass einer Einigung der Legislativorgane auf eine bestimmte Lösung zur Bereinigung der Rechtslage tatsächliche Schwierigkeiten entgegen-

---

80 Zur Gestaltungszuständigkeit des Gesetzgebers siehe ebenfalls oben 4. Teil B.III.3.c.

81 Abzugrenzen ist die Regelungspflicht des Gesetzgebers nach Ausspruch einer Unvereinbarerklärung von der nach dem Ausspruch einer Appellentscheidung. Siehe dazu schon oben 3. Teil A.II; Mayer, Christian: Die Nachbesserungspflicht des Gesetzgebers, 1996, 73ff.

82 Vgl. dazu Blüggel (Fn. 22), 108; Siedler (Fn. 3), 169; Hein (Fn. 15), 168; vgl. etwa BVerfGE 88, 5 (17); 85, 191 (212); 94, 241 (242, 266); 37, 217 (263); 40, 296 (329); 41, 399 (424).

83 Heußner (Fn. 15), 258; Hein (Fn. 15), 37; Moench (Fn. 11), 172; vgl. Siedler (Fn. 3), 170; Heyde (Fn. 54), 54; Benda/Klein (Fn. 22), Rn. 1276; Kreutzberger (Fn. 15), 162; Arndt/Jenzen (Fn. 15), 1678.

84 Siehe oben 4. Teil A.I.2.

85 Vgl. Hein (Fn. 15), 172.

86 Zum Rechtsstaatsprinzip siehe Hesse, Konrad: Grundzüge des Verfassungsrechts der Bundesrepublik Deutschland, Neudruck der 20. Auflage 1999, Rn. 192ff; Sommermann (Fn. 44), Art. 20 Abs. 3 Rn. 227; Sachs (Fn. 44), Art. 20 Rn. 74ff.

87 Kleuker, Mathias: Gesetzgebungsaufträge des Bundesverfassungsgerichts, 1992, 32; Mayer (Fn. 81), 154f; in diese Richtung auch Pestalozza (Fn. 16), § 20 Rn. 129.

stehen.[88] Dem ist aber entgegenzuhalten, dass Unwägbarkeiten des politischen Prozesses nicht gegen eine allgemeine Pflicht zur Beseitigung einer verfassungswidrigen Rechtslage sprechen. Mag die Uneinigkeit der Legislativorgane im Einzelfall zu zeitlichen Verzögerungen führen können, von einer nur "zufälligen" Bereinigung kann jedenfalls dann keine Rede sein, wenn aus verfassungsrechtlicher Sicht offensichtlich ist, dass ein Gesetzgebungsverfahren eingeleitet werden muss.

Es stellt sich aber die Frage, ob die Beseitigung der verfassungswidrigen Rechtslage überhaupt noch verfassungsrechtlich gefordert ist. Immerhin sind alle an der verfassungswidrigen Normenrelation beteiligten Normen in ihrer Anwendung gesperrt, weshalb weitere Verfassungsverstöße durch die Anwendung der verfassungswidrigen Regelungen verhindert werden. Hieraus könnte man schließen, dass wenn der Verfassungsverstoß nicht weiterwirkt, keine Notwendigkeit mehr besteht, den ursprünglichen Verfassungsverstoß zu beseitigen.[89] Jedoch kann die unvereinbare Norm trotz Anwendungssperre nicht länger Bestandteil der verfassungsmäßigen Ordnung sein. Die Verfassung beansprucht auch gegenüber solchen verfassungswidrigen Regelungen Geltung, die, gleich aus welchem Grunde, nicht mehr angewendet werden.[90] Außerdem besteht nach der Unvereinbarerklärung ein Schwebezustand, der die Betroffenen darüber im Unklaren lässt, welche Entscheidung hinsichtlich des von der für unvereinbar erklärten Norm geregelten Sachverhaltes zu treffen ist. Durch diesen Schwebezustand werden die grundgesetzlichen Garantien des effektiven Rechtsschutzes und der Rechtssicherheit beeinträchtigt. Auch aus diesen Garantien ergibt sich die gesetzgeberische Neuregelungsverpflichtung.[91] Nach dem Ausspruch einer Unvereinbarerklärung ist der Gesetzgeber folglich dazu verpflichtet, die verfassungswidrige Rechtslage zu beseitigen.[92]

---

88 Zum Ganzen Sachs, Michael: Bloße Unvereinbarerklärung bei Gleichheitsverstößen?, NVwZ 1982, 657 (661).

89 Graßhof (Fn. 26), 164.

90 Siedler (Fn. 3), 172; vgl. dazu auch Ipsen (Fn. 70), 266f. Nach Benda/Klein (Fn. 22), Rn. 1276 fußt die Herstellungspflicht auf dem Vorrang der höheren Norm, diese verlange zumindest die Restitution der gestörten Rechtsordnung.

91 Zum Ganzen Graßhof (Fn. 26), 164.

92 Schlaich/Korioth (Fn. 22), Rn. 423; Kischel (Fn. 54), Art. 3 Rn. 68; Gusy (Fn. 54), 191; Osterloh, in: Sachs, Michael: Grundgesetz – Kommentar, 5. Auflage 2009, Art. 3 Rn. 132; Colneric, Ninon: Konsequenzen der Nachtarbeitsverbotsurteile des EuGH und des BVerfG, Neue Zeitschrift für Arbeitsrecht 1992, 393 (396f.) bezeichnet die Regelungspflicht als wichtigste Konsequenz der Unvereinbarerklärung; Ipsen (Fn. 70), 212f, 266f; Heußner (Fn. 15), 258; Siedler (Fn. 3), 172f; Aretz (Fn. 52), 919; Pestalozza (Fn. 16), § 20 Rn. 126, 129; Battis, Ulrich: Der Verfassungsverstoß und seine Folgen,

b. Zeitlich rückwirkende Regelungspflicht?

Noch nicht geklärt ist damit aber, in welchem zeitlichen Umfang eine Neuregelung geboten ist. Dies hängt davon ab, ob die Unvereinbarerklärung wie die Nichtigerklärung ex tunc zum Zeitpunkt der Normenkollision zurückwirkt. Vereinzelt verneint man eine solche Rückwirkung der Unvereinbarerklärung.[93] Jedoch besteht die verfassungswidrige Normenrelation und damit die verfassungswidrige Rechtslage nicht erst vom Zeitpunkt der verfassungsgerichtlichen Entscheidung an, sondern bereits seit dem Zeitpunkt der Normenkollision.[94] Der Grundsatz des Vorrangs der Verfassung beansprucht also auch schon vor der verfassungsgerichtlichen Entscheidung Geltung. Dies spricht dafür, dass der Gesetzgeber die verfassungswidrige Rechtslage rückwirkend zum Zeitpunkt des Eintritts der Normenkollision zu beseitigen hat.[95] Dann müssten aber auch alle in der Vergangenheit auf Grundlage der verfassungswidrigen Rechtslage getroffenen Entscheidungen neu aufgerollt werden.[96] Für die Nichtigerklärung löst die

---

in: Isensee, Josef / Kirchhof, Paul: Handbuch des Staatsrechts der Bundesrepublik Deutschland, Band VII, Normativität und Schutz der Verfassung – Internationale Beziehungen, 1. Auflage 1992, § 165 Rn. 72; Jarass/Pieroth (Fn. 54), Art. 3 Rn. 41, Art. 20 Rn. 35a; Löwer (Fn. 11), § 70 Rn. 123; Heyde (Fn. 54), 54; Benda/Klein (Fn. 22), Rn. 1276; Gerber, Phillippe: Die Rechtssetzungsdirektiven des Bundesverfassungsgerichts, DÖV 1989, 698 (700); Gerontas (Fn. 54), 488; Lechner, Hans / Zuck, Rüdiger: Bundesverfassungsgerichtsgesetz – Kommentar, 5. Auflage, 2006, § 95 Rn. 29; Balser (Fn. 12), 229; implizit Berlit, Uwe: Paukenschlag mit Kompromisscharakter - zum SGB II-Regelleistungsurteil des Bundesverfassungsgerichts vom 9. Februar 2010, Kritische Justiz 2010, 145 (157); Mayer (Fn. 81), 75ff. leitet die Regelungspflicht neben Art. 20 Abs. 3 GG auch unmittelbar aus der Unvereinbarerklärung her; weitere Hinweise auf die Herleitung der Regelungspflicht finden sich bei Herter (Fn. 35), 50ff. m.w.N.

93 Ohne nähere Begründung Kreutzberger (Fn. 15), 160; so wohl auch Bron/Seidel (Fn. 15), 702.

94 Hein (Fn. 15), 173; Heyde (Fn. 54), 54; Pestalozza (Fn. 16), § 20 Rn. 125; vgl. Benda/Klein (Fn. 22), Rn. 1274; vgl. auch BVerfGE 37, 217 (262); vgl. dazu oben 4. Teil A.II.3.a.; vgl. dazu auch Drüen, Klaus Dieter: Unternehmensbesteuerung und Verfassung im Lichte der jüngsten Rechtsprechung des BVerfG - Anmerkungen zum Beschluss des BVerfG vom 17.11.2009 zur Verfassungswidrigkeit von Umgliederungsverlusten beim Körperschaftsteuerminderungspotential, DStR 2010, 513 (519); vgl. auch BVerfGE 126, 268 (285).

95 In diese Richtung Gerontas (Fn. 54), 488; Moes, Christoph: Die Anordnung der befristeten Fortgeltung verfassungswidriger Steuergesetze durch das Bundesverfassungsgericht, StuW 2008, 27 (29); Gusy (Fn. 31), 202f; Osterloh (Fn. 92), Art. 3 Rn. 132; vgl. dazu Pestalozza (Fn. 16), § 20 Rn. 129; vgl. Herter (Fn. 35), 53; vgl. Seer (Fn. 54), § 22 Rn. 287; vgl. auch Heußner (Fn. 15), 258, 260; Rinken (Fn. 15), Art. 94 Rn. 50; Zeidler (Fn. 54), 215; BVerfGE 41, 399 (426); 55, 100 (110f); 61, 319 (357).

96 Hein (Fn. 15), 173f.

Regelung des § 79 Abs. 2 S. 1 BVerfGG[97] die Rückwirkungsfrage dahingehend, dass die zum Zeitpunkt der verfassungsgerichtlichen Entscheidung rechtskräftig abgeschlossenen Verfahren grundsätzlich unberührt bleiben.[98] Eine analoge Anwendung des § 79 Abs. 2 S. 1 BVerfGG für die aussetzungsorientierten Unvereinbarerklärungen führte dazu, dass in der gesetzgeberische Neuregelung nur die zum Zeitpunkt der verfassungsgerichtlichen Entscheidung noch nicht rechtskräftig abgeschlossenen Verfahren zu berücksichtigen wären. Für die Nichtigerklärung entscheidet § 79 Abs. 2 S. 1 BVerfGG den Streit zwischen den Prinzipien der Rechtssicherheit und der Gerechtigkeit. Das Interesse an Rechtssicherheit verlangt den Fortbestand von Verwaltungs- und Gerichtsentscheidungen. Demgemäß wird das Überdauern der nichtigen Norm in verfassungsrechtlich nicht zu beanstandender Weise fingiert.[99]

Gegen eine analoge Anwendung des § 79 Abs. 2 BVerfGG spricht allerdings die ausdrückliche Verwendung des Wortes "unvereinbar" in § 79 Abs. 1 BVerfGG und dessen Nichterwähnung in § 79 Abs. 2 BVerfGG. Daraus könnte man schließen, dass der Gesetzgeber eine Anwendung des § 79 Abs. 2 BVerfGG für aussetzungsorientierte Unvereinbarerklärungen offenbar nicht wünschte.[100] Jedoch kann es sich bei der Nichterwähnung des Wortes "unvereinbar" in § 79 Abs. 2 BVerfGG auch um ein Versehen handeln. Angesichts der ex-tunc-Wirkung der Unvereinbarerklärung existiert der Konflikt zwischen Rechtssicherheit und der Forderung nach materieller Gerechtigkeit bei dieser ebenso wie bei der Nichtigerklärung.[101] Die Frage nach der Regelung der Folgeprobleme hat bei der aussetzungsorientierten Unvereinbarerklärung eine ähnliche Berechtigung wie bei der Nichtigerklärung. Hier wie dort wäre es wenig praktikabel, alle Verwaltungsakte und Gerichtsentscheidungen unter dem

---

97 Zur Verfassungsmäßigkeit von § 79 Abs. 2 BVerfGG vgl. BVerfGE 2, 380 (404f.); 7, 194 (195ff.); 11, 263 (265); 20, 230 (235); zu § 79 Abs. 2 BVerfGG siehe Graßhof (Fn. 54), § 79 Rn. 24ff.

98 Vgl. Heyde (Fn. 54), 57f; umfassend zu § 79 Abs. 2 S. 1 BVerfGG Steiner, Udo: Wirkung der Entscheidungen des Bundesverfassungsgerichts auf rechtskräftige und unanfechtbare Entscheidungen (§ 79 BVerfGG), in: Starck, Christian: Bundesverfassungsgericht und Grundgesetz – Festgabe aus Anlaß des 25jährigen Bestehens des Bundesverfassungsgericht, Erster Band, Verfassungsgerichtsbarkeit, 1976, 628 (640ff.).

99 Hein (Fn. 15), 174; Siedler (Fn. 3), 173; Heyde (Fn. 54), 58.

100 So Kreutzberger (Fn. 15), 158; gegen eine Anwendung des § 79 Abs. 2 BVerfGG wohl auch Hartmann, Georg: Vermögensteuer ab 1997 unzulässige Verbindung von Unvereinbarkeits- und Nichtigkeitserklärung? – Überlegungen zur umstrittenen BVerfG-Entscheidung unter Einbeziehung des BVerfGG, DStZ 1998, 277 (278).

101 Vgl. Hein (Fn. 15), 174; Siedler (Fn. 3), 173; Seer (Fn. 15), 287.

Gesichtspunkt der veränderten Rechtslage nochmals zu prüfen.[102] Es ist daher sachgerecht, den dem § 79 Abs. 2 S. 1 BVerfGG zugrunde liegenden Gedanken auch auf die fragliche Konstellation zu übertragen.[103] Der Gesetzgeber kann also durchaus eine Neuregelung treffen, die auf den Zeitpunkt der Normenkollision zurückreicht. Er ist aber nur dazu verpflichtet, alle zum Zeitpunkt der verfassungsgerichtlichen Entscheidung[104] noch nicht rechtskräftig abgeschlossenen Verfahren mit einzubeziehen.[105] Auch das Bundesverfassungsgericht weist in seinen Entscheidungen auf § 79 Abs. 2 BVerfGG als Anhaltspunkt für den zeitlichen Umfang der Neuregelungspflicht hin.[106] Zu diesem Ergebnis gelangt man auch, wenn man den Gesetzgeber aus dem Prinzip der Rechtssicherheit zur Neuregelung für verpflichtet hält. Eine Verletzung der Rechtssicherheit droht gerade in den Verfahren, die zum Zeitpunkt der verfassungsgerichtlichen Entscheidung noch nicht bestands- oder rechtskräftig sind.[107]

c. Befristung der Regelungspflicht

Das Bundesverfassungsgericht verbindet seine Aufforderung an den Gesetzgeber, die verfassungswidrige Rechtslage mittels neuer gesetzlicher Regelungen zu beseitigen, gelegentlich mit konkreten Fristen.[108] Diese können beispielsweise eineinhalb[109], aber auch drei[110] Jahre betragen. Offen bleibt aber, ob der Gesetz-

---

102 Auch Kreutzberger (Fn. 15), 158f. kommt zu dem Ergebnis, dass der Zeitraum von der verfassungsgerichtlichen Entscheidung an vom Gesetzgeber nicht einbezogen werden muss, da sie von der ex-nunc-Wirkung der Unvereinbarerklärungen ausgeht. Vgl. auch Kreutzberger (Fn. 15), 157.

103 Heyde (Fn. 54), 57ff; Hein (Fn. 15), 174f, 199f; Seer (Fn. 15), 287; Pestalozza (Fn. 16), § 20 Rn. 129; Graßhof (Fn. 54), § 78 Rn. 69; für den Bereich des Steuerrechts Herter (Fn. 35), 85; Benda/Klein (Fn. 22), Rn. 1278; Seer/Wendt (Fn. 54), 1910; Siedler (Fn. 3), 173; im Ergebnis Moes (Fn. 95), 29f.

104 Für Urteile ist dies der Tag der Verkündung (§ 30 Abs. 1 S. 3 BVerfGG), für Beschlüsse ist dies der Tag, an dem sie normalerweise den Beteiligten zugegangen sind. Ausführlich zum "Zeitpunkt der Entscheidung" Heyde (Fn. 54), 55ff.

105 Zum Ganzen Siedler (Fn. 3), 173; Jarass/Pieroth (Fn. 54), Art. 3 Rn. 41; Kischel (Fn. 54), Art. 3 Rn. 68; Seer (Fn. 15), 287; Heyde (Fn. 54), 57.

106 BVerfGE 37, 217 (262f.); 81 363 (384); 87, 153 (178); 97, 35 (48); 104, 126 (150) zu den vom Bundesverfassungsgericht formulierten Ausnahmen vgl. Blüggel (Fn. 22), 113f. und Schlaich/Korioth (Fn. 22), Rn. 427; vgl. etwa BVerfGE 87, 114 (114, 136f.).

107 Vgl. dazu Graßhof (Fn. 26), 165.

108 Erstmals wohl in BVerfGE 82, 126 (155); vgl. 94, 241 (266); 100, 104 (106); zur Rechtsprechung des Bundesverfassungsgerichts siehe Blüggel (Fn. 22), 109f., der jedoch auch Fälle verfassungswidrigen gesetzgeberischen Unterlassens für Unvereinbarerklärungen hält.

109 BVerfGE 93, 121 (122); 93, 165 (166).

geber tatsächlich verpflichtet ist, der verfassungswidrigen Rechtslage innerhalb einer bestimmten Zeitspanne abzuhelfen und ob das Bundesverfassungsgericht dem Gesetzgeber hierfür bestimmte Fristen vorgeben darf. Zu beachten ist außerdem, dass diese Fristen von Fristen abgegrenzt werden müssen, die sich auf die weitere Anwendbarkeit verfassungswidriger Normen bei anwendungsorientierten Unvereinbarerklärungen beziehen.[111] Dort geht es um die Frage, bis zu welchem Zeitpunkt die verfassungswidrige Norm weiter angewendet werden darf.[112]

Jedenfalls ist es dem Gesetzgeber verwehrt, eine Zeitspanne beliebiger Dauer zu beanspruchen, um die verfassungswidrige Rechtslage zu beseitigen.[113] Der Vorrang der Verfassung beansprucht Geltung. Daraus ist zu folgern, dass der Verfassungswidrigkeit so schnell wie möglich abzuhelfen ist.[114] Insofern weist auch das Bundesverfassungsgericht zu Recht darauf hin, dass der Gesetzgeber dazu verpflichtet ist, die Rechtslage "unverzüglich"[115], "alsbald"[116] oder "in angemessener Frist"[117] mit der Verfassung in Einklang zu bringen. Solche Formulierungen nutzt das Bundesverfassungsgericht vor allem dann, wenn es dem Gesetzgeber keine konkrete Frist vorgibt.[118]

Dem Gesetzgeber können vom Bundesverfassungsgericht allerdings keine verbindlichen Fristen gesetzt werden.[119] Dabei sind die Ziele der verbindlichen Fristsetzung, die Neuregelungsverpflichtung durchzusetzen und den Gesetzgeber daran zu hindern, die Neuregelung immer weiter hinauszuschieben, durch-

110 BVerfGE 82, 126 (155).

111 Keine klare Trennung der beiden Arten von Fristen etwa bei Benda/Klein (Fn. 22), Rn. 1276 Fn. 125 mit Verweis auf BVerfGE 61, 319 (321).

112 Vgl. dazu unten 5. Teil B.I.2.

113 Löwer (Fn. 11), § 70 Rn. 123; Benda/Klein (Fn. 22), Rn. 1276; Herter (Fn. 35), 56 m.w.N.

114 Heyde (Fn. 54), 54; Heußner (Fn. 15), 258; Hein (Fn. 15), 172f.

115 BVerfGE 32, 199 (218); 34, 9 (44); BVerfGE 81, 363 (384): "binnen angemessener Frist"; BVerfGE 89, 15 (27): "schnell"; 92, 158 (186).

116 BVerfGE 71, 224 (229).

117 BVerfGE 81, 363 (384).

118 In BVerfGE 55, 100 (110) wies das Gericht darauf hin, dass - soweit keine Fristsetzung erfolgt – der Gesetzgeber verfassungsrechtlich nicht gebunden sei, bis zu einem bestimmten Zeitpunkt eine neue gesetzliche Regelung zu treffen.

119 Hein (Fn. 15), 173 hält verfassungsgerichtliche Fristsetzungen bestenfalls für überflüssig; kritisch auch Siedler (Fn. 3), 174; vgl. auch Gerber (Fn. 92), 700; Fristsetzungen für möglich halten Graßhof (Fn. 26), 170ff; so wohl auch Pohle (Fn. 56), 154ff; in diese Richtung wohl auch Heyde (Fn. 54), 54 und Kischel (Fn. 54), Art. 3 Rn. 71ff; ähnlich auch Schlaich/Korioth (Fn. 22), Rn. 423; in diese Richtung wohl auch das Bundesverfassungsgericht selbst vgl. BVerfGE 82, 126 (156).

aus sinnvoll und nachvollziehbar. Zudem lässt sich die Verbindlichkeit der Fristsetzung überzeugend begründen, wenn man annimmt, dass die Unvereinbarkeit selbst befristet ist und die Unvereinbarerklärung mit Fristablauf ihre Wirkung verliert. Dies wäre der Fall, wenn man aussetzungsorientierte Unvereinbarerklärungen als verfassungsgerichtliche Einschränkung der Nichtigkeit ansähe.[120] Jedoch beruht die Unvereinbarkeit nicht auf einer verfassungsgerichtlichen Anordnung, sondern auf den Besonderheiten, die sich aus der Verletzung von Gleichheitssätzen ergeben.[121] Auch die Forderung nach einer unverzüglichen Beseitigung der verfassungswidrigen Rechtslage durch den Gesetzgeber resultiert nicht aus einer verfassungsgerichtlichen Anordnung, sondern ergibt sich, wie gezeigt, aus der Verfassung selbst.[122] Daraus folgt, dass eine zu lang währende Frist des Bundesverfassungsgerichts gegen das Grundgesetz verstößt. Eine zu kurz gesetzte Frist ist ebenso verfassungswidrig; sie würde den Gesetzgeber dazu veranlassen, unsachgemäß und damit rechtsstaatswidrig zu handeln.[123]

Mit seinen Fristbestimmungen kann das Bundesverfassungsgericht daher nur versuchen, den Zeitpunkt zu prognostizieren, zu welchem nach Wertung des Grundgesetzes die Neuregelung spätestens gefordert ist.[124] Hier einen genauen Zeitpunkt zu bestimmen, ist naturgemäß außerordentlich schwierig.[125] Relevant für eine solche Zeitbestimmung ist vor allem, wie schnell der Gesetzgeber die verfassungswidrige Rechtslage beseitigen kann.[126] Dabei ist dieser zwingend dazu angehalten, "ohne schuldhaftes Zögern" zu handeln.[127] Wie zügig dem Gesetzgebers die Beseitigung der verfassungswidrigen Rechtslage möglich ist, hängt von zahlreichen Faktoren ab. Einfluss kann unter anderem der Diskussionsstand in der Rechtswissenschaft hinsichtlich des zu regelnden Sachbereichs und der Bestand aktueller Reformvorschläge haben.[128] Außerdem kann sich das Regelungspotential des Gesetzgebers, etwa durch stark erhöhten, dringenden Regelungsbedarf, im Laufe der Zeit grundlegend verändern.[129] Zum Zeitpunkt

120 Vgl. zum Ganzen Graßhof (Fn. 26), 171.

121 Siehe dazu ausführlich oben 4. Teil B.III.2.

122 Hein (Fn. 15), 172f.

123 Zum Ganzen Hein (Fn. 15), 172f.

124 Vgl. dazu Graßhof (Fn. 26), 172, für den die Befristung der Unvereinbarkeit jedoch als Teil der Unvereinbarerklärung erscheint und ihre Rechtsgrundlage in § 35 BVerfGG findet.

125 Vgl. dazu Pohle (Fn. 56), 155.

126 Vgl. dazu Benda/Klein (Fn. 22), Rn. 1276.

127 Heyde (Fn. 54), 54; Heußner (Fn. 15), 258.

128 BVerfGE 82, 126 (156) vgl. dazu auch BVerfGE 85, 226 (238), 90, 263 (277).

129 So zum Beispiel bei der Wiedervereinigung Deutschlands.

der Entscheidung ist es dem Bundesverfassungsgericht nur möglich, für die Fristbestimmung einen Anhaltspunkt zu liefern.[130]

d. Problemfall untätiger Gesetzgeber

aa. Fortdauern des Schwebezustandes?

Nicht immer kommt der Gesetzgeber seiner Regelungsverpflichtung (rechtzeitig) nach.[131] Da die aussetzungsorientierten Unvereinbarerklärungen nicht auf einer Einschränkung der Nichtigkeit beruhen[132], sondern darauf, dass die Nichtigkeit bei Gleichheitsverstößen nicht zu greifen vermag, tritt die verfassungswidrige Gesamtreglung bei Untätigkeit des Gesetzgebers nicht nach einer bestimmten Zeit von allein außer Kraft.[133] Es stellt sich daher die Frage, ob es damit bei der unbefriedigenden Situation[134] bleiben muss, dass der Schwebezustand andauert.[135] Dies wäre für alle Beteiligten oftmals ausgesprochen ärger-

---

130 Ähnlich Siedler (Fn. 3), 174.

131 Vgl. dazu Salgo, Ludwig: Unerledigte "Aufträge" des Bundesverfassungsgerichts an den Gesetzgeber auf dem Gebiet des Familienrechts, Kritische Vierteljahresschrift für Gesetzgebung und Rechtswissenschaft, 1994, 262 (262ff.).

132 Siehe dazu oben 5. Teil A.II.1.c. m.w.N.

133 Für ein alleiniges Außerkrafttreten aber Graßhof (Fn. 26), 173; ders. (Fn. 54), § 78 Rn. 71; Graßhof (Fn. 26), 174 anerkennt aber, dass man zu einem anderen Ergebnis kommt, wenn man die Unvereinbarkeit nicht als befristet ansieht.

134 Zu vorstellbaren Rechtsschutzmöglichkeiten vgl. auch Herter (Fn. 35), 56ff.

135 In BVerfGE 62, 256 (289) wurde § 622 Abs. 2 S. 2 HS. 2 BGB für unvereinbar erklärt (vgl. dazu Kranz, Jürgen: Neue Kündigungsfristen für ältere Arbeitnehmer?, Neue Zeitschrift für Arbeitsrecht 1984, 348 [348ff.]). Nach BAG BB 1986, 804 (804) waren teilweise Verfahren, in denen es um die Anwendung dieser Regelung ging, auszusetzen. Der Gesetzgeber beseitigte die verfassungswidrige Rechtslage erst nach nochmaligem Hinweis des Bundesverfassungsgerichts mit Fristsetzung in BVerfGE 82, 126 (155f.) mit dem Kündigungsfristengesetz vom 7. Oktober 1993 (BGBl. I S. 1668). Von der ersten Entscheidung des Bundesverfassungsgerichts an vergingen mehr als zehn Jahre. Zu berücksichtigen ist allerdings, dass der Gesetzgeber nach BVerfGE 62, 256 (289)offenbar keinen Handlungsbedarf für gegeben hielt. Vgl. Hein (Fn. 15), 166. Die grundsätzliche Regelungspflicht des Gesetzgebers nach einer aussetzungsorientierten Unvereinbarerklärung ist mittlerweile aber weithin bekannt, vgl. dazu oben 5. Teil A.II.1.a. So bescheinigt Kanzler, Hans-Joachim: Die Umsetzung verfassungsgerichtlicher Entscheidungen durch den Steuergesetzgeber, StuW 1996, 215 (224, 220ff.) dem Steuergesetzgeber eine vorbildliche Erledigung der "Gesetzgebungsaufträge". Kritisch aber für das Gebiet des Familienrechts Salgo (Fn. 131), 262f. Entgegen der Annahme von Salgo sind die von ihm angeführten Entscheidungen BVerfGE 61, 358; 72, 155; 79, 256 keine Unvereinbarerklärungen, sondern Fälle von gesetzgeberischem Unterlassen.

lich[136], da sie für die Dauer der gesetzgeberischen Untätigkeit keine andere Wahl hätten, als abzuwarten. Jedoch stehen dem Bundesverfassungsgericht in diesem Fall eben keine Vollstreckungs- oder Zwangsmittel zur Verfügung.[137] Der Gesetzgeber muss seine verfassungsrechtlichen Pflichten zwar erfüllen, jedoch kann ihn niemand zur Erfüllung dieser verfassungsrechtlichen Pflichten zwingen.[138] Die Entscheidung, ob und mit welchem Inhalt ein Gesetz zu erlassen ist, hängt neben verfassungsrechtlichen insbesondere "von mannigfaltigen wirtschaftlichen, politischen und haushaltsrechtlichen Gegebenheiten ab, die sich richterlicher Nachprüfung im allgemeinen entziehen."[139] Aber sind daher die mit der Unvereinbarerklärung verbundenen Nachteile ein Preis, den an den Rechtsstaat zu zahlen man freilich bereit sein muss?[140]

bb. Verfassungsgerichtliche Übergangslösung?

Im Hinblick auf die Gewährleistung effektiven Rechtsschutzes[141] ist diese Sichtweise wenig akzeptabel.[142] Von einem solchen kann nur die Rede sein, wenn er innerhalb angemessener Zeit gewährt wird.[143] Konstruktiv erscheint daher der Vorschlag, das Bundesverfassungsgericht in die Lage zu versetzen, in Extremfällen notfalls selbst[144] einen verfassungsgemäßen Zustand herzustellen. Konkret soll es dem Bundesverfassungsgericht erlaubt sein, auf Grundlage von § 35 BVerfGG selbständige Übergangsregelungen[145] zu erlassen.[146] Auf diesem

---

136 Bei gleichheitswidrig belastenden Normen ist die Anwendungssperre für den von den Normen belasteten Personenkreis hingegen erfreulich. Als Beispiel sei hier auf Regelungen verwiesen, auf deren Grundlage eine Steuer erhoben würde.

137 Kreutzberger (Fn. 15), 165; Schlaich/Korioth (Fn. 22), Rn. 426.

138 Hein (Fn. 15), 179; vgl. Mayer (Fn. 81), 73.

139 BVerfGE 56, 54 (71), 11, 255 (261f.); vgl. Herter (Fn. 35), 57.

140 So Maiwald (Fn. 15), 93.

141 Vgl. BVerfGE 35, 382 (401).

142 Vgl. Pohle (Fn. 56), 163.

143 Vgl. BVerfGE 55, 349 (369); Ipsen, Jörn: Staatsrecht II – Grundrechte, 13. Auflage, 2010; Rn. 886.

144 Angesichts der dargestellten Situation ist kann man das Bundesverfassungsgericht in einer ihm aufgedrängten Funktion des "Ersatzgesetzgebers" sehen, vgl. dazu Salgo (Fn. 131), 269.

145 Die Rechtsprechungspraxis Nichtigerklärungen teilweise mit Übergangsregelungen oder -lösungen zu verbinden wird von Salgo (Fn. 131), 267 als "schärfste Waffe" des Bundesverfassungsgerichts bezeichnet; nach Rupp-von Brünneck, Wiltraut: Darf das Bundesverfassungsgericht an den Gesetzgeber appellieren?; in: Rittersbach, Theo / Geiger, Willi: Festschrift für Gebhard Müller, zum 70. Geburtstag des Präsidenten des Bundesverfassungsgerichts, 1970, 355, (369) ist die Nichtigerklärung allein die schärfste Waffe des Bundesverfassungsgerichts.

Wege wäre die Beendigung des Schwebezustandes innerhalb eines angemessenen Zeitraumes möglich und außerdem könnte das Gericht auf die jeweilige Situation zugeschnittene Lösungen entwickeln. Vorausgesetzt wird hierfür allerdings wiederum, dass der Unvereinbarerklärung eine befristete Bindungswirkung zukommt[147], damit nach Ablauf der Frist alle Betroffenen das Bundesverfassungsgericht erneut anrufen können.[148] Die Befristung der Bindungswirkung lässt sich allerdings angesichts der verfassungswidrige Normenrelation, die unabhängig vom Ablauf von Fristen fortbesteht, nicht ohne Weiteres[149] begründen. Daneben stellt sich die Frage, warum das Bundesverfassungsgericht im zweiten Anlauf die Kompetenz zum Erlass einer wegen des Übergriffs in den Funktionsbereich des Gesetzgebers auch in der generellen Diskussion durchaus umstrittenen[150] Übergangsregelung zukommen soll, wenn diese im ersten Anlauf offenbar nicht bestand. An der verfassungsrechtlichen Beurteilung des Gesetzes hat sich in Bezug auf seine Verfassungswidrigkeit nichts geändert.[151] Dem Bundesverfassungsgericht ist es daher nicht möglich, bei dauerhafter Untätigkeit des Gesetzgebers dem Schwebezustand mittels einer selbständigen Übergangsregelung abzuhelfen.

cc. Entschädigung für die Betroffenen?

Angesichts der für die Betroffenen misslichen Situation ist darüber nachzudenken, ob diesen die Geltendmachung eines Staatshaftungsanspruches ermöglicht werden kann.[152] Es erscheint angebracht, ihnen denjenigen Schaden zu ersetzen, der durch verzögertes Handeln des Gesetzgebers entstanden ist.[153] Besonders zufrieden stellend ist diese Möglichkeit für die Betroffenen jedoch nicht, können sie doch den im Ausgangsverfahren geltend gemachten Anspruch gerade nicht erwirken.[154] Außerdem dürfte sich die erfolgreiche Durchsetzung von Entschä-

146 Pohle (Fn. 56), 163f; Kleuker (Fn. 87), 104.

147 Siehe dazu oben 5. Teil A.II.1.c.

148 Siehe Pohle (Fn. 56), 163, vgl. Hein (Fn. 15), 178.

149 Siehe aber noch sogleich 5. Teil A.II.1.d.ee.(2).

150 Zur Zulässigkeit verfassungsgerichtlicher Übergangsregelungen siehe die Nachweise oben 3. Teil C.

151 Zum Ganzen Hein (Fn. 15), 178; Siedler (Fn. 3), 175.

152 Ein sehr ähnliches Problem besteht bei verfassungswidrigem Unterlassen des Gesetzgebers. Auch hier besteht keine effektive Sanktion gegenüber dem Gesetzgeber, vgl. dazu Classen, Claus-Dieter: Gesetzesvorbehalt und Dritte Gewalt – Zur demokratischen Legitimation der Rechtsprechung, JZ 2003, 693 (698).

153 Vgl. dazu Hein (Fn. 15), 179; Siedler (Fn. 3), 175; vgl. auch Schlaich/Korioth (Fn. 22), Rn. 426; zu den Erfolgsaussichten nach geltendem Recht vgl. Herter (Fn. 35), 62f.

154 Vgl. Hein (Fn. 15), 179.

digungsansprüchen sehr schwierig gestalten. Für einen Anspruch auf Schadensersatz aus enteignungsgleichem Eingriff[155] in entsprechender Anwendung von Art. 14 Abs. 3 GG ist ein positives Handeln der öffentlichen Gewalt vorauszusetzen.[156] Ein Amtshaftungsanspruch nach Art. 34 GG i.V.m. § 839 BGB wird in der Regel an dem Mangel der Drittbezogenheit einer etwa festgestellten Pflichtverletzung scheitern. Ferner dürfte ein Verschulden der in Anspruch zu nehmenden Abgeordneten im Regelfalle ausscheiden.[157] In nur möglicherweise einschlägigen Entschädigungsansprüchen[158] liegt keine echte Option, der pflichtwidrigen Untätigkeit des Gesetzgebers zu begegnen.

dd. Verfassungskonforme Entscheidung der Fachgerichte?

Auf eine weitere Möglichkeit auf die Untätigkeit des Gesetzgebers zu reagieren, hat das Bundesverfassungsgericht selbst in seiner Entscheidung zum Kündigungsschutz von Arbeitern[159] hingewiesen. Wenn der durch eine aussetzungsorientierte Unvereinbarerklärung herbeigeführte Schwebezustand zu lange andauere, könne er selbst verfassungswidrig werden.[160] Es entspricht nicht dem Grundsatz effektiven Rechtsschutzes, wenn der Schwebezustand nach einer Unvereinbarerklärung und damit auch die Aussetzung anhängiger Verfahren über Gebühr in die Länge gezogen wird, weil der Gesetzgeber schlicht nicht tätig wird.[161] Eine Aussetzung kann also nur für eine begrenzte Zeit hingenommen

155 Grundlegend dazu Ossenbühl, Fritz: Staatshaftungsrecht, 5. Auflage 1998, 213ff.

156 BGHZ 12, 52 (56); 56, 40 (42); 102, 350 (364); Herter (Fn. 35), 62f; zur Kritik an dieser Sichtweise siehe die Darstellung bei Ossenbühl (Fn. 155), 255ff.

157 Vgl. zum Ganzen Ossenbühl (Fn. 155), 106f.

158 Die Bemühungen der Regierung den Rechtsschutz bei überlangen Verfahren zu verbessern betreffen nicht das vorliegende Problem. Dort geht es um mögliche Entschädigungen bei überlangen Gerichtsverfahren, nicht jedoch bei überlangen Gesetzgebungsverfahren. Vgl. dazu den Gesetzentwurf der Bundesregierung eines Gesetzes über den Rechtsschutz bei überlangen Gerichtsverfahren und strafrechtlichen Ermittlungsverfahren vom 17. November 2010, BT-Drs. 17/3802.

159 BVerfGE 82, 136.

160 BVerfGE 82, 126 (155); diese Erkenntnis hält Schilling (Fn. 38), 604f., der der Anwendungssperre insgesamt ablehnend gegenüber steht, für ungenügend.

161 Instruktiv dazu Kischel (Fn. 54), Art. 3 Rn. 71; Graßhof (Fn. 26), 174; Kreutzberger (Fn. 15), 165; vgl. auch Benda/Klein (Fn. 22), Rn. 1276 Fn. 120; kritisch zur rechtsschutzbeeinträchtigenden Wirkung der aussetzungsorientierten Unvereinbarerklärungen Graßhof (Fn. 54), § 78 Rn. 65; vgl. dazu auch Classen, Claus-Dieter: Wie viele Wege führen zur Gleichberechtigung von Männern und Frauen? – Gemeinsamkeiten und Unterschiede von deutschem und europäischem Recht, JZ 1996, 921 (928), der auch darauf hinweist, dass das Interesse der Beteiligten an zügiger Entscheidung auch durch Art. 6 EMRK abgesichert ist.

werden. Das Gericht nahm aus diesem Grunde die Fachgerichte in die Pflicht. Bereinige der Gesetzgeber den Verfassungsverstoß nicht in angemessener Frist, dann müssten die Gerichte, wollten sie nicht selbst verfassungswidrig handeln, die bei ihnen anhängigen Rechtsstreitigkeiten fortführen und verfassungskonform entscheiden.[162] Das heißt, dass die Gerichte eine Entscheidung treffen müssen, wenn die Nichtentscheidung verfassungsrechtlich nicht mehr tragbar wäre und der Gesetzgeber die Mitwirkung verweigert. Nach umfassender Abwägung aller Umstände müssten die Fachgerichte dann eine Entscheidung über die anzuwendenden Regelungen treffen.[163] Auf diese Weise kann der Schwebezustand beseitigt werden, ohne dass das Bundesverfassungsgericht erneut angerufen werden müsste. Darüber hinaus können die zuständigen Fachgerichte die Eigenheiten des Einzelfalles besonders gut berücksichtigen. Als Vorteil erweist sich weiterhin, dass dieser Lösungsweg nicht darauf angewiesen ist, die Befristung der Unvereinbarkeit zu konstruieren.

Es stellt sich aber die Frage, woher die einzelnen Fachgerichte ohne Äußerung des Bundesverfassungsgerichts wissen sollen, zu welchem Zeitpunkt der Schwebezustand verfassungswidrig wird. Die verfassungsgerichtlichen Fristbestimmungen können hierfür wie dargestellt allenfalls einen Anhaltspunkt liefern.[164] Unter Umständen würden die jeweiligen Einzelfälle zu völlig unterschiedlichen Zeitpunkten einer "verfassungskonformen Entscheidung" zugeführt.

Außerdem stellt sich die Frage, wie und auf welcher Grundlage die Gerichte verfassungskonform entscheiden können, wenn gerade die gesetzgeberische Entscheidung geboten und verfassungskonform ist?[165] Möglich wäre eine Entscheidung der Fachgerichte nur, wenn die Sperrwirkung der unvereinbaren Normen entfiele und die unvereinbaren Normen bei der Entscheidung daher außer Betracht bleiben könnten. So lange die unvereinbaren Normen in Bestand sind, ist den Fachgerichten etwa der Zugriff auf altes oder allgemeineres Recht[166] versagt. Dieser käme nur in Betracht, wenn das Bundesverfassungsge-

162 BVerfGE 82, 126 (155); ebenso Jarass/Pieroth (Fn. 54), Art. 20 Rn.35a; Rinken (Fn. 15), Art. 94 Rn. 50a; vgl. dazu auch BVerfGE 111, 160 (176); 111, 176 (189f.), in welchen das Gericht bei Verstreichen der Regelungspflicht für die Anlassfälle die Anwendung von Altrecht anordnete.

163 Kischel (Fn. 54), Art. 3 Rn. 71.

164 Siehe dazu oben 5. Teil A.II.1.c; ähnlich Kreutzberger (Fn. 15), 165.

165 Schlaich/Korioth (Fn. 22), Rn. 426; Kischel (Fn. 54), Art. 3 Rn. 71.

166 Siehe dazu schon oben 5. Teil A.I.3; anders für Fälle in denen eine verfassungskonforme gesetzgeberische Grundentscheidung besteht, die für bestimmte, zahlen- und bedeutungsmäßig kleinere Fälle in gleichheitswidriger Weise durchbrochen wurde Kischel (Fn. 54), Art. 3 Rn. 72.

richt die Nichtigkeit der unvereinbaren Regelungen festgestellt hätte. Es erschließt sich aber nicht ohne Weiteres, wieso nunmehr die Nichtigkeit der gleichheitswidrigen Regelungen eingetreten sein soll.[167]

ee. Nichtigkeit der unvereinbaren Regelungen?

(1) Unveränderte Situation?

Aus den gleichen Gründen bereitet es auch Schwierigkeiten, nach dauerhafter gesetzgeberischer Inaktivität eine verfassungsgerichtliche Nichtigerklärung einzufordern.[168] Die aussetzungsorientierte Unvereinbarerklärung wurde ausgesprochen, weil der Grundsatz der ipso-iure-Nichtigkeit angesichts der verfassungswidrigen Normenrelation nicht zu greifen vermag. An dieser grundsätzlichen Situation hat sich scheinbar nichts geändert. Soweit die Verfassungswidrigkeit auf einem Gleichheitsverstoß beruht, kann das Bundesverfassungsgericht noch immer keine einzelne Norm als verfassungswidrig isolieren.[169] Zudem stellt sich die Frage, auf welchem Wege eine erneute Vorlage an das Bundesverfassungsgericht angestrengt werden kann.

(2) Die Verfassungswidrigkeit des Schwebezustandes

Als hilfreich erweist sich hier aber der verfassungsgerichtliche Hinweis, dass der auf der Unvereinbarerklärung beruhende Schwebezustand selbst verfassungswidrig werden kann, wenn dieser zu lang andauert. Führt die Unvereinbarerklärung ihrerseits zu einer verfassungswidrigen Situation, ist jedenfalls die erneute Vorlage zum Bundesverfassungsgericht möglich.[170] Verfahrensgegenstand wäre dann die Verfassungswidrigkeit des zu lange andauernden Schwebezustandes. Die für unvereinbar erklärte Regelung führt infolge ihrer Sperrwirkung zu einer Verletzung der Rechtsschutzgarantie. Die Vorlagepflicht der Fachgerichte ergibt sich dann aus Art. 100 Abs. 1 GG.[171] Da ein neuer Streitgegenstand gegeben wäre, stünde die vormalige Unvereinbarerklärung einer erneuten Entscheidung nicht entgegen.[172] Dem Bundesverfassungsgericht ist mit der erneuten Vorlage

167 Vgl. dazu auch Graßhof (Fn. 26), 173 und 174.

168 So aber ohne weitere Begründung Sachs (Fn. 88), 659; Pestalozza (Fn. 16), § 20 Rn. 126; vgl. dazu auch Graßhof (Fn. 26), 174.

169 Zum Ganzen Hein (Fn. 15), 178; Siedler (Fn. 3), 174; Kreutzberger (Fn. 15), 165; Pohle (Fn. 56), 162; Kleuker (Fn. 87), 90, 104.

170 Vgl. Kischel (Fn. 54), Art. 3 Rn. 70, 74 differenzierend aber danach, ob das Bundesverfassungsgericht eine Frist zur Neuregelung gesetzt hat, vgl. ders. Rn. 72.

171 Vgl. Kischel (Fn. 54), Art. 3 Rn. 72.

172 Zum Ganzen Graßhof (Fn. 26), 174.

zunächst die Möglichkeit eröffnet, den Gesetzgeber, gegebenenfalls noch dringlicher, an seine verfassungsrechtlichen Pflichten zu erinnern.[173]

Darüber hinaus ist die Situation bei dauerhafter gesetzgeberischer Inaktivität eben nur grundsätzlich mit derjenigen zum Zeitpunkt der Unvereinbarerklärung identisch. Die unvereinbare Regelung verstößt bei unzumutbar langer Verfahrensaussetzung nicht mehr nur gegen einen Gleichheitssatz, sondern wegen ihrer Sperrwirkung zusätzlich gegen die Rechtsschutzgarantie.[174] Damit tritt neben den "relativen Verfassungsverstoß"[175] ein Verstoß absoluter Natur[176]. Folglich vermag der ipso-iure-Grundsatz nun doch zu greifen. Dabei wird die gesamte unvereinbare Regelung, also beispielsweise der begünstigende und der ausschließende Normteil, von der Nichtigkeit erfasst und das Bundesverfassungsgericht kann diese Nichtigkeit feststellen. Auch die aussetzungsorientierte Unvereinbarerklärung erfasste die gesamte gleichheitswidrige Regelung[177], die daher insgesamt zur Verfassungswidrigkeit der Sperrwirkung führt. Folglich verstößt auch die gesamte Regelung gegen die Rechtsschutzgarantie.

(3) Beendigung des Schwebezustandes

Die Fachgerichte können nach der verfassungsgerichtlichen Nichtigerklärung ihre Verfahren fortführen. Mit den unvereinbaren Normen ist auch die Sperrwirkung entfallen. Zu aus verfassungsrechtlicher Sicht unerträglichen Situationen sollte es dabei im Normalfall nicht kommen, da das Bundesverfassungsgericht angesichts der Anwendungssperre anderenfalls bereits von Anfang an eine anwendungsorientierte Unvereinbarerklärung ausgesprochen hätte. Sollte im Einzelfall aufgrund der überlangen Untätigkeit des Gesetzgebers dennoch die Anwendbarkeit der unvereinbaren Normen verfassungsrechtlich gefordert sein, muss das Bundesverfassungsgericht unter Umständen anstelle der Nichtigerklärung eine anwendungsorientierte Unvereinbarerklärung aussprechen.

Mit der Nichtigerklärung entsteht letztlich die Situation, die bestünde, wenn der Gesetzgeber die unvereinbaren Regelungen aufgehoben hätte. Die Gleichheitsverstöße sind damit aus der Welt, da beispielsweise auch die vormals Be-

---

173 Treffend formulierte bereits Simitis, S: Personen- und personenstandsrechtliche Grundfragen des neuen Nichtehelichenrechts, STAZ 1970, S. 255 (255): "Das Bundesverfassungsgericht ist auch dazu da, um den Gesetzgeber vor Gedächtnislücken zu bewahren. Verfassungsgebote lassen sich weder vergessen noch dürfen sie durch ständige Vertagung gegenstandslos werden."

174 Zum Verfassungswidrigwerden von Normen siehe schon oben 3. Teil A.I.1.

175 Siehe dazu oben 4. Teil B.III.1.a.

176 Siehe dazu ausführlich oben 4. Teil B.III.5.

177 Siehe oben 4. Teil B.III.1.a.

günstigten keine Begünstigungen mehr erhalten. Dies kann für die Betroffenen ausgesprochen ärgerlich sein, ist aber die Konsequenz der zusätzlichen Verfassungswidrigkeit.

2. Musterungsgebot?

Die Frage, ob der Gesetzgeber nach der Unvereinbarerklärung einem Musterungsgebot unterworfen ist[178], steht in engem Zusammenhang mit der Problematik der Ausdehnung der Anwendungssperre auf Parallelnormen.[179] Ein Musterungsgebot hätte die Pflicht des Gesetzgebers zum Inhalt, die Rechtsordnung auf solche Normen zu durchsuchen, die den für unvereinbar erklärten Normen gleichen und auch ihre Reform zu erwägen. Die Förderung eines effektiven Rechtsschutzes und der Prozessökonomie sprechen für ein verbindliches Musterungsgebot. Auf diese Weise könnten verfassungswidrige Regelungen aus dem Normenbestand entfernt werden, was zur Folge hätte, dass ihre Verfassungswidrigkeit nicht erst nach Ausschöpfung aller Rechtsschutzmöglichkeiten vom Bundesverfassungsgericht festgestellt werden muss. Ohne den Spruch des Bundesverfassungsgericht kann allerdings nicht zweifelsfrei festgestellt werden, ob bestimmte Regelungen tatsächlich ebenfalls verfassungswidrig sind.[180] Dies gilt selbst bei wortlautidentischen Vorschriften. Sofern also die Verfassungswidrigkeit der Regelungen nicht vom Bundesverfassungsgericht festgestellt wurde, kann der Gesetzgeber nicht zur Reform von Parallelnormen verpflichtet sein.[181] Ein über die normale Verfassungsbindung des Gesetzgebers hinausgehendes Musterungsgebot als Rechtsfolge einer Unvereinbarerklärung ist abzulehnen.[182] Wenn der Gesetzgeber ohnehin nicht verbindlich feststellen kann, ob etwaige Parallelnormen der unvereinbaren Regelungen ebenfalls verfassungswidrig sind, könnte eine Musterungspflicht keine konkreten Ergebnisse zeitigen. Im übrigen steht es dem Gesetzgeber frei, Regelungen, also auch solche die er für verfassungswidrig hält, zu reformieren.

3. Normwiederholungsverbot?

Spricht das Bundesverfassungsgericht eine aussetzungsorientierte Unvereinbarerklärung aus, steht damit jedenfalls fest, dass eine bestimmte Gesamtregelung

---

178 Zum ganzen vgl. Pestalozza (Fn. 16), § 20 Rn. 130.

179 Vgl. oben 5. Teil A.I.5.

180 Vgl. oben 5. Teil A.I.5.

181 Pestalozza (Fn. 16), § 20 Rn. 130; anders aber Heußner (Fn. 15), 261; Herter (Fn. 35), 73.

182 Anders Herter (Fn. 35), 73; wohl auch Pestalozza (Fn. 16), § 20 Rn. 130.

verfassungswidrig ist. Insoweit unterscheidet sich diese Unvereinbarerklärung nicht von einer Nichtigerklärung, in der ebenfalls die Verfassungswidrigkeit einer oder mehrerer Regelungen festgestellt wird. Die Frage, ob eine aussetzungsorientierte Unvereinbarerklärung dem Gesetzgeber gegenüber ein Verbot auslöst, eine gleichlautende Gesamtregelung nochmals zu erlassen, unterscheidet sich nicht von der Frage, ob es dem Gesetzgeber verboten ist, eine nichtige Norm nochmals zu erlassen.[183]

III. Folgen für Exekutive und Judikative

Aussetzungsorientierte Unvereinbarerklärungen und Nichtigerklärungen unterscheiden sich auch hinsichtlich ihrer Folgen für Behörden und Gerichte. Differenziert werden muss zwischen dem Anlassfall (1.) und den Parallelfällen (2.). Bei letztgenannten können sich die Verfahren, in denen Exekutive und Judikative gegebenenfalls mit unvereinbaren Normen konfrontiert werden, in verschiedenen Stadien befinden. Sie können bereits abgeschlossen (2.a.) oder gerade anhängig (2.b.) sein, sie können aber auch während der Übergangszeit, also im Zeitraum zwischen verfassungsgerichtlicher Entscheidung und gesetzgeberischer Neuregelung, anhängig werden (2.c.).

1. Der Anlassfall

Als Anlassfälle werden diejenigen Streitigkeiten bezeichnet, die dem jeweiligen verfassungsgerichtlichen Verfahren, das zur Unvereinbarerklärung führte, vorausgehen. Bei einer konkreten Normenkontrolle handelt es sich also um die anhängigen Gerichtsverfahren, anlässlich derer das Fachgericht vor der Entscheidung in der Sache zu der Ansicht gelangt, dass eine der relevanten Regelungen verfassungswidrig ist.[184] Legen die Fachgerichte eine vermeintlich verfassungswidrige Vorschrift dem Bundesverfassungsgericht vor, haben sie gemäß Art. 100 Abs. 1 GG das Verfahren auszusetzen. Art. 100 Abs. 1 GG gestattet die Aussetzung jedoch nur bis zum Zeitpunkt der Entscheidung des Bundesverfas-

183 Ausführlich zum Normwiederholungsverbot Kischel, Uwe: Darf der Gesetzgeber das Bundesverfassungsgericht ignorieren? – Zum erneuten Erlaß für nichtig erklärter Gesetze, AöR 131 (2006), 219 (219ff.); Detterbeck, Steffen: Normwiederholungsverbote aufgrund normverwerfender Entscheidungen des Bundesverfassungsgerichts?, AöR 116 (1991), 391 (404ff.); Korioth, Stefan: Die Bindungswirkung normverwerfender Entscheidungen des Bundesverfassungsgerichts für den Gesetzgeber, Der Staat 1991, 549 (549ff.); vgl. auch Pestalozza (Fn. 16), § 20 Rn. 130 m.w.N.

184 Zum Ganzen Kreutzberger (Fn. 15), 162ff.

sungsgerichts.[185] Gleichwohl sind nach der Rechtsprechung des Bundesverfassungsgerichts gerichtliche Verfahren, in denen die Entscheidung von der verfassungswidrigen Norm abhängt, vom Zeitpunkt der Unvereinbarerklärung an auszusetzen.[186] Aber woraus soll diese Aussetzungspflicht resultieren? Aus der Anwendungssperre[187] der unvereinbaren Norm allein folgt sie jedenfalls nicht. Es wäre ohne Weiteres denkbar, dass die Gerichte die unvereinbaren Normen nicht anwenden, das Verfahren aber dennoch fortführen und mit den von der Unvereinbarerklärung nicht erfassten Normen(teilen) zum Abschluss bringen.[188] Auch ältere oder allgemeine Regelungen könnten als Entscheidungsgrundlage herangezogen werden.

Die Aussetzungspflicht ergibt sich aus dem Zusammenspiel von Anwendungssperre der Norm und Sperrwirkung[189] der für unvereinbar erklärten Norm gegenüber den Rechtssätzen, die an Stelle dieser Norm anwendbar wären.[190] Die unvereinbare Norm darf einer gerichtlichen Entscheidung nicht mehr zugrunde gelegt werden.[191] Gleichzeitig sperrt sie diejenigen Regelungen, die als gewöhnliche Folge eines Wegfalls einer Rechtsnorm an deren Stelle treten. Folglich sind keine für eine Entscheidung anwendbaren Rechtsnormen mehr vorhanden. Die Gerichte sind daher gezwungen, die Verfahren so lange auszusetzen, bis der Gesetzgeber der verfassungswidrigen Rechtslage im Wege der Neuregelung abgeholfen hat.[192] Damit steht zugleich fest, dass das einer konkreten Normenkontrolle zugrunde liegende Verfahren nach der Entscheidung des Bundesverfassungsgerichts weiterhin auszusetzen ist.[193]

---

185 Hoffmann-Riem (Fn. 17), 844.

186 BVerfGE 22, 349 (350, 363); 61, 43 (56); 75, 40 (55); 87, 234 (262f.); 94, 241 (267); 84, 1 (5).

187 Siehe oben 5. Teil A.I.4.

188 Blüggel (Fn. 22), 96; Maurer (Fn. 25), 362.

189 Siehe oben 5. Teil A.I.3.

190 Zu den folgenden Gedanken Graßhof (Fn. 26), 158; Pestalozza (Fn. 16), § 20 Rn. 136.

191 Siehe oben 5. Teil A.I.4.

192 Maurer (Fn. 25), 361f; Moench (Fn. 11), 171; Hein (Fn. 15), 189; Bethge (Fn. 13), § 78 Rn. 63; Pestalozza (Fn. 16), § 20 Rn. 136; vgl. dazu Siedler (Fn. 3), 153; nach Hoffmann-Riem (Fn. 17), 845f. sind die Gerichte und Verwaltungsorgane zur Aussetzung in Rechts- bzw. Gesetzesanalogie der §§ 80 VwGO, 242 AO; 69 FGO; 86, 97 SGG befugt; vgl. dazu auch Balser (Fn. 12), 232.

193 Das Bundesverfassungsgericht hat oftmals darauf hingewiesen, dass gerichtliche Verfahren auszusetzen seien, um dem Bürger die Gelegenheit offen zu halten, an der gesetzlichen Neuregelung teilzuhaben, ohne dass ihm die Rechtskraft eines klageabweisenden Urteils entgegengehalten werden könne, vgl. BVerfGE 23, 1 (11); 25, 101 (111f.), für die Literatur statt aller Maurer (Fn. 25), 361; Schlaich/Korioth (Fn. 22), Rn. 413. Dieses Argument kann nicht überzeugen, zur Sorge des Bundesverfassungsge-

Ergeht die Unvereinbarerklärung im Rahmen einer Verfassungsbeschwerde, beanspruchen die dargestellten Erwägungen ebenfalls Geltung. Richtet sich die Verfassungsbeschwerde gegen eine gerichtliche Entscheidung und mittelbar gegen das ihr zugrunde liegende Gesetz, ist die Entscheidung zunächst gemäß § 95 Abs. 2 BVerfGG aufzuheben und an ein zuständiges Gericht zurückzuverweisen.[194] Das jeweilige Fachgericht muss das Verfahren dann ebenfalls bis zur gesetzgeberischen Neuregelung aussetzen.[195] Für die eher seltenen Verfassungsbeschwerdeverfahren ohne vorherige Erschöpfung des Rechtsweges nach § 90 Abs. 2 S. 2 BVerfGG ist ebenfalls in der dargestellten Weise zu verfahren.[196] In den Fällen der abstrakten Normenkontrolle gibt es keine Anlassfälle. Die dargestellten Grundsätze gelten auch für behördliche Verfahren[197], die nach der Rechtsprechung des Bundesverfassungsgerichts ebenso wie gerichtliche Verfahren auszusetzen sind[198].

---

richts der entgegenstehenden Rechtskraft eines klageabweisenden Urteils siehe bereits 3. Teil B.II.2. Außerdem kann diese Erwägung nur die Aussetzung gerichtlicher Verfahren, nicht aber die Aussetzung der Gesetzesanwendung im Übrigen rechtfertigen, vgl. Hoffmann-Riem (Fn. 17), 844. Siedler (Fn. 3), 157 weist aber zu Recht darauf hin, dass der Gesetzgeber bei der Neuregelung die rechtskräftig entschiedenen Fälle wegen § 79 Abs. 2 BVerfGG nicht berücksichtigen muss. Dies beweist den Nutzen der aussetzungsorientierten Unvereinbarerklärungen, eine umfassende Begründung der Aussetzungspflicht gelingt mit diesem Argument dennoch nicht.

194 Hoffmann-Riem (Fn. 17), 844; Benda/Klein (Fn. 22), Rn. 1275; BVerfGE 22, 349 (350).

195 BVerfGE 22, 349 (350).

196 Kreutzberger (Fn. 15), 163f.

197 Hat das Bundesverfassungsgericht die Unvereinbarkeit einer im Verwaltungsverfahren anzuwendenden Norm festgestellt, erfolgt die Aussetzung des jeweiligen Verfahrens in entsprechender Anwendung des § 94 S. 1 VwGO, Mühlbauer, Sabine: Die Aussetzung von Verwaltungsverfahren, 2003, 139. Zur Aussetzung und zum Ruhen im Verwaltungsverfahren siehe ausführlich Mühlbauer (Fn. 197), 119ff. Zur Gesetzeslage im Verwaltungsverfahren nach der Abgabenordnung und nach dem SGB X vgl. Mühlbauer (Fn. 197), 101ff; zur Aussetzung des Verwaltungsverfahrens vgl. auch Kopp, Ferdinand O. / Schenke, Wolf-Rüdiger: Verwaltungsgerichtsordnung - Kommentar, 16. Auflage, 2009, § 94 Rn. 1.

198 BVerfGE 22, 349 (350, 363); 61, 43 (56); 75, 40 (55); 87, 234 (262f.); 94, 241 (267); 84, 1 (5).

2. Die Parallelfälle

Die Parallelfälle sind diejenigen Verfahren vor Gerichten und Behörden, in denen es auf die unvereinbar erklärte Norm ankommt.[199]

a. Die nicht mehr anfechtbaren Entscheidungen

Für die Verfahren, die zum Zeitpunkt der verfassungsgerichtlichen Entscheidung bereits abschlossen sind, hat die aussetzungsorientierte Unvereinbarerklärung grundsätzlich keine weiteren Auswirkungen.[200] Eine "Wiederaufnahme" bestandskräftiger Verwaltungsakte und rechtskräftiger gerichtlicher Entscheidungen findet nicht statt.[201] Für Parallelverfahren ist § 79 Abs. 2 BVerfGG sinngemäß anzuwenden, wonach die nicht mehr anfechtbaren Entscheidungen unberührt bleiben.[202] Gegenüber der Einzelfallgerechtigkeit müssen Rechtssicherheit und Rechtsfrieden hier vorgehen.[203] Ebenfalls sinngemäß anzuwenden ist das Vollstreckungsverbot[204] des § 79 Abs. 2 S. 2 BVerfGG. Demzufolge darf aus den unanfechtbaren Entscheidungen nicht mehr vollstreckt werden.[205]

Eine erste Ausnahme ist § 79 Abs. 1 BVerfGG zu entnehmen. Hiernach ist gegen ein rechtskräftiges Strafurteil, das auf einer mit dem Grundgesetz für unvereinbar erklärten Norm beruht, die Wiederaufnahme des Verfahrens nach den Vorschriften der Strafprozessordnung zulässig.[206] Allgemeine Korrekturmöglichkeiten für nicht mehr anfechtbare Entscheidungen können sich sinngemäß

199 Vgl. BVerfGE 37, 217 (265); vgl. Pestalozza (Fn. 16), § 20 Rn. 135; nach Kreutzberger (Fn. 15), 164 sind nur anhängige Verfahren Parallelfälle; so auch Schlaich/Korioth (Fn. 22), Rn. 414.

200 Gusy (Fn. 54), 192.

201 Vgl. Heußner (Fn. 15), 258.

202 BVerfGE 81 363 (384); 37, 217 (263); Hein (Fn. 15), 199f; Graßhof (Fn. 54), § 79 Rn. 27; Battis (Fn. 92), Rn. 74; Hoffmann-Riem (Fn. 17), 845; Benda/Klein (Fn. 22), Rn. 1278; Heußner (Fn. 15), 258; vgl. zu § 79 Abs. 2 BVerfGG schon oben 5. Teil A.II.1.b.

203 Herter (Fn. 35), 84; Heußner (Fn. 15), 258.

204 Siehe dazu Bethge (Fn. 13), § 79 Rn. 57f.

205 Heußner (Fn. 15), 258; Graßhof (Fn. 54), § 79 Rn. 37; Jarass/Pieroth (Fn. 54), Art. 3 Rn. 41a; Bethge (Fn. 13), § 78 Rn. 63; Bethge (Fn. 54), 21; a.A. Hartmann (Fn. 100), 278; Kreutzberger (Fn. 15), 160.

206 Kreutzberger (Fn. 15), 164; Heußner (Fn. 15), 258; Heyde (Fn. 54), 58; Maurer (Fn. 25), 360; eine Wiederaufnahme ist im Normalfall jedoch erst mit dem Inkrafttreten der gesetzgeberischen Neuregelung möglich (vgl. Graßhof (Fn. 54), § 79 Rn. 16); Wiederaufnahmen war z.B. nach BVerfGE 85, 191 angezeigt, genauer dazu Zmarzlik, Johannes: Auswirkungen des Urteils des Bundesverfassungsgerichts über die Unvereinbarkeit des Nachtarbeitsverbots für Arbeiterinnen mit Art. 3 GG, DB 1992, 680 (681f.).

auch nach § 79 Abs. 2 S. 1 2. Alt. BVerfGG ergeben.[207] Nach dieser Vorschrift kann eine Änderung aufgrund einer besonderen gesetzlichen Regelung erfolgen.[208] Im Einzelfall ist daher zu prüfen, ob eine "besondere gesetzliche Regelung" im Sinne von § 79 Abs. 2 S. 1 2. Alt. BVerfGG gegeben ist und ob deren Voraussetzungen erfüllt sind. Diskutiert wird dies etwa für § 44 SGB X, nach welchem unter bestimmten Voraussetzungen unanfechtbare Verwaltungsakte mit Wirkung für die Vergangenheit zurückzunehmen sind.[209] Eine "besondere gesetzliche Regelung" im Sinne von § 79 Abs. 2 S. 1 2. Alt. BVerfGG kann auch in der Neuregelung des Gesetzgebers nach der Unvereinbarerklärung liegen.[210] Dies wäre beispielsweise der Fall, wenn nach der neuen Bestimmung die unanfechtbaren Entscheidungen aufgehoben werden sollen. Umgekehrt kann der Gesetzgeber aber auch eine Neuregelung erlassen, nach welcher die gegenüber § 79 Abs. 2 BVerfGG speziellen Bestimmungen, wie etwa § 44 SGB X, für nicht anwendbar erklärt werden, es also bei der Grundregel des § 79 Abs. 2 BVerfGG bleibt.[211]

Insbesondere im Steuerrecht kann es zu Schwierigkeiten kommen, weil das Regelungsziel des § 79 Abs. 2 BVerfGG teilweise konterkariert wird. Bestehen verfassungsrechtliche Zweifel an einer Steuernorm, legen Steuerpflichtige oft massenhaft Rechtsbehelfe gegen ihre Steuerbescheide ein, um von den möglichen positiven Auswirkungen der verfassungsgerichtlichen Entscheidung zu profitieren. Dabei handelt es sich allerdings um kein speziell die Unvereinbarerklärung betreffendes Problem, da die Steuerpflichtigen insbesondere auch von einer Nichtigerklärung profitieren würden.[212] Für die Steuerverwaltung ist es in diesen Fällen am besten, die Steuern bei bereits anhängigen verfassungsgerichtlichen Verfahren nach § 165 Abs. 1 Nr. 3 AO nur vorläufig festzusetzen, um einen noch größeren Verwaltungsaufwand zu vermeiden.[213] Nach der verfas-

207 Heußner (Fn. 15), 258; Herter (Fn. 35), 88.

208 Vgl. dazu Bethge (Fn. 13), § 79 Rn. 55; Heußner (Fn. 15), 258.

209 Vgl. Heußner (Fn. 15), 258 und Bethge (Fn. 13), § 79 Rn. 55; ausführlich zur Situation im Sozialrecht Blüggel, Jens: Normenkontrollentscheidungen des Bundesverfassungsgerichts und bestandskräftige Verwaltungsakte im Sozialrecht – Zum Verhältnis von § 79 Abs. 2 Satz 1 BVerfGG zu §§ 44 ff SGB X, Die Sozialgerichtsbarkeit 2003, 507 (507ff.); hinsichtlich der § 22 Abs. 3 Bewertungsgesetz, § 17 Abs. 2 Nr. 2 Grundsteuergesetz, §§ 172ff. Abgabenordnung vgl. Herter (Fn. 35), 92ff; wird die Bestandskraft durchbrochen, sind die jeweiligen Entscheidungen wiederum bis zur gesetzgeberischen Neuregelung auszusetzen, vgl. dazu Löwer (Fn. 7), 110.

210 Vgl. Graßhof (Fn. 54), § 79 Rn. 28; vgl. auch BVerfGE 104, 126 (150).

211 Vgl. Heußner (Fn. 15), 258.

212 Siehe dazu Moes (Fn. 95), 27f.; instruktiv zu diesem Problem im Allgemeinen Bron/Seidel (Fn. 15), 700ff.

213 Zum Ganzen Graßhof (Fn. 54), § 79 Rn. 29; vgl. dazu auch Drüen (Fn. 94), 519f.

sungsgerichtlichen Entscheidung muss die Finanzverwaltung gegebenenfalls zahlreiche mit einem Vorläufigkeitsvermerk versehene Steuerbescheide neu bearbeiten, was ebenfalls zu einer außerordentlich großen Beanspruchung der Ressourcen der Finanzverwaltung führen kann.[214] Noch schwieriger wäre die Situation aber, wenn vor der verfassungsgerichtlichen Entscheidung alle Verfahren vollständig ausgesetzt worden wären. Ein positiver Aspekt dieser besonderen Situation ist, dass der Grundrechtsschutz optimiert wird.[215] Spricht das Bundesverfassungsgericht eine aussetzungsorientierte Unvereinbarerklärung aus, können die Verfahren erst mit der gesetzgeberischen Neuregelung endgültig entschieden werden.

b. Anhängige Verfahren

Die Verfahren, die zum Zeitpunkt der verfassungsgerichtlichen Entscheidung bei den Verwaltungsbehörden oder Fachgerichten anhängig sind, sind wie der Anlassfall bis zur verfassungskonformen Neuregelung des Gesetzgebers auszusetzen.[216] Auch hier ergibt sich die Aussetzungspflicht aus dem Zusammenspiel von Anwendungssperre der Norm und Sperrwirkung. Es existieren keine anwendbaren Rechtsgrundlagen, die als Grundlage der Entscheidung herangezogen werden könnten.

Für die das Recht anwendenden Staatsorgane werden für unvereinbar erklärte Normen in den jeweiligen Verfahren aber nicht immer in der gleichen Weise relevant. Der Verfahrensinhalt kann sich in der Anwendung einer unvereinbaren

214 Moes (Fn. 95), 29f; Belastungen des Staatshaushalts kann das Bundesverfassungsgericht bei Vorliegen der entsprechenden Voraussetzungen mit dem Ausspruch einer anwendungsorientierten Unvereinbarerklärung begegnen, die den Gesetzgeber von der Pflicht einer rückwirkenden Neuregelung freistellen kann, vgl. dazu auch Graßhof (Fn. 54), § 79 Rn. 29; kritisch in diesem Zusammenhang zu § 79 BVerfGG Trzaskalik, Christoph: Zu den Folgen, wenn das Bundesverfassungsgericht Gesetze für nichtig erklärt, DB 1991, 2255 (2255ff.).

215 Moes (Fn. 95), 30.

216 BVerfGE 22, 349 (363); 39, 316 (333); 52, 369 (379); Graßhof (Fn. 54), § 78 Rn. 59; Kischel (Fn. 54), Art. 3 Rn. 68; Leibholz/Rupprecht (Fn. 12),§ 31 Anm. 3; Benda/Klein (Fn. 22), Rn. 1275; Osterloh (Fn. 92), Art. 3 Rn. 132; Gerber (Fn. 92), 700; Wernsmann (Fn. 46), 217; für fachgerichtliche Verfahren Heusch (Fn. 15), § 31 Rn. 82; Balser (Fn. 12), 231; nach Löwer (Fn. 11), § 70 Rn. 123 folgt die Aussetzung kraft §§ 31 Abs. 1 und 2 BVerfGG aus dem Umstand, dass dem Gesetzgeber das Feld für Neuregelungen offengehalten werden soll; Siedler (Fn. 3), 156; Wernsmann (Fn. 46), 114, 134; Mayer (Fn. 81),. 72 (zum Argument "Chance auf Partizipation" siehe auch 3. Teil B.II.). Nach Gerontas (Fn. 54), 488 ergibt sich die Aussetzungspflicht für die anhängigen Parallelfälle neben den §§ 31 Abs. 1 und 2 BVerfGG aus der Rechtsprechung des Bundesverfassungsgerichts; ebenso Heußner (Fn. 15), 258; anders wohl Sachs (Fn. 74), 984f.

Regelung erschöpfen, die unvereinbare Norm kann aber auch nur eine von mehreren Bestimmungen sein, die für die Entscheidungsfindung angewendet werden müssten.[217] In der ersten Konstellation ist die Aussetzung als Folge von Anwendungssperre und Sperrwirkung leicht nachvollziehbar. Wird etwa der Anspruch auf einen Hausarbeitstag geltend gemacht[218], der sich aus einer zwischenzeitlich für unvereinbar erklärten Norm ergäbe, bleibt dem jeweiligen Fachgericht nichts anderes übrig, als das Verfahren auszusetzen. Es stellt sich aber die Frage, ob eine für unvereinbar erklärte Norm, der für das Verfahren unter mehreren Bestimmungen eine nur untergeordnete Bedeutung zukommt, dennoch das ganze Verfahren blockiert. Das Bundesverfassungsgericht hat in seiner Entscheidung Arbeitslosenhilfe[219] eine Regelung für unvereinbar erklärt, nach welcher sich die Bedürftigkeit als Anspruchsvoraussetzung der Arbeitslosenhilfe auch nach dem Einkommen des Ehegatten bestimmt. Das Gericht ordnete dabei an, dass die Verfahren ausnahmsweise weiter fortzuführen seien.[220] An sich hätten also die gesamten, auf die Gewährung von Arbeitslosengeld gerichteten Verfahren, ausgesetzt werden müssen.[221] Hiernach hat die Anwendungssperre nicht zur Folge, dass die unvereinbare Norm weggedacht und das Verfahren ohne sie durchgeführt werden kann. Vielmehr ist jedes Verfahren, in dem eine unvereinbare Norm zur Entscheidung herangezogen wird, aufgrund der Anwendungssperre dieser Norm auszusetzen.[222]

Mit der Frage, wie man ermittelt, ob ein Verfahren nach einer aussetzungsorientierten Unvereinbarerklärung ausgesetzt werden muss, kann man aber auch auf andere Weise umgehen. Den Umfang der Aussetzungspflicht kann man auch mit dem Schema ermitteln, das bei der nach Art. 100 Abs. 1 GG zu prüfende Entscheidungserheblichkeit gebräuchlich ist. Danach müssen diejenigen Verfahren ausgesetzt werden, bei denen sich die rechtliche Beurteilung des Sachverhaltes durch Hinwegdenken der fraglichen Regelung ändert.[223] Entgegen der Frage, ob eine Norm in einem Verfahren angewendet wird, geht es also darum, ob eine Norm für die Entscheidung des Verfahrens erheblich ist. Dabei kann es durchaus zu unterschiedlichen Ergebnissen kommen, da eine Norm angewendet werden kann, ohne dass sich dies in der Verfahrensentscheidung bemerkbar

---

217 Hierzu und zu den folgenden Gedanken siehe Graßhof (Fn. 26), 158ff.

218 Vgl. BVerfGE 52, 369.

219 BVerfGE 87, 234.

220 BVerfGE 87, (234) 262f.

221 Vgl. BVerfGE 87, (234) 262.

222 Zum Ganzen Graßhof (Fn. 26), 158f.

223 So Winkler von Mohrenfels, Peter: Zur Verfassungswidrigkeit des § 606b Nr. 1 ZPO, NJW 1986, 639 (640); Mayer (Fn. 81), 72 unterstellt dem Bundesverfassungsgericht diese Sichtweise, die dort angeführten Belege vermögen dies aber nicht zu tragen.

macht. Ein Beispiel ist dem § 606b ZPO a. F. zu entnehmen, den das Bundesverfassungsgericht in einer Entscheidung zum Scheidungsprozessrecht[224] soweit für unvereinbar erklärte, wie an das Heimatrecht des Mannes angeknüpft wird. Gemäß § 606b ZPO a. F. konnte ein deutsches Gericht, wenn keiner der Ehegatten die deutsche Staatsangehörigkeit besaß, die Ehe neben anderem nur scheiden, wenn nach dem Heimatrecht des Mannes die von dem deutschen Gericht zu fällende Entscheidung anerkannt wurde. Entscheidungserheblich war die Regelung demnach nur, wenn die vom deutschen Gericht zu fällende Entscheidung vom Heimatrecht des Ehemannes nicht anerkannt wird.[225]

Gegen das Abstellen auf die Entscheidungserheblichkeit spricht, dass so nur eine von mehreren gesetzgeberischen Neuregelungsmöglichkeiten berücksichtigt wird. Je nachdem welches Neuregelungsmodell gewählt wird, kann es zu einer anderen Lösung als nach der alten Rechtslage kommen. Möglich ist ja beispielsweise auch, dass nach der Neuregelung die deutschen Gerichte auch in den Fällen unzuständig sind, in denen die Entscheidung vom Heimatrecht des Ehemannes anerkannt wird. Knüpft man an die Entscheidungserheblichkeit an, widerspricht das dem Willen des Bundesverfassungsgerichts, mit dem bloßen Ausspruch der Verfassungswidrigkeit dem Gesetzgeber in der zu regelnden Frage nicht vorzugreifen.[226]

Relevant ist nicht, ob die Gesamtregelung "entscheidungserheblich" ist, sondern ob sie in einem Verfahren angewendet wird. Dies ergibt sich auch aus Konstruktion der Aussetzung. Diese resultiert aus Anwendungssperre und Sperrwirkung. Die unvereinbare Regelung kann nicht mehr angewendet werden, es kann aber auch keine andere Norm an ihre Stellte treten. Die nicht mehr anwendbare Gesamtregelung blockiert also das Verfahren, in dem sie angewendet wird.[227] Entscheidet beispielsweise ein Gericht dennoch in einem Verfahren, ist die Entscheidung auf die Verfassungsbeschwerde des Betroffenen hin aufzuheben und die Sache nach § 95 Abs. 2 BVerfGG an das Gericht zurückzuverweisen.[228]

---

224 BVerfGE 71, 224.

225 Vgl. Graßhof (Fn. 26), 159.

226 Zum Ganzen Grundmann, Stefan: Zum Erfordernis der Anerkennungsfähigkeit bei der Scheidung gemischt-nationaler Ehen, NJW 1986, 2165 (2166); vgl. auch Graßhof (Fn. 26), 159f.

227 Vgl. Graßhof (Fn. 26), 160.

228 Vgl. Heußner (Fn. 15), 259.

c. Neu eingeleitete Verfahren

Schließlich können Verfahren bei den Behörden oder Gerichten auch in dem Zeitraum zwischen verfassungsgerichtlicher Entscheidung und gesetzgeberischer Neuregelung anhängig werden. Auch für diese Verfahren gilt, dass keine anwendbaren Rechtsgrundlagen gegeben sind, die als Grundlage der Entscheidung herangezogen werden können. Folglich müssen auch die in der Übergangszeit anhängig gewordenen Verfahren ausgesetzt werden.[229]

IV. Folgen für Rechtsverhältnisse zwischen Privaten

Aussetzungsorientierte Unvereinbarerklärungen können auch Auswirkungen auf die Rechtsverhältnisse zwischen Privatpersonen haben.[230] Zu differenzieren ist zwischen Rechtsbeziehungen, die zum Zeitpunkt der verfassungsgerichtlichen Entscheidung bereits abgeschlossen und abgewickelt (1.) oder noch nicht abgeschlossen sind (2.).

1. Abgeschlossene und abgewickelte Rechtsbeziehungen

Für bereits abgeschlossene und abgewickelte privatrechtliche Beziehungen ist eine entsprechende Anwendung des § 79 Abs. 2 BVerfGG vorstellbar. Dies zeigt sich beispielsweise bei dem Besteller eines Werkes, der dem Werkunternehmer eine Mindestvergütung zahlt, weil dies gesetzlich vorgeschrieben ist. Erklärt das Bundesverfassungsgericht diese Vorschrift für unvereinbar, verhindert § 79 Abs. 2 BVerfGG, dass bereits vollständig abgewickelte bürgerlichrechtliche Vertragsbeziehungen aufgerollt werden, also etwa wegen der ursprünglichen Werkvergütung neue Ansprüche entstehen.[231]

Für Nichtigerklärungen ist eine analoge Anwendung des § 79 Abs. 2 BVerfGG auf privatrechtliche Beziehungen anerkannt.[232] Immerhin entspricht die Regelung des § 79 Abs. 2 S. 1 BVerfGG einem allgemeinem Rechtsgedanken. Die Auswirkungen der nun festgestellten Verfassungswidrigkeit, müssen mit Blick auf und im Interesse von Rechtssicherheit und Rechtsfrieden eingeschränkt werden.[233] Dem Rechtsfrieden widerspräche es etwa, wenn nach der verfassungsgerichtlichen Entscheidung in zahlreichen Fällen Ansprüche auf

229 Heußner (Fn. 15), 258; Benda/Klein (Fn. 22), Rn. 1275.

230 Vgl. Pestalozza (Fn. 16), § 20 Rn. 133.

231 Vgl. dazu BVerfGE 32, 387 (390); 97, 35 (48).

232 BVerfGE 97, 35 (48); 98, 365 (402); 99, 341 (359); Heyde (Fn. 54), 59; Löwer (Fn. 11), § 70 Rn. 119; Graßhof (Fn. 54), § 79 Rn. 42.

233 Heyde (Fn. 54), 58; vgl. BVerfGE 97, 35 (48).

Rückzahlung eines Teils der Werkvergütung geltend gemacht würden. Außerdem findet sich mit dem Ausschluss von Ansprüchen aus ungerechtfertigter Bereicherung in § 79 Abs. 2 S. 4 BVerfGG ein Hinweis, der auf die Bevorzugung der Rechtssicherheit für rechtsgeschäftliche Beziehungen schließen lässt.[234]

Dem kann man aber entgegenhalten[235], dass § 79 Abs. 2 S. 1 BVerfGG dem Schutz rechtsbeständiger Einzelfallentscheidungen und dem Interesse des Staates dient, der vor einer massenhaften Rückabwicklung mit gegebenenfalls beträchtlichen finanziellen Folgen bewahrt werden soll. Eine Übertragung dieses Rechtsgedankens auf bürgerliche Rechtsverhältnisse scheint daher wegen der ganz andersartigen Interessenkonstellation des Privatrechts auszuscheiden.[236] Weiterhin könnte der Hinweis auf die Ansprüche aus ungerechtfertigter Bereicherung auch nur klarstellende Funktion für das Prinzip, dass die Fortbestandsgarantie des § 79 Abs. 2 S. 1 BVerfGG für staatlich verantwortete Normvollzugsakte nicht mit den Mitteln des sekundären Staatshaftungsrechts ausgehebelt werden darf, haben.[237] Auch können für vom Wegfall des verfassungswidrigen Gesetzes betroffene privatautonome Rechtsgeschäfte die allgemeinen Regelungen des Privatrechts zur Stabilisierung und Abwicklung fehlerhafter Rechtsgeschäfte angewendet werden. So vermeidet man, dass das "feindifferenzierte und ausziselierte Instrumentarium" des bürgerlichen Rechts nicht mit den "holzschnittartigen Rezepturen und Zäsuren" des § 79 Abs. 2 BVerfGG ausgehebelt wird.[238]

Andererseits ist es dem Gesetzgeber im Einzelfall unbenommen, im Zusammenhang mit dem Gegenstand der vorliegenden Entscheidung eine andere, auch auf bestandskräftige Entscheidungen zu erstreckende Regelung zu treffen[239] und so auf § 79 Abs. 2 BVerfGG beruhende Friktionen zu glätten. Im Regelfall gilt daher, dass eine nachträgliche Korrektur nicht erfolgen muss, wenn und soweit ein Rechtsverhältnis abgewickelt ist. Immerhin sind die Parteien auf einem gemeinsamen Rechtsboden tätig geworden, auf dem sie ihren unab-

---

234 Löwer (Fn. 11), § 70 Rn. 119.

235 Zur Kritik insgesamt Steiner, Udo: Zum Entscheidungsausspruch und seinen Folgen bei der verfassungsgerichtlichen Normenkontrolle, in: Isensee, Josef / Lecheler, Helmut: Freiheit und Eigentum – Festschrift für Walter Leisner zum 70. Geburtstag, 1999, 569 (578); Bethge (Fn. 13), § 79 Rn. 79f; Pestalozza (Fn. 16), § 20 Rn. 137.

236 Bethge (Fn. 13), § 79 Rn. 80.

237 Bethge (Fn. 13), § 79 Rn. 80 m.w.N.

238 Bethge (Fn. 13), § 79 Rn. 80 m.w.N; vgl. Pestalozza (Fn. 16), § 20 Rn. 137.

239 BVerfGE 94, 241 (267); ein Entgegenkommen des Bundesverfassungsgerichts gegenüber der Kritik lässt sich auch BVerfGE 99, 341 (359f.) entnehmen; vgl. dazu Graßhof (Fn. 54), § 79 Rn. 42.

hängigen persönlichen Willen entfalteten.[240] Nicht zu übersehen ist außerdem, dass die Interessenlage bei einer Nichtigerklärung der einer aussetzungsorientierten Unvereinbarerklärung außerordentlich ähnlich ist. Es geht jeweils um abgeschlossene Rechtsbeziehungen, die auf einer verfassungswidrigen und daher nicht mehr anwendbaren Norm beruhen. Daher ist § 79 Abs. 2 BVerfGG bei aussetzungsorientierten Unvereinbarerklärungen auf privatrechtliche Rechtsbeziehungen in doppelter Analogie anzuwenden.

2. Noch nicht abgeschlossene Beziehungen

Darüber hinaus ist fraglich, welche Folgen sich im Verhältnis zwischen Privaten ergeben, wenn die betreffenden rechtlichen Beziehungen noch nicht abgeschlossen oder abgewickelt sind. Auch diese Problematik ist nach dem Ausspruch einer aussetzungsorientierten Unvereinbarerklärung relevant. So wird die bereits angesprochene Regelung, die einen Anspruch auf einen Hausarbeitstag gewährt[241], oftmals zuerst zwischen privatem Arbeitgeber und Arbeitnehmer akut. Es stellt sich daher die Frage, ob für unvereinbar erklärte Regelungen auch im Verhältnis zwischen Privatpersonen der Anwendungssperre unterliegen.

a. Anwendungssperre im nichthoheitlichen Bereich?

Im Unterschied zur Nichtigerklärung sind die Regelungen noch immer existent, so dass sich die Frage der Anwendbarkeit zwischen Privatpersonen weiterhin stellt. Für staatliche Organe resultiert die Anwendungssperre aus Art. 20 Abs. 3 GG.[242] Eine Anwendungssperre auch gegenüber Privatpersonen kann man nicht ohne Weiteres auf diese Grundlage stützen, da sich Art. 20 Abs. 3 GG ausdrücklich an Gesetzgebung, vollziehende Gewalt und Rechtsprechung richtet.[243] Ähnliches gilt auch für die Bindungswirkung[244], die den Unvereinbarerklärungen nach § 31 Abs. 1 BVerfGG zukommt. Die verfassungsgerichtlichen Entscheidungen binden nur die Verfassungsorgane des Bundes und der Länder sowie alle Gerichte und Behörden. Für Privatpersonen ergeben sich aus § 31 Abs. 1 BVerfGG keine weiteren Folgen. Allerdings kommt den Unvereinbarerklärungen nach § 31 Abs. 2 S. 2 BVerfGG auch Gesetzeskraft zu. Daher wirken diese gegenüber jedermann, mithin auch gegenüber Privaten.[245] Gesetzeskräftig steht demnach mit der Unvereinbarerklärung fest, dass

240 Löwer (Fn. 11), § 70 Rn. 119.
241 Vgl. BVerfGE 52, 369.
242 Siehe oben 5. Teil A.I.4.b.
243 Sommermann (Fn. 44), Art. 20 Abs. 3 Rn. 227.
244 Siehe dazu oben 5. Teil A.I.2.
245 Rennert (Fn. 14), § 31 Rn. 97; vgl. Heußner (Fn. 15), 258.

die für unvereinbar erklärten Regelungen verfassungswidrig sind. Für den privaten Rechtsverkehr ergibt sich gemäß § 31 Abs. 2 S. 2 BVerfGG, dass sich niemand zu Recht auf eine Regelung berufen kann, die einer aussetzungsorientierten Unvereinbarerklärung unterliegt.[246] Der ausgelöste Schwebezustand "gilt" so gesehen gegenüber jedermann und kann nur durch ein neues Gesetz beendet werden.[247] Dies ist durchaus sachgerecht, da auch Private keine endgültigen Entscheidungen auf Grundlage der verfassungswidrigen Normenrelation treffen können.[248]

b. Aussetzung?

Obgleich damit die Anwendungssperre auch für Private Geltung beansprucht, ist für diese die Situation nach einer aussetzungsorientierten Unvereinbarerklärung nicht gänzlich befriedigend. Soweit die Handlungen, für welche die unvereinbaren Regelungen eine Rolle spielen, sich zeitlich aufschieben lassen, gibt es keine Probleme. In diesem Fall ist die gesetzliche Neureglung abzuwarten. Schwieriger ist die Lage, wenn sich die Handlungen nicht zeitlich aufschieben lassen. Der Arbeitgeber kann die Entscheidung, einen Hausarbeitstag zu gewähren oder nicht, eben nicht aussetzen.[249] Problematisch ist insbesondere, dass der Inhalt der gesetzgeberischen Neuregelung häufig unbekannt sein wird. In diesem Fall ist es daher für die Privatpersonen sinnvoll, die Bestimmungen nicht anzuwenden.[250] Damit entsteht eine Situation, die der Aussetzung vergleichbar ist. Entscheidet sich der Gesetzgeber dazu, die Begünstigung bzw. Belastung gänzlich abzuschaffen, besteht kein weiterer Handlungsbedarf. Wird die Begünstigung bzw. Belastung hingegen ausgedehnt, können diese oftmals noch nachgeholt werden.

Geraten die Privatpersonen hingegen in Streit über die Anwendbarkeit der unvereinbaren Normen, ist die Situation eindeutig. Verklagt nämlich der Arbeitnehmer seinen Arbeitgeber auf einen Hausarbeitstag, kann das zuständige Fachgericht die unvereinbaren Regelungen jedenfalls nicht anwenden und muss das

246 Leibholz/Rupprecht (Fn. 12), § 31 Anm. 3; Schmidt-Bleibtreu, Bruno: Zur Einkommensbesteuerung der Veräußerungsgewinne bei land- und forstwirtschaftlichen Betriebsgrundstücken, BB 1970, 1172 (1172); vgl. auch Arndt/Jenzen (Fn. 15), 1678; a.A. Kleeberg, Rudolf: Zur Einkommensbesteuerung der Veräußerungsgewinne bei land- und forstwirtschaftlichen Betriebsgrundstücken, BB 1970, 964 (965), der aber die Anwendungssperre als Folge der aussetzungsorientierten Unvereinbarerklärungen nicht berücksichtigt.

247 Rennert (Fn. 14), § 31 Rn. 97.

248 Hein (Fn. 15), 189.

249 Kischel (Fn. 54), Art. 3 Rn. 69.1.

250 Kischel (Fn. 54), Art. 3 Rn. 69.1.

Verfahren aussetzen.[251] Nicht zu übersehen ist dabei aber, dass die Kontrahenten dann das Risiko zu tragen haben, für die Kosten des Gerichts und gegebenenfalls der Rechtsanwälte aufzukommen. Wenn die relevanten Handlungen sich nicht aufschieben lassen und eine Nichtanwendung der Regelungen ebenfalls nicht in Betracht kommt[252], ist Privatpersonen daher zu empfehlen, Wege einer gütlichen Einigung für die Übergangszeit zu suchen. Gefordert ist schließlich vor allem der Gesetzgeber, dessen die Verfassungswidrigkeit beseitigenden Neuregelungen, und das nicht nur für die Verhältnisse zwischen Privatpersonen, wohlüberlegt sein müssen.[253] Wird etwa eine Begünstigung ausgedehnt, ist zu berücksichtigen, ob die Begünstigung überhaupt nachholbar ist. Sollte dies nicht der Fall sein, können Ausgleichsregelungen in Betracht kommen. Für Hausarbeitstage erscheint beispielsweise die Nachholung zumindest in dem Sinne denkbar, dass die freien Tage den betroffenen Personen im Nachhinein zugesprochen werden, sie diese also später "nehmen" können.[254]

B. Die speziellen Folgen der anwendungsorientierten Unvereinbarerklärungen

Die speziellen Rechtsfolgen der anwendungsorientierten Unvereinbarerklärungen unterscheiden sich in einigen Bereichen von denen der aussetzungsorientierten Unvereinbarerklärungen. Dies folgt nicht zuletzt aus dem unterschiedlichen dogmatischen Hintergrund. Gleichwohl treten bestimmte Folgen für beide Fallgruppen gleichermaßen ein. Zu betrachten sind die Folgen für die Norm (1.), für den Gesetzgeber (2.), für Exekutive und Judikative (3.) und für die privatrechtlichen Beziehungen (4.).

---

251 Anders Sachs (Fn. 74), 985.

252 Dies wird insbesondere bei nicht nachholbaren Handlungen der Fall sein.

253 Vgl. Pestalozza (Fn. 16), § 20 Rn. 126; die Verantwortung des Bundesverfassungsgerichts in den Vordergrund stellt Kischel (Fn. 54), Art. 3 Rn. 69.1; in der Tendenz wie hier wohl BVerfGE 94, 241 (267).

254 Nicht zu übersehen ist dennoch, dass die Aussetzung bei nicht nachholbaren Leistungen sehr problematisch sein kann. Vgl. dazu bereits Maurer (Fn. 25), 364ff; vgl. auch Graßhof (Fn. 54), § 78 Rn. 60. Bei für den Bürger unverzichtbaren Leistungen kommt möglicherweise der Ausspruch einer anwendungsorientierten Unvereinbarerklärung in Betracht.

I. Die Folgen für die Normen

1. Gesetzeskraft, Bindungswirkung und Bestand

Ebenso wie den aussetzungsorientierten Unvereinbarerklärungen kommt den anwendungsorientierten Unvereinbarerklärungen Gesetzeskraft und Bindungswirkung zu.[255] Dies ergibt sich aus § 31 Abs. 2 BVerfGG, der dem Wortlaut nach an Unvereinbarerklärungen des Bundesverfassungsgerichts anknüpft, und aus § 31 Abs. 1 BVerfGG. Eine Weitererstreckung der Unvereinbarerklärung auf Parallelnormen, die nicht Gegenstand der Normenkontrolle waren, findet nicht statt.[256] Solange die einer anwendungsorientierten Unvereinbarerklärung unterliegenden Regelungen weiter anwendbar sind, haben sie Bestand. Daher kann bei einer anwendungsorientierten Unvereinbarerklärung kein Altrecht in die Position der verfassungswidrigen Regelungen "nachrücken".[257] Dies ist auch nicht erforderlich, da hier die unvereinbaren Regelungen zunächst weiter anwendbar sind. Hier besteht ein entscheidender Unterschied zwischen beiden Fallgruppen der Unvereinbarerklärung. Bei der aussetzungsorientierten Unvereinbarerklärung kann keine Nichtigkeit festgestellt werden, da der Grundsatz der ipso-iure-Nichtigkeit nicht zu greifen vermag. Bei der anwendungsorientierten Unvereinbarerklärung wird der Grundsatz der ipso-iure-Nichtigkeit von der Verfassung selbst zum Zurücktreten gezwungen, um die aus verfassungsrechtlicher Sicht erforderliche weitere Anwendbarkeit der Normen zu ermöglichen.[258] Die Frage nach einer Anwendungssperre stellt sich folglich nicht.[259]

---

255 Siehe oben 5. Teil A.I.2; für die Bindungswirkung z.B. Hüsken (Fn. 15), 13; Gesetzeskraft bejaht etwa auch Schüppen, Matthias: Die Nichtanwendbarkeit des Vermögensteuergesetzes ab 1.1.1997: offene Fragen und ein zusätzliches "Steuergeschenk", DStR 1997, 225 (225); a.A. Bethge (Fn. 13), § 78 Rn. 77, der die anwendungsorientierten Unvereinbarerklärungen als "Weitergeltungsanordnung" und mithin nicht als Unvereinbarerklärung ansieht.

256 Vgl. dazu oben 5. Teil A.I.5; vgl. auch Bethge (Fn. 54), 23); Bethge (Fn. 13), § 78 Rn. 78.

257 Vgl. dazu oben 5. Teil A.I.3.

258 Siehe oben 4. Teil C.II.2.c.bb.

259 Vgl. Mayer (Fn. 81), 71; anders Bethge (Fn. 54), 22, nach dem erst die Weitergeltungsanordnung des Bundesverfassungsgerichts die Anwendungssperre überwindet. Dieser Ansicht liegt eine Vermischung beider Fallgruppen von Unvereinbarerklärungen zugrunde.

2. Umfang der Weiteranwendbarkeit

Hinsichtlich des Umfangs der Weiteranwendbarkeit muss nochmals unterschieden werden.[260] In einigen Entscheidungen[261] spricht das Bundesverfassungsgericht die nur vorübergehende Anwendbarkeit der verfassungswidrigen Regelungen aus (b.), in anderen Entscheidungen[262] wird hingegen die verfassungswidrige Rechtslage für die Vergangenheit und für eine Übergangszeit endgültig hingenommen (a.).[263]

a. Endgültige Weitergeltung der Normen für eine Übergangszeit

Sollen die verfassungswidrigen Normen nach der Entscheidung des Bundesverfassungsgerichts endgültig weiter anwendbar sein[264], hat das zur Folge, dass die jeweiligen Regelungen für eine bestimmte Dauer auch nach der verfassungsgerichtlichen Entscheidung noch angewendet werden können und eine gesetzgeberische Neuregelung diese Übergangszeit[265] nicht erfassen muss.[266] Die Verfassungsverstöße werden also für die Vergangenheit hingenommen und auch für einen Teil der Zukunft werden weitere Verfassungsverletzungen akzeptiert.[267]

b. Nur vorübergehende Weiteranwendbarkeit der Normen

In den nur seltenen Fällen, in denen das Bundesverfassungsgericht die nur vorübergehende Weiteranwendbarkeit einer verfassungswidrigen Regelung ausspricht[268], bleibt die unvereinbare Norm ebenfalls für einen bestimmten Zeitraum weiterhin anwendbar. Jedoch soll der so entstehende Rechtszustand nur vorübergehender Art sein. Der Gesetzgeber ist dann angehalten, bei Neurege-

---

260 Vgl. dazu auch Wernsmann (Fn. 46), 218ff.

261 Z.B. BVerfGE 61, 319 (356f.); 73, 40 (101f.); vgl. Stahl, Christian: Das Argument der Finanz- und Haushaltsplanung nach dem Erbschaftsteuerbeschluss vom 7. November 2006, DÖV 2008, 194 (196).

262 Z.B. BVerfGE 87, 153 (154f., 177ff.); 93, 121 (121f., 148f.); 91, 186 (186f., 207); 93, 165 (166, 178f.); 99, 280 (298ff.).

263 Vgl. schon oben 2. Teil B.I.2.b.

264 Z.B. BVerfGE 87, 153 (154f., 177ff.); 93, 121 (121f., 148f.); 91, 186 (186f., 207); 93, 165 (166, 178f.); 99, 280 (298ff.).

265 Zum Begriff siehe schon oben 5. Teil A.III.

266 BVerfGE 87, 153 (179); 99, 280 (299); vgl. dazu Seer (Fn. 15), 288.

267 Vgl. BVerfGE 91, 186 (207); Wernsmann (Fn. 46), 221; vgl. zum Ganzen Graßhof (Fn. 26), 186ff., 228; zur Kritik siehe schon oben 1. Teil B.II; zur Rechtfertigung siehe oben 4. Teil C.II.2.c.bb.(3)(b)(cc).

268 Z.B. BVerfGE 61, 319 (356f.); 73, 40 (101f.); vgl. Stahl (Fn. 261), 196.

lung auch die Übergangszeit zu berücksichtigen.[269] Die durch die vorübergehende Anwendung einer verfassungswidrigen Norm herbeigeführten Verfassungsverstöße können auf diese Weise wieder beseitigt werden.[270] Gerade in Hinblick auf die Grundrechte der Betroffenen ist dieser Typus der anwendungsorientierten Unvereinbarerklärung begrüßenswert.[271]

II. Die Folgen für den Gesetzgeber

Der Gesetzgeber sieht sich beim Ausspruch einer anwendungsorientierten Unvereinbarerklärung mit einer ähnlichen Situation wie bei den aussetzungsorientierten Unvereinbarerklärungen konfrontiert. In beiden Fällen wird er verbindlich und gesetzeskräftig auf eine verfassungswidrige Situation aufmerksam gemacht. Aus Art. 20 Abs. 3 GG[272] ergibt sich mit der anwendungsorientierten Unvereinbarerklärung die gesetzgeberische Pflicht, die verfassungswidrige Situation unverzüglich zu beseitigen.[273] Da bei der anwendungsorientierten Unvereinbarerklärung die verfassungswidrigen Regelungen weiter angewendet werden können und auf diese Weise stetig neue Verfassungsverstöße "produziert" werden, ist die unmittelbare Handlungspflicht des Gesetzgebers noch offensichtlicher, als sie es bei einer aussetzungsorientierten Unvereinbarerklärung ist, bei der die Anwendungssperre weitere Verfassungsverstöße verhindert.

1. Untätiger Gesetzgeber

a. Fruchtloser Fristablauf

aa. Nur befristete Fortgeltung?

Auch bei den anwendungsorientierten Unvereinbarerklärungen besteht die Möglichkeit, dass der Gesetzgeber seiner Regelungspflicht nicht (rechtzeitig) nachkommt. Hat das Bundesverfassungsgericht die weitere Anwendbarkeit der verfassungswidrigen Normen bis zu einem bestimmten Zeitpunkt befristet[274] und damit deutlich gemacht, dass die weitere Anwendbarkeit nur bis zum Ablauf der

269 BVerfGE 61, 319 (357).

270 Vgl. zum Ganzen Wernsmann (Fn. 46), 219f; zum Ganzen Graßhof (Fn. 26), 187; vgl. auch Seer (Fn. 15), 287.

271 Zustimmend Seer (Fn. 15), 287; vgl. Moes (Fn. 95), 30; siehe dazu aber 4. Teil C.II.2.c.bb.(3)(b)(cc).

272 5. Teil A.II.1.a.

273 Vgl. Pohle (Fn. 56), 110; vgl. Glanegger, Peter: Der Kinderbetreuungs- und Kindererziehungsbedarf nach dem Beschluß des BVerfG vom 10.11.1998, 2 BvR 1057-91, 1226-91, 980-91, DStR 1999, S. 227 (228).

274 Vgl. etwa BVerfGE 109, 190 (191); 33, 303 (347); vgl. auch BVerfGE 93, 121 (122).

Frist überhaupt erträglich ist, scheint sich die Unwirksamkeit der Regelungen nach Fristablauf ohne Weiteres zu ergeben.[275] Schwieriger ist die Situation schon, wenn das Gericht dem Gesetzgeber zwar eine Neuregelung bis zu einem bestimmten Zeitpunkt auferlegt, nicht aber ausdrücklich die weitere Anwendbarkeit der verfassungswidrigen Regelungen befristet.[276] Für die Rechtsanwender erscheint es durchaus sinnvoll, die Normen auch bei gesetzgeberischer Inaktivität weiterhin anzuwenden.[277] Auf diese Weise wird ein Zustand der Rechtsunsicherheit vermieden.[278] Dies scheint um so mehr zu gelten, wenn das Bundesverfassungsgericht die weitere Anwendbarkeit des "bisherigen Rechts bis zu einer Neuregelung"[279] anordnet. Geht es dem Gericht doch offenbar gerade darum, dass die verfassungswidrigen Normen erst mit dem Inkrafttreten der Neuregelung nicht mehr angewendet werden sollen.[280]

Jedoch können die verfassungswidrigen Normen immer nur für einen befristeten Zeitraum ausnahmsweise Geltung beanspruchen. Unabhängig von einer gesetzgeberischen Neuregelung überwiegen nach einem gewissen Zeitablauf die Vorteile der Fortgeltung die Nachteile der Nichtigkeit nicht mehr und die betreffende Regelung wird ipso iure nichtig. Dies resultiert aus der dogmatischen Herleitung der Fortgeltung verfassungswidriger Normen.[281] Die weitere Anwendung verfassungswidriger Normen kann eben nur für einen begrenzten Zeitraum hingenommen werden.[282] Je länger der verfassungswidrige Zustand andauert, umso dringlicher wird die Forderung nach seiner Beseitigung.[283] Die verfassungsrechtliche Forderung nach der Beseitigung des verfassungswidrigen Zustandes wird nur ernst genommen, wenn der Gesetzgeber diesen nicht durch schlichte Untätigkeit theoretisch bis in alle Ewigkeit konservieren kann.[284]

---

275 So etwa Wieland, Joachim: Erbschaftsteuerreform: Was passiert, wenn nichts passiert?, Wipo-Schnelldienst, Deutscher Gewerkschaftsbund Bundesvorstand, Nr. 03, 2008, 2f; vgl. dazu Kischel (Fn. 54), Art. 3 Rn. 73; vgl. dazu auch Viskorf, Hermann-Ulrich: Erbschaftsteuerreform, Steueranwalt 2008/2009, 173 (173f.).

276 Siehe dazu BVerfGE 117, 1 (2).

277 Kischel (Fn. 54), Rn. 73; dafür auch Hoppe, Tilman: Verfassungswidriges Recht: Was folgt aus einem Unterlassen des Gesetzgebers?, DVBl. 2009, 628 (628); Wieland (Fn. 275), 2.

278 Wieland (Fn. 275), 2.

279 BVerfGE 117, 1 (2).

280 Vgl. Wieland (Fn. 275), 2; vgl. Hoppe (Fn. 277), 628.

281 Zur nur befristeten Geltung weiter für anwendbar erklärter Normen siehe ausführlich oben 4. Teil C.II.2.c.bb.(5).

282 Graßhof (Fn. 54), § 78 Rn. 51.

283 Dies übersieht etwa Hoppe (Fn. 277), 628f; Ausführlich dazu bereits oben 4. Teil C.II.2.c.bb.(5).

284 So wohl Feick/Henn (Fn. 46). DStR 2008, 1909; vgl. auch Viskorf (Fn. 275), 173.

bb. Prognose des Bundesverfassungsgerichts

Befristet das Bundesverfassungsgericht die weitere Anwendbarkeit ausdrücklich, bezeichnet es damit den Zeitpunkt, ab welchem die Vorteile der Fortgeltung gegenüber den Nachteilen der Nichtigkeit nicht mehr überwiegen. Mit dem Ablauf der Frist werden die verfassungswidrigen Regelungen daher ipso iure nichtig.[285] Auch hier kann die Fristbestimmung zum Zeitpunkt der verfassungsgerichtlichen Entscheidung nur prognostizierenden Charakter haben. Ändern sich im Laufe der Zeit relevante Umstände, kann die Nichtigkeit auch zu einem früheren, aber auch späteren Zeitpunkt eintreten. In diesen Fällen muss gegebenenfalls eine erneute Vorlage an das Bundesverfassungsgericht angestrengt werden.[286] Hat das Bundesverfassungsgericht keine ausdrückliche Frist für die weitere Anwendbarkeit benannt, ist der Zeitpunkt des Eintritts der Nichtigkeit für die Normanwender nicht feststellbar.[287] Erforderlich ist dann ebenfalls die erneute Vorlage an das Gericht mit der Frage, ob die betreffende Regelung mittlerweile nichtig ist.[288]

cc. Folge: Pro-futuro-Nichtigkeit

Die für den Normalfall gesetzlich vorgesehene Rechtsfolge der Verfassungswidrigkeit eines Gesetzes ist die rückwirkende Nichtigkeit dieser Bestimmung.[289] Bei anwendungsorientierten Unvereinbarerklärungen verschiebt sich der Zeitpunkt des Eintritts der Nichtigkeit. Die Nichtigkeit der verfassungswidrigen Regelungen tritt nicht ex tunc, sondern pro futuro[290] ein. Gleichwohl sorgt der "scharfe Schnitt"[291] der ipso-iure-Nichtigkeit für klare Verhältnisse.[292] Die aus der Sperrwirkung der nicht anwendbaren, aber existierenden Normen resultierende Schwebesituation ist bei nichtigen Gesetzen nicht gegeben. Aus diesem Grunde kommt es beim Ausspruch von anwendungsorientierten Unvereinbarer-

---

285 Graßhof (Fn. 54), § 78 Rn. 53; ähnlich Seer (Fn. 54), § 13 Rn. 71; ähnlich Felix, Günther: Konsequenzen aus den Entscheidungen des Bundesverfassungsgerichts zur Vermögens- und Erbschaftsbesteuerung, BB 1995, 2241 (2241).

286 Vgl. dazu bereits oben 5. Teil A.II.1.d.

287 Ein Indiz für den relevanten Zeitpunkt kann sich dann ergeben, wenn das Bundesverfassungsgericht dem Gesetzgeber eine Regelungsfrist gesetzt hat, vgl. etwa BVerfGE 117, 1 (2).

288 Vgl. Feick/Henn (Fn. 46), 1906.

289 Siehe oben 4. Teil A.I.3.

290 Vgl. dazu oben 4. Teil A.I.3.

291 Zur Formulierung vgl. etwa Balser (Fn. 12), 229.

292 Vgl. dazu etwa Steiner (Fn. 235), 576.

klärungen grundsätzlich auch dann nicht zu Unsicherheiten und Unklarheiten[293], wenn der Gesetzgeber seiner Regelungspflicht nicht rechtzeitig nachkommt. Die Situation entspricht der nach einer Nichtigerklärung mit dem Unterschied, dass die Nichtigkeit zu einem späteren Zeitpunkt eintritt.[294]

b. Bei nur vorübergehender Anwendbarkeit der Normen

Schwierigkeiten können sich ergeben, wenn die unvereinbare Norm nicht endgültig[295] bis zur gesetzlichen Neuregelung, sondern bis zu diesem Zeitpunkt nur vorübergehend[296] weiter anwendbar ist. Die auf Grundlage dieser Regelungen getroffenen Entscheidungen sind nur vorläufiger Natur. Ist der Gesetzgeber untätig, können noch keine endgültigen Entscheidungen auf Grundlage der Neuregelung getroffen werden. Abgemildert wird die Situation aber dadurch, dass die verfassungswidrige Norm mit dem Verstreichen der vom Bundesverfassungsgericht ausgesprochenen Frist ipso iure nichtig wird. Daher kann dann allgemeines (oder altes) Recht als Grundlage einer endgültigen Entscheidung herangezogen werden.[297] Ist eine endgültige Entscheidung ohne gesetzgeberische Neuregelung nicht möglich, muss es zunächst bei der vorläufigen Entscheidung bleiben.

c. Zusammenfallen von aussetzungs- und anwendungsorientierter Unvereinbarerklärung

Eine Besonderheit ergibt sich für diejenigen Entscheidungen, in denen das Bundesverfassungsgericht die anwendungsorientierte Unvereinbarerklärung aussprechen musste, weil die negativen Folgen einer aussetzungsorientierten Unvereinbarerklärung dies erforderlich machten.[298] Verstößt etwa eine Regelung gegen Art. 3 Abs. 2 GG, wird das Bundesverfassungsgericht eine aussetzungsorientierte Unvereinbarerklärung aussprechen[299], was eine Anwendungssperre

---

293 Zur Situation bei den aussetzungsorientierten Unvereinbarerklärungen siehe oben 5. Teil A.II.1.d.

294 Zu den Folgen der Nichtigerklärung vgl. zum Beispiel Battis (Fn. 92), Rn. 62ff.

295 Siehe dazu oben 5. Teil B.I.2.a

296 Siehe dazu oben 5. Teil B.I.2.b.

297 Häufig wird dies aber nicht der Fall sein, da, wenn altes oder allgemeines Recht die entstehende Lücke füllen kann, eine weitere Anwendbarkeit verfassungswidriger Normen in der Regel von Anfang an nicht erforderlich ist, vgl. dazu schon oben 4. Teil C.II.2.c.bb.(3) (b) (aa). In BVerfGE 99, 216 (244) sah das Bundesverfassungsgericht für den Fall der Untätigkeit des Gesetzgebers eine Rechtsgrundlage von Verfassung wegen für gegeben an.

298 Vgl. 4. Teil C.II.2.c.bb.(6).

299 Siehe dazu oben 2. Teil B.II; 4. Teil B.III.2. und 3.

der Norm nach sich zieht[300]. Kann aus verfassungsrechtlichen Gründen aber nicht hingenommen werden, dass die gleichheitswidrige Regelung unangewendet bleibt, spricht das Bundesverfassungsgericht eine anwendungsorientierte Unvereinbarerklärung aus[301] und fordert den Gesetzgeber zur Neuregelung auf. Kommt der Gesetzgeber seiner Verpflichtung nicht (rechtzeitig) nach, müsste an sich pro futuro die Nichtigkeit der Norm eintreten. Jedoch beruht die Verfassungswidrigkeit auf einem Gleichheitsverstoß, weshalb die Nichtigkeit nicht zu greifen vermag.[302] Folglich führt die Untätigkeit des Gesetzgebers nicht zur ipso-iure-Nichtigkeit der unvereinbaren Regelung. Lässt der Gesetzgeber die vom Bundesverfassungsgericht benannte Frist fruchtlos verstreichen, treten die Rechtsfolgen der aussetzungsorientierten Unvereinbarerklärung ein: Die unvereinbare Norm hat Bestand, ist aber in ihrer Anwendbarkeit gesperrt.[303]

2. Umfang der Regelungspflicht

Der Umfang der gesetzgeberischen Regelungspflicht lässt sich bei anwendungsorientierten Unvereinbarerklärungen nicht einheitlich bestimmen. Sind die verfassungswidrigen Regelungen nur vorübergehend weiter anwendbar, muss der Gesetzgeber bei der Neuregelung auch den Zeitraum zwischen verfassungsgerichtlicher Entscheidung und Gesetzeserlass miteinbeziehen.[304] Für den Zeitraum vor der verfassungsgerichtlichen Entscheidung beansprucht wiederum der Rechtsgedanke des § 79 Abs. 2 BVerfGG Geltung.[305] Das bedeutet, dass der Gesetzgeber im Grundsatz nicht dazu verpflichtet ist, die verfassungswidrige Rechtslage auch vor dem Zeitpunkt der verfassungsgerichtlichen Entscheidung zu beseitigen. Auch hier sind allerdings in bestimmten Fällen Ausnahmen möglich.[306] Sind die verfassungswidrigen Regelungen hingegen für eine Übergangszeit endgültig anwendbar, bezieht sich die gesetzgeberische Regelungspflicht im Ergebnis nur auf den Zeitraum nach der weiteren Anwendbarkeit des Gesetzes bzw. nach dem Gesetzeserlass.[307] Äußert sich das Bundesverfassungsgericht

300 Siehe dazu oben 5. Teil A.I.4.

301 Vgl. 2. Teil B.II.1; vgl. 4. Teil C.II.2.c.bb.(6).

302 Vgl. oben 4. Teil B.III.2.a.

303 Vgl. oben 5. Teil A.I.3. und 4; Gerber (Fn. 92), 700.

304 BVerfGE 61, 319 (356f.); 37, 217 (263); Wernsmann (Fn. 46), 219f; Graßhof (Fn. 54), § 78 Rn. 53; Graßhof (Fn. 26), 187f; vgl. Seer (Fn. 15), 287; Siedler (Fn. 3), 173; vgl. Stahl (Fn. 261), 196.

305 Siehe dazu schon oben 5. Teil A.II.1.b.

306 Vgl. dazu die Nachweise oben 5. Teil A.II.1.b.

307 Vgl. BVerfGE 72, 330 (422); 87, 153 (179f.); 105, 73 (134); Graßhof (Fn. 54), § 78 Rn. 53; ähnlich Stahl (Fn. 261), 196; kritisch zur endgültigen Weiteranwendbarkeit Seer (Fn. 15), 288f.

nicht ausdrücklich zum Umfang der Regelungspflicht, muss der Begründung der weiteren Anwendbarkeit entnommen werden, ob eine rückwirkende Neuregelung vorzunehmen ist oder nicht.[308] Dabei kann es allerdings zu Unklarheiten kommen. Insofern ist es für die Praxis hilfreich, wenn das Bundesverfassungsgericht in seinen Entscheidungen deutlich macht, ob die weitere Anwendbarkeit vorübergehender oder endgültiger Natur ist.[309]

III. Die Folgen für die Exekutive und die Judikative

Für die Folgen, die der Ausspruch einer anwendungsorientierten Unvereinbarerklärung für Exekutive und Judikative hat, muss danach unterschieden werden, ob die verfassungswidrigen Regelungen nur vorübergehend (2.) oder endgültig (1.) für eine Übergangszeit weiter anwendbar sind.

1. Bei endgültiger Weitergeltung der Normen für eine Übergangszeit

a. Keine Besonderheiten

Sind die für unvereinbar erklärten Normen endgültig weiter anwendbar, ergeben sich keine weiteren Besonderheiten. Für den Zeitraum bis zum Außerkrafttreten der Norm können die Regelungen wie gewohnt angewendet werden.[310] Insbesondere handelt es sich nicht um Gesetze "minderer Art und Güte".[311] Die bestandskräftigen Entscheidungen bleiben von der Unvereinbarerklärung unberührt. Eine Aussetzung anhängiger Verfahren findet nicht statt.[312] Auch gegen Vollzugsakte, die auf dem für unvereinbar erklärten Gesetz beruhen, ist nichts einzuwenden, zu einer Vollstreckungssperre kommt es folglich nicht.[313] Die gesetzesanwendenden Staatsorgane haben allerdings zu beachten, dass mit dem Eintritt der Nichtigkeit der jeweiligen Bestimmungen diese für künftige Verfahren nicht mehr zur Entscheidungsfindung herangezogen werden können. Ab diesem Zeitpunkt sind die Regelungen so zu behandeln, als wenn sie außer Kraft getreten wären.

---

308 Graßhof (Fn. 26), 188f. mit Beispielen.

309 Graßhof (Fn. 26), 189.

310 Für die Parallelfälle Pestalozza (Fn. 16), § 20 Rn. 136; für den Anlassfall und die Neufälle ders. § 20 Rn. 139; vgl. auch Herter (Fn. 35), 83.

311 Bethge (Fn. 54), 22; Graßhof (Fn. 54), § 78 Rn. 49; Graßhof (Fn. 26), 252; Glanegger (Fn. 273), 227, verweist zusätzlich auf die Möglichkeit von Besonderheiten, auf die das Bundesverfassungsgericht im Einzelfall hinweisen kann.

312 Pestalozza (Fn. 16), § 20 Rn. 136.

313 Bethge (Fn. 13), § 79 Rn. 59; vgl. Bethge (Fn. 54), 22.

b. Das Problem des Anlassfalls

Ungerecht erscheinen die Auswirkungen der anwendungsorientierten Unvereinbarerklärung für den ihr zugrunde liegenden Anlassfall. Der Beschwerdeführer einer Verfassungsbeschwerde erreicht zwar, dass die Verfassungswidrigkeit der jeweiligen Regelungen festgestellt wird, an seiner Situation ändert dies aber wegen der endgültigen Anwendbarkeit der verfassungswidrigen Regelungen nichts.[314] Und dies obwohl der Beschwerdeführer die Feststellung der Verfassungswidrigkeit gegen den Widerstand aller fachgerichtlichen Instanzen[315] "erkämpfen" musste.[316] Dennoch wird nicht wie im Normalfall die Nichtigkeit der verfassungswidrigen Normen festgestellt. An sich wären die vom Beschwerdeführer angegriffenen Entscheidungen nach § 95 Abs. 2 BVerfGG aufzuheben. Damit unterläge der Beschwerdeführer nicht der Regelung des § 79 Abs. 2 BVerfGG.[317] Die Unanfechtbarkeit der angegriffenen Entscheidungen wirkte sich nicht zu Lasten des Beschwerdeführers aus. Führt die Beschwerde hingegen zu einer anwendungsorientierten Unvereinbarerklärung, erlangt der Beschwerdeführer "Steine statt Brot".[318] Alle Entscheidungen, die sich auf das verfassungswidrige, aber anwendbare Gesetz stützen, sind als rechtmäßig anzusehen. Mithin fehlt es an einer Grundlage, die angegriffenen Entscheidungen aufzuheben.[319] Immerhin werden in derartigen Fällen regelmäßig die Kosten des Beschwerdeführers auf Grundlage des § 34a BVerfGG voll erstattet.[320] Außerdem hat das Bundesverfassungsgericht in solchen Fällen die Verringerung der Kosten des Beschwerdeführers im fachgerichtlichen Verfahren[321] ermöglicht.[322] Hebt

314 Stahl (Fn. 261), 194.

315 Die das fragliche Gesetz nicht nach Art. 100 Abs. 1 GG vorgelegt haben.

316 Dazu und zu den folgenden Gedanken Graßhof (Fn. 26), 252ff; zur Situation des Beschwerdeführers Stahl (Fn. 261), 194.

317 Vgl. § 79 Abs. 2 S. 1 BVerfGG.

318 Moes (Fn. 95), 34; Bethge (Fn. 13), § 78 Rn. 22f.

319 Vgl. Moes (Fn. 95), 31; Graßhof (Fn. 26), 253; Graßhof (Fn. 54), § 78 Rn. 55; Wernsmann (Fn. 46), 26.

320 So z.B. in BVerfGE 92, 53 (74); 91, 148 (176); 115, 276 (277); vgl. dazu Moes (Fn. 95), 34; vgl. Steiner, (Fn. 235), 578; vgl. Bethge (Fn. 54), 22; Bethge (Fn. 13), § 78 Rn. 23; Wernsmann (Fn. 46), 26, 59f.

321 Für das finanzgerichtliche Verfahren sind nach wohl überwiegender Ansicht die §§ 135ff. FGO entsprechend anzuwenden Drüen, Klaus Dieter: Haushaltsvorbehalt bei der Verwerfung verfassungswidriger Steuergesetze? – Budgetärer Dispositionsschutz durch Aussetzung der Vollziehung nach den Beschlüssen des BVerfG zum Kinderleistungsausgleich, Finanz-Rundschau 1999, 289 (290); Seer, Roman: Defizite im finanzgerichtlichen Rechtsschutz – zugleich eine kritische Auseinandersetzung mit dem 2. FGO-Änderungsgesetz vom 19.12.2000, StuW 2001, 3 (16); Moes (Fn. 95), 34. So erlegte der

das Bundesverfassungsgericht das letztinstanzliche Urteil trotz weiterer Anwendbarkeit auf, muss das Fachgericht zwar die gleiche Sachentscheidung wie vorher treffen, der Beschwerdeführer kann aber beispielsweise eine streitige Forderung mit Blick auf die weitere Anwendbarkeit der verfassungswidrigen Regelung anerkennen und so seine Kostenlast reduzieren.[323] Angesichts des Prozessrisikos und der in den Verfahren aufgewendeten Zeit und Energie sind diese Hilfestellungen aber nur ein geringer Trost.[324]

Dem Gerechtigkeitsgedanken scheint es mehr zu entsprechen, wenn man die Mühen und Risiken des Beschwerdeführers außerordentlich prämiert. Begehrt der Beschwerdeführer etwa die Einbeziehung in eine steuerrechtliche Belastungsausnahme[325], kann ihm diese nach einer Zurückverweisung an das Fachgericht im Wege einer erweiternden Gesetzesanwendung oder durch entsprechende Anwendung eines allgemeinen Rechtsgedankens doch noch ermöglicht werden.[326] Vorstellbar ist außerdem, dass der Gesetzgeber eine nur den Anlassfall erfassende rückwirkende Neuregelung trifft.[327] Für diesen Umgang mit dem Anlassfall spricht, dass die Beschwerdeführer aus verfassungsrechtlicher Sicht durchaus einen Anspruch darauf haben, dass sich der Erfolg ihrer Verfassungsbeschwerden für sie auswirkt.[328] Immerhin ist die angegriffene Norm verfassungswidrig.[329]

Andererseits ist es ebenfalls die Verfassung, welche die weitere Anwendbarkeit der verfassungswidrigen Regelungen fordert und damit den Erfolg des Beschwerdeführers verhindert. Eine "Ergreiferprämie"[330], wie sie aus § 140 Abs. 7 des österreichischen Bundesverfassungsgesetzes bekannt ist, ist nach deutschem Recht nicht zu gewähren.[331] Es leuchtet nicht ein, warum ein bestimmter Personenkreis von der Anwendbarkeit eines Gesetzes ausgenommen werden soll. Problematisch erscheint dies auch mit Blick auf den allgemeinen

---

BFH in BFH NJW 2003, 2631 (2632) in entsprechender Anwendung des § 136 Abs. 1 S. 3 FGO die Kosten der Finanzbehörde auf.

322 Siehe BVerfGE 91, 186 (207).

323 Siehe dazu BVerfGE 91, 186 (207); vgl. Graßhof (Fn. 26), 255.

324 Zum Problem des Anlassfalls siehe Moes (Fn. 95), 34f; Balke, Michael: Anmerkung zu Nds. FG, IX 427/90 vom 28.12.1994. BB 1995, 762 (762); vgl. Seer (Fn. 15), 290; Gerber (Fn. 92), 700.

325 Siehe dazu schon oben 4. Teil B.III.6.b.

326 So der Vorschlag des Bundesverfassungsgerichts in BVerfGE 99, 216 (245f.).

327 BVerfGE 99, 216 (246).

328 BVerfGE 99, 216 (245).

329 Im Ergebnis Drüen (Fn. 321), 292.

330 Zur Formulierung Schwenke, Michael: Ist eine "Ergreiferprämie" nach österreichischem Vorbild sinnvoll?, DStR 1999, 404 (404).

331 Vgl. Stahl (Fn. 261), 194.

Gleichheitssatz.[332] Würde der Anlassfall außerordentlich prämiert, könnte dies für viele Fälle außerdem einen starken Anreiz erzeugen, "sicherheitshalber" Verfassungsbeschwerde einzulegen. Durch massenhafte Verfassungsbeschwerden könnte der Zweck der weiteren Anwendbarkeit hintertrieben werden.[333] Der Ausspruch einer anwendungsorientierten Unvereinbarerklärung ist jedenfalls weniger effektiv, wenn sie sich für Anlassfälle nicht auswirkt und unzählige solcher Anlassfälle existieren. Ferner würde der Beschwerdeführer des Anlassfalles gegenüber denjenigen Personen besser gestellt, die keine Verfassungsbeschwerde einlegen konnten, nur weil ihr Verfahren noch nicht weit genug fortgeschritten war.[334] Im übrigen liegt der Grund für die Möglichkeit der verfassungsgerichtlichen Zurückverweisung nach § 95 Abs. 2 BVerfGG nicht darin, eine Belohnung zu gewähren. Es handelt sich vielmehr um den gewöhnlichen Entscheidungsausspruch bei einer erfolgreichen Verfassungsbeschwerde gegen eine verfassungswidrige Entscheidung.[335] Fordert die Verfassung aber die weitere Anwendung einer verfassungswidrigen Norm, können Entscheidungen, die sich auf diese Norm stützen, nicht beseitigt werden. Der Beschwerdeführer muss sich damit begnügen, dass er die Feststellung der Verfassungswidrigkeit und eine baldige gesetzgeberische Neuregelung bewirkt hat.[336] Ein Ausnahme von der weiteren Anwendbarkeit für den Anlassfall ist daher abzulehnen.[337]

c. Problematische Parallelfälle

Ein weiteres Problem besteht in der Behandlung nicht bestandskräftiger Parallelfälle: In der Entscheidung zur Vermögensteuer[338] erklärte das Gericht § 10 Nr. 1 VStG[339], nach welchem die Vermögenssteuer für steuerpflichtige Vermögen natürlicher Personen 0,5% bzw. 1% betrug, für mit dem Grundgesetz

---

332 Vgl. Moench (Fn. 11), 175; Graßhof (Fn. 26), 253; Schwenke (Fn. 330), 407.

333 Moench (Fn. 11), 175; Seer (Fn. 15), 290 hält eine "Ergreiferprämie" jedenfalls im Massenfallrecht für ein untaugliches Instrument, um Rechtsschutzdefizite zu vermeiden; vgl. auch Seer/Wendt (Fn. 54), 1911.

334 Moench (Fn. 11), 175; vgl. Graßhof (Fn. 26), 254; Graßhof (Fn. 54), § 78 Rn. 55.

335 Graßhof (Fn. 26), 254.

336 Vgl. dazu BVerfGE 103, 1 (20); 107, 133 (149f.); 108, 341 (350); Graßhof (Fn. 54), § 78 Rn. 55.

337 Schwenke (Fn. 330), 407f; Graßhof (Fn. 26), 254; Moench (Fn. 11), 175f; Steiner (Fn. 235), 577f; Seer/Wendt (Fn. 54), 1911; Seer (Fn. 54), § 22 Rn. 288; Graßhof (Fn. 54), § 78 Rn. 55.

338 BVerfGE 93, 121.

339 Vermögensteuergesetz vom 17. April 1974 (BGBl. I Seite 949) in der Fassung der Bekanntmachung vom 14. November 1990 (BGBl. I Seite 2467), zuletzt geändert durch Gesetz vom 14. September 1994 (BGBl. I Seite 2325).

unvereinbar. Weiterhin stellt es fest, dass der Gesetzgeber verpflichtet sei, bis spätestens zum 31. Dezember 1996 eine Neuregelung zu treffen. Längstens bis zu diesem Zeitpunkt sei das bisherige Recht weiterhin anwendbar.[340] Fest stand damit, dass eine Vermögensteuer ab dem Veranlagungszeitraum 1997 nicht mehr erhoben werden konnte, sofern der Gesetzgeber nicht tätig würde. Zur Freude derjenigen Personen, die eine Vermögensteuer zu zahlen gehabt hätten, blieb der Gesetzgeber untätig. Damit entstand aber die Frage, wie die steuerliche Veranlagung für das Jahr vom 01. Januar 1996 bis zum 31. Dezember 1996 und die vorherigen Veranlagungszeiträume vorzunehmen war. Konnte für diese Veranlagungszeiträume auch nach dem Ablauf der Frist für die weitere Anwendbarkeit am 31. Dezember 1996 die verfassungswidrige Regelung noch angewendet und Vermögensteuer erhoben werden?

Dagegen[341] spricht, dass das Bundesverfassungsgericht nach dem Wortlaut des Entscheidungstenors einen klaren "Anwendbarkeitszeitpunkt" und keinen "Geltungszeitraum" definierte. Außerdem kann den Entscheidungsgründen entnommen werden, dass die Übergangsfrist lediglich ermöglichen sollte, Veranlagungen bis zum 31. Dezember 1996 abzuschließen. Folglich scheint das VStG seit dem 01. Januar 1997 nicht mehr anwendbar gewesen zu sein, so dass auch für frühere Veranlagungszeiträume keine Vermögensteuer mehr erhoben werden darf.[342]

Dieser Sichtweise ist aber entgegen zu halten, dass damit die Steuerpflichtigen in Abhängigkeit vom zufälligen Verfahrensstand und folglich ungleich behandelt werden.[343] Möchte man angesichts der Stichtagsbezogenheit der Vermögensteuerveranlagung Gleichheit in der Zeit gewährleisten, spricht viel dafür, die Regelung auch nach dem 01. Januar 1997 für vorherige Veranlagungszeiträume anzuwenden.[344] Zu diesem Ergebnis gelangt man auch, wenn man den

---

340 Zum Ganzen BVerfGE 93, 121 (121f.).

341 Zur Kritik siehe umfassend Schüppen (Fn. 255), 227; vgl. zum Ganzen die Nachweise bei Wernsmann (Fn. 46), 18.

342 Zum Ganzen Schüppen (Fn. 255), 227; siehe dazu auch Frerichs, Konrad: Die (Nicht-) Anwendbarkeit des Vermögensteuergesetzes seit dem 1.Januar 1997, DStZ 1997, 581 (588); Roser, Frank / Hamminger, Alexander: Nochmals: Keine Anwendung des Vermögensteuergesetzes ab dem 01.01.1997, GmbHR 1997, 492 (493, 495).

343 Arndt/Jenzen (Fn. 15), 1679, 1682; Mayer, Christian: Die Folgen des Ausbleibens der vom Bundesverfassungsgericht geforderten Reform des Vermögensteuerrechts, DStR 1997, 1152 (1154).

344 Vgl. BVerfG, 3. Kammer des Ersten Senats, Beschluss vom 30.03.1998 - 1 BvR 1831/97Rn. 4 = NJW 1998, 1854 (1854); zum Streit vgl. Seer (Fn. 54), § 13 Rn. 72 m.w.N; siehe auch Spatscheck, Rainer / Seebode, Frank: Folgen der Verfassungswidrigkeit der Vermögensteuer für das Verfahrensrecht, BB 1999, 2480 (2480).

dogmatischen Hintergrund der anwendungsorientierten Unvereinbarerklärung berücksichtigt:

Ist eine Regelung verfassungswidrig, so ist sie grundsätzlich ex tunc, das heißt zum Zeitpunkt der Kollision mit dem höherrangigen Recht, nichtig.[345] Erklärt das Bundesverfassungsgericht eine unvereinbare Norm für eine Übergangszeit für weiterhin anwendbar, wird diese Norm regelmäßig mit dem Verstreichen der vom Bundesverfassungsgericht genannten Frist nichtig.[346] Die Antwort auf die Frage, ob die Regelung für den Zeitraum vor dem Stichtag anwendbar bleibt, richtet sich entscheidend danach, wie die Nichtigkeit eintritt.[347] Tritt sie wie hier ex nunc[348] ein[349], ist die Norm bis zum Stichtag wirksam und kann als Rechtsgrundlage für den Zeitraum vor dem Stichtag herangezogen werden. Das Gleiche gilt, wenn der anwendungsorientierten Unvereinbarerklärung eine aussetzungsorientierte Unvereinbarerklärung zugrunde liegt.[350] Hier kommt es zwar nicht zur Nichtigkeit ex nunc, aber zur Anwendungssperre mit Wirkung ex nunc.[351] Das VStG kann für die Veranlagungszeiträume bis einschließlich 1996 auch nach dem 31. Dezember 1996 als Grundlage herangezogen werden.[352]

2. Bei nur vorübergehender Weiteranwendbarkeit der Normen

Sind die verfassungswidrigen Normen für einen Übergangszeitraum nicht endgültig, sondern nur vorübergehend weiterhin anwendbar, können die Organe der Exekutive und Judikative auf Grundlage dieser Bestimmungen in anhängigen und anhängig werdenden Verfahren keine endgültigen Entscheidungen treffen.[353] In diesen seltenen Fällen ist es nur möglich, *vorläufig* zu entscheiden.[354] So sind beispielsweise Steuern nach § 165 Abs. 1 S. 2 Nr. 2 AO vorläufig fest-

---

345 Vgl. oben 4. Teil A.I.3. und II.4.

346 Siehe dazu schon oben 5. Teil B.II.1;siehe auch 4. Teil C.II.2.c.bb.(5).

347 Siehe dazu oben 4. Teil A.I.3; diese Frage stellen auch Roser/Hamminger (Fn. 342), 493 zu Recht.

348 Ex nunc tritt die Nichtigkeit mit dem Verstreichen der vom Bundesverfassungsgericht genannten Frist ein, zum Zeitpunkt der Entscheidung des Gerichts handelt es sich um eine Nichtigkeit mit Wirkung pro futuro.

349 Wie hier Graßhof (Fn. 54), § 78 Rn. 53; vgl. dazu Jachmann (Fn. 15), 240.

350 Siehe dazu oben 2. Teil B.II.

351 Vgl. Jachmann (Fn. 15), 239.

352 Hartmann (Fn. 100), 279; Arndt/Jenzen (Fn. 15), 1683; im Ergebnis Seer (Fn. 54), § 13 Rn. 72.

353 Deutlich BVerfGE 61, 319 (356f.);vgl. auch BVerfGE 73, 40 (101f.).

354 Siedler (Fn. 3), 173; vgl. Hein (Fn. 15), 194; vgl. auch Schlaich/Korioth (Fn. 22), Rn. 429, vgl. aber auch ders. Rn. 427; Herter (Fn. 35), 124; Stahl (Fn. 261), 196.

zusetzen.[355] Sobald der Gesetzgeber die verfassungswidrige Situation im Wege der Neuregelung beseitigt hat, können mit der neuen Rechtsgrundlage die bisher nur vorläufig ergangenen Entscheidungen durch endgültige Entscheidungen ersetzt werden. Der Grundrechtsschutz wird dadurch optimiert. Auch wäre durch abschließende Entscheidungen die zu erwartende gesetzliche Neuregelung präjudiziert und damit der gesetzgeberische Entscheidungsspielraum beeinträchtigt.[356] Je nach der Vielzahl der Fälle können die Ressourcen der Verwaltung allerdings unter Umständen erheblich beansprucht werden.[357] Für die zum Zeitpunkt der verfassungsgerichtlichen Entscheidung bereits bestandskräftigen Entscheidungen ist wiederum § 79 Abs. 2 BVerfGG entsprechend anwendbar, das heißt, dass diese Entscheidungen von der anwendungsorientierten Unvereinbarerklärung unberührt bleiben.[358] Sofern die Voraussetzungen einer Korrekturmöglichkeit nach § 79 Abs. 2 S. 1 2. Alt. BVerfGG erfüllt sind, können die Betroffenen unter Umständen eine Rücknahme auch unanfechtbarer Entscheidungen und damit eine Besserstellung erreichen.

IV. Folgen für privatrechtliche Beziehungen

Soweit die für unvereinbar erklärten Normen endgültig für eine Übergangszeit weiter anwendbar sind, ergeben sich für den Rechtsverkehr zwischen Privaten keine weiteren Probleme. Bis zu dem Zeitpunkt, an dem die Regelungen ispo iure nichtig werden, können sie wie verfassungsmäßige, wirksame Regelungen angewendet werden. Sind die verfassungswidrigen Normen nur vorübergehend weiter anwendbar, sind die betroffenen Bürger dazu angehalten, ebenfalls nur vorläufige Entscheidungen zu treffen. Zu beachten ist, dass das Bundesverfassungsgericht die nur vorübergehende Weiteranwendbarkeit nur dann feststellen sollte, wenn die auf der verfassungswidrigen Regelung beruhenden Entscheidungen tatsächlich vorübergehender Natur sein können. Für privatrechtliche Beziehungen werden solche Fälle nur sehr selten auftreten. Denn insgesamt stellt das Bundesverfassungsgericht die vorübergehende Weiteranwendbarkeit nur

---

355 Vgl. Wernsmann (Fn. 46), 220; vgl. auch BVerfGE 61, 319 (356f.); die Vorschrift des § 165 Abs. 1 S. 2 Nr. 2 AO hindert hingegen nicht die endgültige Weiteranwendbarkeit eine verfassungswidrigen Norm. Das Gesamtanliegen des § 165 AO ist, dass jedenfalls eine vorläufige Festsetzung der Steuer auch dann möglich ist, wenn unklar ist, ob die tatsächlichen Voraussetzungen einer Steuer vorliegen, siehe dazu Graßhof (Fn. 26), 229 m.w.N.

356 Hein (Fn. 15), 194; Schlaich/Korioth (Fn. 22), Rn. 429.

357 Moes (Fn. 95), 30.

358 Vgl. dazu oben 5. Teil A.III.2.a.

vereinzelt fest und anwendungsorientierte Unvereinbarerklärungen beziehen sich regelmäßig auf öffentlich-rechtliche und nicht privatrechtliche Normen.

C. Zusammenfassung

Unvereinbarerklärungen von Gesetzen kommt, gleich welcher Fallgruppe sie zugehören, Gesetzeskraft und Bindungswirkung zu.[359] Im Unterschied zur Nichtigerklärung scheiden Normen, deren Unvereinbarkeit durch das Bundesverfassungsgericht festgestellt wurde, jedenfalls zunächst nicht aus dem Normenbestand aus.[360] Gleichwohl steht mit der verfassungsgerichtlichen Entscheidung fest, dass die unvereinbaren Regelungen verfassungswidrig sind. Aus diesem Grunde ist der Gesetzgeber bei aussetzungs- und anwendungsorientierten Unvereinbarerklärung dazu verpflichtet, den verfassungswidrigen Zustand zu beseitigen.[361] Dabei hat der Gesetzgeber grundsätzlich alle zum Zeitpunkt der verfassungsgerichtlichen Entscheidung noch nicht rechtskräftig abgeschlossenen Verfahren in die gesetzliche Neuregelung miteinzubeziehen.[362] Ist eine verfassungswidrige Norm für eine Übergangszeit endgültig weiter anwendbar, bezieht sich die gesetzgeberische Regelungspflicht nur auf den Zeitraum nach der weiteren Anwendbarkeit des Gesetzes bzw. nach dem Gesetzeserlass.[363] Für die Zeitspanne zwischen der verfassungsgerichtlichen Entscheidung und der gesetzgeberischen Neuregelung hat der Ausspruch einer Unvereinbarerklärung je nach Fallgruppe unterschiedliche Folgen: Regelungen, die einer aussetzungsorientierten Unvereinbarerklärung unterliegen, dürfen vom Zeitpunkt der Entscheidung an insgesamt nicht mehr angewendet werden.[364] Alle zu diesem Zeitpunkt noch nicht bestands- bzw. rechtskräftig abgeschlossenen Verwaltungs- und Gerichtsverfahren, in denen die unvereinbare Norm angewendet würde, müssen ausgesetzt werden.[365] Kommt der Gesetzgeber seiner Regelungspflicht nicht (rechtzeitig) nach, wird die unvereinbare Norm nichtig, sobald der "Schwebezustand" selbst verfassungswidrig ist.[366] Regelungen, die einer anwendungsorientierten Unvereinbarerklärung unterliegen, sind hingegen während der Übergangszeit

359 Siehe oben 5. Teil A.I.2. und B.I.1.
360 Siehe oben 5. Teil A.I.3. und B.I.1.
361 Siehe oben 5. Teil A.II.1.a. und B.II.
362 Siehe oben 5. Teil A.II.1.b. und B.II.2.
363 Siehe oben 5. Teil B.II.2.
364 Siehe oben 5. Teil A.I.4.
365 Siehe oben 5. Teil A.III.
366 Siehe oben 5. Teil A.II.1.d.ee.

vorläufig oder endgültig weiter anwendbar.[367] Die weitere Anwendbarkeit einer verfassungswidrigen Norm ist nur übergangsweise möglich. Mit dem Ablauf der Frist werden die Regelungen ex nunc nichtig.[368]

---

367 Siehe oben 5. Teil B.I.2. und B.III.

368 Siehe oben 5. Teil B.II.1.a.cc.

Literaturverzeichnis[1]

Alexy, Robert: Theorie der Grundrechte, Zweite Auflage, 1994.

Aretz, Henning: Neues zur Richtervorlage nach Art. 100 Abs. 1 GG, JZ 1984, S. 918-923.

Arndt, Adolf: Die Bindungswirkung des Grundgesetzes, BB, 1960, S. 993-995.

Arndt, Claus: Das Grundrecht der Kriegsdienstverweigerung, NJW 1957, S. 361-363.

Arndt, Claus: Sondervotum - Richterstatus - Nichtigkeitswirkung, DRiZ 1971, S. 37-39.

Arndt, Hans-Wolfgang / Jenzen, Holger: Zur Anwendbarkeit des Vermögensteuergesetzes nach dem 01.01.1997, NJW 1997, S. 1678-1683.

Axer, Peter: Normsetzung der Exekutive in der Sozialversicherung – Ein Beitrag zu den Voraussetzungen und Grenzen untergesetzlicher Normsetzung im Staat des Grundgesetzes, 2000.

Bachof, Otto: Der Richter als Gesetzgeber, in: *Gernhuber, Joachim:* Tradition und Fortschritt im Recht: Festschrift gewidmet der Tübinger Juristenfakultät zu ihrem 500jährigem Bestehen 1977 von ihren gegenwärtigen Mitgliedern und in deren Auftrag, 1977, S. 177–192.

Bachof, Otto: Die Prüfungs- und Verwerfungskompetenz der Verwaltung gegenüber dem verfassungswidrigen und dem bundesrechtswidrigen Gesetz, AöR 87 (1962), S. 1-48.

Balke, Michael: Anmerkung zu Nds. FG, IX 427/90 vom 28.12.1994. BB 1995, S. 762- 763.

Balser, Gabriele: Zur Frage der Auswirkungen der Verfassungsswidrig-Erklärung einer Norm durch das Bundesverfassungsgericht auf anhängige Verfahren, Arbeit und Beruf 1977, S. 229-232.

Battis, Ulrich: Der Verfassungsverstoß und seine Folgen, in: *Isensee, Josef / Kirchhof, Paul:* Handbuch des Staatsrechts der Bundesrepublik Deutschland, Band VII, Normativität und Schutz der Verfassung – Internationale Beziehungen, 1. Auflage 1992, § 165 S. 231-270.

Baumbach, Adolf / Lauterbach, Wolfgang / Albers, Jan, Hartmann, Peter: Zivilprozeßordnung mit Gerichtsverfassungsgesetz und anderen Nebengesetzen, 57. Auflage, 1999.

Baumeister, Peter: Das Rechtswidrigwerden von Normen – Eine rechtsdogmatische Untersuchung zu den Grenzen der Wirksamkeit und Anwendbarkeit

1 Bei Kommentaren wurde auf eine separate Auflistung aller zitierten Einzelbeiträge unter dem Namen ihres jeweiligen Autors verzichtet.

von Normen – Probleme des Spannungsverhältnisses von Recht und Zeit, 1996.
Benda, Ernst / Klein, Eckart: Verfassungsprozeßrecht – Ein Lehr- und Handbuch, 2. Auflage 2001.
Berlit, Uwe: Paukenschlag mit Kompromisscharakter - zum SGB II-Regelleistungsurteil des Bundesverfassungsgerichts vom 9. Februar 2010, Kritische Justiz 2010, S. 145-162.
Bernd, Werner: Legislative Prognosen und Nachbesserungspflichten, 1989.
Bethge, Herbert: Die Entscheidungswirkung von Normbeanstandungen des Bundesverfassungsgerichts, Jura 2009, S. 18-24.
Bethge, Herbert: Pflicht zur Vorlage an das BVerfG bei Annahme der Unvereinbarkeit von Rechtsnormen mit dem GG, NJW 1973, S. 2100-2101.
Bettermann, Karl August: Richterliche Gesetzesbindung und Normenkontrolle, in: *Müller, Georg / Rhinow, René A. / Schmid, Gerhard / Wildhaber, Luzius:* Staatsorganisation und Staatsfunktionen im Wandel – Festschrift für Kurt Eichenberger zum 60. Geburtstag; 1982, S. 593-603.
Bettermann, Karl August: Richterliche Normenkontrolle als negative Gesetzgebung?, DVBl. 1982, S. 91-95 (Jubiläumsheft für Hermann Ule).
Blasberg, Georg: Verfassungsgerichte als Ersatzgesetzgeber – Entscheidungsaussprüche bei Normenkontrollen von Bundesverfassungsgericht und Corte Costituzionale, 2003.
Blüggel, Jens: Normenkontrollentscheidungen des Bundesverfassungsgerichts und bestandskräftige Verwaltungsakte im Sozialrecht – Zum Verhältnis von § 79 Abs. 2 Satz 1 BVerfGG zu §§ 44 ff SGB X, Die Sozialgerichtsbarkeit 2003, S. 507-514.
Blüggel, Jens: Unvereinbarerklärung statt Normkassation durch das Bundesverfassungsgericht, 1998.
Böckenförde, Christoph: Die sogenannte Nichtigkeit verfassungswidriger Gesetze, 1966.
Bonner Kommentar zum Grundgesetz, Loseblatt, Stand des Gesamtwerks Mai 2011.
Breuer, Marten: Nichtiges Gesetz und vernichtbarer Verwaltungsakt – Überlegungen zur Ratio der Fehlerfolgendifferenzierung bei Norm und Einzelakt, DVBl. 2008, S. 555-565.
Brinckmann, Hans: Das entscheidungserhebliche Gesetz, 1970.
Brohm, Winfried: Die Funktion des BVerfG - Oligarchie in der Demokratie?, NJW 2001, S. 1-10.
Bron, Jan F. / Seidel, Karsten: Handlungsdruck auf Grund der verfassungsrechtlichen Bedenken gegen den Solidaritätszuschlag im Zeitalter der Abgeltungsteuer, DStZ 2010, S. 700-712.

Bryde, Brun-Otto: Verfassungsentwicklung – Stabilität und Dynamik im Verfassungsrecht der Bundesrepublik Deutschland, 1982.

Bumke, Christian: Relative Rechtswidrigkeit, 2004.

Burghart, Axel: Das verfassungswidrige aber nicht nichtige Gesetz - ungültig aber wirksam?, NVwZ 1998, S. 1262-1265.

Classen, Claus-Dieter: Gesetzesvorbehalt und Dritte Gewalt – Zur demokratischen Legitimation der Rechtsprechung, JZ 2003, S. 693-701.

Classen, Claus-Dieter: Wie viele Wege führen zur Gleichberechtigung von Männern und Frauen?, JZ 1996, S. 921-930.

Colneric, Ninon: Konsequenzen der Nachtarbeitsverbotsurteile des EuGH und des BVerfG, Neue Zeitschrift für Arbeitsrecht 1992, S. 393-399.

Crezelius, Georg: Verfahrensfragen aufgrund der möglichen Verfassungswidrigkeit des ErbStG, Jahrbuch der Fachanwälte für Steuerrecht 2005, S. 558-568.

Dalibor, Marcel: Verfassungswidrige Risikoverteilung im Kostenverfahren nach § 269 Abs. 3 S. 3 ZPO, ZZP 2006, 331-345.

Dax, Günter: Das Gleichbehandlungsgebot als Grundlage positiver subjektiv-öffentlicher Rechte, 1969.

Denninger, Erhard / Hoffmann-Riem, Wolfgang / Schneider, Hans-Peter / Stein, Ekkehart / Wassermann, Rudolf: Kommentar zum Grundgesetz für die Bundesrepublik Deutschland, 3. Auflage, Loseblatt, Stand Oktober 2001.

Detterbeck, Steffen: Normwiederholungsverbote aufgrund normverwerfender Entscheidungen des Bundesverfassungsgerichts?, AöR 116 (1991), S. 391-459.

Detterbeck, Steffen: Streitgegenstand und Entscheidungswirkungen im Öffentlichen Recht – Grundlagen des Verfahrens vor den allgemeinen Verwaltungsgerichten und vor dem Bundesverfassungsgericht, 1995.

Dreier, Horst: Grundgesetz - Kommentar, Band I, 2. Auflage 2004 und Band II, 2. Auflage 2006.

Drüen, Klaus Dieter: Haushaltsvorbehalt bei der Verwerfung verfassungswidriger Steuergesetze? – Budgetärer Dispositionsschutz durch Aussetzung der Vollziehung nach den Beschlüssen des BVerfG zum Kinderleistungsausgleich, Finanz-Rundschau 1999, S. 289-294.

Drüen, Klaus Dieter: Unternehmensbesteuerung und Verfassung im Lichte der jüngsten Rechtsprechung des BVerfG - Anmerkungen zum Beschluss des BVerfG vom 17.11.2009 zur Verfassungswidrigkeit von Umgliederungsverlusten beim Körperschaftsteuerminderungspotential, DStR 2010, S. 513-520.

Ebsen, Ingwer: Sozialversicherungsrechtliche Behandlung einmaligen Arbeitsentgelts - zugleich eine Fallstudie zum Verhältnis von Bundesverfassungsgericht und Gesetzgebung, Neue Zeitschrift für Sozialrecht 1997, S. 441-449.

Epping, Volker / Hillgruber, Christian: Beck´scher Online-Kommentar – GG, Stand April 2011, Edition: 10.

Erichsen, Hans-Uwe: Die konkrete Normenkontrolle – Art. 100 Abs. 1 GG, Jura 1982, S. 88-96.

Erichsen, Hans-Uwe: Staatsrecht und Verfassungsgerichtsbarkeit I, 1972.

Eyermann, Erich / Fröhler, Ludwig / Geiger, Harald: Verwaltungsgerichtsordnung – Kommentar, 13. Auflage, 2010.

Feick, Martin / Henn, Thomas: Drohendes Überschreiten der vom BVerfG zur Neuregelung der Erbschaftsteuer gesetzten Frist zum 31.12.2008: Darf das alte Recht weiter angewandt werden?, DStR 2008, S. 1905-1909.

Felix, Günther: Die Wende 1990 in der Einkommenssteuer – Konsequenzen für die Steuerberatung, DStZ 1990, S. 471-478.

Felix, Günther: Familienlastenabzug: Praktische Schlußfolgerungen für die Steuerberatung aus den Beschlüssen des Bundesverfassungsgerichts vom 29.5.1990 und vom 12.6.1990, Kölner Steuerdialog 1990, S. 8238-8246.

Felix, Günther: Konsequenzen aus den Entscheidungen des Bundesverfassungsgerichts zur Vermögens- und Erbschaftsbesteuerung, BB 1995, S. 2241-2244.

Fleury, Roland: Verfassungsprozessrecht, 8. Auflage, 2009.

Flume, Werner: Allgemeiner Teil des Bürgerlichen Rechts, Zweiter Band, Das Rechtsgeschäft, 4. Auflage, 1992.

Frenz, Walter: Die Rechtsfolgenregelung durch das Bundesverfassungsgericht bei verfassungswidrigen Gesetzen, DÖV 1993, S. 847-855.

Frerichs, Konrad: Die (Nicht-)Anwendbarkeit des Vermögensteuergesetzes seit dem 1.Januar 1997, DStZ 1997, S. 581-588.

Friesenhahn, Ernst: Zum Inhalt und zur Wirkung der Entscheidung des Deutschen Bundesverfassungsgerichts, in: *Giuffrè, A:* Scritti in onore di Gaspare Ambrosini I, 1970, S. 669-708.

Gallwas, Hans-Ullrich: Grundrechte, 1995.

Gärditz, Klaus Ferdinand: Landesrecht aufhebende Geltungskraft verfassungswidriger Bundesgesetze?, DÖV 2001, S. 539-547.

Geiger, Willi: Zur Lage unserer Verfassungsgerichtsbarkeit, in: *Spanner, Hans / Lerche, Peter:* Festgabe für Theodor Maunz – Zum 70. Geburtstag am 1. September 1971, 1971, S. 117-144.

Gerber, Phillippe: Die Rechtssetzungsdirektiven des Bundesverfassungsgerichts, DÖV 1989, S. 698-707.

Gerhard, Torsten: Die Rechtsfolgen prinzipaler Normenkontrollen für Verwaltungsakte - § 79 Abs. 2 BVerfGG und § 183 VwGO, 2008.

Grunewald, Barbara: Bürgerliches Recht, 8. Auflage, 2009.

Gerontas, Apostolos: Die Appellentscheidungen, Sondervotumsappelle und die bloße Unvereinbarkeitsfeststellung als Ausdruck der funktionellen Grenzen der Verfassungsgerichtsbarkeit, DVBl. 1982, S. 486-491.

Glanegger, Peter: Der Kinderbetreuungs- und Kindererziehungsbedarf nach dem Beschluß des BVerfG vom 10.11.1998, 2 BvR 1057-91, 1226-91, 980-91, DStR 1999, S. 227-229.

Götz, Heinrich: Der Wirkungsgrad verfassungswidriger Gesetze, NJW 1960, S. 1177-1182.

Graßhof, Malte: Die Vollstreckung von Normenkontrollentscheidungen des Bundesverfassungsgerichts, 2003.

Grundmann, Stefan: Zum Erfordernis der Anerkennungsfähigkeit bei der Scheidung gemischt-nationaler Ehen, NJW 1986, S. 2165-2167.

Gusy, Christoph: Parlamentarischer Gesetzgeber und Bundesverfassungsgericht, 1985.

***H**äberle, Peter:* "Gemeinwohljudikatur" und Bundesverfassungsgericht – Öffentliche Interessen, Wohl der Allgemeinheit in der Rechtsprechung des BVerfG, AöR 95 (1970), S. 260-298.

Häberle, Peter: Buchbesprechung zu: Klein, Hans H.: Bundesverfassungsgericht und Staatsräson, Über Grenzen normativer Gebundenheit des Bundesverfassungsgerichts, 1968, DÖV 1969, S. 150-151.

Hamann, Andreas: Aussetzung der Vollziehung von Steuerbescheiden bei verfassungsrechtlich zweifelhaften Steuergesetzen, NJW 1959, S. 1465-1470.

Hammer, Felix: Private Sicherheitsdienste, staatliches Gewaltmonopol, Rechtsstaatsprinzip und "schlanker Staat", DÖV 2000, S. 613-621.

Harms, Katharina: Verfassungsrecht in Umbruchsituationen, 1999.

Hartmann, Christian: Verfassungswidrige und doch wirksame Rechtsnormen? – Zur Frage alternativer Rechtsgeltungsbestimmungen im Grundgesetz, DVBl. 1997, S. 1264-1269.

Hartmann, Georg: Vermögensteuer ab 1997 unzulässige Verbindung von Unvereinbarkeits- und Nichtigkeitserklärung? – Überlegungen zur umstrittenen BVerfG-Entscheidung unter Einbeziehung des BVerfGG, DStZ 1998, S. 277-279.

Heckmann, Dirk: Geltungskraft und Geltungsverlust von Rechtsnormen: Elemente einer Theorie der autoritativen Normgeltungsbeendigung, 1997.

Hein, Peter E.: Die Unvereinbarerklärung verfassungswidriger Gesetze durch das Bundesverfassungsgericht, 1988.

Heintschel von Heinegg, Wolff: Grundrechte als Leistungsansprüche des Bürgers gegenüber dem Staat, in: JA 1995, S. 333-342.

Hermes, Georg / Walther, Susanne: Schwangerschaftsabbruch zwischen Recht und Unrecht – Das zweite Abtreibungsurteil und seine Folgen, in: NJW 1993, S. 2337-2347.

Herter, Wilfried: Die Unvereinbarerklärung verfassungswidriger Steuergesetze, 1994.

Hesse, Konrad: Funktionelle Grenzen der Verfassungsgerichtsbarkeit, in: *Häberle, Peter / Hollerbach, Alexander:* Konrad Hesse – Ausgewählte Schriften, 1984, S. 311-322.

Hesse, Konrad: Grundzüge des Verfassungsrechts der Bundesrepublik Deutschland, Neudruck der 20. Auflage 1999.

Heun, Werner: Funktionell-rechtliche Schranken der Verfassungsgerichtsbarkeit – Reichweite und Grenzen einer dogmatischen Argumentationsfigur, 1992.

Heun, Werner: Normenkontrolle, in: *Badura, Peter / Dreier, Horst:* Festschrift 50 Jahre Bundesverfassungsgericht, Erster Band, Verfassungsgerichtsbarkeit – Verfassungsprozeß, 2001, S. 615-639.

Heußner, Herrmann: Folgen der Verfassungswidrigkeit eines Gesetzes ohne Nichtigerklärung, NJW 1982, S. 257-263.

Heyde, Wolfgang: Gesetzgeberische Konsequenzen aus der Verfassungswidrig-Erklärung von Normen, in: *Zeidler, Wolfgang / Maunz, Theodor / Roellecke, Gerd:* Festschrift Hans Joachim Faller, 1984, S. 53-62.

Hien, Eckart: Zwischen Bewährung und Gefährdung - Anmerkungen zur Lage des Rechtsstaates, DVBl. 2007, S. 201-207.

Hillgruber, Christian: Richterliche Rechtsfortbildung als Verfassungsproblem, in: JZ 1996, S. 118-125.

Hoffmann, Gerhard: Die Verwaltung und das verfassungswidrige Gesetz, JZ 1961, S. 191-205.

Hoffmann-Riem, Wolfgang: Die Beseitigung verfassungswidriger Rechtslagen im Zweitaktverfahren, DVBl. 1971, S. 842-848.

Hoppe, Tilman: Verfassungswidriges Recht: Was folgt aus einem Unterlassen des Gesetzgebers?, DVBl. 2009, S. 628-629.

Hüsken, Felix B: Staatsaufsicht über die Landesmedienanstalten und Sportwettenwerbung im Privatfernsehen – Unter besonderer Berücksichtigung des materiellrechtlichen Fernsehwerbeverbotes für Glücksspiele gemäß § 5 Abs. 3 Alt. 1GlüStV, 2008.

Hüsken, Felix B: Verfassungsgerichtliches Übergangsrecht im Spiegel des Gemeinschaftsrechts, in: Zeitschrift für Wett- und Glücksspielrecht 2009, S. 13-21.

Ipsen, Jörn: Nichtigerklärung oder "Verfassungswidrigerklärung" – Zum Dilemma der verfassungsgerichtlichen Normenkontrollpraxis, JZ 1983, S. 41-45.

Ipsen, Jörn: Rechtsfolgen der Verfassungswidrigkeit von Norm und Einzelakt, 1980.

Ipsen, Jörn: Staatsrecht II – Grundrechte, 13. Auflage, 2010.

Jachmann, Monika: Die Nichtanwendbarkeit des Vermögensteuergesetzes ab dem 01.01.1997, JA 1998, S. 235-242.

Jarass, Hans D. / Pieroth, Bodo: Grundgesetz für die Bundesrepublik Deutschland – Kommentar, 11. Auflage, 2011.

Jauernig, Othmar: Zivilprozessrecht, 30. Auflage 2011.

Jekewitz, Jürgen: Bundesverfassungsgericht und Gesetzgeber – Zu den Vorwirkungen von Existenz und Rechtsprechung des Bundesverfassungsgerichts in den Bereich der Gesetzgebung, in: Der Staat 19 (1980), S. 534-556.

Jülicher, Friedrich: Die Verfassungsbeschwerde gegen Urteile bei gesetzgeberischem Unterlassen: zum Rechtsschutz bei gesetzgeberischem Unterlassen und willkürlichem gesetzlichen Begünstigungsausschluß, 1972.

Kanzler, Hans-Joachim: Die Umsetzung verfassungsgerichtlicher Entscheidungen durch den Steuergesetzgeber, StuW 1996, S. 215-226.

Katz, Alfred: Staatsrecht – Grundkurs im öffentlichen Recht, 18. Auflage, 2010.

Kelsen, Hans: Reine Rechtslehre, Zweite Auflage 1960, Nachdruck 2000.

Kersting, Annette: Der Umfang des Schutzes der deutschen Grundrechte und ihrer Funktionen durch die Grundrechtbindung des deutschen Vertreters im Rat der Europäischen Gemeinschaften nach Art. 1 Abs. 3 GG und die Möglichkeiten der verfassungsgerichtlichen Überprüfung von sekundärem Gemeinschaftsrecht, 2002.

Kipp, Heinrich: Die Rechtsfolgen verfassungswidriger Gesetze, in: *Conrad, Herrmann / Kipp, Heinrich:* Gegenwartsprobleme des Rechts - Beiträge zur Staats-, Völker- und Kirchenrecht sowie zur Rechtsphilosophie, Band 1, 1950, S. 85-112.

Kirchhof, Paul: Der allgemeine Gleichheitssatz, in: *Isensee, Josef / Kirchhof, Paul:* Handbuch des Staatsrechts der Bundesrepublik Deutschland Band V - Allgemeine Grundrechtslehren, Zweite Auflage, 2000, § 124, S. 837-972.

Kirchhof, Paul: Rechtsstaatliche Anforderungen an den Rechtsschutz in Steuersachen, in: *Trzaskalik, Christoph:* Veröffentlichungen der Deutschen Steuerjuristischen Gesellschaft e. V., 1995, Bd. 18, Der Rechtsschutz in Steuersachen, S. 17-46.

Kischel, Uwe: Darf der Gesetzgeber das Bundesverfassungsgericht ignorieren? – Zum erneuten Erlaß für nichtig erklärter Gesetze, AöR 131 (2006), S. 219-254.

Kischel, Uwe: Rundfunkfreiheit und Rundfunkmonopol, in: Hohloch, Gerhard: Aspekte des Rechts der audiovisuellen Kommunikation, 1999, S. 75–88.

Kischel, Uwe: Steuerrecht und Gleichheitssatz - Gefahren eines dogmatischen Sonderwegs, in: *Mellinghoff, Rudolf et al:* Gleichheit im Verfassungsstaat - Symposium aus Anlass des 65. Geburtstags von Paul Kirchhof, 2008, S. 175–193.

Kischel, Uwe: Systembindung des Gesetzgebers und Gleichheitssatz, AöR 124 (1999), S. 174-211.

Kleeberg, Rudolf: Zur Einkommensbesteuerung der Veräußerungsgewinne bei land- und forstwirtschaftlichen Betriebsgrundstücken, BB 1970, S. 964-965.

Klein, Eckart: Verfahrensgestaltung durch Gesetz und Richterspruch: Das „Prozeßrecht" des Bundesverfassungsgerichts", in: *Badura, Peter / Dreier, Horst:* Festschrift 50 Jahre Bundesverfassungsgericht, Erster Band, Verfassungsgerichtsbarkeit – Verfassungsprozeß, 2001, S. 507-639.

Klein, Eckart: Verfassungsprozeßrecht – Versuch einer Systematik an Hand der Rechtsprechung des Bundesverfassungsgerichts, AöR 108 (1983), S. 410-444.

Klein, Hans H.: Bundesverfassungsgericht und Staatsraison, 1968.

Klein, Hans H: Gedanken zur Verfassungsgerichtsbarkeit, in: *Burmeister, Joachim:* Verfassungsstaatlichkeit – Festschrift für Klaus Stern zum 65. Geburtstag, 1997, S. 1135-1153.

Kleuker, Mathias: Gesetzgebungsaufträge des Bundesverfassungsgerichts, 1992.

Kornblum, Udo: Zum Verhältnis von Gesetzesänderung und materieller Rechtskraft verwaltungsrechtlicher Entscheidungen, JZ 1962, S. 654-658.

Kopp, Ferdinand O. / Schenke, Wolf-Rüdiger: Verwaltungsgerichtsordnung - Kommentar, 16. Auflage, 2009.

Korioth, Stefan: Die Bindungswirkung normverwerfender Entscheidungen des Bundesverfassungsgerichts für den Gesetzgeber, Der Staat 1991, S. 549-571.

Kranz, Jürgen: Neue Kündigungsfristen für ältere Arbeitnehmer?, Neue Zeitschrift für Arbeitsrecht 1984, S. 348-350.

Kreutzberger, Senja: Die gesetzlich nicht geregelten Entscheidungsvarianten des Bundesverfassungsgerichts, 2007.

Kunig, Philip: Das Rechtsstaatsprinzip: Überlegungen zu seiner Bedeutung für das Verfassungsrecht der Bundesrepublik Deutschland, 1986.

Lang, Heinrich: Gesetzgebung in eigener Sache – Eine rechtstheoretische und rechtssystematische Untersuchung zum Spannungsverhältnis von Distanzgebot und Eigennutz, 2007.

Lange, Klaus: Rechtskraft, Bindungswirkung und Gesetzeskraft der Entscheidungen des Bundesverfassungsgerichts, JuS 1978, S. 1-8.

Leal, Paul E. Rueda: Die verfassungsgerichtliche Unvereinbarerklärung verfassungswidriger Gesetze – Untersuchungen zur Entwicklung und Funktion dieser Rechtsfigur im deutschen Recht und zu ihrer Übertragbarkeit ins costa-ricanische Recht, 1999.

Lechner, Hans: Zur Zulässigkeit der Verfassungsbeschwerde gegen Unterlassungen des Gesetzgebers, NJW 1955, S. 1817-1819.

Lechner, Hans / Zuck, Rüdiger: Bundesverfassungsgerichtsgesetz – Kommentar, 5. Auflage, 2006.

Leibholz, Gerhard / Rupprecht, Reinhard: Bundesverfassungsgerichtsgesetz – Rechtsprechungskommentar, 1968.

Lembke, Ulrike: Einheit aus Erkenntnis? – Zur Unzulässigkeit der verfassungskonformen Gesetzesauslegung als Methode der Normkompatibilisierung durch Interpretation, 2009.

Lerche, Peter: Das Bundesverfassungsgericht und die Verfassungsdirektiven – Zu den „nicht erfüllten Gesetzgebungsaufträgen“, AöR 90 (1965), S. 341-372.

Lippold, Rainer: Gilt im deutschen Recht ein Fehlerkalkül für Gesetze?, Der Staat 29 (1990), S. 185-208.

Löwer, Wolfgang: Steuerpflicht trotz verfassungswidriger Steuernormen? – Anmerkungen zur Rechtsprechung des Bundesverfassungsgerichts zum Familienexistenzminimum, StVj 1991, S. 97-114.

Löwer, Wolfgang: Zuständigkeiten und Verfahren des Bundesverfassungsgerichts, in: *Isensee, Josef / Kirchhof, Paul:* Handbuch des Staatsrechts der Bundesrepublik Deutschland, Band III, Demokratie – Bundesorgane, 3. Auflage 2005, § 70, S. 1285-1526.

Löwisch, Manfred: Zu den Folgen der Nichtigkeitsfeststellung eines Gesetzes durch das Bundesverfassungsgericht, insbesondere für private Rechtsverhältnisse, JZ 1961, S. 731-735.

Lübbe-Wolff, Gertrude: Die Grundrechte als Eingriffsabwehrrechte - Struktur und Reichweite der Eingriffsdogmatik im Bereich staatlicher Leistungen, 1988.

Maiwald, Joachim: Anwendbarkeit für verfassungswidrig erklärter Gesetze?, BayVbl. 1971, 90-93.

Mangoldt, Herrmann von / Klein, Friedrich / Starck, Christian: Kommentar zum Grundgesetz, Band 1-3, sechste Auflage, 2010.

Martens, Wolfgang: Grundrechte im Leistungsstaat, in: VVDStRL 30 (1972), S. 7-38.

Maunz, Theodor / Dürig, Günther / Herzog, Roman / Scholz, Rupert / Herdegen, Matthias / Klein, Hans H.: Grundgesetz – Kommentar, Band I und V, Loseblatt, Stand des Gesamtwerks Januar 2011.

Maunz, Theodor / Schmidt-Bleibtreu, Bruno / Klein, Franz / Bethge, Herbert: Bundesverfassungsgerichtsgesetz – Kommentar, Band 1 und 2, Loseblatt, Stand des Gesamtwerks Januar 2011.

Maurer, Hartmut: Zur Verfassungswidrigerklärung von Gesetzen, in: Im Dienst an Recht und Staat: Festschrift für Werner Weber zum 70. Geburtstag, 1974, S. 345-368.

Mayer, Christian: Die Folgen des Ausbleibens der vom Bundesverfassungsgericht geforderten Reform des Vermögensteuerrechts, DStR 1997, S. 1152-1156.

Mayer, Christian: Die Nachbesserungspflicht des Gesetzgebers, 1996.

Menzel, Andreas: Kompetenzkonflikt zwischen Bund und Land in der Gesetzgebung – Kompetenzwidriges Bundesrecht und Landesgesetzgebung, DVBl. 1997, S. 640-658.

Merkl, Adolf: Die Lehre von der Rechtskraft – Entwickelt aus dem Rechtsbegriff – Eine rechtstheoretische Untersuchung, 1923.

Merten, Detlef: Demokratischer Rechtsstaat und Verfassungsgerichtsbarkeit, DVBl. 95 (1980), S. 773-779.

Michel, Helmut: Normenkontrolle durch die vollziehende Gewalt, NJW 1960, S. 841-846.

Moench, Christoph: Verfassungswidriges Gesetz und Normenkontrolle: die Problematik der verfassungsgerichtlichen Sanktion, dargestellt anhand der Rechtsprechung des Bundesverfassungsgerichtes, 1977.

Moes, Christoph: Die Anordnung der befristeten Fortgeltung verfassungswidriger Steuergesetze durch das Bundesverfassungsgericht, StuW 2008, S. 27-36.

Mühlbauer, Sabine: Die Aussetzung von Verwaltungsverfahren, 2003.

Müller, Christian: Das staatliche Gewaltmonopol – Historische Entwicklung, verfassungsrechtliche Bedeutung und aktuelle Rechtsfragen, 2007.

Müller, Christoph: Die Begrenzung der zeitlichen Wirkungen von EuGH-Entscheidungen, 2009.

Müller, Friedrich: Normstruktur und Normativität – Zum Verhältnis von Recht und Wirklichkeit in der juristischen Hermeneutik, entwickelt an Fragen der Verfassungsinterpretation, 1966.

Münch, Ingo von / Kunig, Philip: Grundgesetz-Kommentar, Band 1, 4. Auflage, 1992.

Murswiek, Dietrich: Grundrechte als Teilhaberechte, soziale Grundrechte, in: *Isensee, Josef / Kirchhof, Paul:* Handbuch des Staatsrechts der Bundesrepublik Deutschland, Band V, Allgemeine Grundrechtslehren, 1. Auflage 1992, § 112, S. 243-289.

Olshausen, Henning von: Die Wirksamkeit des Gesetzes und der Geltungsanspruch der Verfassung, JZ 1967, S. 116-120.

Ossenbühl, Fritz: Bundesverfassungsgericht und Gesetzgebung, in: *Badura, Peter / Dreier, Horst:* Festschrift 50 Jahre Bundesverfassungsgericht, Erster Band, Verfassungsgerichtsbarkeit – Verfassungsprozeß, 2001, S. 33 - 53.

Ossenbühl, Fritz: Staatshaftungsrecht, 5. Auflage 1998.

Palandt: Bürgerliches Gesetzbuch mit Nebengesetzen, 70. Auflage 2011.

Pawlowski, Hans-Martin: Die rechtsstaatliche Dimension von Gesetzgebung und Judikatur; DÖV 1976, S. 505-511.

Pestalozza, Christian: "Noch verfassungsmäßige" und "bloß verfassungswidrige" Rechtslagen – Zur Feststellung und kooperativen Beseitigung verfassungsimperfekter Zustände, in: *Starck, Christian:* Bundesverfassungsgericht und Grundgesetz – Festgabe aus Anlaß des 25jährigen Bestehens des Bundesverfassungsgerichts, Erster Band, Verfassungsgerichtsbarkeit, 1976, S. 519-567.

Pestalozza, Christian: Verfassungsprozeßrecht – Die Verfassungsgerichtsbarkeit des Bundes und der Länder mit einem Anhang zum Internationalen Rechtsschutz, 3. Auflage, 1991.

Pieroth, Bodo: Rechtsverweigerung zur Erhaltung der Funktionsfähigkeit staatlicher Einrichtungen – Kritik einer Argumentationsfigur in der Rechtsprechung, VerwArch 1977, S. 217-245.

Pieroth, Bodo / Schlink, Bernhard: Grundrechte – Staatsrecht II, 26. Auflage 2010.

Pietzcker, Jost: Zur Inzidentverwerfung untergesetzlicher Rechtsnormen durch die vollziehende Gewalt, AöR 101 (1976), S. 374-399.

Pohle, Albrecht Peter: Die Verfassungswidrigerklärung von Gesetzen: Eine Untersuchung der Voraussetzungen und Folgen des Verzichts auf die gesetzestechnisch mögliche Nichtigerklärung durch das Bundesverfassungsgericht, 1979.

Posser, Herbert / Wolff, Heinrich Amadeus: Beck'scher Online-Kommentar, VwGO, Stand: 1.4.2011, Edition: 17.

Rau, Christian: Selbst entwickelte Grenzen der Rechtsprechung des United States Supreme Court und des Bundesverfassungsgerichts, 1996.

Rauscher, Thomas / Wax, Peter / Wenzel, Joachim: Münchener Kommentar zur Zivilprozessordnung mit Gerichtsverfassungsgesetz und Nebengesetzen, Band 1, 3. Auflage, 2008.

Rauschning, Dietrich: Die Sicherung der Beachtung von Verfassungsrecht, 1969.

Riechelmann, Frank: Struktur des verfassungsrechtlichen Bestandsschutzes – Das Verhältnis zwischen Vertrauensschutz, Rechtssicherheit und Kontinuität, 2005.

Riedel, Eibe: Rechtliche Optimierungsgebote oder Rahmensetzungen für das Verwaltungshandeln?, VVDStRL 58 (1999), S. 180-216.

Roellecke, Gerd: Aufgaben und Stellung des Bundesverfassungsgerichts im Verfassungsgefüge, in: *Isensee, Josef / Kirchhof, Paul:* Handbuch des Staatsrechts der Bundesrepublik Deutschland, Band III, Demokratie - Bundesorgane, Dritte Auflage, 2005, § 67, S. 1201-1219.

Roser, Frank / Hamminger, Alexander: Nochmals: Keine Anwendung des Vermögensteuergesetzes ab dem 01.01.1997, GmbHR 1997, S. 492-495.

Rupp, Hans Heinrich: Art. 3 GG als Maßstab verfassungsgerichtlicher Gesetzeskontrolle, in: *Starck, Christian:* Bundesverfassungsgericht und Grundgesetz – Festgabe aus Anlaß des 25jährigen Bestehens des Bundesverfassungsgericht, Zweiter Band, Verfassungsauslegung, 1976, S. 364-389.

Rupp, Hans Heinrich: Bemerkungen zum Individualrechtsschutz gegen die Verfassungswidrigkeit von Rechtsnormen und unterlassenen Rechtsnormen, in: *Depenheuer, Otto:* Staat im Wort: Festschrift für Josef Isensee; 2007; S. 283-292.

Rupp-v. Brünneck, Wiltraud: Die Grundrechte im juristischen Alltag, 1970.

Rupp-von Brünneck, Wiltraut: Darf das Bundesverfassungsgericht an den Gesetzgeber appellieren?; in: *Rittersbach, Theo / Geiger, Willi:* Festschrift für Gebhard Müller, zum 70. Geburtstag des Präsidenten des Bundesverfassungsgerichts, 1970, S. 355-378.

Rupp-von Brünneck, Wiltraut: Verfassungsgerichtsbarkeit und gesetzgebende Gewalt – Wechselseitiges Verhältnis zwischen Verfassungsgericht und Parlament, AöR 102 (1977), 1-26.

Sachs, Michael: Bloße Unvereinbarerklärung bei Gleichheitsverstößen?, NVwZ 1982, S. 657-662.

Sachs, Michael: Die Bindung des Bundesverfassungsgerichts an seine Entscheidungen, 1977.

Sachs, Michael: Die Folgen der Unvereinbarkeit des Hausarbeitstagsanspruchs für Frauen mit dem Grundgesetz; FamRZ 1982, S. 981-985.

Sachs, Michael: Grundgesetz – Kommentar, 5. Auflage 2009.

Sachs, Michael: Singularzulassung von Rechtsanwälten, JuS 2001, S. 504-505.

Sachs, Michael: Tenorierung bei Normenkontrollentscheidungen des Bundesverfassungsgerichts, DÖV 1982, S. 23-30.

Sachs, Michael: Verfassungsprozessrecht, 3. Auflage, 2010.

Sachs, Michael: Zu den Folgen von Gleichheitsverstößen in Tarifverträgen, RdA 1989, S. 25-35.

Sachs, Michael: Zur dogmatischen Struktur der Gleichheitsrechte als Abwehrrechte, DÖV 1984, S. 411-419.

Säcker, Horst: Die Rechtsmacht des Bundesverfassungsgerichts gegenüber dem Gesetzgeber, BayVbl. 1979, S. 193-200.

Salgo, Ludwig: Unerledigte "Aufträge" des Bundesverfassungsgerichts an den Gesetzgeber auf dem Gebiet des Familienrechts, Kritische Vierteljahresschrift für Gesetzgebung und Rechtswissenschaft, 1994, S. 262-279.

Sangmeister, Bernd: Anmerkung zu BVerfG, 2 BvL 5/91, 2 BvL 8/91, 2 BvL 14/91 vom 25.9.1992, BB 1992, S. 2341-2344.

Schaefer, Karl Heinz: Gesetzesänderung, Verwaltungsakte und Rechtskraft von Urteilen, in: DÖV 1960, S. 851-856.

Schefold, Dian / Leske, Klaus-Rüdiger: Hochschulvorschaltgesetz: verfassungswidrig - aber nicht nichtig – Zur Rechtslage nach dem Universitätsrechts-Urteil des Bundesverfassungsgerichts, in: NJW, 1973, S. 1297-1303.

Schenke, Wolf-Rüdiger: Der Umfang der bundesverfassungsgerichtlichen Überprüfung, NJW 1979, 1321-1329.

Schenke, Wolf-Rüdiger: Rechtsschutz gegen das Unterlassen von Rechtsnormen, VerwArch 1991, S. 307-356.

Scheuner, Ulrich: Verfassungsgerichtsbarkeit und Gesetzgebung – Zum ersten Thema der Staatsrechtslehrertagung 1980, in: DÖV 1980, S. 473-480.

Schilling, Theodor: Rang und Geltung von Normen in gestuften Rechtsordnungen, 1994.

Schlaich, Klaus / Korioth, Stefan: Das Bundesverfassungsgericht – Stellung, Verfahren, Entscheidungen, 8. Auflage, 2010.

Schlaich, Klaus: Die Verfassungsgerichtsbarkeit im Gefüge der Staatsfunktionen - Besteuerung und Eigentum, in: Veröffentlichungen der Vereinigung der Deutschen Staatsrechtslehrer (VVDStRL), Heft 39 1981, S. 99-143.

Schlink, Bernhard: Abschied von der Dogmatik. Verfassungsrechtsprechung und Verfassungsrechtswissenschaft im Wandel, JZ 2007, S. 157-162.

Schmidt, Johannn / Lange, Arnold: Die Sachentscheidung im verfassungsgerichtlichen Normenkontrollverfahren, in: *Damrau, Jürgen / Kraft, Alfons / Fürst, Walther:* Festschrift für Otto Mühl zum 70. Geburtstag, 1981, S. 595-611.

Schmidt-Bleibtreu, Bruno: Zur Einkommensbesteuerung der Veräußerungsgewinne bei land- und forstwirtschaftlichen Betriebsgrundstücken, BB 1970, S. 1172-1172.

Schmitt Glaeser, Walter / Horn, Hans-Detlef: Verwaltungsprozeßrecht – Kurzlehrbuch mit Systematik zur Fallbearbeitung, 15. Auflage, 2000.

Schneider, Bernd Jürgen: Die Funktion der Normenkontrolle und des richterlichen Prüfungsrechts im Rahmen der Rechtsfolgenbestimmung verfassungswidriger Gesetze, 1988.

Schneider, Hans: Der Gegenstand der Normenkontrolle. Betrachtungen über das Umschlagen eines Gesetzes in die Verfassungswidrigkeit, in: *Carstens, Karl / Peters, Hans:* Festschrift Hermann Jahrreiss: zu seinem siebzigsten Geburtstag, 19. August 1964, gewidmet, 1964, S. 385-394.

Schneider, Hans-Peter: Verfassungsgerichtsbarkeit und Gewaltenteilung, NJW 1980, S. 2103-2110.

Schneider, Rudolf: Rechtsschutz gegen verfassungswidriges Unterlassen des Gesetzgebers, AöR 89 (1964), S. 24-56.

Schoch, Friedrich / Schmidt-Aßmann, Eberhard / Pietzner, Rainer: Verwaltungsgerichtsordnung, 18. Auflage 2009.

Schodder, Thomas F. W.: Föderative Gewaltenteilung in der Bundesrepublik Deutschland – Eine Untersuchung ihrer gegenwärtigen Wirkungen und Probleme, 1989.

Scholzen, Hans: Nichtigkeit oder Vernichtbarkeit verfassungswidriger Rechtsnormen – Eine verfassungsrechtliche Untersuchung des Rechtsschicksals verfassungswidriger Gesetze und darauf gegründeter Einzelakte, 1977.

Schubert, Reinhard / Thedieck, Franz: Grundrechtstheorie und legislative Gestaltungsfreiheit, in: Zeitschrift für Rechtspolitik, 1979, S. 254-260.

Schulze-Fielitz, Helmuth: Wirkung und Befolgung verfassungsgerichtlicher Entscheidungen, in: *Badura, Peter / Dreier, Horst:* Festschrift 50 Jahre Bundesverfassungsgericht, Erster Band, Verfassungsgerichtsbarkeit – Verfassungsprozeß, 2001, S. 385 – 420.

Schüppen, Matthias: Die Nichtanwendbarkeit des Vermögenssteuergesetzes ab 1.1.1997: offene Fragen und ein zusätzliches "Steuergeschenk", DStR 1997, S. 225-228.

Schuppert, Gunnar Folke: Rigidität und Flexibilität von Verfassungsrecht – Überlegungen zur Steuerungsfunktion von Verfassungsrecht in normalen wie in "schwierigen Zeiten", AöR 120 (1995), S. 32-99.

Schwenke, Michael: Ist eine „Ergreiferprämie" nach österreichischem Vorbild sinnvoll?, DStR 1999, S. 404-408.

Seer, Roman: Defizite im finanzgerichtlichen Rechtsschutz – zugleich eine kritische Auseinandersetzung mit dem 2. FGO-Änderungsgesetz vom 19.12.2000, StuW 2001, S. 3-18.

Seer, Roman: Die Unvereinbarkeitserklärung des BVerfG am Beispiel seiner Rechtsprechung zum Abgabenrecht, NJW 1996, S. 285-291.

Seer, Roman / Wendt, Volker: Die Familienbesteuerung nach dem so genannten „Gesetz zur Familienförderung" vom 22.12.1999, NJW 2000, S. 1904-1911.

Seiwerth, Jakob: Zur Zulässigkeit der Verfassungsbeschwerde gegenüber Grundrechtsverletzungen des Gesetzgebers durch Unterlassen, 1962.

Seuffert, Walter: Die Abgrenzung der Tätigkeit des Bundesverfassungsgerichts gegenüber der Gesetzgebung und der Rechtsprechung, NJW 1969, S. 1369-1376.

Siedler, Nina-Luisa: Gesetzgeber und Bundesverfassungsgericht, 1999.

Simitis, S: Personen- und personenstandsrechtliche Grundfragen des neuen Nichtehelichenrechts, STAZ 1970, S. 255-264.

Sinemus, Burkhard: Der Grundsatz der Gewaltenteilung in der Rechtsprechung des Bundesverfassungsgerichts, 1982.

Skouris, Wassilios: Teilnichtigkeit von Gesetzen, 1973.

Söhn, Hartmut: Anwendungspflicht oder Aussetzungspflicht bei festgestellter Verfassungswidrigkeit von Gesetzen, 1974.

Spatscheck, Rainer / Seebode, Frank: Folgen der Verfassungswidrigkeit der Vermögensteuer für das Verfahrensrecht, BB 1999, S. 2480-2484.

Stahl, Christian: Das Argument der Finanz- und Haushaltsplanung nach dem Erbschaftsteuerbeschluss vom 7. November 2006, DÖV 2008, S. 194-199.

Steiner, Udo: Wirkung der Entscheidungen des Bundesverfassungsgerichts auf rechtskräftige und unanfechtbare Entscheidungen (§ 79 BVerfGG), in: *Starck, Christian:* Bundesverfassungsgericht und Grundgesetz – Festgabe aus Anlaß des 25jährigen Bestehens des Bundesverfassungsgericht, Erster Band, Verfassungsgerichtsbarkeit, 1976, S. 628–662.

Steiner, Udo: Zum Entscheidungsausspruch und seinen Folgen bei der verfassungsgerichtlichen Normenkontrolle, in: *Isensee, Josef / Lecheler, Helmut:* Freiheit und Eigentum – Festschrift für Walter Leisner zum 70. Geburtstag, 1999, S. 569-582.

Stern, Klaus: Das Staatsrecht der Bundesrepublik Deutschland – Band I – Grundbegriffe und Grundlagen des Staatsrechts, Strukturprinzipien der Verfassung, 2. Auflage 1984.

Stern, Klaus: Das Staatsrecht der Bundesrepublik Deutschland – Band II – Staatsorgane, Staatsfunktionen, Finanz- und Haushaltsverfassung, Notstandsverfassung, 1980.

Stern, Klaus / Sachs, Michael: Das Staatsrecht der Bundesrepublik Deutschland – Band III/1 – Allgemeine Lehren der Grundrechte – Grundlagen und Geschichte, nationaler und internationaler Grundrechtskonstitutionalismus, juristische Bedeutung der Grundrechte, Grundrechtsberechtigte, Grundrechtsverpflichtete, 1988.

Stern, Klaus / Sachs, Michael: Das Staatsrecht der Bundesrepublik Deutschland – Band III/2 – Allgemeine Lehren der Grundrechte – Grundrechtstatbestand, Grundrechtsbeeinträchtigungen und Grundrechtsbegrenzungen, Grundrechtsverluste und Grundpflichten, Schutz der Grundrechte, Grundrechtskonkurrenzen, Grundrechtssystem, 1994.

Strehle, Barbara: Rechtswirkungen verfassungsgerichtlicher Normenkontrollentscheidungen, 1980.

Streinz, Rudolf: Bundesverfassungsgerichtlicher Grundrechtsschutz und Europäisches Gemeinschaftsrecht - Die Überprüfung grundrechtsbeschränkender deutscher Begründungs- und Vollzugsakte von Europäischem Gemeinschaftsrecht durch das Bundesverfassungsgericht, 1989.

Tipke, Klaus / Kruse, Heinrich Wilhelm: Abgabenordnung, Finanzgerichtsordnung – Kommentar zur AO und FGO (ohne Steuerstrafrecht), Loseblatt, Stand Juli 2001.

Tipke, Klaus / Lang, Joachim: Steuerrecht, 17. Auflage 2002.

Trzaskalik, Christoph: Zu den Folgen, wenn das Bundesverfassungsgericht Gesetze für nichtig erklärt, DB 1991, S. 2255-2258.

Umbach, Dieter C. / Clemens, Thomas / Dollinger, Franz-Wilhelm: Bundesverfassungsgerichtsgesetz – Mitarbeiterkommentar und Handbuch, 2. Auflage 2005 und 1. Auflage 1992.

Viskorf, Hermann-Ulrich: Erbschaftsteuerreform, Steueranwalt 2008/2009, S. 173-201.

Vogel, Hans-Jochen: Gewaltenmischung statt Gewaltenteilung?, NJW 1996, S. 1505-1511.

Vogel, Klaus: Besteuerung von Eheleuten und Verfassungsrecht, StuW 1999, S. 201-226.

Vogel, Klaus: Rechtskraft und Gesetzeskraft der Entscheidungen des Bundesverfassungsgerichts, in: *Starck, Christian:* Bundesverfassungsgericht und Grundgesetz – Festgabe aus Anlaß des 25jährigen Bestehens des Bundesverfassungsgericht, Erster Band, Verfassungsgerichtsbarkeit, 1976, S. 568-627.

Vogel, Kurt: Das Bundesverfassungsgericht und die übrigen Verfassungsorgane - Bundesverfassungsgerichtliche Argumentationsfiguren zu den Grenzen der Verfassungsgerichtsbarkeit, 1988.

Waldhoff, Christian: Die Rückwirkung von EuGH-Entscheidungen – Finanzielle Auswirkungen europäischer Rechtsprechung als Kriterium einer Entscheidungsfolgenabschätzung, EuR 2006, S. 615-636.

Weißauer, Walther / Hesselberger, Dieter: Nichtigkeit oder Vernichtbarkeit verfassungswidriger Normen, DÖV 1970, S. 325-330.

Wernsmann, Rainer: Das gleichheitswidrige Steuergesetz – Rechtsfolgen und Rechtsschutz, 2000.

Wesche, Steffen: Gegenseitigkeit und Recht – Eine Studie zur Entstehung von Normen, 2001.

Wieland, Joachim: Erbschaftsteuerreform: Was passiert, wenn nichts passiert?, Wipo-Schnelldienst, Deutscher Gewerkschaftsbund Bundesvorstand, Nr. 03, 2008.

Winkler von Mohrenfels, Peter: Zur Verfassungswidrigkeit des § 606b Nr. 1 ZPO, NJW 1986, S. 639-640.

Yang, Tzu-Hui: Die Appellentscheidungen des Bundesverfassungsgerichts, 2003.

Zeidler, Wolfgang: Die Verfassungsrechtsprechung im Rahmen der staatlichen Funktionen, EuGRZ 1988, S. 207-217.

Zmarzlik, Johannes: Auswirkungen des Urteils des Bundesverfassungsgerichts über die Unvereinbarkeit des Nachtarbeitsverbots für Arbeiterinnen mit Art. 3 GG, DB 1992, S. 680-685.

Stichwortregister

Schriften zum deutschen und europäischen öffentlichen Recht

Herausgegeben von Prof. Dr. Steffen Detterbeck

Band 1 Henry Roth: Berufs- und Erwerbsunfähigkeit. Renten- und Versorgungsansprüche nach geltendem und reformiertem Recht. 2000.

Band 2 Astrid Lediger: Die Entschädigung der Bundestagsabgeordneten. 2001.

Band 3 Uwe Chojetzki: Der kirchliche Dienst in der Sozialversicherung. 2001.

Band 4 Christopher Breith: Die Fernsehschutzliste. Übertragung von Großereignissen nach § 5a RfStV. 2002.

Band 5 Lars-Henrik Rode: § 40 VwVfG und die deutsche Ermessenslehre. 2003.

Band 6 Steffen Detterbeck / Martin Will: Die Handwerksinnungen in der staatlichen dualen Ordnung des Handwerks. Zur Frage einer Innungspflichtmitgliedschaft und eines Kammerbeitrags-Bonussystems für Innungsmitglieder. 2003.

Band 7 Christiane Vesting: Die vertragliche und außervertragliche Haftung der EG nach Art. 288 EGV. Unter Berücksichtigung der prozessualen Durchsetzungsmöglichkeiten. 2003.

Band 8 Christian Hanf: Rechtsschutz gegen Inhalts- und Nebenbestimmungen zu Verwaltungsakten. 2003.

Band 9 Guido H. Friedrich: Der vorhabenbezogene Bebauungsplan gemäß § 12 BauGB nach der Novellierung 2001. Inhalt, Chancen und Risiken des Planungsinstrumentes. 2003.

Band 10 Lars Friedrichsen: Umweltbelastende Vorhaben und Alternativen in der Planfeststellung. Unter besonderer Berücksichtigung der Vorgaben aus der UVP-Richtlinie, dem UVPG sowie der FFH-Richtlinie bzw. den §§ 32 ff. BNatSchG. 2005.

Band 11 Nikolaus Lindner: Die Europäische Transparenzrichtlinie und der öffentlich-rechtliche Rundfunk in Deutschland. Auswirkungen der Richtlinie 2000/52/EG zur Änderung der Richtlinie 80/723/EWG über die Transparenz der finanziellen Beziehungen zwischen den Mitgliedstaaten und den öffentlichen Unternehmen („Transparenzrichtlinie") auf die öffentlich-rechtlichen Rundfunkanstalten in Deutschland. 2005.

Band 12 Gunter Fleck: Verleihung des Körperschaftsstatus an Religions- und Weltanschauungsgemeinschaften in einer multikulturellen Gesellschaft. Ein Vorschlag de lege ferenda zu Art. 140 GG i.V.m. Art. 137 Abs. 5 S. 2 WRV. 2005.

Band 13 Philipp Förster: Die unmittelbare Drittwirkung der Grundfreiheiten. Zur Dogmatik des Adressatenkreises von Pflichten aus EG-Grundfreiheiten. 2007.

Band 14 Barbara Löhr: Die Rechte des Menschen in der Verfassung des Landes Hessen im Lichte des Grundgesetzes. 2007.

Band 15 Christian Lewke: Der verfassungsrechtliche Kulturauftrag des öffentlich-rechtlichen Rundfunks. Eine funktionsbezogene Betrachtung des Mediums in seiner Bedeutung für Individuum, Gesellschaft, Kunst, Wissenschaft und Religion. 2007.

Band 16 Jens Mischak: Die kommunale Wahlprüfung. Dargestellt unter besonderer Berücksichtigung der hessischen Kommunalverfassung. 2008.

Band 17 Christian Adam: Gefahrabwendungsfolter und Menschenwürde im Lichte des Unabwägbarkeitsdogmas des Art. 1 Abs. 1 GG. 2008.

Band 18 Julia Kaupisch: Das Grundrecht der Religionsfreiheit in seiner historischen Entwicklung. Werdegang in den norddeutschen Ländern. 2008.

Band 19 Tobias Timo Weitz: Gerichtsnahe Mediation in der Verwaltungs-, Sozial- und Finanzgerichtsbarkeit. 2008.

Band 20 Nicole Pöttgen: Medizinische Forschung und Datenschutz. 2009.

Band 21 Jonas Fischer: Das Recht der Glücksspiele im Spannungsfeld zwischen staatlicher Gefahrenabwehr und privatwirtschaftlicher Betätigungsfreiheit. 2009.

Band 22 Nina Stöcker: Entwicklung des Verwaltungskooperationsvertrages unter Berücksichtigung des Vergaberechts. 2010.

Band 23 Christoph Weltecke: Gesetzgebung im Bundesstaat. Reformpotentiale des deutschen Föderalismus unter besonderer Berücksichtigung der Vorschläge der Kommission zur Modernisierung der bundesstaatlichen Ordnung. 2011.

Band 24 Martin Dietz: Verfassungsgerichtliche Unvereinbarerklärungen: Zulässigkeit, Voraussetzungen und Rechtsfolgen. 2011.

FSC
www.fsc.org
MIX
Papier | Fördert
gute Waldnutzung
FSC® C083411

Kolibri 360 GmbH
Ferdinand-Jühlke-Straße 7
99095 Erfurt, Deutschland
produktsicherheit@kolibri360.de